国家级实验教学示范中心联席会计算机学科规划教材

教育部高等学校计算机类专业教学指导委员会推荐教材

面向"工程教育认证"计算机系列课程规划教材

Web系统与技术

◎ 谢从华 高蕴梅 黄晓华 编著

U0393083

清華大学出版社

北京

内 容 简 介

本书共分为 10 章,循序渐进地介绍了 Web 系统与技术的基础知识、HTML 网页设计基础、CSS 样式设计、网页数据的有效性验证、JavaScript 编程技术等 Web 前台系统与技术,以及 HTML DOM 对象编程、PHP 编程、ASP 编程、XML 编程和 Ajax 编程等后台系统与技术。

为了满足一半以上的全国普通本科高等院校逐步向应用技术型大学转变的需要,本书定位为应用型计算机类和信息类专业的"Web 系统与技术"课程的教材。本书每章都安排了大量例题,每个例题都有详细的步骤,具有应用型工程技术教材的特点,读者可以由浅入深地全面掌握 Web 系统与技术的各个知识点。

为了方便教师授课和读者自学,本书配有符合国际工程教育认证要求的"Web 系统与技术"教学大纲、全部章节的 PPT、实例的源程序和习题的参考答案,可到清华大学出版社的网站(网址:www.tup.com.cn)下载。

本书可以作为大学本科生和研究生计算机类和信息类专业的教材,也可以作为 Web 系统与技术初学者和技术人员的参考书。

图书在版编目(CIP)数据

Web 系统与技术/谢从华,高蕴梅,黄晓华编著. —北京:清华大学出版社,2018(2019.8 重印)
(面向"工程教育认证"计算机系列课程规划教材)
ISBN 978-7-302-49594-9

Ⅰ. ①W… Ⅱ. ①谢… ②高… ③黄… Ⅲ. ①计算机网络—教材 Ⅳ. ①TP393

中国版本图书馆 CIP 数据核字(2018)第 028919 号

责任编辑:闫红梅 常建丽
封面设计:刘 键
责任校对:焦丽丽
责任印制:杨 艳

出版发行:清华大学出版社
　　　　网　　　址:http://www.tup.com.cn,http://www.wqbook.com
　　　　地　　　址:北京清华大学学研大厦 A 座　　　　邮　　编:100084
　　　　社 总 机:010-62770175　　　　邮　　购:010-62786544
　　　　投稿与读者服务:010-62776969,c-service@tup.tsinghua.edu.cn
　　　　质量反馈:010-62772015,zhiliang@tup.tsinghua.edu.cn
　　　　课件下载:http://www.tup.com.cn,010-62795954
印 装 者:涿州市京南印刷厂
经　　销:全国新华书店
开　　本:185mm×260mm　　印　张:23.5　　　　字　　数:574 千字
版　　次:2018 年 6 月第 1 版　　　　　　　　印　　次:2019 年 8 月第 2 次印刷
印　　数:1501~2000
定　　价:69.00 元

产品编号:077358-01

前　言

随着经济的发展,德国提出了以智能制造为主导的第四次工业革命——"工业4.0",日本提出了"产业复兴计划",法国提出了"新工业法国"。我国也提出了"产业结构的转型升级"——"中国制造2025"等国家重大战略,对工程教育提出了新的更高的要求,国际化人才竞争越来越激烈,培育符合国际标准的工程技术人才势在必行。

随着我国高等教育进入大众化阶段,培养应用型本科人才成为国家发展战略。应用型本科教育以应用型为办学定位,对于满足中国经济社会发展的高层次应用型人才需要以及推进中国高等教育大众化进程起到了积极的促进作用。2014年3月,中国教育部改革方向已经明确:全国普通本科高等院校1200所学校中,600多所逐步向应用技术型大学转变。

工程教育专业认证为我国应用技术型大学的工程类专业教学改革指明了方向。工程教育专业认证是我国工程型人才走向国际市场的准入证,促进工程教育面向世界。2016年6月2日,在马来西亚吉隆坡举行的国际工程联盟大会上,我国成为《华盛顿协议》第18个正式成员,这是我国高等教育发展的一个里程碑。工程教育专业认证可以构建中国工程教育的质量监控体系,推进中国工程教育改革,进一步提高工程教育质量,有助于构建工程教育与企业界的联系机制。2006—2015年,全国累计有124所高校的570个工程专业参加了认证,仅2016年大约有200个专业参加认证。

计算机专业作为我国工程教育的主力军之一,需要培养能解决复杂计算机工程问题的人才,必须加快教学模式改革,以适应国家的战略需求。高校计算机专业教育肩负着为国家培养信息工程科技人才的使命。目前我国计算机类专业的布点总数已达2481,每年毕业生人数为18万左右,为国家建设培养了大批计算机类专业的应用型人才。

"Web系统与技术"是计算机科学与技术、软件工程、网络工程、物联网、信息类等专业的必修或选修课。通过课程教学,应使学生对各类Web开发技术及其应用发展趋势有一个全面的认识和把握。通过掌握Web网站构建技术和Web编程的基本技能,加深对信息系统的理解,提高学生基于Web的信息系统设计开发的综合能力。

在此背景下,计算机类和信息类专业需要适合应用型的"Web系统与技术"教材,特别需要符合工程教育专业认证核心理念的教材,以培养学生解决复杂Web系统与工程问题的能力。

"Web系统与技术"课程包括Web前端和后台页面的相关技术,所有的页面都涉及网页数据内容、格式处理和交互性等处理,其中网页数据内容的具体技术包括DOM、HTML和XML等模块,网页数据的格式化处理包括CSS等模块,交互性的具体技术包括

JavaScript、Ajax、JQuery 等模块,而后台服务器主要包括 PHP、JSP、ASP 等相关模块,具体内容和关系如图1所示。

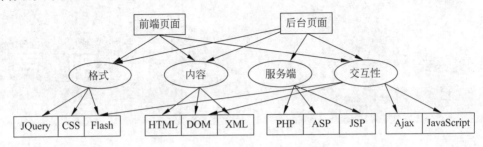

图1　Web 系统与技术的学习内容图

　　"Web 系统与技术"课程的传统教学过程中,存在一听就会、一看就懂、一做就不会、一过就忘的浅层学习问题,是一种低水平的认知活动。浅层学习拘泥于文本的字面理解,满足于知识的机械记忆,把学习简化为阅读,把思考简化为寻找。"Web 系统与技术"课程的知识点很多,简单记忆 Web 的对象、属性、事件和方法,难以系统化掌握。传统教学模式的理念"以教师为中心"忽视了学生的学习主体作用,通常采用集体、满堂灌的讲授式教学,教师负责控制和管理学习活动。而工程教育专业认证的指导思想是"以学生为中心、基于产出的教育和持续改进"。"以学生为中心"的观念反对在教学中以教师为中心,反对在课堂中采用填鸭式、灌输式教学活动,主张以学生为中心组织教学,发挥学生学习主体的主观能动作用,提倡"做中学"。

　　"互联网＋"教育时代的来临,为传统教学模式提供了新的发展思路,改变了学生被动接受知识的状况。"互联网＋"教学模式形成了以"微课"提供教学资源、大规模网络公开课(Massive Open Online Course,MOOC)和小规模专属在线课程(Small Private Online Course,SPOC)提供新的教学平台、翻转课堂(Flipped Classroom)创新教学方法,形成了以学生为中心的教学模式,更好地满足了个性化学习的要求,提高了教学资源的共享,也提高了教学质量。

　　现代心理学认为一切思维都是从问题开始的,教学要促进学生思维,就应培养学生的问题意识,成功地使学生产生问题的教学,才能真正调动学生的积极性。研究性学(Inquiry Learning)是一种积极的学习过程,学生在此课中自己探索问题的学习方式。"Web 系统与技术"课程涉及的具体技术非常多,知识点也很多,理顺这些知识点的关系成为学习好此门课程的关键。按照上述学习内容图,以问题为载体,以解决问题为动力。"Web 系统与技术"课程的教学可以采用问题驱动教学法,改变原有的"先理论后实践"模式,在每个模块引入问题案例,采用明确的问题驱动法。问题不仅由老师来提,更应该由学生在回答每个模块的基本问题过程中提出更多的新问题。以 HTML 为例,可以列出以下几个问题。

　　问题1：HTML 文档的结构由哪些部分构成?

　　问题2：如何实现 Web 文本的字体、颜色、背景、对齐方式、换行、水平线、空白字符和特殊字符等的格式编辑?

　　问题3：如何实现列表的数据和格式编辑?

　　问题4：如何实现表格的表头、行、列、单元格、对齐方式?

问题 5：如何实现表单控件、数据和文件处理？

问题 6：如何实现图片、声音和视频等多媒体的显示处理？

每个模块设置有 5～6 个大问题，每个大问题设置了 2～3 个小问题，让学生通过自己或分组收集、分析和处理信息来实际感受和体验知识的产生过程。

根据知识点与知识点之间，课程模块之间，课程与课程之间的多维联系，指导教师引导学生进行深度学习。深度学习，即在理解的基础上学习，学习主体能够批判性地学习新知识、新理论，学习的感受、感知与感悟有机地融入自己原有的认知结构中，进而提升学习层次，强化学习能力，去适应新情境、探究新问题、培养新的综合学习能力。以 Web 服务模块为例，深度学习不仅仅局限于如何实现的技术细节，更要讨论软件开发的代码复用，到软件设计复用的思想上，软件架构的高度：软件复用一直是软件技术发展的重要动力。从面向过程到面向对象编程，追求软件源代码层次上的复用；从面向组件到面向消息编程，追求运行时代码层次上的复用；从面向设计模式的软件工程到面向软件体系架构的软件工程，则追求软件设计思想上的复用。指导教师的工作重点应引导学生理解 Web 服务模块如何体现上述 3 个层次的复用。

"Web 系统与技术"的课程教学可以遵循以学生为中心、产出为导向的教学方法。学生在收集、制作和汇报的实践中提高自主学习的能力，获得 Web 系统与技术的动手能力和演说能力。学生在提出问题和解决问题的全过程中学习文献法、调研法、归纳法等自主研究和学习的科学方法，获得关于 Web 系统与技术的多方面体验和相关科学文化知识。教师在指导学生的项目选题、方案设计和修订、项目实施和部署、成果汇报和展示中，实践和探索"以实践为推动力"的教学改革，以及学生自主研究性学习"Web 系统与技术"课程的教学形式和教学方法。

本书的软件技术和环境包括 Windows 7d 等操作系统，SQL Server 2008、Access 2013、Excel 2013 和 MySQL 5.5 等数据库，Microsoft Visual Studio 2013(VS 2013)、PHP 5.3 和 Netbeans IDE 8 等开发语言和工具，IIS7 和 Apache 2.2 等 Web 服务器。

为了方便教师授课和读者自学，本书配有符合国际工程教育认证要求的"Web 系统与技术"教学大纲、全部章节的 PPT、实例的源程序和习题的参考答案。需要教学资料和教学探讨的读者可以到清华大学出版社的网站（网址：www.tup.com.cn）下载，也可以通过 E-mail 与作者联系：xiech@aliyun.com。

笔者自 2014 年开始酝酿和准备编写本书，通过 3 年时间对此课程教学内容的优化和实践，最终完成了书稿。在本书的编写过程中，得到江苏大学副校长宋余庆教授和朱玉全教授、常熟理工学院计算机科学与工程学院院长龚声蓉教授和常晋义教授等人的热情关心和支持。参与本书编写的有谢从华、高蕴梅和黄晓华（参与了第 1 章和第 2 章的编写），谢从华副教授对本书进行了统稿和编排。在此，也对参考文献的作者和网络资源的作者表示感谢，同时感谢清华大学出版社对本书的出版给予的支持和帮助。另外，感谢家人对我编写本书的支持和付出，希望他们都身体健康、快乐幸福，儿子滔滔快乐成长。

由于本人才疏学浅，遗漏之处在所难免，欢迎广大教师和学生提出宝贵建议。

谢从华，1978 年生，男，博士，副教授，重庆梁平人，民革党员，中国计算机学会会员。2001 年起任职于常熟理工学院。2011 年获博士学位，2012 年晋升副教授，2013 年起任中国矿业大学硕士生导师，2014 年起任苏州大学硕士生导师。研究方向为图像处理与模式识别。主持完成江苏省自然科学基金项目 1 项、苏州市工业应用基础研究项目 1 项、常熟市软课题 1 项。参与完成了国家自然科学基金项目 3 项。组织了 ICIAE 2014 国际会议。在国内外重要期刊上发表论文 20 余篇,其中 SCI 收录 8 篇,SSCI 收录 1 篇,EI 收录 10 篇;申请发明专利7 项,其中授权 3 项。2009 年获江苏省科技进步三等奖 1 项。

谢从华

2017 年 8 月于沙家浜

目　录

## 第 1 章

Web 系统与技术的基础知识

1.1 Internet 介绍

1.1.1 Internet 含义

国际互联网（Internet），又称因特网，于 1969 年诞生于美国，是由美国的 ARPA（Advanced Research Projects Agency）网发展演变而来的全球最大的一个电子计算机互联网。经过几十年的发展，因特网已经成为现实生活中不可缺少的一部分。它为用户提供了丰富的网络服务，包括万维网（World Wide Web，WWW）信息、即时通信、电子邮件、文件传输、远程登录、BBS、电子游戏等服务。人们可以通过 Web 客户端（常用浏览器）访问浏览 Web 服务器上的页面，查找资料、浏览新闻、欣赏音乐、观看视频，还可以进行网上购物、网上银行交易等。

随着因特网的快速发展，大量的局域网和个人计算机用户接入因特网，任何需要使用因特网的计算机都可以通过某种接入技术与因特网连接。因特网接入技术的发展非常迅速，带宽由最初的几十 kb/s 发展到目前的几百 Mb/s 甚至 1Gb/s 以上。接入方式也由过去单一的电话拨号方式，发展成现在的有线和无线接入方式。常见的宽带接入方式有非对称数字用户线（Asymmetric Digital Subscriber Line，ADSL）接入、有线电视网接入、光纤接入、无线接入等。

同时，随着网络和硬件设施的更新换代，网络应用技术也朝着更多样、更复杂的方向发展，可以概括为：Web 技术、搜索技术、网络安全技术、数据库技术、传输技术、流媒体技术、电子商务应用相关技术等。Web 技术是最常用的网络应用技术，它是用户向服务器提交请求，并获得网页页面的技术总称。这一技术可以分为 3 个发展阶段，即 Web 1.0、Web 2.0、Web 3.0。

Web 1.0 属于静态应用，例如获取 HTML 页面，或用户登录、查询数据库、提交数据等与网络服务器进行简单的交互。

Web 2.0 更强调用户与网络服务器之间的交互性。事实上，Web 2.0 并不是一个技术标准，可能使用已有的成熟技术，也可能使用最新的技术，但必须彰显交互概念。

Web 3.0 只是由业内人员制造出来的概念词语，最常见的解释是，网站内的信息可以直接和其他网站相关信息交互，能通过第三方信息平台同时对多家网站的信息进行整合使用。用户在互联网上拥有自己的数据，并能在不同网站上使用。完全基于 Web，用浏览器即可实现复杂系统程序才能实现的系统功能。用户数据审计后，同步于网络数据。Web 3.0 不仅仅是一种技术上的革新,而是以统一的通信协议,通过更加简洁的方式为用户提供更为个性化的互联网信息资讯定制的一种技术整合。Web 3.0 将会是互联网发展中由技术创新走向用户理念创新的关键一步。

1.1.2 TCP/IP

TCP/IP(Transmission Control Protocol/Internet Protocol)定义了电子设备如何连入因特网,以及数据如何在它们之间传输的标准。它是 Internet 最基本的协议,由很多协议组成。

TCP/IP 分成 4 个层次:网络接口层、网络互连层、传输层和应用层。每一层都包含了若干协议,其中传输层的 TCP 和网络互连层的 IP 是最基本、最重要的两个协议。IP 是为计算机网络相互连接进行通信而设计的,TCP 则是负责可靠地完成数据从发送计算机到接收计算机的传输。因此,通常用 TCP/IP 来代表整个协议系列。

在分层模型中,位于应用层的协议较多,包括 HTTP(Hypertext Transfer Protocol)、FTP(File Transfer Protocol)、SMTP(Simple Mail Transfer Protocol)等。HTTP 是超文本传输协议,用于实现因特网中的 WWW 服务,例如,用户之所以在浏览器中输入百度网址时,能看见百度网页,就是因为用户浏览器和百度服务器之间使用了 HTTP 在交流。FTP是文件传输协议,通过 FTP 可以实现共享文件、上传和下载等功能。SMTP 是简单邮件传输协议,用于控制信件的发送和中转。

因特网上的每台主机都要有唯一的 IP 地址,才能正常通信。IP 地址是 IP 提供的一种统一的地址格式,它为因特网上的每一个网络和每一台主机分配一个逻辑地址,以此来屏蔽物理地址的差异。常见的 IP 地址分为 IP 第 4 版(IPv4)和 IP 第 6 版(IPv6)两类。IPv4 规定,每个 IP 地址使用 4 个字节(32 个二进制位)表示,通常用"点分十进制"表示成"a.b.c.d"的形式,其中,a、b、c、d 都是 0~255 的十进制整数。例如,点分十进制 IP 地址 101.16.8.8,实际上是 32 位二进制数 01100101.00010000.00001000.00001000。

1.1.3 域名

IP 地址不容易记忆,可以使用域名(Domain Name)这种字符型标识。域名是由一串用点分隔的名字组成的因特网上某一台计算机或计算机组的名称,用于在数据传输时标识计算机的电子方位。将域名和 IP 地址对应以后,当用户访问网络中的某个主机时,只需按域名访问,而无须关心它的 IP 地址,这就需要 DNS 服务器来完成域名解析。域名解析,就是将域名转换为 IP 地址的过程。DNS(Domain Name System,域名系统)是因特网上作为域名和 IP 地址相互映射的一个分布式数据库,能够使用户更方便地访问因特网,而不用去记住能够被机器直接读取的 IP 数串。

例如,www.yourdomain.com 作为一个域名,和 IP 地址 210.155.32.101 相对应。用户访问 www.yourdomain.com,通过 DNS 服务器完成域名解析,用户实际访问的是 IP 地址 210.155.32.101。域名不仅便于记忆,而且即使在 IP 地址发生变化的情况下,通过改变解析对应关系,域名仍可保持不变。

域名可分为不同级别,包括顶级域名、二级域名、三级域名等。在域名中,大小写是没有区分的。域名一般不能超过 5 级,从左到右域的级别递增,高级别的域名包含低级别的域名。域名在整个因特网中是唯一的,当高级子域名相同时,低级子域名不允许重复。一台服务器只能有一个 IP 地址,但是却可以有多个域名。

顶级域名可分为通用顶级域名(如.com、.net、.org)、国家地区代码顶级域名(如.cn、.hk)。.cn 代表中国,以.cn 结尾即中国域名,适用于国内各机构、企业等,常称为英文国内顶级域名。

二级域名是指顶级域名之下的域名。在国际顶级域名下,它是指注册者的网上名称,例如microsoft、yahoo 等;在国家顶级域名下,它表示注册者类别的符号,例如 com、edu、gov 等。

三级域名是最靠近二级域名左侧的字段,从右向左依次有四级域名、五级域名等。例如,常熟理工学院的网站域名 www.cslg.edu.cn,其中.cn 为国家地区代码顶级域名,代表中国;edu 为二级域名,代表教育机构;cslg 为三级域名,代表常熟理工学院。

1.1.4　URL

统一资源定位符(Uniform Resource Locator,URL),也被称为网页地址或网址,如同在网络上的门牌,是因特网上标准资源的地址。它最初由 Tim Berners-Lee 发明用来作为万维网的地址,现在它已经被万维网联盟编制为因特网标准 RFC 1738。

在因特网的历史上,统一资源定位符的发明是一个非常基础的步骤。统一资源定位符的语法是可扩展的,使用 ASCII(American Standard Code for Information Interchange)代码的一部分来表示因特网的地址。统一资源定位符的开始,一般会标示着一个计算机网络所使用的网络协议。统一资源定位符是对可以从因特网上得到的资源的位置和访问方法的一种简洁的表示。因特网上的每个文件都有一个唯一的 URL,它包含的信息指出文件的位置,以及浏览器应该怎么处理它。统一资源定位符的标准格式:

协议类型://服务器地址(必要时需加上端口号)/路径/文件名

典型的统一资源定位符的实例如 http://news.yourdomain.com:80/readnews.aspx?newsid=123,其中:http 是协议;news.yourdomain.com 是服务器;80 是服务器上的网络端口号;/readnews.aspx 是路径;?newsid=123 是查询变量和数值。

大多数网页浏览器不要求用户输入网页中的"http://"部分,因为绝大多数网页内容是超文本传输协议文件。同样,"80"是超文本传输协议文件的常用端口号,因此一般也不必写明。一般来说,用户只要键入统一资源定位符的一部分就可以了。

由于超文本传输协议允许服务器将浏览器重定向到另一个网页地址,因此许多服务器允许用户省略网页地址中的部分,例如 www。从技术上说,这样省略后的网页地址实际上是一个不同的网页地址,浏览器本身无法决定这个新地址是否可访问,服务器必须完成重定向的任务。

1.1.5　MIME

多用途互联网邮件扩展类型(Multipurpose Internet Mail Extensions,MIME)是一个互联网标准,最早应用于电子邮件系统,但后来也应用到浏览器。在万维网中使用的 HTTP中也使用了 MIME 的框架,标准被扩展为互联网媒体类型。MIME 规定了用于表示各种各样的数据类型的符号化方法。MIME 消息能包含文本、图像、音频、视频,以及其他应用程序专用的数据。

MIME 设定某种文件扩展名,用于指定一些客户端自定义的文件名,以及一些媒体文件的打开方式。当带有该扩展名的文件被访问的时候,浏览器会自动使用指定应用程序打开。常见的 MIME 类型及其对应的文件扩展名见表 1-1。

表 1-1 常见的 MIME 类型及其对应的文件扩展名

类型/子类型	扩 展 名
application/msword	doc
application/msword	dot
application/octet-stream	exe
application/pdf	pdf
application/postscript	ps
application/rtf	rtf
application/vnd. ms-excel	xls
application/vnd. ms-powerpoint	pps
application/vnd. ms-powerpoint	ppt
application/winhlp	hlp
application/x-gzip	gz
application/x-javascript	js
application/x-latex	latex
text/css	css
text/html	htm
text/html	html
text/plain	txt

1.1.6 HTTP

超文本传输协议(HTTP)是 Internet 上应用较广泛的一种网络协议。设计 HTTP 的最初目的是为了提供一种发布和接收 HTML 页面的方法。通过 HTTP 或者 HTTPS 请求的资源由统一资源标识符(Uniform Resource Identifiers,URI)标识。

HTTP 定义了浏览器怎样向服务器请求文档,以及服务器怎样把文档传送给浏览器。HTTP 是面向应用层的协议,是因特网上能够可靠地交换文件(包括文本、声音、图像等各种多媒体文件)的重要基础。

超文本传输安全协议(Hyper Text Transfer Protocol Secure,HTTPS)是超文本传输协议和 SSL/TLS(Secure Sockets Layer/Transport Layer Security)的组合,用以提供加密通信及对网络服务器身份的鉴定。HTTPS 连接经常用于网上交易支付和企业信息系统中敏感信息的传输。

HTTPS 和 HTTP 的区别:

(1) HTTPS 需要申请证书,一般免费证书很少,需要交费;而 HTTP 不需要证书。

(2) HTTP 是超文本传输协议,信息是明文传输;HTTPS 则是具有安全性的 SSL 加密传输协议。

(3) HTTP 和 HTTPS 使用的是完全不同的连接方式,用的端口也不一样,前者是 80,

后者是 443。

（4）HTTP 的连接很简单，是无状态的；HTTPS 是由 SSL＋HTTP 构建的可进行加密传输、身份认证的网络协议，比 HTTP 安全。

1.2　Web 浏览器

网页浏览器，即 Web 浏览器，是可以显示网站服务器或文件系统内的文件，并让用户与这些文件交互的一种应用软件。它可以显示网站上的文字、图像及其他信息。这些文字或图像，可以是连接其他网址的超链接，供用户浏览各种信息。大部分网页为 HTML 格式，有些网页由于使用了某个浏览器特定的语法，只有那个浏览器，才能正确显示。现在，个人计算机上常见的浏览器包括 Internet Explorer(IE 浏览器)、Google Chrome(谷歌浏览器)、Mozilla Firefox(火狐浏览器)等。随着互联网技术的发展和开发商对用户需求的不断了解，越来越多的新型浏览器开始诞生，它们慢慢由通用浏览器变得更加专业起来，如关注网络安全的浏览器有 360 安全浏览器；关注商务购买的浏览器有淘宝浏览器等。

Web 浏览器常见的功能包括：收藏夹管理、书签管理、下载管理、网页内容缓存、通过第三方插件(Plugins)支持多媒体、分页浏览、禁止弹出式广告、广告过滤等。

Web 浏览器常见的支持标准有 HTTP(超文本传输协议)、HTTPS(超文本传输安全协议)、HTML(超文本标记语言)、XHTML(可扩展的超文本标记语言)、XML(可扩展标记语言)、图像文件格式(如 GIF、PNG、JPEG)、CSS(层叠样式表)、JavaScript 脚本等。

1.3　Web 服务器

1.3.1　Web 服务器概述

Web 服务器也称为 WWW 服务器，主要功能是提供网上信息浏览服务。WWW 是Internet 的多媒体信息查询工具，是 Internet 上近几年才发展起来的服务，也是发展最快和目前使用最广泛的服务。正是因为有了 WWW 工具，才使得近年来 Internet 迅速发展，用户数量飞速增长。

虽然每个 Web 服务器程序有很多不同，但它们有一些共同的特点：每个 Web 服务器程序都从网络接受 HTTP 请求，然后提供 HTTP 回复给请求者。HTTP 回复一般包含一个 HTML 文件，有时也可以包含纯文本文件、图像或其他类型的文件。

Web 服务器程序是一种被动程序：只有当 Internet 上运行在其他计算机中的浏览器发出请求时，服务器才会响应。最常用的 Web 服务器程序是 Internet 信息服务器(Internet Information Services，IIS)和 Apache。

1.3.2　Apache 服务器

Apache HTTP Server(简称 Apache)是 Apache 软件基金会的一个开放源代码的 Web 服务器，可以在大多数计算机操作系统中运行，由于其跨平台和安全性，被广泛使用，是流行的 Web 服务器软件之一。

世界上很多著名的网站,如 Amazon、Yahoo 等都采用 Apache 服务器。它的成功之处主要在于它的源代码开放、有一支开放的开发队伍、支持跨平台的应用(可以运行在几乎所有的 Windows、UNIX、Linux 系统平台上),以及它的可移植性等方面。

因为 Apache 是自由软件,所以不断有人为它开发新的功能、新的特性、修改原来的缺陷。Apache 的特点是:简单、速度快、性能稳定,并可作为代理服务器来使用。

使用 Apache 作为 Web 服务器,只要对 Apache 进行适当的优化配置,就能让 Apache 发挥出更好的性能;反过来说,如果 Apache 的配置非常糟糕,Apache 可能无法正常服务。需要注意的是,要想让 Apache 发挥出更好的性能,首先必须保证硬件和操作系统能够满足 Apache 的负载需要。如果由于硬件和操作系统的原因导致 Apache 的运行性能受到较大的影响,即使对 Apache 本身优化配置得再好,也无济于事。

1.3.3　IIS 服务器

因特网信息服务(Internet Information Services,IIS),是由微软公司提供的基于 Microsoft Windows 的因特网基本服务。IIS 提供了一个图形界面的管理工具,称为 Internet 服务管理器,可用于监视配置和控制 Internet 服务。

IIS 的 Web 服务组件包括 Web 服务器、FTP 服务器、NNTP 服务器和 SMTP 服务器,分别用于网页浏览、文件传输、新闻服务和邮件发送等功能。它使得在网络(包括互联网和局域网)上发布信息成了一件很容易的事。

1. IIS 的架构

IIS 的网站是根对象,由应用程序组成,应用程序则包括虚拟目录。IIS 组织架构上呈现出一种层次关系:一个网站中可以有一个或者多个应用程序,一个应用程序中可以有一个或者多个虚拟目录(virtual directory),而一个 virtual directory 则对应着一个物理路径。一个网站默认会至少有一个应用程序,称为根应用程序(root application)或者默认应用程序(default application),而一个应用程序至少有一个虚拟目录,称为根虚拟目录(root virtual directory)。

2. IIS 的网站

Web 网站驻留在 Web 服务器中。Web 服务器可以接收从 Web 浏览器发来的 HTTP 请求,并且可以根据 Web 网站所需的格式将数据返回给 Web 网站。

Web 网站是由一系列页面、图像、视频,以及其他数字化内容所组成的集合,这些内容可以通过 HTTP 进行访问。页面一般是 HTML、ASP、ASPX 或 PHP 格式,既可以是简单的静态页面,也可以是能够相互协作、能够访问后端数据库,并且能够通过 Web 浏览器传送数据的动态页面,还可以是静态内容和动态内容的组合。如果 Web 网站能够从一个数据库提取数据,并且为外界提供数据服务,那么这类网站一般被称为 Web 应用程序。

网站是应用程序和虚拟目录的容器,提供了与应用程序的唯一的绑定,网站可以通过这个绑定访问应用程序。一个绑定包括两个属性:绑定协议和绑定信息。绑定协议确定了服务器和客户交换数据时使用的协议,如 HTTP 和 HTTPS。绑定信息确定了客户如何访问服务器,包括 IP 地址、端口编号,以及主机头等信息。针对同一个网站,可以使用多个绑定协议。例如,网站可以使用 HTTP 提供标准内容的服务,同时可以使用 HTTPS 来处理登录页面。

3. IIS 的应用程序

IIS 的应用程序是由一些文件和文件夹组成的集合,这些文件和文件夹可以通过诸如 HTTP 或 HTTPS 等协议为外界提供服务。IIS 的每个网站至少包括一个应用程序,即根应用程序,但是在必要情况下,一个网站可以包括多个应用程序。IIS 的应用程序不仅支持 HTTP 和 HTTPS,而且还可以支持其他协议。

4. IIS 的虚拟目录

虚拟目录是这样的一个目录或路径:该目录或路径可以映射为本地或远程服务器中文件的物理位置。与网站一样,应用程序也至少拥有一个根虚拟目录。当然,还可以拥有多个虚拟目录。如果应用程序需要访问某些文件,但是又不希望将这些文件添加到保存应用程序的物理文件夹结构中,那么就可以使用虚拟目录。

利用虚拟目录,可以令客户通过 FTP 将图像上传到网站,而不需要为客户指派访问 Web 网站代码库的权限。客户上传图像时,保存图像的物理目录是与 Web 网站文件的保存目录隔离开的,单独保存在一个目录结构中。同时,利用虚拟目录,Web 网站又可以访问这些图像文件。

5. 应用程序池和进程

应用程序池是将一个或多个应用程序链接到一个或多个工作进程集合的配置。因为应用程序池中的应用程序与其他应用程序被工作进程边界分隔,所以某个应用程序池中的应用程序不会受到其他应用程序池中应用程序所产生的问题的影响。

1.4　系统的主要技术

1.4.1　HTML 概述

超文本标记语言(Hypertext Markup Language,HTML),是为网页创建和其他可在网页浏览器中看到的信息设计的一种标记语言。HTML 用来结构化信息,例如标题、段落和列表等,也可用来在一定程度上描述文档的外观和语义。由简化的 SGML(标准通用标记语言)语法进行进一步发展而来的 HTML,后来成为国际标准,由万维网联盟(World Wide Web Consortium,W3C)维护。

W3C 目前建议使用 XHTML 1.1、XHTML 1.0 或者 HTML 4.01 标准编写网页,但已有许多网页转用较新的 HTML 5 编码撰写。HTML 文件最常用的扩展名为.html,网页制作者可以使用任何基本的文本编辑器(如 Notepad 等)或所见即所得的 HTML 编辑器来编辑 HTML 文件。

HTML 文档制作不是很复杂,但功能强大,支持不同数据格式的文件嵌入,这也是 Web 盛行的原因之一,其主要特点如下:

简易性:HTML 版本升级采用超集方式,从而更加灵活方便。

可扩展性:HTML 具有较好的可扩展性。

平台无关性:HTML 可以使用在广泛的平台上。

通用性:HTML 是一种简单通用的标记语言。它允许网页制作者建立文本与图片相结合的复杂页面,这些页面可以被网上任何其他人浏览到,无论使用的是什么类型的计算机或浏览器。

可扩展超文本标记语言(eXtensible HyperText Markup Language,XHTML)是一种标记语言,表现方式与超文本标记语言(HTML)类似,不过语法上更加严格。从继承关系上讲,HTML 是一种基于标准通用标记语言(Standard Generalized Markup Language,SGML)的应用,而 XHTML 则基于可扩展标记语言(eXtensible Markup Language,XML)。XML 是 SGML 的一个子集。

HTML 5 是 HTML 的下一个主要修订版本,现在仍处于发展阶段,目标是取代早前制定的 HTML 4.01 和 XHTML 1.0 标准,以期能在互联网应用迅速发展的时候,使网络标准能符合当代的网络需求。HTML 5 实际上指的是包括 HTML、CSS 和 JavaScript 在内的一套技术组合。

1.4.2 JavaScript 概述

JavaScript 是一种直译式脚本语言,其源代码在发往客户端运行之前不需经过编译,而是将文本格式的字符代码发送给浏览器解释运行。JavaScript 的解释器被称为 JavaScript 引擎,为浏览器的一部分。JavaScript 是广泛用于客户端的脚本语言,最早在 HTML 网页上使用,用来给 HTML 网页增加动态功能。它可以直接嵌入 HTML 网页中,但写成单独的 js 文件有利于结构和行为的分离。

JavaScript 的常见用途包括:嵌入动态文本于 HTML 网页;对浏览器事件做出响应;读写 HTML 元素;在数据被提交到服务器之前验证数据;检测访客的浏览器信息;控制 Cookies,包括创建和修改等。

不同于服务器端脚本语言,如 PHP、ASP。JavaScript 主要作为客户端脚本语言在用户的浏览器上运行,不需要服务器的支持。因此,早期的程序员比较青睐于 JavaScript,以减少对服务器的负担,与此同时也带来了安全性问题。

随着服务器的性能提升,虽然现在的程序员更喜欢运行于服务端的脚本,以保证安全,但 JavaScript 仍然以其跨平台、容易上手等优势大行其道。同时,有些特殊功能(如 Ajax)必须依赖 JavaScript 在客户端进行支持。

1.4.3 XML 概述

可扩展标记语言(XML)是一种标记语言。XML 是从标准通用标记语言简化修改而来的,是 SGML 的子集。它可以用来标记数据、定义数据类型,是一种允许用户对自己的标记语言进行定义的源语言。它非常适合 Web 传输,提供统一的方法来描述和交换独立于应用程序的结构化数据。XML 是各种应用程序之间进行数据传输的常用工具。

XML 被设计用来传输和存储数据,HTML 被设计用来显示数据。XML 和 HTML 为不同的目的而设计,它们都是 SGML 的子集。因此,XML 不是 HTML 的替代,而是对 HTML 的补充。

XML 的简单使其易于在应用程序中读写数据,这使 XML 很快成为数据交换的公共语言,虽然不同的应用软件也支持其他的数据交换格式,但不久之后它们将支持 XML,那就意味着程序可以更容易地与 Windows、Mac OS、Linux 以及其他平台下产生的信息结合,然后可以很容易加载 XML 数据到程序中并分析它,并以 XML 格式输出结果。

XML 被广泛用来作为跨平台之间交互数据的形式,主要针对数据的内容,通过不同的格式化描述手段(如 XSLT、CSS 等)可以完成最终的形式表达(生成对应的 HTML、PDF 或者其他的文件格式)。

1.4.4 PHP 概述

超文本预处理器(Hypertext Preprocessor,PHP)是一种开源的通用计算机脚本语言,尤其适用于网络开发并可嵌入 HTML 中使用。PHP 的语法借鉴吸收 C、Java 和 Perl 等流行计算机语言的特点,易于一般程序员学习。PHP 的主要目标是允许网络开发人员快速编写动态页面,但 PHP 也被用于其他很多领域。

PHP 独特的语法混合了 C、Java、Perl 以及 PHP 自创的语法,执行动态网页的速度快。用 PHP 做出的动态页面与其他的编程语言相比,PHP 是将程序嵌入到 HTML 文档中去执行,执行效率比完全生成 HTML 标记的通用网关接口(Common Gateway Interface,CGI)要高许多;PHP 还可以执行编译后代码,编译可以达到加密和优化代码并行,使代码运行更快。

PHP 的应用范围相当广泛,尤其是在网页程序的开发上。一般来说,PHP 大多运行在网页服务器上,通过运行 PHP 代码来产生用户浏览的网页。PHP 可以在多数的服务器和操作系统上运行。

一般来说,大多数 PHP 代码在服务器端运行,通过浏览器客户端访问。此外,PHP 也可以用来开发命令行脚本程序和用户端的图形用户界面(Graphical User Interface,GUI)应用程序。PHP 可以在许多不同种类的服务器、操作系统、平台上运行,也可以和许多数据库系统结合。使用 PHP 不需要任何费用,PHP 官方提供了完整的程序源代码,允许用户修改、编译、扩充来使用。

1.4.5 Ajax 概述

Ajax(异步的 JavaScript 与 XML 技术)指的是一套综合了多项技术的浏览器端网页开发技术。虽然其名称包含 XML,但实际上数据格式可以由 JSON(JavaScript Object Notation,JS 对象标记)代替,进一步减少数据量,形成所谓的 Ajax。

传统的 Web 应用允许用户端填写表单,当提交表单时,就向 Web 服务器发送一个请求。服务器接收并处理传来的表单,然后送回一个新的网页,但这个做法浪费了许多带宽,因为在前后两个页面中的大部分 HTML 代码往往是相同的。由于每次应用的沟通都需要向服务器发送请求,应用的回应时间依赖于服务器的回应时间,这导致用户界面的回应比本机应用慢很多。

与此不同,Ajax 应用可以仅向服务器发送并取回必需的数据,并在客户端采用 JavaScript 处理来自服务器的回应。因为在服务器和浏览器之间交换的数据大量减少,服务器回应更快了。同时,很多的处理工作可以在发出请求的客户端机器上完成,因此 Web 服务器的负荷也减少了。

通过在后台与服务器进行少量数据交换,Ajax 可以使网页实现异步更新。这意味着可以在不重新加载整个网页的情况下,对网页的某部分进行更新。传统的网页如果需要更新内容,必须重载整个网页。使用 Ajax 的最大优点,就是能在不更新整个页面的前提下维护数据。这使得 Web 应用程序更为迅捷地回应用户动作,并避免了在网络上发送那些没有改变的信息。

1.5 习　　题

1. 简单分析 Web 1.0、Web 2.0、Web 3.0 的特点。
2. 分析 URL:http://localhost:8080/readnews.aspx?newsid＝123 的含义。
3. 请说明 Web 系统的 HTTPS 和 HTTP 的区别。
4. 简述 Apache 和 IIS 两个 Web 服务器的共同点和区别。
5. 解释虚拟目录和 Web 应用程序的关系。
6. 简述 HTML,XHTML,HTML 5 之间的关系。

第2章

HTML 网页设计基础

2.1 HTML 网页

HTML 编写的网页文件,也称 HTML 页面文件,或称 HTML 文档,是由 HTML 标记组成的描述性文本。HTML 不是一种编程语言,而是一种标记语言。HTML 文件由各种元素和标签组成,这些标记可以说明文字、图形动画、声音、表格、链接等。

2.1.1 HTML 概述

1994 年末,Tim Berners-Lee 开发了最初的 HTML 版本,并创建了万维网联盟(W3C)开发和推广的 Web 技术标准。1995 年末,发布了第一个 HTML 标准 HTML 2.0。HTML 2.0 是过时的 HTML 版本,目前在市场上可以找到的浏览器都依赖于更新版本的 HTML。

1997 年 1 月,W3C 标准发布了 HTML 3.2,在 HTML 2.0 标准上添加了被广泛运用的特性,如字体、表格、Applets、围绕图像的文本流、上标和下标。1997 年 12 月,W3C 发布了 HTML 4.0 的规范。HTML 4.0 最重要的特性是引入了 CSS(层叠样式表)。

1999 年 12 月,W3C 发布了 HTML 4.01,它仅是针对 HTML 4.0 的一次较小的更新,修正和修复了漏洞。HTML 4.01 存在两个根本性的问题:语法规则不严谨,当遇到错误时,每个浏览器都有自己的错误恢复机制。2000 年 1 月,W3C 发布了 XHTML 1.0,解决了 HTML 4.01 的两个问题。

2008 年 1 月,W3C 发布了 HTML 5,放弃了 XHTML 2.0,采取了 HTML 的发展道路。HTML 5 中的新特性包括了嵌入音频、视频和图形的功能,客户端数据存储,以及交互式文档。HTML 5 还包含了新的元素,如< nav >、< header >、< footer >以及< figure >等。HTML 5 工作组包括:AOL,Apple,Google,IBM,Microsoft,Mozilla,Nokia,Opera,以及数百个其他的供应商。

2.1.2 HTML 文件结构

HTML 是一种标签语言,标签是由尖括号包围的关键词,例如< HTML >。它通常是成对出现的,例如< title >和</ title >。标签对的第一个标签是开始标签,第二个标签是结束标签。开始和结束标签也被称为开放标签和闭合标签。在任何一个 HTML 文件中,最先出现的 HTML 标签是< HTML >,用于表示该文件是以超文本标记语言(HTML)编写的,对应的结束标签</ HTML >位于文件末尾。在 HTML 标签中,还可以设置一些属性,控制标签建立的元素。

HTML 元素是指从开始标签到结束标签的所有代码。大多数的 HTML 元素可以嵌套（包含其他 HTML 元素）。没有内容的 HTML 元素被称为空元素,例如换行符< br/>。一个完整的 HTML 文件包括标题、段落、列表、表格,以及各种嵌入对象,这些对象统称为 HTML 元素。

< HTML >元素定义了整个 HTML 文件,开始标签< HTML >,结束标签</HTML >,以及包含了两个主要的子元素,这两个子元素是由< head >标签和< body >标签建立的。< head >标签建立的元素内容为文件头部,< body >标签建立的元素内容为文件主体。

Web 浏览器的作用是读取 HTML 文件,并以网页的形式显示出它们。浏览器不会显示 HTML 标签,而是使用标签来解释页面的内容。

一个 HTML 文件的基本结构如下:

```
< HTML >                                  <! -- 文件开始标签 -->
< head >                                  <! -- 文件头部开始标签 -->
< title >HTML 文件的基本结构</title>        <! -- 文件标题标签 -->
</head >                                   <! -- 文件头部结束标签 -->
< body >                                   <! -- 文件主体开始标签 -->
这是一个简单的 HTML 文件.                   <! -- 文件主体内容 -->
</body >                                   <! -- 文件主体结束标签 -->
</HTML >                                   <! -- 文件结束标签 -->
```

其中,< head >与</head >之间作为文件头部,用于说明文件标题及整个文件的一些公共属性;< body >与</body >之间作为文件主体,用于说明文件的主要内容。

【例 2-1】 用 VS 2013 创建一个 HTML 文档。

第 1 步,用 VS 2013 新建一个空网站 HTMLWebsites 项目。

第 2 步,添加新项目 HTML 文件,命名为 Ex2-1. HTML,设置为起始页,添加代码:

```
<! DOCTYPE HTML PUBLIC " - //W3C//DTD HTML 4.01 Transitional//EN
"http://www.w3.org /TR/ HTML4/loose.dtd">
< HTML >
<! -- 这是一个 HTML 文档基本标记演示 -->
< head >
< Meta http - equiv = "Content - Type" content = "text/HTML; charset = gb2312">
< title >HTML 文档基本标记演示</title>
</head >
< body >
    这是一个 HTML 文档基本标记演示效果!
</body >
</HTML >
```

第 3 步,运行程序,结果如图 2-1 所示。

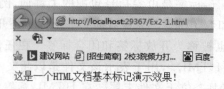

图 2-1 HTML 文档的基本标记显示效果

　　例 2-1 中的文档类型标记"DOCTYPE"指定文档中使用的 HTML 版本号,可以和哪个验证工具一起使用,以保证此 HTML 文档与 HTML 推荐标准一致。例如:<! DOCTYPE HTML PUBLIC "-//W3C// DTD HTML 4.01 Transitional//EN", http://www. w3. org/TR/HTML4/ loose. dtd>,表明此文档应符合 W3C 制定的 HTML 4.01 规范。如果使用 VS 2013 新建的 HTML 文档,第一行自动生成的代码:<! DOCTYPE HTML PUBLIC "-//W3C/DTD XHTML1.0 Transitional //EN" "http://www.w3. org/TR/ xHTML 1/ DTD/xHTML-Transitional. dtd">,表明此文档应符合 WC 制定的 XHTML 1.0 规范。文档类型标记是每个 HTML 文档必需的,如果 HTML 文档中没有文档类型标记,浏览器会采用默认的方式,即 W3C 推荐 HTML 4.0 处理此文档。

2.1.3　文件编辑器

　　编写 HTML 文件的方法有两种:一种是手工直接编写,可以使用任一文本编辑器来编写 HTML 文件,如 Windows 系统自带的记事本;另一种是使用可视化编辑器。常见的软件有 FrontPage、Dreamweaver 等。

　　可以使用记事本来编写一个简单的 HTML 文件,操作步骤如下:

　　(1) 打开记事本程序,在记事本中输入下面的 HTML 代码:

```
< HTML >
< head >
< title >使用记事本编辑的 HTML 文件</ title >
</ head >
< body >
这是一个使用记事本编辑的 HTML 文件。
</ body >
</ HTML >
```

　　(2) 输完代码后,选择记事本菜单栏中的"文件"→"保存"命令,在"保存类型"中选择"所有文件",输入文件名 2-1. HTML,然后保存。

　　(3) 用 IE 浏览器打开该网页,运行效果如图 2-2 所示。

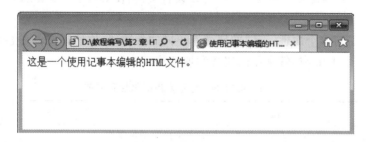

图 2-2　在记事本中制作的网页

　　使用 Dreamweaver 编辑 HTML 的过程实例:

　　(1) 启动 Dreamweaver CC,新建一个 HTML 文件。

　　(2) 打开"代码"窗口,输入下面的 HTML 代码:

```
<! doctype HTML >          <! -- 文档类型声明 -->
< HTML >
```

```
< head >
< Meta charset = "utf - 8" />              <! -- 定义字符集 -->
< title >使用 Dreamweaver CC 编辑的 HTML 文件</title>
</head >
< body >
这是一个使用 Dreamweaver CC 编辑的 HTML 文件.
</body >
</HTML >
```

（3）输完代码后，选择 Dreamweaver CC 菜单栏中的"文件"→"保存"命令，在"保存类型"中选择"所有文件"，输入文件名 2-3. HTML，然后保存。

（4）用 IE 浏览器打开该网页，运行效果如图 2-3 所示。

图 2-3   在 Dreamweaver 中制作的网页

2.2   HTML 基本标签

2.2.1   元信息标签< Meta >

Meta 标签是 HTML 中 head 区的一个辅助性标签，位于 HTML 文件的头部，即< head >与</head >之间。< Meta >元素可提供有关网页的元信息，如关键字、页面描述、作者等信息，这些信息不显示在网页中，用户在浏览网页时看不到。Meta 标签通常用来为搜索引擎 robots 定义页面主题，或者是定义用户浏览器上的 Cookie，它可以用于鉴别作者，设定页面格式，标注内容提要和关键字；还可以设置页面，使其可以根据定义的时间间隔刷新本页面的显示等。

< Meta >标签有多个属性，不同的属性有不同的参数值，这些不同的参数值就实现了不同的网页功能。< Meta >标签常用的属性和取值见表 2-1。

表 2-1   < Meta >标签常用的属性和取值

属　　性	值	描　　述
charset	character encoding	定义文档的字符编码
content	some text	定义与 http-equiv 或 name 属性相关的元信息。content 属性始终要和 name 属性或 http-equiv 属性一起使用
http-equiv	content-type expires refresh set-Cookie pragma(cache 模式) content-script-type	把 content 属性关联到 HTTP 头部

续表

属　　性	值	描　　述
name	author copyright description keywords generator robots	把 content 属性关联到一个名称
scheme	some text	定义用于翻译 content 属性值的格式

　　Meta 标签分两大部分：页面描述信息（name）和 HTTP 标题信息（HTTP-EQUIV）。name 属性的语法格式是：

< Meta name = "参数" content = "参数值">

　　name 属性主要用于描述网页参数类型，常用的取值有 keywords，description，robots。content 用于指定网页参数的实际内容，便于搜索引擎机器人查找信息和分类信息。
　　name 属性有以下几种常用参数：
　　1）keywords（关键字）
　　keywords 是向搜索引擎说明网页的关键字，从而帮助搜索引擎对该网页进行查找和分类。关键字对网页在搜索引擎中的排名起到一定的作用，是网页优化的一种方式。
　　【语法】

< Meta name = "keywords" content = "关键字 1,关键字 2, …" />

　　在该语法中，name 为属性名称，其值设置为 keywords，也就是设置网页的关键字；而在 content 属性中则定义关键字的具体内容。设置关键字时，不要过多，一般可以设置多个关键字，之间用半角逗号隔开，如：

< Meta name = "keywords" content = "HTML,HTML 5,CSS,网页设计,网站建设" />

　　2）description（页面描述）
　　description 用于描述网页的主题等。设置页面描述也是为了便于搜索引擎的查找，一般要和关键字配合使用。现在流行的搜索引擎（如 Google，Lycos，AltaVista）的工作原理：搜索引擎先派机器人自动在 Web 上搜索，当发现新的网站时，便检索页面的 Keywords 和 Description，并将其加入到自己的数据库，然后再根据关键字的密度排序网站。
　　【语法】

< Meta name = "description" content = "页面描述" />

　　在该语法中，name 为属性名称，其值设置为 description，也就是设置网页的页面描述；而在 content 属性中则定义页面描述的具体内容，如：

< Meta name = "description" content = "免费的中文 Web 技术教程." />

　　3）generator（编辑工具）
　　generator 用于说明网页编辑工具的名称。

【语法】

< Meta name = "generator" content = "编辑工具" />

在该语法中,name 为属性名称,其值设置为 generator,也就是设置网页的编辑工具;
而在 content 属性中则定义编辑工具的名称,如:

< Meta name = "generator" content = "Dreamweaver CC 2014" />

4)author(作者)

author 用于说明网页的作者信息。

【语法】

< Meta name = "author" content = "作者" />

在该语法中,name 为属性名称,其值设置为 author,也就是设置作者信息;而在
content 属性中则定义作者的具体信息。使用过程,如:

< Meta name = "author" content = "小米" />

5)copyright(版权)

copyright 用于说明网页的版权信息。

【语法】

< Meta name = "copyright" content = "版权的所有者" />

在该语法中,name 为属性名称,其值设置为 copyright,也就是设置版权信息;而在
content 属性中则定义版权的具体信息,如:

< Meta name = " copyright " content = "本页的版权属于" />

6)robots(机器人向导)

robots 用于限制搜索引擎对网页的搜索方式。

【语法】

< Meta name = "robots" content = "搜索方式" />

在该语法中,name 为属性名称,其值设置为 robots,也就是设置搜索引擎对网页的搜索
方式;而在 content 属性中则定义具体的搜索方式。content 的参数值有 all、none、index、
follow、noindex、nofollow,默认是 all。content 值与其对应的含义见表 2-2。

表 2-2　content 值与其对应的含义

content 值	含　义
all	网页将被检索,且网页上的链接可以被查询
none	网页将不被检索,且网页上的链接不可以被查询
index	网页将被检索
follow	网页上的链接可以被查询
noindex	网页将不被检索,但网页上的链接可以被查询
nofollow	网页将被检索,但网页上的链接不可以被查询

使用例子,如:

```
< Meta name = "robots" content = "none" />
```

http-equiv 属性相当于 http 的文件头作用,它可以向浏览器传回一些有用的信息,以帮助正确和精确地显示网页内容,与之对应的属性为 content。content 中的内容其实就是各个参数的变量值。

http-equiv 属性的语法格式是:

```
< Meta http - equiv = "参数" content = "参数值">
```

其中,http-equiv 属性有以下几种常用参数:

1) content-type(显示字符集的设定)

content-type 用于设置网页使用的字符集,常见的字符集有 ASCII,ANSI,GB2312,BIG5,GBK,GB18030,UTF-8 等。

ASCII 用 8 位的字节表示空格、标点符号、数字、大小写字母或者控制字符,其中最高位为"0",其他位可以自由组合成 128 个字符。

ANSI(American National Standards Institute)是美国的国家标准协会制定的编码,在 ASCII 的标准上扩展而来,但 ANSI 的编码是双字节 16 位的编码。在简体中文的操作系统中,ANSI 指的是 GB2312,而在日文的操作系统中,ANSI 指的是 JIS(Japanese Industrial Standards),这些编码之间互相不兼容,但所有的 ANSI 编码都兼容 ASCII 编码。

GB2312 是对 ANSI 的简体中文扩展。GB2312 的原型是一种区位码,这种编码把常见的汉字分区,每个汉字有对应的区号和位号,例如:"我"的区号是 46,位号是 50。GB2312 因要与 ASCII 相兼容,所以每个字的区号和位号的最高两位都是"1"的 8 位字节,这两个字节组合起来就是一个汉字的 GB2312 编码。GB2312 编码中小于 127 的字符与 ASCII 的相同。

GB2312 共收录了 7000 个字符,由于 GB2312 支持的汉字太少,而且不支持繁体中文,所以 GBK 对 GB2312 进行了扩展,对低字节不再做大于 127 的规定,以支持繁体中文和更多的字符,GBK 共支持大概 22000 个字符。GB18030 在 GBK 的基础上又增加了几个主要的少数民族文字。

大五码(BIG5),又称为大五码或者五大码,是通行于中国台湾、香港地区的一个繁体字编码方案。大五码使用繁体中文社群中最常用的计算机汉字字符集标准,共收录 13060 个中文字,其中有二字为重覆编码,BIG5 属中文内码(中文码分为内码及交换码两类)。

UTF-8 是一次传输 8 位的 UTF(Unicode/UCS Transfer Form)编码方式,一个字符可能会经过 1～6 次传输,具体的与 unicode/UCS 之间的转换关系有关。

【语法】

```
< Meta http - equiv = "content - type" content = "text/HTML; charset = 字符集" />
```

在该语法中,http-equiv 为属性名称,其值设置为 content-type,也就是设置网页使用的字符集,而在 content 属性中则定义具体的字符集类型。使用实例,如:

```
< Meta http - equiv = "content - type" content = "text/HTML; charset = utf - 8" />
```

2）expires（期限）

expires 用于设定网页缓存的过期时间，一旦过期，就必须从服务器上重新加载。

【语法】

```
< Meta http - equiv = "expires" content = "到期时间" />
```

在该语法中，http-equiv 为属性名称，其值设置为 expires，也就是设置网页缓存的过期时间；而在 content 属性中则定义具体的时间，时间必须用 GMT 格式表示多少时间后过期，或直接设为 0 表示调用后就过期。使用实例，如：

```
< Meta http - equiv = "expires" content = "Fri,10 October 2014 18:18:18 GMT" />
< Meta http - equiv = "expires" content = "0" />
```

3）refresh（刷新）

refresh 用于实现网页的定时跳转，也可实现网页自身的定时（单位是秒）刷新功能。

【语法】

```
< Meta http - equiv = "refresh" content = "跳转时间;url = 链接地址" />
```

在该语法中，http-equiv 为属性名称，其值设置为 refresh，也就是设置网页的刷新；而在 content 属性中则定义刷新的时间和刷新后的链接地址，时间和链接地址之间用半角分号隔开。默认情况下，跳转时间是以秒为单位的。使用实例，如：

```
< Meta http - equiv = "refresh" content = "5;url = http://www.baidu.com" />
< Meta http - equiv = "refresh" content = "5" />
```

4）set-Cookie（Cookie 设定）

set-Cookie 用于删除过期的 Cookie。

【语法】

```
< Meta http - equiv = "set - cookie" content = "到期时间" />
```

浏览器访问某个页面时会将它存在缓存中，下次再次访问时就可从缓存中读取，以提高速度。当希望访问者每次都刷新广告的图标，或每次都刷新计数器，就要禁用缓存了。通常，对于 HTML 文件，没有必要禁用缓存，对于 ASP 等页面，可以使用禁用缓存，因为每次看到的页面都是在服务器动态生成的，缓存就失去意义。如果网页过期，那么存盘的 Cookie 将被删除。在该语法中，http-equiv 为属性名称，其值设置为 set-Cookie，也就是设置删除过期的 Cookie；而在 content 属性中则定义具体的时间，时间必须用 GMT 格式。使用实例，如：

```
< Meta http - equiv = "set - cookie" content = "Fri,10 October 2014 18:18:18 GMT" />
```

5）Pragma（Cache 模式）

Pragma 禁止浏览器从本地机的缓存中调阅页面内容。

【语法】

```
< Meta http - equiv = "Pragma" Content = "No - cache">
```

网页若不保存在缓存中，则每次访问都会刷新页面。这样设定，访问者将无法脱机浏览。

6）X-UA-Compatible(IE 浏览器兼容模式)

文件兼容性用于定义让 IE 如何编译网页。此文件解释文件兼容性,如何指定网站的文件兼容性模式,以及如何判断一个网页该使用的文件模式。为了帮助确保网页在所有未来的 IE 版本都有一致的外观,IE 8.0 引入了文件兼容性。在 IE 6.0 中引入一个增设的兼容性模式,文件兼容性能够在 IE 呈现网页时选择特定编译模式。新的 IE 为了确保网页在未来的版本中都有一致的外观,IE 8.0 引入了文件兼容性。

IE 8.0 支持几种文件兼容性模式,它们具有不同的特性,并影响内容显示的方式。

模式 1,Emulate IE 8.0 模式指示 IE 使用<!DOCTYPE >指令来决定如何编译内容。Standards mode 指令会显示成 IE 8.0 Standards mode;而 quirks mode 会显示成 IE 5.0 mode。不同于 IE 8.0 mode,Emulate IE 8.0 mode 重视<!DOCTYPE>指令。

模式 2,Emulate IE 7.0 模式指示 IE 使用<!DOCTYPE >指令来决定如何编译内容。Standards mode 指令会显示成 IE 7.0 Standards mode;而 quirks mode 会显示成 IE 5.0 mode。不同于 IE 7.0 mode,Emulate IE 7.0 mode 重视<!DOCTYPE>指令。对于许多网页来说,这是最推荐的兼容性模式。

模式 3,IE 5.0 模式编译内容如同 IE 7.0 的 quirks mode 显示状况,和 IE 5.0 中显示的非常类似。

模式 4,IE 7.0 模式编译内容如同 IE 7.0 的 standards mode 显示状况,无论网页是否含有<!DOCTYPE>指令。

模式 5,IE 8.0 模式提供对业界标准的最高支持,包含 W3C Cascading Style Sheets Level 2.1 Specification 和 W3C Selectors API,并有限地支持 W3C Cascading Style Sheets Level 3 Specification (Working Draft)。

模式 6,Edge 模式指示 IE 以目前可用的最高模式显示内容。当使用 IE 8.0 时,其等同于 IE 8.0 模式。若(假定)未来放出支持更高兼容性模式的 IE,使用 Edge mode 的页面会使用该版本能支持的最高模式来显示内容。同样的那些页面在使用 IE 8.0 浏览时仍会照常显示。

【例 2-2】　浏览器兼容性设置。

第 1 步,在 HTMLWebsites 项目中添加新项 HTML 文件,命名为 Ex2-2. HTML,设置为起始页。

第 2 步,在 Ex2-2. HTML 文件中,添加代码:

```
< HTML >
< head >
<! -- Mimic Internet Explorer 7 -->
< Meta http - equiv = "X - UA - Compatible" content = "IE = EmulateIE7" />
< title > My Web Page </title >
</head >
< body >
< p > Content goes here.</p >
</body >
</HTML >
```

2.2.2 文本标签

1. 标题文字标签< h1 >～< h6 >

HTML 文件中包含各种级别的标题，它们是由< h1 >到< h6 >标签来定义的。其中，< h1>代表 1 级标题，级别最高，文字也最大，其他标签依次递减，< h6>级别最低。

【语法】

< h1 >一级标题</h1 >
< h2 >二级标题</h2 >
< h3 >三级标题</h3 >
< h4 >四级标题</h4 >
< h5 >五级标题</h5 >
< h6 >六级标题</h6 >

从一级标题到六级标题，是 6 个级别的标题，标题的字体大小依次递减。

2. 文字格式标签< font >

< font >标签用来控制文字的字体、字号和颜色等属性，设置不同的文字效果，它是 HTML 中最基本的标签之一。

【语法】

< font face = "字体 1,字体 2,…" size = "字号" color = "颜色">具体的文字</font >

通过 face 属性，可以设置文字的字体样式。需要注意的是，设置的字体样式必须是用户系统中已经安装的才可以正确浏览，否则这些特殊字体会被默认字体替代。因此，最好使用系统默认情况下都包含的宋体、黑体等几种基本字体。face 属性的值可以是一个或多个，默认情况下，使用第 1 种字体进行显示；如果第 1 种字体不存在，则用第 2 种字体进行代替，以此类推。

通过 size 属性，可以设置 font 元素中文本的字号，其语法为< font size = "字号">。字号的取值可以为 1～7，数值越大，字体越大，浏览器默认值是 3。这个功能可以用 CSS 代替，其语法为< p style = "font-size：20px">，具体使用参见第 3 章。

color 属性规定 font 元素中文本的颜色。其语法为< font color＝"颜色">，颜色可以有 3 种方法：

方法 1：color_name 规定颜色值为颜色名称的文本颜色（如 red）。W3C 的 HTML 4.0 标准仅支持 16 种颜色名，它们是：aqua、black、blue、fuchsia、gray、green、lime、maroon、navy、olive、purple、red、silver、teal、white、yellow。

方法 2：rgb_number 规定颜色值为 rgb 代码的文本颜色（如"rgb(255,0,0)"）。

这个功能可以用 CSS 代替，其语法为< p style＝"color：red">，具体使用参见第 3 章。

方法 3：hex_number 规定颜色值为十六进制值的文本颜色（如＃ff0000）。用法 RGB() 函数使用下述公式计算表示颜色的长整数：

$$65536 \times Blue + 256 \times Green + Red$$

各分量中，数值越小，亮度越低；数值越大，亮度越高。例如，RGB (0,0,0)为黑色（亮度最低），RGB (255,255,255)为白色（亮度最高）。白色对应的十六进制值的计算过程为：

$$65536 \times 255 + 256 \times 255 + 255 = 16777215 (D)$$

= FFFFFF(H)

使用过程如：

< font face = "黑体" size = "7" color = "#FF0000">字体为黑体、字号为 7、颜色为红色</font>

3. 段落标签< p >

段落标签< p >的作用是划分段落。使用时，可以省略结束标签</p>。

【语法】

<p>段落文字</p>

可以使用< p >,</p>来包含一个段落。也可以使用单独的开始标签< p >来划分段落，每一个新的段落标签开始的同时，也意味着上一个段落的结束。与< p >相关的标签还有< div >,< span >。

4. 水平线标签< hr >

水平线标签< hr >的作用是在网页中创建一条水平线。< hr >是一个单标签，没有结束标签。

【语法】

< hr />

在网页中输入一个< hr />，就添加了一条默认样式的水平线。

5. 换行标签< br >

换行标签< br >的作用是在不另起一段的情况下，将当前文本强制换行。< br >是一个单标签，没有结束标签。

【语法】

< br />

一个< br />代表一个换行，连续的多个< br />可以实现多次换行。

6. 空格

在网页中输入文字时，文字之间的多个连续的半角空格仅当一个来对待。如果需要保留空格的效果，一般需要使用全角空格，或者通过空格代码来实现。

【语法】

一个 代表一个半角空格，连续的多个 就是多个空格。

7. 特殊字符

除了空格以外，还有一些特殊符号也需要用代码来代替。一般情况下，特殊符号的代码由前缀"&"、字符名称和后缀";"组成。其使用方法与空格符号类似，具体内容见表 2-3。

表 2-3　特殊符号的表示

符　　号	符 号 代 码	说　　明
"	&quot;	双引号
<	&lt;	左尖括号

符　号	符号代码	说　明
＞	&gt;	右尖括号
&	&amp;	& 符号
×	&times;	乘号
÷	&divide;	除号
©	&copy;	版权符号
®	&reg;	已注册商标符号
TM	&trade;	商标符号
€	&euro;	欧元符号
¥	&yen;	日元符合

2.2.3　列表标签

1. 定义列表

HTML 用< dl >,< dt >和< dd >标签来创建一个普通的定义列表,其中< dl >标签定义了定义列表(definition list),< dt >标签创建列表中的上层项目,< dd >标签创建列表中的最下层项目。自定义列表不仅仅是一列项目,而是项目及其注释的组合。

【语法】

```
< dl >
  < dt >(定义列表中的项目)</dt >
      < dd >(描述列表中的项目)</dd >
  …
  < dt >(定义列表中的项目)</dt >
      < dd >(描述列表中的项目)</dd >
</dl >
```

【例 2-3】　个人信息的自定义列表。

第 1 步,在 HTMLWebsites 项目中添加新项 HTML 文件,命名为 Ex2-3. HTML,设置为起始页,添加代码:

```
<! DOCTYPE HTML >
< HTML xmlns = "http://www.w3.org/1999/xHTML">
< head >
< Meta http - equiv = "Content - Type" content = "text/HTML; charset = utf - 8"/>
    <title></title>
</head >
< body >
    < dl >
        < dt >姓名</dt >
        < dd >张三</dd >
        < dt >性别</dt >
        < dd >男</dd >
        < dt > QQ </dt >
        < dd > 3445566 </dd >
    </dl >
```

```
</body>
</HTML>
```

第 2 步,运行程序,得到如图 2-4 所示的结果。

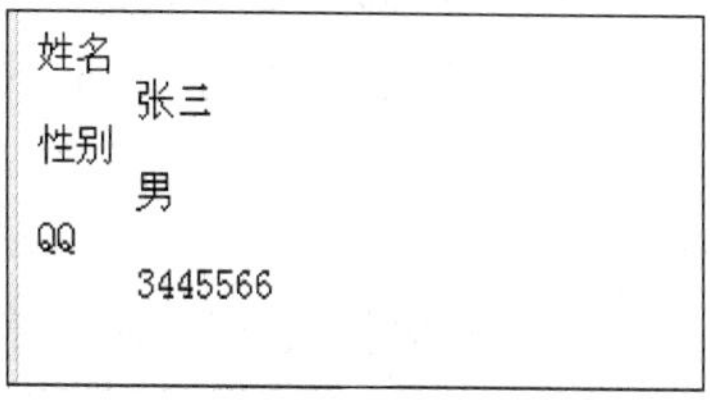

图 2-4 自定义列表实例

2. 无序列表

无序列表是一个项目列表,此列项目使用粗体圆点(典型的小黑圆圈)进行标记。

【语法】

```
<ul>
  <li>列表项</li>
  ...
  <li>列表项</li>
</ul>
```

其中,li 是 list item 的缩写,即列表项目。

【例 2-4】 无序的人员列表。

第 1 步,在 HTMLWebsites 项目中添加新项 HTML 文件,命名为 Ex2-4. HTML,设置为起始页,添加代码:

```
<! DOCTYPE HTML >
< HTML xmlns = "http://www.w3.org/1999/xHTML">
< head >
< Meta http - equiv = "Content - Type" content = "text/HTML; charset = utf - 8"/>
    <title></title>
</head >
< body >
    <ul>
        <li>张三</li>
        <li>李四</li>
    </ul>
</body >
</HTML >
```

第 2 步,运行程序,得到如图 2-5 所示的结果。

3. 有序列表

有序列表也是一列项目,列表项目使用数字进行标记,常常用于文章标题列表排版,或者图片列表排版布局。

图 2-5 无序列表实例

【语法】

```
<ol>
  <li>列表项</li>
```

```
    ...
    <li>列表项</li>
</ol>
```

ol 标签下不能直接放内容或其他标签，即使要放，都必须放入 li 标签内，而 li 标签内可以再放 ul 或 ol 等标签。无序列表和有序列表分别与 Microsoft Word 中的项目符号和编号对应。它们的含义是一样的。

【例 2-5】　有序的人员列表。

第 1 步，在 HTMLWebsites 项目中添加新项 HTML 文件，命名为 Ex2-5. HTML，设置为起始页，添加代码：

```
<! DOCTYPE HTML >
< HTML xmlns = "http://www.w3.org/1999/xHTML">
< head >
< Meta http - equiv = "Content - Type" content = "text/HTML; charset = utf - 8"/>
    <title></title>
</head>
< body >
    < ol >
        <li>张三</li>
        <li>李四</li>
    </ol>
</body>
</HTML>
```

第 2 步，运行程序，得到如图 2-6 所示的结果。

不同类型的有序列表，序号可以表示为大写字母、小写字母、大写罗马数字、小写罗马数字和数字列表。

1. 张三
2. 李四

图 2-6　有序列表实例

【语法】

```
< ol type = "value">
  <li>列表项</li>
  ...
  <li>列表项</li>
</ol>
```

其中，value 取值为 A，a，I 和 i，分别表示大写字母、小写字母、大写罗马数字、小写罗马数字。

【例 2-6】　不同类型的有序列表实例。

第 1 步，在 HTMLWebsites 项目中添加新项 HTML 文件，命名为 Ex2-6. HTML，设置为起始页，添加代码：

```
< HTML >
< body >
< h4 >数字列表: </h4 >
< ol >
 <li>苹果</li>
 <li>香蕉</li>
</ol>
< h4 >大写字母列表: </h4 >
```

```
< ol type = "A">
 <li>苹果</li>
 <li>香蕉</li>
</ol>
< h4 >小写字母列表：</h4>
< ol type = "a">
 <li>苹果</li>
 <li>香蕉</li>
</ol>
< h4 >大写罗马数字列表：</h4>
< ol type = "I">
 <li>苹果</li>
 <li>香蕉</li>
 <li>柠檬</li>
 <li>桔子</li>
</ol>
< h4 >小写罗马数字列表：</h4>
< ol type = "i">
 <li>苹果</li>
 <li>香蕉</li>
</ol>
</body>
</HTML>
```

图 2-7　不同类型的有序列表实例

第 2 步，运行程序，得到如图 2-7 所示的结果。

2.2.4　表格标签

制作网页时，需要设计页面的版式或设计页面布局，以便阅读网页和保持页面美观。综合考虑安排的页面信息，包括导航、文字、图像、动画等。网页制作者可以将任何网页元素放进 HTML 的表格单元格中，定义表格常常会用到表 2-4 所示的标记。

表 2-4　表格常用元素标签及说明

标　　签	说　　明
< table >	表格标记
< tr >	行标记
< td >	表格数据
< th >	表头标记
< caption >	表格标题
< thead >	表头行
< tbody >	表主题
< tfoot >	表脚注

1. 插入表格< table >

在 HTML 中，只要在需要使用表格的地方插入成对的< table ></table >标记，就可以简单地完成表格的插入。

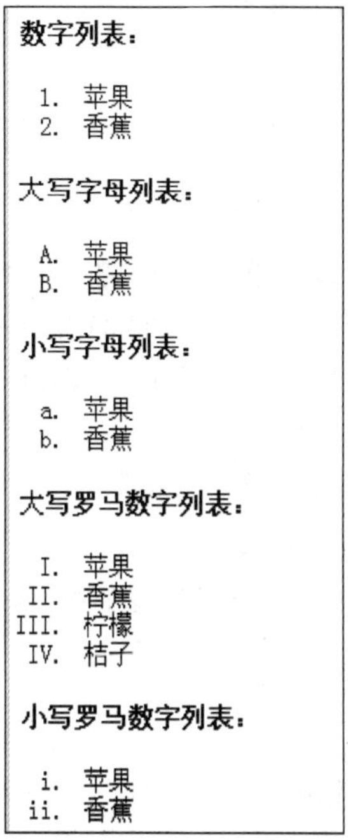

【语法】

```
< table >
    < tr >< td >…</td ></tr >
    …
    </table >
```

2. 设置表格标题< caption >

一般而言,表格都需要一个标题对表格内容进行简单说明。在 HTML 文件中,使用成对的标记< caption ></caption>插入表格标题,该标题应用于< table >标记与< tr >标记之间的任何位置。

【语法】

```
< table >
< caption >插入表格标题</caption>
    < tr >…</tr>
    …
</table >
```

【例 2-7】 创建一个有标题的表格。

第 1 步,在 HTMLWebsites 项目中添加新项 HTML 文件,命名为 Ex2-7.HTML,设置为起始页,添加代码:

```
<! DOCTYPE HTML >
< HTML xmlns = "http://www.w3.org/1999/xHTML">
< head >
< Meta http - equiv = "Content - Type" content = "text/HTML; charset = utf - 8"/>
    < title ></title >
</head >
< body >
    < table >
        < caption >点名册</caption>
        < tr >< th >学号</th >< th >姓名</th ></tr >
        < tr >< td > 0001 </td ><td >张三</td ></tr >
        < tr >< td > 0002 </td ><td >李四</td ></tr >
    </table >
</body >
</HTML >
```

点名册	
学号	姓名
0001	张三
0002	李四

图 2-8 有标题的表格

第 2 步,运行程序,得到如图 2-8 所示的结果。

3. 设置表格表头< th >

制作表格时,常常需要制作表头,将表格中的元素属性分类,在网页文件中插入表格并需要给表格定义表头内容时,使用成对的< th ></th >标记就可以实现,表头内容使用的是粗体样式显示,位于< tr >和</tr >之间。

【语法】

```
< table >
    < tr >< th >…</th ></tr >
```

```
<tr><td>…</td></tr>
  …
</table>
```

4. 插入行<tr>

<tr>标签定义 HTML 表格中的行。tr 元素包含一个或多个 th 或 td 元素。

【语法】

```
<table>
    <tr>…</tr>
    <tr>…</tr>
    …
</table>
```

5. 插入单元格数据<td>

<td>标签定义 HTML 表格中的标准单元格。HTML 表格有两类单元格：表头单元——包含头部信息(由 th 元素创建)；标准单元——包含数据(由 td 元素创建)。

td 元素中的文本一般显示为正常字体，且左对齐。

【语法】

```
<table>
    <tr><th>…</th></tr>
    <tr><td>…</td></tr>
    …
  </table>
```

<td>标签有两个重要的属性,跨行 rowspan 和跨列 colspan 属性,单位是行或列数目。

【例 2-8】　创建一个跨行和跨列的表格。

第 1 步,在 HTMLWebsites 项目中添加新项 HTML 文件,命名为 Ex2-8. HTML,设置为起始页,添加代码:

```
<!DOCTYPE HTML>
<HTML xmlns = "http://www.w3.org/1999/xHTML">
<head>
<Meta http-equiv = "Content-Type" content = "text/HTML; charset = utf-8"/>
    <title></title>
</head>
<body>
    <table border = "1">
        <tr><td colspan = "3">关于跨行和跨列的例子</tr>
        <tr>
            <th>Month</th>
            <th>Savings</th>
        </tr>
        <tr>
            <td>January</td>
            <td>$ 100.00</td>
            <td rowspan = "2">$ 50</td>
        </tr>
        <tr>
            <td>February</td>
```

```
            <td>$10.00</td>
        </tr>
        <tr>
            <td>February</td>
            <td>$10.00</td>
        </tr>
    </table>
</body>
</HTML>
```

第 2 步,运行程序,得到如图 2-9 所示的结果。

6. 设置划分结构表格< thead >< tbody >< tfoot >

关于跨行和跨列的例子

Month	Savings	
January	$100.00	$50
February	$10.00	
February	$10.00	

图 2-9　有跨行和跨列的表格

为了让大表格(table)在下载的时候可以分段显示。就是说在浏览器解析 HTML 时,table 是作为一个整体解释的,使用 tbody 可以优化显示。如果表格很长,用 tbody 分段,可以一部分一部分地划分结构显示,不用等整个表格都下载完成。下载一块显示一块,表格巨大时有比较好的效果。所谓划分结构表格,指将一个表格分成 3 个部分在网页上显示,分别使用< thead ></thead >、< tbody ></tbody >、< tfoot ></tfoot >标记。

【语法】

```
< table >
< thead ></thead >
< tbody ></tbody >
< tfoot ></tfoot >
</table >
```

< thead ></thead >定义一组表头行;< tbody ></tbody >定义表格主体部分;< tfoot ></tfoot >定义表格的页脚(脚注或表注)。该标签用于组合 HTML 表格中的表注内容。

thead、tfoot 以及 tbody 元素能对表格中的行进行分组。当创建某个表格时,希望拥有一个标题行,一些带有数据的行,以及位于底部的一个总计行。这种划分使浏览器有能力支持独立于表格标题和页脚的表格正文滚动。当长的表格被打印时,表格的表头和页脚可被打印在包含表格数据的每张页面上。

表格行本来是从上向下显示的。但是,应用了 thead/tbody/tfoot 以后,就"从头到脚"显示,不管行代码顺序如何。也就是说,如果 thead 写在了 tbody 的后面,HTML 显示时,还是先显示 thead,后显示 tbody。

2.2.5　超链接标签

超链接是网页中最重要的元素之一。通过超链接的方式,可以使各个网页之间进行连接,使网站中的众多页面构成一个有机整体。几乎可以在所有的网页中找到链接,单击链接可以从一个页面跳转到另一个页面。超链接可以是一个字,一个词,或者一组词,也可以是一幅图像,可以单击这些内容跳转到新的页面或者当前页面中的某个部分。通过使用< a >标签,在 HTML 中创建超链接。超链接可以是文本链接、图像链接,也可以是脚本链接、空链接。

1. 文本链接

网页中最常见的超链接是文本链接,它通过设置网页中的文字和其他的文件进行链接。

【语法】

< a href = "链接地址" target = "目标窗口的打开方式">链接文字</a>

【说明】

通过 href 属性,可以设置链接地址。链接地址可以是同一个网站的内部链接,也可以是跳转到其他网站的外部链接,如某个网站地址、FTP 地址、E-mail 地址、下载文件地址等。

通过 target 属性,可以设置目标窗口的打开方式。target 的取值有 4 种,见表 2-5。

表 2-5　target 值与其对应的含义

target 值	目标窗口的打开方式
_parent	在上一级窗口打开,常在分帧的框架页面中使用
_blank	新建一个窗口打开
_self	在同一窗口打开,与默认设置相同
_top	在浏览器的整个窗口中打开,将会忽略所有的框架结构

使用过程,如:

< a href = "http://www.baidu.com/" target = "_blank">百度</a>

2. 图像链接

除了给文字设置超链接外,也可以给图像设置超链接。对于给整幅图像设置超链接来说,设置方法比较简单,与设置文本链接类似。

【语法】

< a href = "链接地址" target = "目标窗口的打开方式">< img src = "图像文件的地址" /></a>

使用过程,如:

< a href = "http://www.baidu.com/" target = "_blank">< img src = "images/baidulogo.jpg" /></a>

3. 脚本链接

在链接语句中,可以通过脚本来实现 HTML 不能实现的功能,这种链接称为脚本链接。

【语法】

< a href = "javascript:脚本代码">文字链接</a>

在"javascript:"后面添加的就是具体的脚本代码,可实现添加收藏夹、关闭窗口等功能。

使用过程,如:

< a href = "javascript:window.close()">关闭窗口</a>

4. 空链接

空链接是指单击该链接后仍然停留在当前页面。在代码中,可以通过♯符号来实现空链接。

【语法】

< a href = "♯">链接文字</a>

通过 href 属性,设置其值为 # 实现空链接。

使用过程,如:

```
< a href = " # ">空链接</a>
```

2.2.6 图像标签

网页中常见的图像格式有: GIF、JPEG、PNG 等。GIF 格式分为静态 GIF 和动画 GIF 两种,仅支持 256 色,常用于导航条、按钮、商标等图像。对于照片之类的图像,通常采用 JPEG 格式。PNG 格式则具备了 GIF 格式的很多优点,同时还支持 48bit 的色彩。

浏览网页时,经常可以看到各种图像。如果要在网页中插入图像,可以使用< img >标签来实现,从而达到美化页面的效果。

【语法】

```
< img src = "图像文件的地址" width = "图像的宽度" height = "图像的高度" alt = "图像的描述性文字" />
```

通过 src 属性,可以设置图像文件所在的路径,这一路径可以是相对路径,也可以是绝对路径。

通过 width 属性,可以设置图像的宽度。通过 height 属性,可以设置图像的高度。默认情况下,只改变图像的宽度或高度,图像的大小也会等比例进行调整。

通过 alt 属性,可以对图像进行简单的文字描述。浏览网页时,当用户把鼠标光标移到图像上方,浏览器就会在一个文本框中显示图像的描述性文字。如果无法显示图像,则直接显示描述性文字。使用过程,如:

```
< img src = "images/book.jpg" width = "130" height = "200" alt = "计算机教材" />
```

2.2.7 背景声音标签

BGSound 标签是 Internet Explorer 的专用标签,打开网页的时候自动播放背景音乐。

【语法】

```
< BGSound SRC = url Loop = n1 BALANCE = n2 VOLUME = n3 >
```

BGSound 是 BackGround Sound 的缩写。

BALANCE 调整左右声道的音量平衡,取值范围为 −10000~10000,指定播放回数。Loop 设置播放的次数,当指定为 infinite 或 −1 时,无限循环播放。SRC 指定音乐文件,支持 *.wav,*.au,*.mid,*.aif 等格式。VOLUME,调整音量,取值范围为 −10000~0。0 是最大音量。

使用过程,如:

```
< bgsound loop = "infinite" src = "sound/xxx.mid">
```

2.2.8 视频标签

网页中常见的多媒体文件包括动画文件、音频文件、视频文件等。如果要正确浏览嵌入的这些网页,就需要在客户端的计算机中安装相应的播放软件,使用<embed>标签可以将多媒体文件嵌入到网页中。

【语法】

`< embed src = "多媒体文件的地址" width = "嵌入内容的宽度" height = "嵌入内容的高度" />`

通过 src 属性,可以设置多媒体文件所在的路径,这一路径可以是相对路径,也可以是绝对路径。通过 width 属性,可以设置嵌入内容的宽度。通过 height 属性,可以设置嵌入内容的高度。使用过程,如:

`< embed src = "video/demo.avi" width = "400" height = "300" />`

2.3 网页表单和控件

2.3.1 表单标签< form >

表单(form)用于从用户(站点访问点)收集信息,然后将这些信息提交给服务器进行处理,并将处理后的结果返回,常用于实现动态网页中的内容交互。表单的使用包含两个部分:一是用户界面,提供用户输入数据的元件;二是处理程序,可以是客户端程序,在浏览器中执行,也可以是服务器处理程序,处理用户提交的数据,返回结果。例如,网页中常见的用户登录、用户注册、信息查询等。表单中可以包含允许用户进行交互的各种控件,如文本框、列表框、复选框和单选按钮等。用户在表单中输入或选择数据之后提交,该数据就会送交给表单处理程序进行处理。

【语法】

```
< form action = "表单的处理程序" method = "传送方式" target = "窗口的位置 " enctype = "编码方
式" >
    <! -- 表单控件 -->
    ...
</form >
```

通过 action 属性,可以指定表单的处理程序,可以是程序或脚本的一个完整 URL。

通过 method 属性,可以定义处理程序从表单中获取信息的方式,决定了表单中已收集的数据用什么方法发送到服务器。传送方式的取值有两种,即 get 或 post。当使用 get 时,表单数据会附加在 URL 之后,由客户端直接发送至服务器,因此速度比 post 快,但缺点是,数据长度有限制,且保密性差,信用卡号或其他机密信息时,不要使用 get 方法,而应使用 post 方法。当使用 post 时,表单数据和 URL 是分开发送的,客户端的计算机会通知服务器来读取数据,因此通常没有数据长度上的限制。在没有指定 method 值的情况下,默认为 get。若要使用 get 方法发送,URL 的长度应限制在 8192 个字符内。如果发送的数据量太大,数据将被截断,从而导致意外的或失败的处理结果。

Target=目标窗口。其取值如下:_blank,在未命名的新窗口中打开目标文档;_parent,在当前文档窗口的父窗口中打开目标文档;_self,在提交表单所使用的窗口中打开目标文档;_top,在当前窗口中打开目标文档,确保目标文档占用整个窗口。

enctype 属性规定在发送到服务器之前应该如何对表单数据进行编码。Enctype 有 3 个取值：application/x-www-form-urlencoded,multipart/form-data 和 text/plain。

默认表单数据编码为"application/x-www-form-urlencoded"。也就是说,在发送到服务器之前,所有字符都会进行编码(空格转换为"+",特殊符号转换为 ASCII 十六进制值)。

multipart/form-data,不对字符编码。在使用包含文件上传控件的表单时,必须使用该值。

text/plain,空格转换为"+",但不对特殊字符编码。

一个网页中可以创建多个表单,每个表单可以包含各种各样的控件,如文本框、单选按钮、复选框、下拉菜单以及按钮等。

【例 2-9】 表单使用实例。

第 1 步,在 HTMLWebsites 项目中添加新项 HTML 文件,命名为 Ex2-9. HTML,设置为起始页,添加代码:

```
<!DOCTYPE HTML >
< HTML xmlns = "http://www.w3.org/1999/xHTML">
< head >
< Meta http - equiv = "Content - Type" content = "text/HTML; charset = utf - 8"/>
    <title></title>
</head >
< body >
    < form action = "form _action.asp" method = "post" target = " ">
        用户名: < input type = "text" name = "user" /><br />
        密 码: < input type = "password" name = "password" /><br />
        < input type = "submit" value = "确定" />
    </ form >
</body >
</HTML >
```

第 2 步,运行程序,得到如图 2-10 所示的界面。

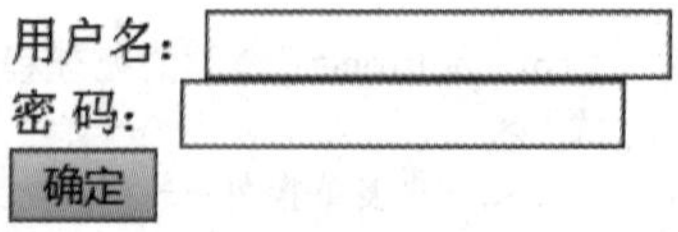

图 2-10　程序运行界面

2.3.2　表单的控件

在网页表单中,输入类的控件一般以< input >标签开始,说明这一控件需要用户的输入。< input >标签是最常用的控件标签,包括最常见的文本框、提交按钮等都采用这个标签。菜单列表类控件则以< select >开始,表示需要用户选择。除此之外,还有一些其他控件,它们有自己的特定标签,如文本域标签< textarea >。

【语法】

< inputname = "控件名称"type = "控件类型"/>

通过 name 属性,可以指定控件名称,便于程序对不同控件进行区分。

通过 type 属性,可以定义控件类型。type 属性的取值有多种,见表 2-6。

表 2-6　type 值与其对应的含义

type 值	含　　义
text	文本框
password	密码框,用户在页面中输入时不显示具体内容,都以"*"代替
radio	单选按钮
checkbox	复选框
button	普通按钮
submit	提交按钮
reset	重置按钮
image	图像域,也称为图像提交按钮
hidden	隐藏域,其并不显示在页面上,只将内容传递到服务器中
file	文件域

下面简要介绍几种常用的表单控件。

1) 文本框和密码框

当用户要在表单中键入字母、数字等内容时,就会用到文本框。

【语法】

< Input Type = "text"属性 = "值"… 事件 = "代码"…>

文本框的主要属性:

Name=单行文本框的名称,通过它,可以在脚本中引用该文本框控件。

Value=文本框的值;

DefaultValue=文本框的初始值;

Size=文本框的宽度(字符数);

MaxLength=允许在文本框内输入的最大字符数。

用户输入的字符数可以超过文本框的宽度,这时系统会将其滚动显示,但输入的字符数不能超过设置的最大字符数。 当 type="password"时,用户输入的文本以 * 呈现,用于输入用户密码。

文本框的主要方法:

Click(),单击该文本框。

Focus(),得到焦点。

Blur( ),失去焦点。

Select(),选择文本框的内容。

文本框的主要事件:

OnClick=单击该文本框执行的代码。

OnBlur=失去焦点执行的代码。

OnChange=内容变化执行的代码。

OnFocus=得到焦点执行的代码。

OnSelect=选择内容执行的代码。

使用过程,如:

```
< input type = "text" name = "URL" size = "20" maxlength = "50" value = "http://" />
< input type = "password" name = "password" size = "20" maxlength = "8" />
```

2）普通按钮、提交按钮、复位按钮

使用 Input 标记可以在表单中添加 3 种类型的按钮：提交按钮、重置按钮和自定义按钮。创建按钮的方法如下：

```
< Input Type = "submit|reset|button" 属性 = "值" … OncClick = "代码">
```

按钮的主要属性：

Type＝submit 创建一个提交按钮。在表单中添加提交按钮后，站点访问者就可以在提交表单时，将表单数据（包括提交按钮的名称和值）以 ASCII 文本形式传送到由表单的 Action 属性指定的表单处理程序。一般来说，表单中必须有一个提交按钮。

Type＝reset 创建一个重置按钮。单击该按钮时，将删除任何已经输入到域中的文本，并清除所做的任何选择。但是，如果框中含有默认文本或选项为默认，单击重置按钮将会恢复这些设置值。

Type＝button 创建一个自定义按钮。在表单中添加自定义按钮时，为了赋予按钮某种操作，必须为该按钮编写脚本。

name＝按钮的名称。

value＝显示在按钮上的标题文本。

按钮的主要事件：

OnClick＝单击按钮执行的脚本代码。

使用过程，如：

```
<! -- 在页面中添加一个普通按钮 -->
< input type = "button" value = "普通按钮" name = "buttom1" />
<! -- 在页面中添加一个关闭当前窗口的按钮 -->
< input type = "button" value = "关闭当前窗口" name = "close" onclick = "window.close()" />
<! -- 在页面中添加一个打开新窗口的按钮 -->
< input type = "button" value = "打开新窗口" name = "opennew" onclick = "window.open()" />
```

3）单选按钮

在表单中添加选项按钮，可以让站点访问者从一组选项中选择其中之一。在一组单选按钮中，一次只能选择一个。创建选项按钮的方法如下：

【语法】

```
< Input Type = "radio"属性 = "值" … 事件 = "代码" …>选项文本
```

单选按钮的主要属性：

name＝单选按钮的名称，若干个名称相同的单选按钮构成一个控件组，在该组中只能选中一个选项。

value＝提交时的值。

checked，设置当第一次打开表单时，该单选按钮处于选中状态；该属性值是可选的。

当提交表单时，该单选按钮组名称和所选取的单选按钮指定值都会包含在表单结果中，如果没有任何单选按钮被选取，组名称会被纳入表单结果中，值则为空白。

使用过程,如:

```
< Input Type = radio Checked name = kd value = "教师">教师
< Input Type = radio name = kd value = "学生">学生
< Input Type = radio name = kd value = "公务员">公务员
< Input Type = radio name = kd value = "医生">医生
```

4）复选框

当用户需要从若干给定的选择中选取一个或若干选项时,就会用到复选框。

【语法】

```
< Input Type = "checkbox" 属性 = "值"…事件 = "代码"…>选项文本
```

复选框的主要属性:

name ＝复选框的名称。

value＝选中时提交的值。

checked,设置当第一次打开表单时,该复选框处于选中状态。该复选框被选中时,值为true,否则为 false。

方法:

Focus(),得到焦点;Blur(),失去焦点;Click(),单击该复选框。

事件:

OnFocus＝得到焦点执行的代码;OnBlur＝失去焦点执行的代码;OnClick＝单击该复选框执行的代码。当提交表单时,假如复选框被选中,它的内部名称和值都会包含在表单结果中,否则,只有名称会被纳入表单结果中,值则为空白。

使用过程,如:

```
< input type = "checkbox" value = "A1" name = "test"/>数学
< input type = "checkbox" value = "A2" name = "test"/>语文
< input type = "checkbox" value = "A3" name = "test"/>英语
< input type = "checkbox" value = "A4" name = "test"/>体育
```

5）文本区域

在表单中添加文本区域可以接受站点访问者输入多于一行的文本。创建文本区域的方法如下:

```
< Textarea 属性 = "值"…事件 = "代码"…>初始值</Textarea >
```

文本区域的主要属性:

Name＝滚动文本框控件名称。

Rows＝控件的高度(以行为单位)。

Cols＝控件的宽度(以字符为单位)。

ReadOnly:滚动文本框的内容不能被用户修改。

创建多行文本框时,在< Textarea >和</Textarea >标记之间输入的文本将作为该控件的初始值。它的其他属性、方法和相关事件与单行文本框基本相同。当提交表单时,该域名称和内容都会包含在表单结果中。

6）下拉菜单

表单中的选项菜单可以让站点访问者从列表或菜单中选择选项。菜单中可以选择一个选项,也可以设置为允许许多重选择。

【语法】

```
< Select Name = "值" Size = "值" [Multiple]>
< Option [Selected] Value = "值" >选项 1</Option>
< Option [Selected] Value = "值">选项 2</Option>
…
</Select>
```

属性:

Name=选项菜单控件名称。

Size=在列表中一次可以看到的选项数目(默认为 1),若大于 1,则相当于列表框。

Multiple,允许作多项选择。

Selected=该选项的初始状态为选中。

当提交表单时,菜单的名称会被包含在表单结果中,并且其后有一份所有选项值的列表。

【例 2-10】 一个关于课程的下拉菜单。

第 1 步,在 HTMLWebsites 项目中添加新项 HTML 文件,命名为 Ex2-10. HTML,设置为起始页,添加如下代码:

```
< HTML >
< Head >
< Title>下拉菜单示例</Title>
</Head >
< Body >
< Form Action = "GetCourse. asp" Method = "post">
< Select Name = "课程">
< Option Value = "计算机基础" Selected>计算机基础</Option>
< Option Value = "C 语言程序设计" Selected>C 语言程序设计</Option>
< Option Value = "数据结构" Selected>数据结构</Option>
< Option Value = "数据库原理" Selected>数据库原理</Option>
< Option Value = "C++程序设计" Selected>C++程序设计</Option>
</Select >
</Form >
</Body >
</HTML >
```

第 2 步,运行程序,得到如图 2-11 所示的结果。

| C++程序设计 ▼ |

图 2-11 运行结果

7）文件域

文件域由一个文本框和一个"浏览"按钮组成,用户既可以在文本框中输入文件的路径和文件名,也可以通过单击"浏览"按钮从磁盘上查找和选择所需文件。文件域一般用于选择文件上载到服务器。创建文件域的方法如下:

【语法】

```
< Input Type = "file" 属性 = "值" …>
```

文件域的主要属性：

Name＝文件域的名称。

Value＝初始文件名。

Size＝文件名输入框的宽度。

【例 2-11】　文件上传的例子。

第 1 步，在 HTMLWebsites 项目中添加新项 HTML 文件，命名为 Ex2-11. HTML，设置为起始页，添加如下代码：

```
< HTML >
< Head >
< Title >文件域示例</Title >
</Head >
< Body >
< Form Action = "GetCourse. asp" Method = "post" enctype = "multipart/form - data">
< Table Align = center BgColor = ♯D6D3CE Width = 368 >
< Tr >
< Th ColSpan = 2 BgColor = ♯00034EF >
< Font Color = ♯FFFFFF >文件域</Font >
</Th >
</Tr >
< Tr >
< Td Height = 52 Align = right >请选择文件：</Td >
< Td Height = 52 >< Input Type = file Name = F1 Size = 16 ></Td >
</Tr >
< Tr Align = center >
< Td Height = 52 Align = right >< Input Type = submit Value = 提交 Name = btnSubmit ></Td >
< Td Height = 52 >< Input Type = reset Value = 全部重写 Name = btnReset ></Td >
</Tr >
</Table >
</Form >
</Body >
</HTML >
```

第 2 步，运行程序，得到如图 2-12 所示的结果。

8）分组框

使用 FieldSet 标记对表单控件进行分组，从而将表单细分为更小、更易于管理的部分。FieldSet 标记必须以 Legend 标记开头，以指定控件组的标题，在 Legend 标记之后可以跟其他表单控件，也可以嵌套 FieldSet。

【语法】

```
< FieldSet >
< Legend >控件组标题</Legend >
组内表单控件
</FieldSet >
```

【例 2-12】　一个分组框的例子。

第 1 步，在 HTMLWebsites 项目中添加新项 HTML 文件，命名为 Ex2-12. HTML，设

置为起始页,添加如下代码:

```
< HTML >
< Head >
< Title >文件域示例</Title >
</Head >
< Body >
< filedset >
< legend >用户登录</legend >
< form name = "login. asp" method = "post">
账号: < input name = "UserName"></input > < br > < br >
密码: < input type = "password" name = "UserPassword"></input > < br > < br >
< input type = "submit" value = "登录" name = "Submit"></input >
< input type = "reset" value = "重填" name = "Reset"></input >
</form >
</fieldset >
</Body >
</HTML >
```

第 2 步,运行程序,得到如图 2-13 所示的结果。

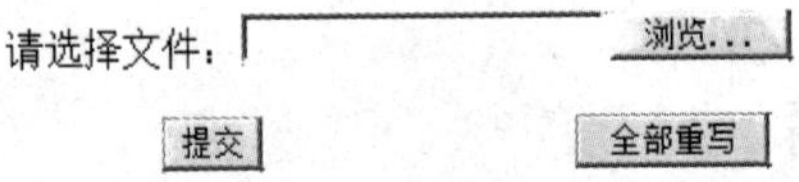

请选择文件: [   ] [浏览...]

[提交]   [全部重写]

图 2-12　选择文件

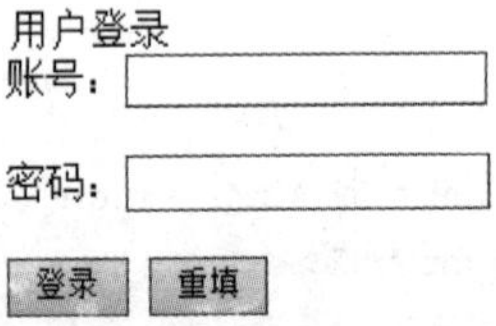

用户登录
账号: [   ]
密码: [   ]

[登录] [重填]

图 2-13　分组框显示效果

2.3.3　获取表单数据

客户端提交数据后需要通过 Request 内置对象在服务端获取数据。Request 对象功能是从客户端得到数据。常用的 3 种取得数据的方法是:

```
Request. Form. Get("username");
Request. QueryString("username");
Request["username"].
```

第三种方法是前两种方法的一个缩写,可以取代前两种情况。前两种主要对应的 Form,提交时有两种方法:分别是 Post 方法和 Get 方法。

当表单中的 method 的值为 Get 时,在后台服务器中获取数据的方法可以为 Request. QueryString("username")或 Request["username"]。

当 method 的值为 Post 时,在后台服务器中获取数据的方法为 Request. Form. Get ("username")或 Request["username"]。

表单提交的数据都需要控件的 name,使用控件 id 提交后,将无法提取数据。

【例 2-13】　表单数据提交和提取例子。

第 1 步,在 HTMLWebsites 项目中添加新项 HTML 文件,命名为 Ex2-13. HTML,设置为起始页,添加如下代码:

```
<!DOCTYPE HTML>
<HTML xmlns = "http://www.w3.org/1999/xHTML">
<head>
<Meta http-equiv = "Content-Type" content = "text/HTML; charset = utf-8"/>
    <title></title>
</head>
<body>
    <form id = "Form 1" action = "Ex2-13.aspx" method = "post">
        <div style = "text-align:center">
            填写用户信息
            <hr style = "size:50%" />
            <div style = "text-align:left">
                用户名:<input name = "user_name" type = "text" /><br />
                密码:<input name = "Password1" type = "password" /><br />
                确认密码:<input name = "Password2" type = "password" /><br />
                性别:<input name = "sex" type = "radio" value = "女" />女
                <input name = "sex" type = "radio" value = "男" />男<br />
                上传照片:<input id = "File1" type = "file" name = "picture" /><br />
                <input type = "submit" value = "提交" />
                <input type = "reset" value = "重置" />
            </div>
        </div>
    </form>
</body>
</HTML>
```

第 2 步，在 HTMLWebsites 项目中添加新项 Web 窗体，命名为 Ex2-13.aspx，添加代码：

```
using System;
using System.Collections.Generic;
using System.Linq;
using System.Web;
using System.Web.UI;
using System.Web.UI.WebControls;
public partial class Ex2_13: System.Web.UI.Page
{
    protected void Page_Load(object sender, EventArgs e)
    {
        Response.Write("利用 Response 对象获取客户端数据");
        Response.Write("<hr/>");
        string[] names = Request.Form.AllKeys;
        for (int i = 0; i < names.Length; i++)
        {
            string[] values = Request.Form.GetValues(i);
            for (int j = 0; j < values.Length; j++)
            Response.Write(names[i] + "=" + values[j] + "<br/>");
```

```
    }//通过循环表单中的键和键值,用 Response.Write 输出
  }
}
```

第 3 步,运行程序,得到如图 2-14 所示的表单提交数据,单击"提交"按钮,得到如图 2-15 所示的结果。

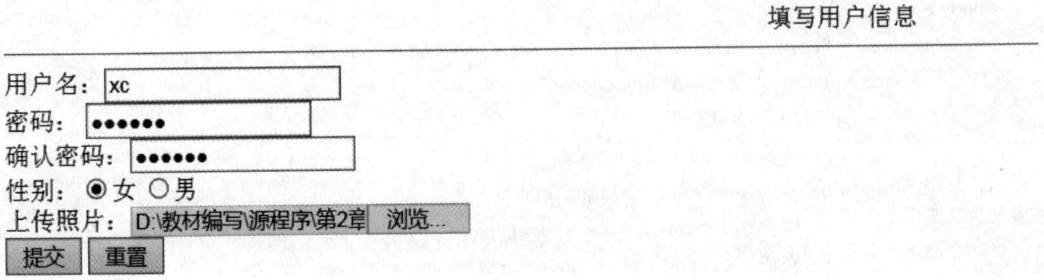

填写用户信息

用户名: xc
密码: ●●●●●●
确认密码: ●●●●●●
性别: ⊙女 ○男
上传照片: D:\教材编写\源程序\第2章 浏览…
提交 重置

图 2-14 表单提交数据

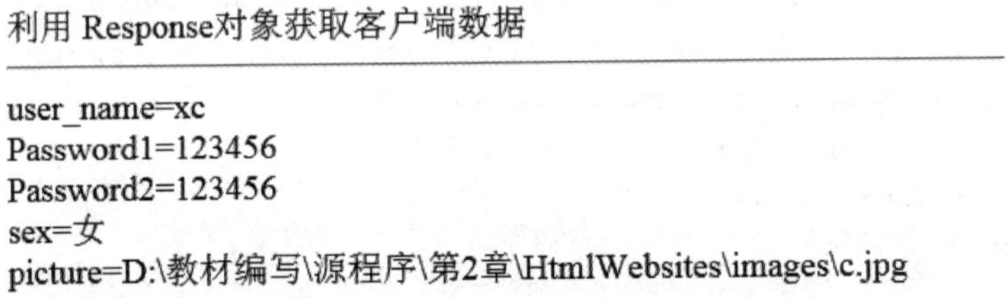

利用 Response 对象获取客户端数据

user_name=xc
Password1=123456
Password2=123456
sex=女
picture=D:\教材编写\源程序\第2章\HtmlWebsites\images\c.jpg

图 2-15 获取表单的数据

2.4 框 架 标 签

2.4.1 帧标记< frame >

帧技术又称框架技术。迄今为止提到的所有网页都能链接到其他网页,但是每次只能显示一个网页,为了能够在同一浏览器中显示多个页面,必须使用帧技术。为了说明一个 HTML 文档中使用了帧技术,必须在文档类型中给予相应的说明,该文档类型说明如下:
<!DOCTYPE HTML PUBLIC"-//W3C//DTD HTML 4.01 Frameset//EN" "http://www.w3.org /TR/HTML4/loose. dtd">。

帧式网页起始于开始标记< frameset >。帧集有两个重要属性,即 cols 属性(列属性)和 rows 属性(行属性),其中 cols 属性给出了帧集页面的纵向布局,而 rows 属性则给出了帧集页面的横向布局。这两个属性会指定每个帧的宽度,或像素值,或所占屏幕的百分比。例如 < frameset cols= "110,﹡ ">告诉浏览器该网页有两个帧,第一个从屏幕左侧扩展了 110 个像素点,第二个帧填充了屏幕的剩余部分。

帧集标记只说明在一个浏览器中可以有多少个页面,但是每个页面该如何表达,是标记 < frameset >无法实现的,因此,在< frameset >…</frameset >内必须将每个帧的内容表达出来。HTML 是通过在< frameset >…</frameset >内镶嵌< frame >来实现的。

【语法】

帧标记<frame>的常用格式为

<frame name="main" src="main.HTML">

其中,name 属性是标识帧;src 表示在帧中建立一个超链接。帧标记往往与下面的格式一起使用

<a href="link.HTML",target="main">

其作用是在 name 属性为"main"的帧中加载页面 link.HTML。

<noframes>…</noframes>标记对也放在<frameset>…</frameset>标记对之间,用来在那些不支持帧的浏览器中显示文本或图像信息。

【例 2-14】 frame 标记的应用。

第 1 步,在 HTMLWebsites 项目中添加新项 HTML 文件,命名为 Ex2-14.HTML,设置为起始页,添加代码:

```
<HTML>
<head>
<title>HTML 文档链接标记、帧标记的演示效果</title>
</head>
<frameset cols="15%,85%">
<frame src="Ex2-1.HTML" scrolling="no" name="win001">
<frame src="Ex2-2.HTML" name="win002">
</frameset>
<noframes>
Please use a Web browser such as IE3.0 orNetscape Navigator to view this page in frames!
</noframes>
</HTML>
```

第 2 步,运行程序,得到如图 2-16 所示的结果。

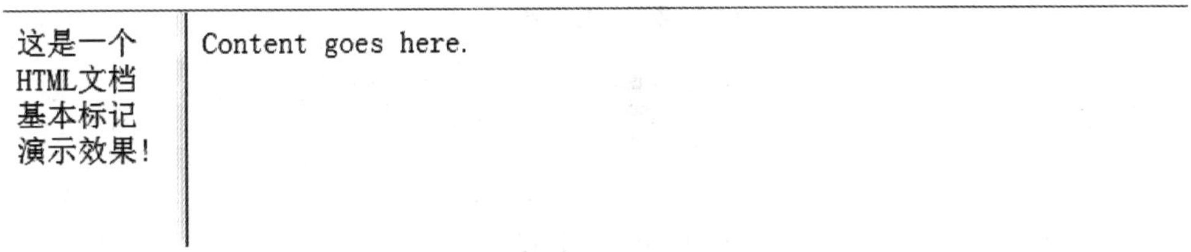

这是一个 HTML文档基本标记演示效果!　Content goes here.

图 2-16 运行结果

2.4.2 IFrame 标记

IFrame 标记又称浮动帧标记,可用它将一个 HTML 文档嵌入在另一个 HTML 中显示。它不同于 Frame 标记,Frame 最大的特征是所应用的 HTML 文件不是与另外的 HTML 文件相互独立显示,而是可以直接嵌入在该 HTML 文件中,与这个 HTML 文件内容相互融合,成为一个整体,另外,还可以多次在一个页面内显示同一内容,而不必重复写内容,一个形象的比喻即"画中画"电视。

【语法】

```
< IFrame src = "URL" width = "x" height = "x" scrolling = "[OPTION]" FrameBorder = "x"></iframe>
```

src：文件的路径，既可以是 HTML 文件，也可以是文本、ASP 文件等。

width、height："画中画"区域的宽与高。

scrolling：当 SRC 指定的 HTML 文件在指定的区域显示不完时的滚动选项，如果设置为 No，则不出现滚动条；如为 Auto，则自动出现滚动条；如为 Yes，则显示滚动条。

FrameBorder：区域边框的宽度，为了让"画中画"与邻近的内容相融合，常设置为 0。

在脚本语言与对象层次中，包含 IFrame 的窗口称为父窗体，而浮动帧则称为子窗体，弄清这两者的关系很重要，必须清楚对象层次，才能通过程序来访问并控制窗体。

IFrame 虽然内嵌在另一个 HTML 文件中，但它保持相对的独立，是一个"独立王国"，在 HTML 中的特性同样适用于浮动帧中。通过 IFrame 标记，可将那些不变的内容以 IFrame 来表示，不必重复写相同的内容。它使页面的修改更为方便，不必因为版式的调整而修改每个页面，只需修改一个父窗体的版式即可。例如：

```
< IFrame src = frame.htm width = "400" height = "200" scrolling = "auto" frameborder = "1">
</frame>
```

有一点要注意，Netscape 浏览器不支持 IFrame 标记。

2.5 习　　题

1. 简要介绍什么是 HTML。
2. 解释 HTML 的 Meta 标签的含义及其作用。
3. 区分网页中常见的字符集。
4. 利用 HTML 编程实现如图 2-17 所示的效果。

Disc· 项目符号列表：

- → 苹果
- → 香蕉
- → 柠檬
- → 桔子

Circle· 项目符号列表：

○ → 苹果
○ → 香蕉
○ → 柠檬
○ → 桔子

Square· 项目符号列表：

■ → 苹果
■ → 香蕉
■ → 柠檬
■ → 桔子

图 2-17　列表效果

5. 使用 HTML 编程实现如图 2-18 所示的表格。

第一行第一栏	第一行的第二、三栏	
第二行及第三行 的 第一栏	第二行第二栏	第二行第三栏
	第三行第二栏	第三行第三栏

图 2-18　表格效果

6. 利用 HTML 实现一个邮件发送的功能,如图 2-19 所示。(提示,发送邮件的代码为 < form action＝"mailto:name@qq.com" enctype＝"text/plain">,启动默认的邮件客户端,如 outlook、foxmail 软件发送邮件)。

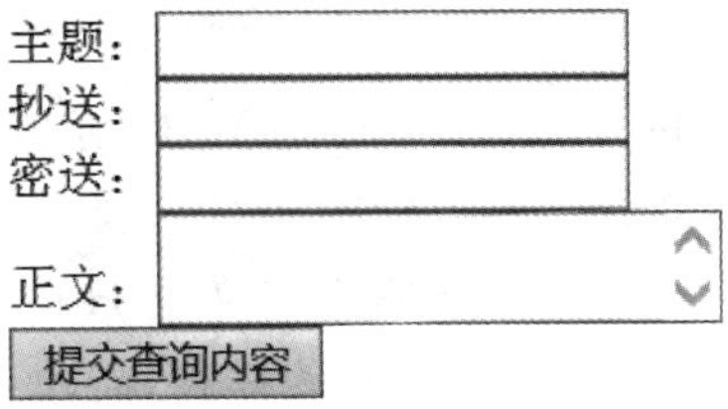

图 2-19　邮件表单效果

## 第 3 章

CSS 样式设计

3.1 CSS 简介

层叠样式单(Cascading Style Sheets,CSS)是 W3C 协会为弥补 HTML 在显示属性设定上的不足而制定的一套扩展样式标准。CSS 重新定义了 HTML 中原来文字的显示式样,并增加了一些新概念,如类、层等。CSS 重新定义了 HTML 中原来的文字显示样式,并还可以处理文字重叠、定位等,它提供了更丰富的样式,同时,CSS 可集中进行样式管理,允许将样式定义单独存储于样式文件中,把显示的内容和样式定义分离,便于多个文件共享。

1996 年,W3C 提出了一个定义 CSS 的草案,很快这个草案成为一个被广泛采纳的标准。CSS 1 定义了许多简单文本格式化属性,还定义了颜色、字体和边框、级联的原理、CSS 与 HTML 之间的链接机制等属性。

1998 年,W3C 又在原有草案的基础上进行了扩展,建立了 CSS 2 规范功能。CSS 2 使网络开发者能够使用 CSS 布置页面、替换 HTML 表;为特定输出设备创建样式表;对于页面的接收样式部分,具有精细的控制。CSS 2 包含且扩展了 CSS 1 中的所有属性和已经定义的值。

目前,CSS 的最新版本是 CSS 3。CSS 3 语言开发是朝着模块化发展的。以前的规范作模块比较大而且复杂。所以,把它分解为一些小的模块,这些模块包括:盒子模型、列表模型、超链接方式、语言模块、背景和边框、文字效、多栏布局等。

下一版的 CSS 4 仍在开发过程中,直至现在,CSS 4 也只有极少数功能被部分浏览器支持。

使用 CSS 可以很方便地管理显示格式方面的工作。首先,它能够对网页上的元素精确地定位,让网页设计者在网页上自由控制文字图片,使它们按要求显示;其次,它能够实现把网页上的内容结构和格式控制相分离。浏览者想要看的是网页上的内容结构,而为了让浏览者更好地看到这些信息,就要通过格式控制来帮忙。内容结构和格式控制相分离使得网页可以仅由内容构成,而将所有网页的格式控制指向某个 CSS 样式表文件。这样就带来两方面的好处:

(1) 简化了网页的格式代码,外部的样式表还可被浏览器保存在缓存里,从而加快下载的速度。

(2) 只要修改保存着网站格式的 CSS 样式表,文件就可以改变整个站点的风格特色,在改页面数量庞大的站点时,显得格外有用,避免了网页一个一个地修改,大大减少了重复的工作量。

3.2　CSS 语法与使用

3.2.1　CSS 定义语法

　　CSS 是格式化网页的标准方法,它就颜色、字体、间隔、定位以及边距等几十种属性,这些属性可通过 Style 应用于 HTML 标记中,但篇幅限制,本书只讨论其中常见的几个属性,包括字体、颜色、背景等。CSS 样式表是由许多样式规则组成的,用来控制网页元素的显示方式。

【语法】

选择符{属性 1：值 1；属性 2：值 2…}

　　规则由选择符以及紧跟其后的一系列"属性：值"对组成,所有"属性：值"对用"{}"包括,各"属性：值"对之间用分号";"分隔。如

p{color: red ; font – size:20pt}

其中,p 是选择符；color：red,font-size：20pt 是"属性：值"对。本规则表示所有< p >标的文字颜色为红色、大小为 20 磅。

　　样式属性值有以下几条规则：

　　(1) 如果属性的值由多个单词组成,则必须在值上加引号,如字体的名称经常是几个单词的组合。

p{font – family: 'sans serif'}

　　(2) 属性值不区分大小写,如 small,Small,SMALL,smALL 都是一样的。

　　(3) 当属性值没有具体的单位表示物理意义时,就用数值表示,数值可以是整数或小数,可以是正数或负数。

　　(4) 用数值指定长度时,后面用 2 个字符组成单位的缩写,数字和单位之间不能用空格隔开。常见的长度单位见表 3-1。这些长度是近似值,具体长度取决于屏幕分辨率。

表 3-1　常见的长度单位

名　　称	像　　素	点	厘　　米	毫　　米	12 点活字
全称	pixel	point	centiment	millimeter	pica
缩写	px	pt	cm	mm	pc

　　(1) 相对长度 em,ex 分别表示当前字体的大小和字母 x 的高度。

　　(2) 百分比类型的属性值表示相对于前面使用过的尺寸的百分比值。

　　(3) 许多属性值可以被后代元素继承,如 fon-size,如果定义< body >标签的字体大小为< body font-size:5px >,则文档中的所有元素的字体大小默认都会继承这个值。也有部分属性是不能被继承的,如 backgroundcolor、边距等。

3.2.2　CSS 的使用

　　CSS 规则总是由 Web 浏览器进行解释,HTML 和 CSS 标准对浏览器应该如何显示这

些规则作了明确规定——但是,它们并非总是遵守这些规定。用 CSS 设计网页,用户不但需要知道这些标准(如 CSS 规范所述),而且还要理解浏览器的特性和缺点会如何影响 Web 设计的结果。

如果浏览器在编写时,就让它理解所遇到的情况,那么它就会根据规范尝试显示相应的内容。如果浏览器不知道遇到的情况,就会忽略它。这两种选择可以认为是"正确执行"。否则,浏览器可能错误执行。浏览器可能对遇到的情况迷惑不解,以一些非标准的方式显示,甚至会崩溃,虽然这很少发生。当然,上述错误是用户不希望看到的,也是问题的根源。

级联样式表从开始就设计成能合理地退化处理。意思就是,如果因为某些原因不能识别 CSS 规则,页面仍然可用,仍然可以访问其内容。因为显示与内容是分开的,虽然在删除显示效果后不是很漂亮,但内容应该能够独立显示。

前面介绍了 CSS 的语法,但要在浏览器中显示出效果,就要让浏览器识别并调用样式表,当浏览器读取样式表时,要依照文本格式来读。为网页添加样式表的方法有 4 种:链入外部样式表、导入外部样式表、联入样式表和内联样式。其中,联入样式表和内联样式是将 CSS 的功能组合于 HTML 文件之内,而链入及导入外部样式表则是将 CSS 功能以文件方式独立于 HTML 文件之外,然后再通过链入或导入的方式将 HTML 文件和 CSS 文件链接在一起。

1. 链入外部样式表

链入外部样式表是把样式表保存为一个 CSS 文件,标记放置在 HTML 文档头部,在 HTML 的头信息标识符<head>里添加<link>标记链接到这个 CSS 文件即可使用。外部样式表不能含有任何像<head>或<style>这样的 HTML 标记,仅仅由样式规则或声明组成,并且只能以 .CSS 为扩展名。

【语法】

```
<link rel = "样式与文档", href = "CSS 文件", type = "", media = "输出媒体">
```

属性主要有:

rel 属性表明样式表将以何种方式与 HTML 文档结合。一般取值为 Stylesheet,指定一个外部的样式表。

href 属性指出 CSS 文件的地址,如果样式文件和 HTML 文件不是放在同路径下,则要在 href 里加上完整路径。

type 属性指出样式类别,通常取值为 text/CSS。

media 是可选的属性,表示使用样式表的网页将用什么媒体输出,取值范围包括:(默认)输出到计算机屏幕;print,输出到打印机;projection,输出到投影仪等。

一个外部样式表文件可以应用于多个页面。当改变样式表文件后,所有页面的样式都随之而改变。在制作大量相同样式页面的网站时非常有用,不仅减少了重复的工作量,而且有利于以后的修改、编辑。同时,大多数浏览器会保存外部样式表在缓冲区,从而浏览时可减少重复下载代码,避免展示网页时的延迟。

【例 3-1】 链入外部样式表实例。

第 1 步,用 VS 2013 新建空网站 CSSWebsites 项目。

第 2 步,添加一个 Web 窗体,命名为 Ex3-1. HTML,添加代码:

```
<HTML>
<head>
<title>链接样式表 CSS 示例</title>
<link rel = "stylesheet" type = "text/CSS" href = "3 - 1. CSS" media = "screen">
</head>
<body topmargin = 4>
<h1>这是一个链接样式 CSS 示例!</h1>
<span class = "mytext">这行文字应是红色的.</span>
<p>这一段底色应是黄色.</p>
</body>
</HTML>
```

第 3 步,添加一个样式表文件,命名为 3-1. CSS,代码如下:

```
h1{font - family:"隶书","宋体";color:♯ff8800}
p{background - color:yellow;color:♯000000}
.mytext{font - family:"宋体";font - size:14pt;color:red}
```

第 4 步,运行程序,结果如图 3-1 所示。

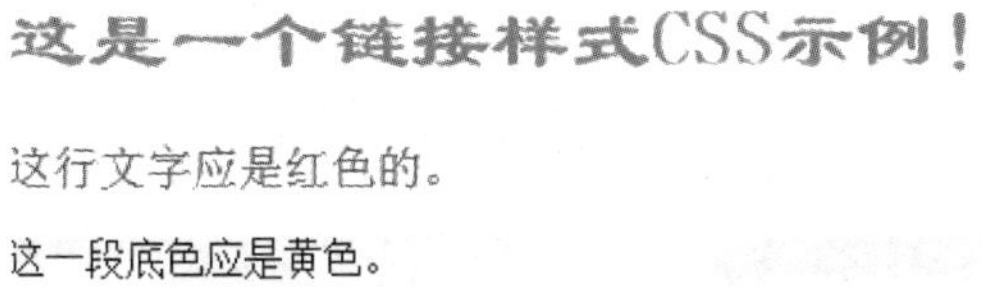

这是一个链接样式CSS示例！

这行文字应是红色的。

这一段底色应是黄色。

图 3-1　运行结果

2. 导入外部样式表

导入外部样式表是指在 HTML 文件头部的< style >…</style >标记之间,利用 CSS 的 @import 声明导入外部样式表。@Import "3. CSS"表示导入 3-1. CSS 样式表,注意使用时外部样式表的路径,这和链入外部样式表的方法很相似,但导入外部样式表输入方式更有优势,因为除外部样式外,还可添加本页面的其他样式。注意:@import 声明必须放在样式表的开头部分,其他 CSS 规则应仍然包括在 style 元素中。

【例 3-2】　import 导入样式表。

第 1 步,为 CSSWebsites 项目添加一个 Web 窗体,命名为 Ex3-2. HTML,添加如下代码:

```
<HTML>
<head>
<title>导入外部样式表 CSS 示例</title>
<style type = "text/CSS">
<! -- @import "3 - 1. CSS"; -->
h2 {font - family:"隶书","宋体";color:blue}
</style>
</head>
<body topmargin = 4>
<h1>这是一个链接样式 CSS 示例!</h1>
<span class = "text">这行文字应是红色的.</span>
<h2>这行文字应是蓝色的.</h2>
<p>这一段底色应是黄色.</p>
</body>
```

```
</HTML>
```

第 2 步,运行程序,结果如图 3-1 所示。

3. 联入样式表

利用< style >标记将样式表联入 HTML 文件的头部。style 元素放在文档的 head 部分,必需的 type 属性用于指出样式类别,通常取值为 text/CSS、有些低版本的浏览器不能识别 style 标记,这意味着低版本的浏览器会忽略 style 标记里的内容,直接以源代码的方式在网页上显示设置的样式表。为了避免这种情况发生,用加 HTML 注释的方式(<! —注释-->)隐藏内容而不让它显示。联入样式表的作用范围是本 HTML 文件。

【例 3-3】 联入样式表实例。

第 1 步,为 CSSWebsites 项目添加一个 Web 窗体,命名为 Ex3-3. HTML,添加如下代码:

```
< HTML >
< head >
< style type = "text/CSS">
    body {background - image:url(022.gif);}
</style>
</head>
< body >
</body>
</HTML >
```

第 2 步,运行程序,结果如图 3-2 所示。

图 3-2 程序结果

4. 内联样式

内联样式是混合在 HTML 标记里使用的,用这种方法,可以很简单地对某个元素单独定义样式,它是连接样式和 HTML 标记的最简单的方法。内联样式的使用即直接在HTML 标记里加入 style 参数,而 style 参数的内容就是 CSS 的属性和值。

此时样式定义的作用范围仅限于此标记范围之内。style 属性是随 CSS 扩展出来的,它可以应用于任意 body 元素(包括 body 本身),除了 basefont、param 和 script。还应注意,若要在一个 HTML 文件中使用内联样式,可以在文件头部对整个文档进行单独的样式表语言声明,即< Meta http—equiv= "Content-Type" content ="text/CSS">。

如果使用内联样式向标记中添加太多属性及内容,对于网页设计者来说很难维护,更难阅读,而且由于它只对局部起作用,因此必须对所有需要的标签都作设置,这样就失去了 CSS 在控制页面布局方面的优势。所以,内联样式主要用于样式仅适用于单个页面的情况,应尽量减少使用内联样式,而采用其他样式。

【例 3-4】 内联样式。

第 1 步,为 CSSWebsites 项目添加一个 Web 窗体,命名为 Ex3-4. HTML,添加代码:

```
<! DOCTYPE HTML >
< HTML xmlns = "http://www.w3.org/1999/xHTML">
< head >
< Meta http - equiv = "Content - Type" content = "text/HTML; charset = utf - 8"/>
    < title ></title>
    < h1 style = " font - family: '隶书','宋体';color:♯ff8800">这是一个链接样式 CSS 示例!
</h1 >
</ head >
< span style = "color:red;">这行文字应是红色的.</span>
    < p style = "color:red;background - color:yellow">这一段底色应是黄色.</p>
    < body style = "font - family: '宋体';font - size:14pt" >
    </body >
</HTML >
```

第 2 步,运行程序,结果如图 3-1 所示。

5. 多重样式表的叠加

有时会遇到这样一种情况:几个不同的样式使用了同一个选择器,此时 CSS 会对各属性值进行叠加处理,遇到冲突的地方,会以最后定义的为准。

按照后定义优先的原则,优先级最高的是内联样式。联入样式、导入外部样式、链入外部样式之间则是最后定义的优先级最高。

首先链入一个外部样式表,其中定义了 h3 选择符的 color、text-align 和 font-size 属性。

h3 {color: red;text - align: left;font - size: 8pt;}

然后在内部样式表里也定义了 h3 选择符的 text-align 和 font-size 属性。

h3 {text - align: right; font - size: 20pt;}

那么,这个页面叠加后的样式就是:

color: red; text - align: right; font - size: 20pt;

即标题 3 的文字颜色为红色;向右对齐;尺寸为 20 号字。字体颜色从外部样式表里保留下来,而对齐方式和字体尺寸都有定义时,按照后定义优先的原则。

3.2.3　选择符

CSS 中有 HTML 标记类选择符、具有上下文关系的 HTML 标记类选择符、用户自定义类选择符、用户定义的 ID 选择符、虚元素和虚类。

1. HTML 标记类选择符

直接用 HTML 标记或 HTML 元素名称作为选择符,例如:

```
td,input,select,body {font - family:Verdana;font - size;e;12px;}
form,body {margin: 0; padding: 0 }
select,body,textarea {background?and: #fff; font - size:12px;}
select (font - size: 13px; }
Img{border: none}
a {text - decoration: underline; cursor: pointer; }
h1{color: #ff0000}
```

2. 具有上下文关系的 HTML 标记类选择符

如果定义了这样的样式规则 Body{color：blue}，则网页中所有的文字都以蓝色显示。因为 body 标记包含了所有的其他标记符，除非另外指定样式或格式来更改这一设定。可以为某个容器元素的内部元素设置特定的样式规则，使其具有上下文关系的 HTML 标记。例如，如果只想使位于 h1 标记符的 b 标记符具有特定的属性，使用的格式应为

```
h1 b{color: blue}
```

注意：元素之间以空格分开，表示只有位于 h1 标记内的 b 元素具有蓝色属性，其他任何 b 元素都保持原有颜色。

【例 3-5】 上下文关系的 HTML 标记类选择。

第 1 步，为 CSSWebsites 项目添加一个 Web 窗体，命名为 Ex3-5. HTML，添加如下代码：

```
< HTML >
< head >
< title > CSS 选择符问题 </title>
< style type = text/CSS >
input {color: white;}
div input {color:red}
div span b {color:yellow}
</style >
</head >
< body >
< input type = "text" value = "change me">
< br >
< div >
    < input type = "text" value = "change me"> < br >
    < span > I'm a <b> good </b> student </span >
</div >
</body >
</HTML >
```

第 2 步，运行程序，结果如图 3-3 所示。

```
┌────────────────┐
│ change me      │
├────────────────┤
│ change me      │
└────────────────┘
I'm a good student
```

图 3-3　程序结果

3. 用户自定义类选择符

使用类选择符能对相同的标记分类，并定义成不同的样式。定义类选择符时，在定义类的名称前面加一个点号；假如想要两个不同的段落，一个段落右对齐，一个段落居中，可以先定义两个类：

```
p. right(text - align:right}
center(text - align:center }
```

"."符号后面的 right 和 center 为类名。类的名称可以是用户自定义的任意英文单词

或以英文开头的与数字的组合，一般以其功能和效果简要命名。如果要用在不同的段落里，在 HTML 标记里加入前面定义的类即可。

```
<p class = "right">这个段落右对齐</p>
<p class = "center">这个段落是居中排列的</p>
```

用户定义的类选择符的一般格式是，

```
selector.classname{属性:值; …}
```

类选择符还有一种用法，在选择符中，省略 HTML 标记名，这样可以把几个不同的元素定义成相同的样式。例如：.center{text-align：center}。自定义 Center 类选择符为文字居中排列。这样可以不限定某个 HTML 标记，而将其应用到任何元素上。例如，将 h1 元素标题 D 和 p 元素都设为 center 类，使这两个元素的文字居中显示。

```
<h1 class = "center">这个标题是居中排列的</h1>
<p class = "center">这个段落也是居中排列的</p>
```

这种省略 HTML 标记的类选择符是最常用的 CSS 方法，使用这种方法可以很方便地在任意元素上套用预先定义好的类样式，但是前面的"."号不能省略。

4. 用户定义的 ID 选择符

用户定义的 ID 选择符的语法如下：

```
♯ IDname{property:value; …}
```

其中，IDname 为某个标记 ID 属性的值。ID 选择符的用途及概念和类选择符相似，不同之处在于，同一个 ID 选择符样式只能在 HTML 文件内被应用一次，而类选择符样式则可以多次被应用。也就是说，如果有些较特别的标记需要应用较特殊的样式，则建议使用 ID 选择符。定义 ID 选择符时用"♯"号开头，而不是"."号。

5. 虚元素

在 CSS 中有两个特殊的虚元素选择符，用于 p、div、span 等块级元素的首字母和首行效果，它们是：first-letter 和 first-line。不过，有些浏览器不支持这两个虚元素。它们的使用语法如下：

```
选择符:first - letter{property:value; …}
选择符:first - line{property: value; …}
选择符.类:first - letter{property:value; …}
选择符.类:first - line{property: value; …}
```

也可在样式中定义 $span{font-size:200%}，然后在需要的位置应用该样式来实现首字母效果。例如，"<p>前面了解了 CSS 的语法</p>"可以达到同样的效果。

6. 虚类

对于超链接 a 标记符，可以使用虚类方式设置不同类型访问链接的显示方式。虚类是一种特殊的类选择符，能被支持的浏览器自动识别的特殊选择符。

【语法】

```
选择符:虚类{property:value; …}
```

定义虚类的方法和常规类很相似,但有两点不同:一是连接符是冒号,而不是句点号;二是虚类有预先定义好的名称,也就是链接可处在 4 种不同的状态下,即 link、visited、active、hover,分别代表未访问的链接、已访问的链接、活动链接和鼠标停留在链接上。

【例 3-6】 上下文关系的 HTML 标记类选择。

第 1 步,为 CSSWebsites 项目添加一个 Web 窗体,命名为 Ex3-6. HTML,添加如下代码:

```
< HTML >
< head >
< title > CSS 伪类示例</title >
< style type = "text/CSS">
a:link {font - size: 18pt; font - family:隶书; text - decoration:none}     /* 未访问的链接 */
a:visited {font - size: 18pt;font - family:宋体;text - decoration:line - through}
                                                                        /* 已访问链接 */
a:hover {font - size: 18pt; font - family:黑体;text - decoration:overline}   /* 鼠标在链接上 */
a:active {font - size:18pt; font - family:幼圆; text - decoration:underline}  /* 活动链接/
</style >
</head >
< body >
< a href = "http://Web.cse.cslg.cn">计算机学院</a>
</body >
</HTML >
```

计算机学院

(a)

计算机学院

(b)

计算机学院

(c)

计算机学院

(d)

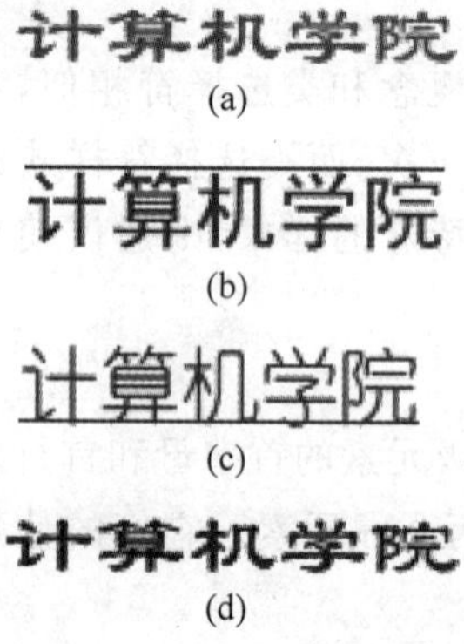

图 3-4 程序结果

第 2 步,运行程序,得到图 3-4(a),鼠标进入区域后得到图 3-4(b),选中区域后得到图 3-4(c),访问之后呈现如图 3-4(d)所示的结果。

在例 3-6 中,链接未访问时的字体是隶书且无下画线;访问后是宋体,并打上了删除线;单击变成活动链接时字体为幼圆并有下画线;鼠标在链接上时为黑体和上画线。根据层叠顺序,定义这些链接样式时,一定要按照 a:link,a:visited,a:hover,a:active 的顺序书写。

还可以将伪类和类选择符及其他选择符组合起来使用,其形式如下:

选择符.类: 伪类{property: value; …}

可以在同一个页面中做出几组不同的链接效果。

3.3 CSS 样式设计简介

3.3.1 字体样式

几乎所有的 HTML 文档都包含了文本,文本的字体属性是最常用的样式。字体样式包括字体族(font-family)、字体大小(font-size)、字体风格(font-style)、字体变体(font-variant)、字体粗细(font-weight)、字体综合设置(font)属性。

1. 字体族（font-family）

字体族是指字体名称，浏览器利用字体列表中能够支持的第一个字体显示文本。

【语法】

`font-family:第 1 个字体名称,第 2 个字体名称,…,第 n 个字体名称`

如果浏览器支持第 1 个字体，则用这种字体显示；否则，判断第 2 个字体是否支持，如果支持这种字体，则用第 2 个字体，否则判断第 3 个字体，以此类推。

font-family 的属性值可以指定一个通用的字体。常见的通用字体见表 3-2。每个浏览器都有自己的字体，可以把通用字体放到属性指定的最后字体，如果浏览器不支持指定的字体，可以从相同类别字体中选择一种可用的字体，如 font-family：Arial,Helvetica,Futura,sans-serif。

如果一个字体的名称不止一个单词，那么整个字体名称需要用单引号，如 font-family：'Times New Roman'。

表 3-2　常见的通用字体

通用字体名称	对 应 字 体
serif	Times New Roman,Garamond
sans-serif	Arial,Helvetica
cursive	Caflisch Script,Zapf-Chancery
fantasy	Critter,Cottonwood
monospace	Courier,Prestige

2. 字体大小（font-size）

字体大小分两种：绝对大小和相对大小。

字体大小的绝对值单位有点、12 点活字、像素，或用关键字 xx-small,x-small,small,medium,large,x-large,xx-large。使用关键字的大小时，相邻两个关键字之间的大小不同，浏览器不一样大。

字体大小的相对值有 smaller 和 larger。它们是根据父元素的字体大小调整子元素的字体大小，具体调整的程度取决于浏览器。也可以用百分比值调整子元素的大小，不同浏览器用百分比的相对大小是一样的。最后，可以以 em 为单位表示相对大小。font-size：120% 和 font-size：1.2em 是等价的。

3. 字体风格（font-style）

font-style 属性用于设置使用斜体、倾斜或正常字体。斜体字体通常定义为字体系列中的一个单独的字体。可能的取值有 3 种。

normal：默认值取值，表示浏览器显示一个标准的字体样式。

italic：浏览器会显示一个斜体的字体样式。

oblique：浏览器会显示一个倾斜的字体样式。

后两者的显示效果差不多，都是向右倾斜，italic 的字体衬线稍微长一点。

4. 字体变体（font-variant）

font-variant 属性用于设置小型大写字母的字体显示文本，这意味着所有的小写字母均会转换为大写，但是所有使用小型大写字体的字母与其余文本相比，其字体尺寸更小。可能的取值有：

normal：默认的取值，表示浏览器会显示一个标准的字体。

small-caps：浏览器会显示小型大写字母的字体。

5. 字体粗细（font-weight）

font-weight 属性用于设置显示元素的文本中所用的字体加粗。数字值 400 相当于关键字 normal，700 等价于 bold，可能的取值有 100，200，300，400，500，600，700，800，900。每个数字值对应的字体加粗必须至少与下一个最小数字一样细，而且至少与下一个最大数字一样粗。可能的取值有：

normal：默认值，表示定义标准的字符。

bold：表示定义粗体字符。

Bolder：表示定义更粗的字符。

Lighter：表示定义更细的字符。

或 100，200，300，400，500，600，700，800，900 中的一个值。

6. 字体综合设置（font）

font 简写属性在一个声明中设置所有字体属性。这个简写属性用于一次设置元素字体的两个或更多方面，至少要指定字体大小和字体系列。font 各个属性的顺序很重要，font-family 必须放到最后，font-size 为倒数第 2，其他属性可有可无，如果有，则位于 font-size 之前。

【例 3-7】 字体样式的综合运用。

第 1 步，为 CSSWebsites 项目添加一个 Web 窗体，命名为 Ex3-7. HTML，添加如下代码：

```
<! DOCTYPE HTML >
< HTML lang = "en">
< head >
    <title>字体样式的综合运用</title>
    <Meta charset = "utf-8" />
< style type = "text/CSS">
p.myp1 { font-family: Arial,Helvetica,sans-serif; font-size:xx-small }
p.myp2 { font-family: Arial,Helvetica,sans-serif; font-size:xx-large }
p.myp3{font-size:1.2em;font-variant:small-caps}
p.myp4{font-size:1.2em; font-style:italic}
p.myp5{font-weight:bolder; font-size:1.2em; font-style:oblique}
p.myp6{ font: bold 1.1em 'Times New Roman'}
</style >
</head >
< body >
<p class = "myp1"> 绝对值的大小单位有：点、12 点活字、像素，或用关键字 xx-small,x-small,
small,medium,large,x-large,xx-large </p>
<p class = "myp2"> 绝对值的大小单位有：点、12 点活字、像素，或用关键字 xx-small,x-small,
small,medium,large,x-large,xx-large </p>
< p class = "myp3">all possible values: xx-small,x-small,small,medium,large,x-large,xx-
large </p>
< p class = "myp4"> It's italic style. </p>
< p class = "myp5"> It's oblique style. </p>
< p class = "myp6"> font 简写属性在一个声明中设置所有字体属性 </p>
```

```
</body>
</HTML>
```

第 2 步,运行程序,结果如图 3-5 所示。

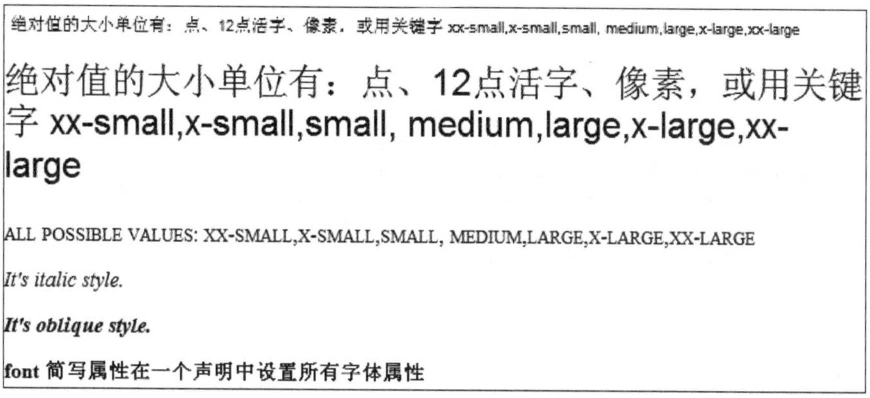

绝对值的大小单位有：点、12点活字、像素，或用关键字 xx-small,x-small,small, medium,large,x-large,xx-large

绝对值的大小单位有：点、12点活字、像素，或用关键字 xx-small,x-small,small, medium,large,x-large,xx-large

ALL POSSIBLE VALUES: XX-SMALL,X-SMALL,SMALL, MEDIUM,LARGE,X-LARGE,XX-LARGE

It's italic style.

It's oblique style.

font 简写属性在一个声明中设置所有字体属性

图 3-5　运行结果

3.3.2　文本样式

设置文字之间的显示特性包括字符间隔、单词间距、文本行高、文本修饰、大小写转换。

1. 字符间隔(letter-spacing)

letter-spacing 用于控制单词的字符之间的距离。

【语法】

letter – spacing:参数

参数的取值：normal,恢复到与父元素相同。任意长度属性的值,长度值为正值会增加字母之间的距离,为负值会减少间距。

2. 单词间距(word-sapcing)

word-sapcing 用于控制单词之间的距离。

【语法】

word – sapcing:参数

参数的取值：normal,恢复到与父元素相同。任意长度属性的值,长度值为正值会增加单词之间的距离,为负值会减少间距。

3. 文本行高(line-height)

行高是指上下两行基准线之间的垂直距离。

【语法】

line – height:参数

参数的取值：不带单位的数字,以 1 为基数,相当于比例关系的 100%。带长度单位的数字,以具体的单位为准。

normal,恢复到与父元素相同。

【例 3-8】 文本间距的实例。

第 1 步,为 CSSWebsites 项目添加一个 Web 窗体,命名为 Ex3-8. HTML,添加如下代码:

```
< HTML lang = "en">
  < head >
    < title > Text spacing properties </title >
    < Meta charset = "utf - 8" />
    < style type = "text/CSS">
      p. bigtracking {letter - spacing: 0.4em;}
      p. smalltracking {letter - spacing: - 0.08em;}
      p. bigbetweenwords {word - spacing: 0.4em;}
      p. smallbetweenwords {word - spacing: - 0.1em;}
      p. bigleading {line - height: 2.5;}
      p. smallleading {line - height: 1.0;}
    </style >
  </head >
  < body >
    < p class = "bigtracking">
      字符间距 On the plains of hesitation [letter - spacing: 0.4em]
    </p > < p />
    < p class = "smalltracking">
      字符间距 Bleach the bones of countless millions [letter - spacing: - 0.08em]
    </p > < br />
    < p class = "bigbetweenwords">
      单词间距 Who at the dawn of victory [word - spacing: 0.4em]
    </p > < p />
    < p class = "smallbetweenwords">
      单词间距 Sat down to wait and waiting died [word - spacing: - 0.1em]
    </p > < br />
    < p class = "bigleading">
      行高 If you think CSS is simple,[line - height: 2.5] < br />
       You are quite mistaken
    </p > < br />
    < p class = "smallleading">
      行高 If you think HTML 5 is all old stuff,[line - height: 1.0] < br />
       You are quite mistaken
    </p >
  </body >
</HTML >
```

第 2 步,运行程序,结果如图 3-6 所示。

字符间距 On the plains of hesitation [letter-spacing: 0.4em]

字符间距 Bleach the bones of countless millions [letter-spacing: -0.08em]

单词间距 Who at the dawn of victory [word-spacing: 0.4em]

单词间距 Sat down to wait and waiting died [word-spacing: -0.1em]

行高 If you think CSS is simple, [line-height: 2.5]

You are quite mistaken

行高 If you think HTML5 is all old stuff, [line-height: 1.0]
You are quite mistaken

图 3-6 运行结果

4. 文本修饰（text-decoration）

文本修饰的主要用途是改变浏览器显示文字链接时的下画线。

【语法】

text – decoration: 参数

参数的可能取值：

underline，为文字加下画线。

overline，为文字加上画线。

line-through，为文字加删除线。

blink，使文字闪烁。

none，删除下画线。

【例 3-9】　文本修饰。

第 1 步，为 CSSWebsites 项目添加一个 Web 窗体，命名为 Ex3-9. HTML，添加如下代码：

```
< HTML lang = "en">
  < head >
    < title > Text decoration </title >
    < Meta = charset = "utf – 8" />
    < style type = "text/CSS">
      p. through {text – decoration: line – through;}
      p. over {text – decoration: overline;}
      p. under {text – decoration: underline;}
    </style >
  </head >
  < body >
    < p class = "through">
    This illustrates line – through
    </p>
    < p class = "over">
    This illustrates overline
    </p>
    < p class = "under">
    This illustrates underline
    </p>
  </body >
</HTML >
```

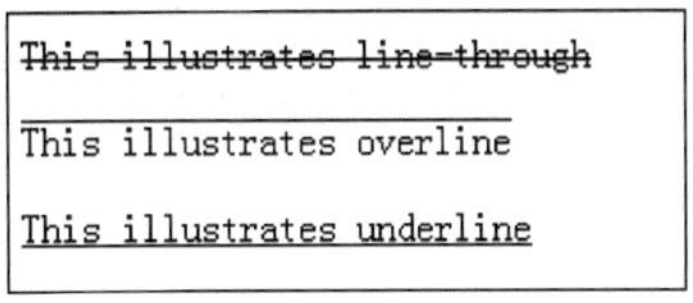

第 2 步，运行程序，结果如图 3-7 所示。

图 3-7　运行结果

5. 大小写转换（text-transform）

文字大小写转换使网页的设计者不用在输入文字时就完成文字大写，而是在输入完毕后，根据需要再对局部的文字设置大小写。

【语法】

text – transform: 参数

参数的可能取值：uppercase，所有文字大写显示；lowercase，所有文字小写显示；captalize，每个单词的头字母大写显示；none，不继承母体的文字变形参数。

3.3.3 颜色样式

颜色有 3 种定义方式。

第 1 种是 Web 页面的原始组,有 17 种颜色,直接使用的名字的颜色值称为命名颜色,但是颜色数太少。CSS 支持 17 种合法命名颜色(标准颜色):aqua,fuchsia,lime,olive,red,white,black,gray,maroon,orange,silver,yellow,blue,green,navy,purple,teal。W3C 的 HTML 4.0 标准仅支持 16 种颜色名,它们是 aqua,black,blue,fuchsia,gray,green,lime,maroon,navy,olive,purple,red,silver,teal,white、yellow。

第 2 种包含了 147 种命名颜色,被浏览器广泛支持,具体名称和颜色图参看 http://www.w3school.com.cn/tags/HTML_ref_colornames.asp。

第 3 种是调试板,有 216 种颜色,又称为 216 种 Web 安全颜色,之所以不是 256 种 Web 安全颜色,是因为 Microsoft 和 Mac 操作系统有 40 种不同的系统保留颜色。

1. 前景色属性(color)

【语法】

color:参数

参数的取值可以参考以上 3 种预定义的颜色和 2.2.2 节关于字体颜色的内容。

2. 背景色属性(background-color)

【语法】

background - color:参数

参数的取值可以参考以上 3 种预定义的颜色和 2.2.2 节关于字体颜色的内容。

目前,专业的 Web 设计师喜欢自己定义颜色。有关 Web 配色基础的色彩设计方法,可以参阅 http://www.shejidaren.com/se-cai-she-ji-fang-fa.HTML。很多网站提供了一些经典的配色方案,如 http://www.xin126.cn/show.asp?id=3141 上提供了 13 套 Web 页面标准配色方案,部分方案如图 3-8 所示。

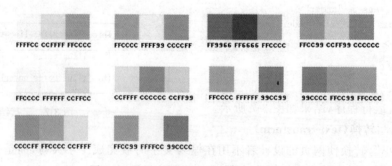

图 3-8 柔和、明亮和温和的 Web 配色方案

3.3.4 列表样式

用于设置列表标记(< ol >和< ul >)的显示特性包括 list-style-type、list-style-image、list-style-position、list-style 等。

（1）list-style-type：表示项目符号。

【语法】

list – style – type: 参数

参数取值如下：

无序列表的项目符号形状值：disc-实心圆点；circle-空心圆；square-实心方形。

有序列表值：decimal-阿拉伯数字，如 1、2、3、4 等；lower-roman-小写罗马数字，如 i、ii、iii、iv 等；Upper-roman-大写罗马字母，如Ⅰ、Ⅱ、Ⅲ、Ⅳ等；lower-alpha-小写英文字母，如 a、b、c、d 等；Upper-alpha-大写英文字母，如 A、B、C、D 等；none-不设定；lower-greek：小写希腊字母，如 α(alpha)、β(beta)、γ(gamma)等。

（2）list-style-image：使用图像作为项目符号。

【语法】

list – style – image: url(URL)

（3）list-style-position：设定项目符号是否在字幕里面也文字对齐。格式：list-style-position；outside/inside。

（4）list-style：综合设置项目属性。格式：list-style：type，position。

【例 3-10】 无序列表样式。

第 1 步，为 CSSWebsites 项目添加一个 Web 窗体，命名为 Ex3-10. HTML，添加如下代码：

```
< HTML >
< head >
< style type = "text/CSS">
ul.disc {list – style – type: disc}
ul.circle {list – style – type: circle}
ul.square {list – style – type: square}
ul.none {list – style – type: none}
ul.myimage{list – style – image: url('images\\down.gif')}
</style >
</head >
< body >
< ul class = "disc">
<li>咖啡</li>
<li>茶</li>
<li>可口可乐</li>
</ul >
< ul class = "circle">
<li>咖啡</li>
<li>茶</li>
<li>可口可乐</li>
</ul >
< ul class = "square">
<li>咖啡</li>
<li>茶</li>
<li>可口可乐</li>
</ul >
< ul class = "none">
<li>咖啡</li>
```

```
<li>茶</li>
<li>可口可乐</li>
</ul>
< ul class = "myimage">
<li>咖啡</li>
<li>茶</li>
<li>可口可乐</li>
</ul>
</body>
</HTML>
```

第 2 步,运行程序,结果如图 3-9 所示。

【例 3-11】 有序列表样式。

第 1 步,为 CSSWebsites 项目添加一个 Web 窗体,命名为 Ex3-11. HTML,添加如下代码:

```
< HTML >
< head >
< style type = "text/CSS">
ol. decimal {list - style - type: decimal}
ol. lroman {list - style - type: lower - roman}
ol. uroman {list - style - type: upper - roman}
ol. lalpha {list - style - type: lower - alpha}
ol. ualpha {list - style - type: upper - alpha}
</style>
</head>
< body >
< ol class = "decimal"><li>咖啡</li><li>茶</li><li>可口可乐</li></ol>
< ol class = "lroman"><li>咖啡</li><li>茶</li><li>可口可乐</li></ol>
< ol class = "uroman"><li>咖啡</li><li>茶</li><li>可口可乐</li></ol>
< ol class = "lalpha"><li>咖啡</li><li>茶</li><li>可口可乐</li></ol>
< ol class = "ualpha"><li>咖啡</li><li>茶</li><li>可口可乐</li></ol>
</body>
</HTML>
```

第 2 步,运行程序,结果如图 3-10 所示。

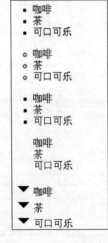

图 3-9 无序列表样式结果　　　图 3-10 有序列表样式结果

3.3.5　表格样式

1. 设置表格宽度（width）、高度（height）

表格的宽度和高度可以使用< table >标签的属性 width 和 height 设置，单位都可以用像素，width 还可以用%表示。如果要控制行高，可以用< tr >或< td >标签的属性 height设置。

【语法】

```
< table width = "宽度" height = "高度">
< tr height = "高度" > < td >…</td></tr>
….
</table >
```

2. 设置边框样式的 border、frame 和 rules 属性

表格的边框粗细和外边框样式可以使用< table >标签的 border 和 frame 属性设置，其中 frame 常见的属性值表 3-3；表格内边框使用< table >标签的 rules 属性设置。rules 常见的属性值见表 3-4。

【语法】

```
< table border = "边框粗细" frame = "外边框" rules = "内边框">
< tr > < td >…</td></tr>
….
</table >
```

其中，边框粗细的单位是像素。

表 3-3　frame 常见的属性值

属　性　值	说　　明
above	显示上边框
border	显示上、下、左、右边框
below	显示下边框
hsides	显示上、下边框
lhs	显示左边框
rhs	显示右边框
void	不显示边框
vsides	显示左、右边框

表 3-4　rules 常见的属性值

属　性　值	说　　明
all	显示所有内部边框
groups	显示介于行列边框
none	不显示内部边框
cols	仅显示列边框
rows	仅显示行边框

【例 3-12】 表格内外边框属性的使用。

第 1 步,为 CSSWebsites 项目添加一个 Web 窗体,命名为 Ex3-12. HTML,添加如下代码:

```
< HTML >
< body >
< p >< b >注释: frame 外边框属性设置</b > rules 内边框属性</p >
< p > Table with rules = "rows":</p >
< table rules = "rows" frame = "border">
< tr >
< th > Month </th >
< th > Savings </th >
</tr >
< tr >
< td > January </td >
< td > $ 100 </td >
</tr >
</table >
< p > Table with rules = "cols":</p >
< table rules = "cols" >
< tr >
< th > Month </th >
< th > Savings </th >
</tr >
< tr >
< td > January </td >
< td > $ 100 </td >
</tr >
</table >
< p > Table with rules = "all":</p >
< table rules = "all">
    < tr >    < th > Month </th >    < th > Savings </th >    </tr >
    < tr >    < td > January </td >  < td > $ 100 </td >    </tr >
</table >
</body >
</HTML >
```

第 2 步,运行程序,结果如图 3-11 所示。

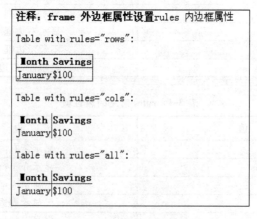

图 3-11   表格样式结果

3. 水平和垂直对齐属性

设置行内水平对齐方式,需要设置< tr >标记的 align 属性值。常用的 align 属性值有 left、right 和 center,分别表示左对齐、右对齐和居中对齐。

设置行内垂直对齐方式,需要设置< tr >标记的 valign 属性值。常用的 valign 属性值有顶端对齐(top)、居中对齐(middle)、底线对齐(bottom)、文本的底端对齐(text-bottom)、文本的顶端对齐(text-top)和基线(baseline)。

【语法】

```
< table >
< tr align = "水平对齐方式">< td >…</td></tr >
< tr valign = "垂直对齐方式">< td >…</td></tr >
…
</table >
```

4. 设置单元格间距与边距属性 cellspacing 和 cellpadding

在 HTML 文件中,表格中单元格的间距由< table >标签的 cellspacing 属性值设置;表格单元格的内容与边框之间的间距由< table >标签的 cellpadding 属性值设置。

【语法】

```
< table cellspacing = "单元格的间距或 %" cellpadding = "内容与边框的间距或 %">
    < tr >< td >…</td></tr >
    …
</table >
```

【例 3-13】　表格属性的使用。

第 1 步,为 CSSWebsites 项目添加一个 Web 窗体,命名为 Ex3-13. HTML,添加如下代码:

```
< HTML >
< head >
< style type = "text/CSS">
table. hovertable {
font - family: verdana, arial, sans - serif;
font - size:11px;
color: #333333;
border - width: 1px;
border - color: #999999;
border - collapse: collapse;
}
table. hovertable th {
background - color: #c3dde0;
border - width: 1px;
padding: 8px;
border - style: solid;
border - color: #a9c6c9;
}
table. hovertable tr {
background - color: #d4e3e5;
}
```

```
table.hovertable td {
border-width: 1px;
padding: 8px;
border-style: solid;
border-color: #a9c6c9;
}
</style>
</head>
<body>
<table class = "hovertable">
<tr>
<th> Info Header 1 </th><th> Info Header 2 </th><th> Info Header 3 </th>
</tr>
<tr onmouseover = "this.style.backgroundColor = '#ffff66';"
    onmouseout =  "this.style.backgroundColor  = '#d4e3e5';">
<td> Item 1A </td><td> Item 1B </td><td> Item 1C </td>
</tr>
<tr onmouseover = "this.style.backgroundColor = '#ffff66';"
    onmouseout = "this.style.backgroundColor = '#d4e3e5';">
<td> Item 2A </td><td> Item 2B </td><td> Item 2C </td>
</tr>
<tr onmouseover = "this.style.backgroundColor = '#ffff66';"
    onmouseout = "this.style.backgroundColor = '#d4e3e5';">
<td> Item 3A </td><td> Item 3B </td><td> Item 3C </td>
</tr>
<tr onmouseover = "this.style.backgroundColor = '#ffff66';"
    onmouseout = "this.style.backgroundColor = '#d4e3e5';">
<td> Item 4A </td><td> Item 4B </td><td> Item 4C </td>
</tr>
<tr onmouseover = "this.style.backgroundColor = '#ffff66';"
    onmouseout = "this.style.backgroundColor = '#d4e3e5';">
<td> Item 5A </td><td> Item 5B </td><td> Item 5C </td>
</tr>
</table>
</body>
</HTML>
```

第 2 步,运行程序,结果如图 3-12 所示。

Info Header 1	Info Header 2	Info Header 3
Item 1A	Item 1B	Item 1C
Item 2A	Item 2B	Item 2C
Item 3A	Item 3B	Item 3C
Item 4A	Item 4B	Item 4C
Item 5A	Item 5B	Item 5C

图 3-12　表格样式结果

3.3.6 鼠标样式

在网页上,鼠标的形状可以表示浏览器的当前状态:平时呈箭头形、指向链接时成为手形、等待网页下载时成为沙漏型、链接指向一个帮助文件、链接也可以是向前进一页或是向后退一页等。CSS 提供了多种鼠标形状供选择,见表 3-5。

表 3-5 不同的鼠标形状

参 数	鼠 标 形 状	参 数	鼠 标 形 状
cursor:hand	手形	cursor:crosshair	十字形
cursor:wait	沙漏形	cursor:move	十字箭头形
cursor:e-resize	右箭头形	cursor:n-resize	上箭头形
cursor:text	文本形	cursor:w-resize	左箭头形
cursor:help	问号形	cursor:s-resize	下箭头形
cursor:nw-resize	左上箭头形	cursor:se-resize	右下箭头形
cursor:sw-resize	左下箭头形	cursor: no-drop	无法释放
cursor: auto;	自动	cursor:not-allowed	禁止
cursor:progress	处理中	cursor: url('♯');	用户自定义(可用动画)

其中,♯＝光标文件地址,且文件格式必须为.cur 或.ani。

【语法】

style = "cursor:参数"

其中,参数见表 3-5。

【例 3-14】 光标样式。

第 1 步,为 CSSWebsites 项目添加一个 Web 窗体,命名为 Ex3-14.HTML,添加如下代码:

```
<HTML>
<head>
    <Meta http-equiv = "Content-Type" content = "text/HTML; charset = utf-8" />
    <title>CSS cursor 属性示例</title>
    <style type = "text/CSS" media = "all">
    p♯auto          { cursor: auto;}
    p♯crosshair     { cursor: crosshair;}
    p♯default       { cursor: default; }
    p♯pointer       { cursor: pointer; }
    p♯move          { cursor: move; }
    p♯e-resize      { cursor: e-resize;}
    p♯ne-resize     { cursor: ne-resize; }
    p♯nw-resize     { cursor: nw-resize; }
    p♯n-resize      { cursor: n-resize; }
    p♯se-resize     { cursor: se-resize; }
    p♯sw-resize     { cursor: sw-resize; }
    p♯s-resize      { cursor: s-resize; }
    p♯w-resize      { cursor: w-resize; }
    p♯text          { cursor: text; }
```

```
    p # wait          { cursor: wait; }
    p # help          { cursor: help; }
    p # progress      { cursor: progress; }
    p                 { border: 1px solid black;
background: lightblue; }
    </style>
    </head>
<body>
<p id = "auto">梦之都 XHTML 教程,auto 正常鼠标</p>
<p id = "crosshair">梦之都 CSS 教程,crosshair 十字鼠标</p>
<p id = "default">梦之都 XHTML 教程,default 默认鼠标</p>
<p id = "pointer">梦之都 CSS 教程,pointer 鼠标</p>
<p id = "move">梦之都 XHTML 教程,move 移动鼠标</p>
<p id = "e - resize">梦之都 CSS 教程,e - resize 鼠标</p>
<p id = "ne - resize">梦之都 XHTML 教程,ne - resize 鼠标</p>
<p id = "nw - resize">梦之都 CSS 教程,nw - resize 鼠标</p>
<p id = "n - resize">梦之都 XHTML 教程,n - resize 鼠标</p>
<p id = "se - resize">梦之都 CSS 教程,se - resize 鼠标</p>
<p id = "sw - resize">梦之都 XHTML 教程,sw - resize 鼠标</p>
<p id = "s - resize">梦之都 CSS 教程,s - resize 鼠标</p>
<p id = "w - resize">梦之都 XHTML 教程,w - resize 鼠标</p>
<p id = "text">梦之都 CSS 教程,text 文字鼠标</p>
<p id = "wait">梦之都 XHTML 教程,wait 等待鼠标</p>
<p id = "help">梦之都 CSS 教程,help 求助鼠标</p>
<p id = "progress">梦之都 XHTML 教程,progress 过程鼠标</p>
</body>
</HTML>
```

第 2 步,运行程序,结果如图 3-13 所示,光标放到对应区域会显示不同的形状。

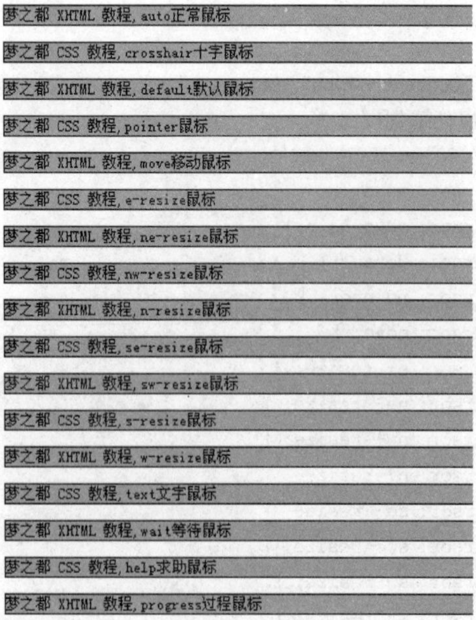

图 3-13　光标样式结果

3.3.7　滤镜样式

CSS 提供了一些内置的多媒体滤镜特效,使用这种技术可以把可视化的滤镜和转换效果添加到一个标准 HTML 元素上,如图片、文本容器,以及其他一些对象。CSS 的滤镜有 IE 浏览器支持,而 Firefox、Chrome 和 Opera 没有特别的滤镜,它们几乎完全支持 CSS 3。

1. alpha 滤镜

【语法】

{filter: alpha(opacity = 属性值 1,finishopacity = 属性值 2,style = 属性值 3,startx = 属性值 4, starty = 属性值 5,finishx = 属性值 6,finishy = 属性值7); }

作用:该滤镜能够使对象呈现渐变透明效果,效果由小括号中的各属性名及其对应的属性值决定。

参数:

opacity 属性用于设置不透明的程度,用百分比表示其属性值,大小从 0~100,0 表示完全透明,100 表示完全不透明。

finishopacity 属性是同 opacity 一起使用的一个选择性的参数,当设定了 opacity 和 finishopacity 时,可以制作出透明渐进的效果;其属性值也是 0~100,0 表示完全透明,100 表示完全不透明。

style 属性用于设置渐变风格,当同时设定了 opacity 和 finishopacity 产生透明渐进时,它主要用来制定渐进的显示形状:0 代表均匀渐进;1 代表线性渐进;2 代表放射渐进;3 代表长方形的直角渐进。

startx 属性用来设置水平方向渐进的起始位置。

finishx 属性用来设置水平方向渐进的结束位置。

finishy 属性用来设置竖直方向渐进的结束位置。

【例 3-15】　alpha 样式。

第 1 步,为 CSSWebsites 项目添加一个 Web 窗体,命名为 Ex3-15.HTML,添加如下代码:

```
< HTML >
  < head >
    < Meta http - equiv = "Content - Type" content = "text/HTML; charset = utf - 8" />
    < title > alpha </title >
< style >
div{position: absolute; left: 50;top: 70; width:150; }
img{position: absolute;top:20;left:40;
filter:alpha(opacity = 0, finishopacity = 100, style = 1, startx = 0, starty = 85, finishx = 650,
finishy = 685)}
</style >
  </head >
< body >
< div >
< p style = "font - size:48;font - weight:bold;color:red;">
Beautiful </p>
</div >
```

```
< p >< img src = "images//keyan.jpg"> </ p >
</body>
 </HTML >
```

第 2 步,运行程序,结果如图 3-14 所示。

图 3-14   alpha 样式结果

2. blur 滤镜

【语法】

{filter: blur(add = 属性值 1, direction = 属性值 2, strength = 属性值 3);}.

作用:该滤镜能够使对象表现为一种模糊的效果。

参数:

add 属性用来确定是否在运动模糊中使用原有目标,其属性值有 0 和 1 两种,0 表示在模糊运动中不使用原有目标,大多数情况下适用于图像;1 代表在模糊运动中使用原有目标,大多数情况下适用于文本。

direction 属性用来表示模糊移动时的角度,其属性值的范围为 0°～360°。

strength 属性用来表示模糊移动时的距离,该属性值可以任意设置。

【例 3-16】   blur 样式。

第 1 步,为 CSSWebsites 项目添加一个 Web 窗体,命名为 Ex3-16. HTML,添加如下代码:

```
< HTML >
  < head >
    < Meta http - equiv = "Content - Type" content = "text/HTML; charset = utf - 8" />
    < title > blur </title >
< style >
.blur {
    filter: url(blur.svg # blur); <! -- FireFox, Chrome, Opera -->
    - Webkit - filter: blur(10px); <! -- Chrome, Opera -->
    - moz - filter: blur(10px);
    - ms - filter: blur(10px);
```

```
    filter: blur(10px);
    filter: progid:DXImageTransform.Microsoft.Blur(PixelRadius = 10,MakeShadow = false);'
<! -- IE6～IE9 -->}
 </style >
   </head >
< body >
< img src = "images//keyan.jpg" />
< img src = "images//keyan.jpg" class = "blur" />
</body >
 </HTML >
```

第 2 步,运行程序,结果如图 3-15 所示。

图 3-15　blur 样式结果

3. dropshadow 滤镜

【语法】

{filter: dropshadow(color = 属性值 1,offx = 属性值 2,offy = 属性值 3,positive = 属性值 4);}.

作用:滤镜用来产生图像的重叠效果,添加对象的阴影效果。dropshadow 属性对图像的支持不好,因为这种图像的颜色很丰富,很难找到一个投射阴影的位置。

参数:

color 属性用来设置投射阴影的颜色。

offx 属性值代表投影文字与原文字之间水平方向的偏移量。

offy 属性代表投影文字与原文字之间垂直方向上的偏移量。

positive 属性是一个布尔值(0 或者 1),如果为 true(非 0),那么就为任何非透明像素建立可见的投影;如果为 false(0),那么就为透明的像素部分建立透明效果。

【例 3-17】 dropshadow 样式。

第 1 步,为 CSSWebsites 项目添加一个 Web 窗体,命名为 Ex3-17. HTML,添加如下代码:

```
< HTML >
 < head >
< title > dropshadow </title >
< style >
    div {position:absolute; top:20;width:300; font - family:matisse itc; font - size:64; font
- weight: bold; color: #CC00CC; filter: dropshadow (color = #ffccff, offx = 15, offy = 10,
positive = 1);}
    <! -- 定义 DIV 范围内的样式,绝对定位,投影的颜色为 #FFCCFF,
    投影坐标为向右偏移 15 个像素,向下偏移 10 个像素 -->
    </style >
</head >
< body >
< div > Love Leaf </div >
</body >
 </HTML >
```

图 3-16 dropshadow 样式结果

第 2 步,运行程序,结果如图 3-16 所示。

4. glow 滤镜

【语法】

```
{filter: glow(color = 属性值 1,strength = 属性值 2);}.
```

作用:该滤镜能够在原对象周围产生一种类似发光的效果。

参数:

color 属性指定发光的颜色。

strength 则是发光强度的表现,也指光晕的厚度,其大小为 1~255。

【例 3-18】 glow 样式。

第 1 步,为 CSSWebsites 项目添加一个 Web 窗体,命名为 Ex3-18. HTML,添加如下代码:

```
< HTML >
< head >
< title > filter glow </title >
< Meta http - equiv = "Content - Type" content = "text/HTML; charset = utf - 8" />
< style >
.leaf{position:absolute; top:20; width:400; filter: glow(color = #FF3399,strength = 15);}
.weny{position:absolute; top:70; left:50; width:00;filter:glow(color = #9966CC, strength =
10);}
p{font - family:bailey; font - size:48pt;font - weight:bold; color:#99CC66;}
</style >
   </head >
< body >
< div class = "leaf">
< p style = "ont - family:lucida handwriting; font - size:54pt;font - weight: bold; color:
#003366;">
Leaf Mylove </p>
</div >
```

```
< div class = "weny">
< p > Weny Good!</p>
</div >
</body >
</HTML >
```

第 2 步,运行程序,结果如图 3-17 所示。

图 3-17　glow 样式结果

5. chroma 滤镜

【语法】

```
{filter: chroma(color = 属性值 1);}
```

作用:该滤镜能够使图像中的某一颜色变为透明色。chroma 属性对于图片文件不是很适合,因为很多图片经过了减色和压缩处理(如 JPG、GIF 等格式),所以它们很少有固定的位置可以设置为透明。

参数:color 属性用来指定要变为透明色的颜色。通过该属性值的设定,可以过滤某图像中的指定颜色。

【例 3-19】　chroma 样式。

第 1 步,为 CSSWebsites 项目添加一个 Web 窗体,命名为 Ex3-19. HTML,添加如下代码:

```
< HTML >
< head >
  < Meta http - equiv = "Content - Type" content = "text/HTML; charset = utf - 8" />
< title > chroma filter </title >
< style > <! --
div{position:absolute;top:70;left:50;filter:chroma(color = green)}
p{font - family:bailey;font - size:68;font - weight:bold;color:green}
em{font - family:lucida handwriting italic;font - size:68;
   font - weight:bold;color:rgb(255,51,153)}
-- > </style >
</head >
< body > < div > < p > JUST < em > DO IT </em ></p >
</div >
</body >
</HTML >
```

第 2 步,运行程序,结果如图 3-18 所示。绿色的 JUST 字体不见了,实际上它是透明了,在 IE 浏览器下单击它所在的区域,还会显示出来,如图 3-19 所示。

图 3-18　chroma 样式结果 1

JUST DO IT

图 3-19 chroma 样式结果 2

6. wave 滤镜

【语法】

{filter: wave(add = 属性值 1, freq = 属性值 2, lightstrength = 属性值 3, phase = 属性值 4, strength = 属性值 5);}.

作用：该滤镜能够使被过滤对象生成正弦波形，从而能造成一种变形幻觉。

参数：

add 属性是一个布尔值，用来决定是否将原始图像加入最后的效果中。

freq 属性是指波纹的频率，也就是指定在对象上一共需要产生多少个完整的波纹。

phase 属性用来设置正弦波的偏移量，它决定波形的形状，其属性值的取值范围为 $0° \sim 360°$。

lightstrength 属性用来对波纹增强光影的效果，其取值范围为 $0 \sim 100$。

strength 属性用来决定波纹振幅的大小。

【例 3-20】 wave 样式。

第 1 步，为 CSSWebsites 项目添加一个 Web 窗体，命名为 Ex3-20. HTML，添加如下代码：

```
< HTML >
< head >
< Meta http - equiv = "Content - Type" content = "text/HTML; charset = utf - 8" />
< title > wave CSS </title >
< style >
    .leaf{position:absolute;top:10;width:300; filter:wave(add = true, freq = 3, lightstrength = 100,
    phase = 45, strength = 20);}
    <! -- // * 设置 leaf 类的样式,绝对定位,wave 属性,产生 3 个波纹,光强为 100,波纹从 162°
(360 * 45 % )开始,振幅为 20 * // -->
</style >
</head >
< body >
< div class = "leaf">
< p style = "font - family:lucida handwriting;
        font - size:72pt; font - weight:bold;
        color:rgb(189,1,64);"> Leaf </p >
</div >
</body >
</HTML >
```

第 2 步，运行程序，结果如图 3-20 所示。

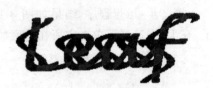

图 3-20　wave 样式结果

7. shadow 滤镜

【语法】

```
{filter: shadow(color = 属性值 1,direction = 属性值 2);}.
```

作用：该滤镜能够使对象产生一种阴影效果。

参数：

color 属性用来设置阴影的颜色。

direction 属性用来设置投影的方向，取值范围为 $0°\sim360°$，其中 $0°$ 代表垂直向上，然后每 $45°$ 为一个单位，该属性的默认值是向左的 $270°$。

【例 3-21】　shadow 样式。

第 1 步，为 CSSWebsites 项目添加一个 Web 窗体，命名为 Ex3-21. HTML,添加如下代码：

```
< HTML >
< head >
< Meta http - equiv = "Content - Type" content = "text/HTML; charset = utf - 8" />
< title > shadow CSS </title >
< style >
<! --
.shadow{position:absolute;top:100;left:80;filter:shadow(color = red,direction = 60);}
 -- >
</style >
</head >
< body >
< div class = "shadow">
< p style = "font - family:隶书,宋体;font - size:60pt;font - weight:bold;color:blue;">欢迎光
临</P></div >
</body >
</HTML >
```

第 2 步，运行程序，结果如图 3-21 所示。

图 3-21　shadow 样式结果

8. mask 滤镜

【语法】

```
{filter: mask(color = 属性值);}
```

作用：该滤镜能够利用一个 HTML 对象在另一个对象上产生图像的遮罩，可以为对象建立一个覆盖于表面的膜，其效果就像戴着有色眼镜看物体一样。

参数：color 属性用来制定要被遮罩的颜色。

【例 3-22】　mask 样式。

第 1 步，为 CSSWebsites 项目添加一个 Web 窗体，命名为 Ex3-22. HTML,添加如下代码：

```
< HTML >
  < head >
< Meta http - equiv = "Content - Type" content = "text/HTML; charset = utf - 8" />
< title > mask filter </title >
< style >
<! -- // * 定义 DIV 区域的样式,绝对定位,mask 属性的 color 参数值指定用什么颜色遮住对象
```

```
* // -->
div{position:absolute;top: 20;left: 40; filter:mask(color:#666699);}
p{font-family:bailey;font-size:72pt; font-weight:bold; color:#FF9900:}
</style>
</head>
<body>
<div><p>wenyleaf</p></div>
</body>
</HTML>
```

第 2 步,运行程序,图 3-22(a)、(b)分别是添加 mask 样式前后的结果。

(a) 添加mask样式前　　　　　　(b) 添加mask样式后

图 3-22　mask 样式结果

9. light 滤镜

【语法】

{filter: light;}.

作用:该滤镜能够使 HTML 对象产生一种模拟光源的投射效果。light 可用的方法有:

AddAmbient,加入包围的光源。

AddCone,加入锥形光源。

AddPoint,加入点光源。

Changcolor,改变光的颜色。

Changstrength,改变光源的强度。

Clear,清除所有光源。

MoveLight,移动光源。

可以定光源的虚拟位置,以及通过调整 X 轴和 Y 轴的数值来控制光源焦点的位置,还可以调整光源的形式(点光源或者锥形光源)指定光源是否模糊边界、光源的颜色、亮度等属性。如果动态地设置光源,可能会产生一些意想不到的效果。

(1) addAmbient (iRed,iGreen,iBlue,iStrength):为滤镜添加环境光。环境光是无方向的,并且均匀地洒在页面的表面。环境光有颜色和强度值,可以为对象添加更多的颜色。它通常和其他光一起使用,无返回值。参数如下。

iRed:必选项。整数值(Integer),指定红色值,取值范围为 0~255。

iGreen:必选项。整数值(Integer)。指定绿色值,取值范围为 0~255。

iBlue:必选项。整数值(Integer)。指定蓝色值,取值范围为 0~255。

iStrength:必选项。整数值(Integer)。指定光强度,取值范围为 0~100。

(2) addCone(iX1,iY1,iZ1,iX2,iY2,iRed,iGreen,iBlue,iStrength,iSpread):为滤镜

添加锥形光,以向对象的表面投射有方向的光束。光束会随延伸的距离而逐渐减弱,无返回值。参数如下。

iX1:必选项。整数值(Integer)。指定光源的左坐标值。

iY1:必选项。整数值(Integer)。指定光源的上坐标值。

iZ1:必选项。整数值(Integer)。指定光源的 Z 坐标值。

iX2:必选项。整数值(Integer)。指定光焦点的左坐标值。

iY2:必选项。整数值(Integer)。指定光焦点的上坐标值。

iRed:必选项。整数值(Integer)。指定红色值,取值范围为 0~255。

iGreen:必选项。整数值(Integer)。指定绿色值,取值范围为 0~255。

iBlue:必选项。整数值(Integer)。指定蓝色值,取值范围为 0~255。

iStrength:必选项。整数值(Integer)。指定光强度,取值范围为 0~100。

iSpread:必选项。整数值(Integer)。指定光源的虚拟位置与对象的表面之间的角度或张度,取值范围为 0~90。

(3) addPoint (iX,iY,iZ,iRed,iGreen,iBlue,iStrength),为滤镜添加点光源,无返回值,参数说明如下。

iX:必选项。整数值(Integer)。指定光源的左坐标值。

iY:必选项。整数值(Integer)。指定光源的上坐标值。

iZ:必选项。整数值(Integer)。指定光源的 Z 坐标值。

iRed:必选项。整数值(Integer)。指定红色值,取值范围为 0~255。

iGreen:必选项。整数值(Integer)。指定绿色值,取值范围为 0~255。

iBlue:必选项。整数值(Integer)。指定蓝色值,取值范围为 0~255。

iStrength:必选项。整数值(Integer)。指定光强度,取值范围为 0~100。

(4) changeStrength (iLightNumber,iStrength,fAbsolute),改变光的强度。无返回值,参数说明如下。

iLightNumber:必选项。整数值(Integer)。指定光的标识符。

iStrength:必选项。整数值(Integer)。指定光强度,取值范围为 0~100。

fAbsolute:必选项。布尔值(Boolean)。指定改变是替换当前设置的绝对值,还是加到当前设置的相对值。此参数不等于零表示采用绝对值,否则表示采用相对值。

(5) changeColor (iLightNumber,iRed,iGreen,iBlue,fAbsolute):改变光的颜色。无返回值,参数说明如下。

iLightNumber:必选项。整数值(Integer)。指定光的标识符。

iRed:必选项。整数值(Integer)。指定红色值,取值范围为 0~255。

iGreen:必选项。整数值(Integer)。指定绿色值,取值范围为 0~255。

iBlue:必选项。整数值(Integer)。指定蓝色值,取值范围为 0~255。

fAbsolute:必选项。布尔值(Boolean)。指定改变是替换当前设置的绝对值,还是加到当前设置的相对值。此参数不等于零表示采用绝对值,否则表示采用相对值。

(6) clear (),清除所有与当前滤镜关联的光。无返回值。

移动锥形光的焦点或点光的原点。对于锥形光来说,此方法改变 x,y 目标坐标值;对于点光来说,此方法改变 x,y,z 源坐标值。此方法不作用于环境光。

（7）moveLight（iLightNumber，iX，iY，iZ，fAbsolute），移动光源。无返回值，参数说明如下。

iLightNumber：必选项。整数值（Integer）。指定光的标识符。

iX：必选项。整数值（Integer）。指定光源的左坐标值。

iY：必选项。整数值（Integer）。指定光源的上坐标值。

iZ：必选项。整数值（Integer）。指定光源的 Z 坐标值。

fAbsolute：必选项。布尔值（Boolean）。指定改变是替换当前设置的绝对值，还是加到当前设置的相对值。此参数等于 true 表示采用绝对值，等于 false 表示采用相对值。

【例 3-23】 light 滤镜样式。

第 1 步，为 CSSWebsites 项目添加一个 Web 窗体，命名为 Ex3-23.HTML，添加如下代码：

```html
<HTML>
<head>
 <Meta http-equiv="Content-Type" content="text/HTML; charset=utf-8" />
<title>light CSS</title>
</head>
<body>
<img id="lightsy" src="images//c.jpg" width="400" height="260" style="filter: light
(enabled=1)">
<script type="text/javascript">
 window.onload=setlights1;
 lightsy.onmousemove=mousehandler;
 function setlights1(){
 lightsy.filters[0].addcone(380,-20,5,100,100,255,255,0,40,25); }
 function mousehandler(){
 x=(window.event.x-40);
 y=(window.event.y-40);
 lightsy.filters[0].movelight(0,x,y,5,1); }
</script>
</body>
</HTML>
```

第 2 步，运行程序，结果如图 3-23 所示。图 3-23（a）、（b）分别是初始页面和鼠标移动之后的效果。

(a) 初始页面   (b) 鼠标移动后的页面

图 3-23 light 样式结果

10. gray 滤镜、invert 滤镜、xray 滤镜

【语法】

```
{filter: gray; }
{filter: invert;}
{filter: xray; }
```

作用: gray 滤镜能使一张彩色图片转变为灰色调图像。Invert 滤镜能使图像产生照片底片的效果。xray 滤镜能让对象反映出它的轮廓,并把这些轮廓加亮显示。这 3 个滤镜都没有附带参数。

【例 3-24】　gray、invert 和 xray 滤镜样式。

第 1 步,为 CSSWebsites 项目添加一个 Web 窗体,命名为 Ex3-24. HTML,添加如下代码:

```
<HTML>
<head><title>gray invert xray CSS</title>
</head>
<body>
<img src = "images//c.jpg" alt = gray width = 210 height = 130 style = "filter:gray">
<img src = "images//c.jpg" alt = invert width = 210 height = 130 style = "filter:invert">
<img src = "images//c.jpg" alt = xray width = 210 height = 130 style = "filter:xray">
</body>
</HTML>
```

第 2 步,运行程序,结果如图 3-24 所示,从左到右分别为 gray、invert 和 xray 滤镜的效果图。

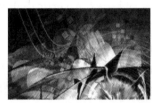

图 3-24　gray、invert 和 xray 滤镜的效果

3.4　CSS 页面布局

3.4.1　文本对齐

1. 文本横向排列(text-align)

文本水平对齐可以控制文本的水平对齐方式,而且不仅限于文字内容,也包括设置图片、影像资料的对齐方式。

【语法】

```
text - align: 参数.
```

参数的取值:

left,左对齐。

right,右对齐。

center,居中对齐。

justify,相对左右对齐。

需要注意的是,text-align 是块级属性,只能用在< p >,< blockquote >,< ul >,< h1 >～< h7 >等标识符里。

2. 文本纵向排列(vertical-align)

文本的垂直对齐应当是相对于文本母体(或父元素)的位置而言的,不是指文本在网页里垂直对齐。例如,表格的单元格里一段文本设置为垂直居中,文本将在单元格的正中显示,而不是整个网页的正中。垂直对齐属性只对行内元素有效。

【语法】

```
vertical-align:参数.
```

参数取值:

Top,把元素的顶端与行中最高元素的顶端对齐。

bottom,底对齐。

text-top,把元素的顶端与父元素字体的顶端对齐。

text-bottom,相对文本底对齐。

middle,中心对齐。

sub,以下标的形式显示。

super,以上标的形式显示。垂直对齐属性只对行内元素有效。

baseline,是 vertical-align 的默认值。元素放置在父元素的基线上。vertical-align:$+/-n$ px元素相对于基线向下偏移 n 个像素。也可以使用百分比 vertical-align:$+/-n\%$,通过距离升高(正值)或降低(负值)元素,'0cm'等同于'baseline'。

例如,.test{vertical-align:-10%;},假设这里的.test 的标签继承的行高是 20 像素,这里的 vertical-align:-10%代表的实际值是:$-10\%\times20=2$(像素)。IE6/IE7 浏览器下的 vertical-align 的百分比值不支持小数 line-height,而 Firefox 3.6 等可以支持。

"行高"顾名思义指一行文字的高度,具体是指两行文字间基线之间的距离。基线是在英文字母中用到的一个概念,使用的四线格英语本子每行有四条线,如图 3-25 所示,其中底部第二条线就是基线,是 a,c,z,x 等字母的底边线。四线格从上到下对应的 vertical-align 的 4 个位置:顶线、中线、基线和底线,如图 3-26 所示。

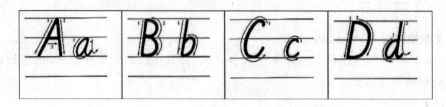

图 3-25 英文字母的四线格

不同浏览器由于兼容性问题,可能效果会不一样。知道了 vertical-align 垂直对齐的含

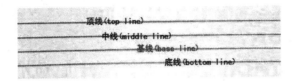

图 3-26　vertical-align 的 4 个位置

义,不少经验尚浅的同行会试着使用这个属性实现一些垂直方向上的对齐效果,会发现有时候可以,有时候又不起作用。因为 display 有很多属性值,其中 inline/inline-block/block 3 个最常见。而 vertical-align 是 inline-block 依赖型元素,只有一个元素属于 inline 或是 inline-block(table-cell 也可以理解为 inline-block 水平)水平,其身上的 vertical-align 属性才会起作用。所以,类似下面的代码就不会起作用。

```
span{vertical-align:middle;}
div{vertical-align:middle;}
```

图片、按钮、单复选框、单行/多行文本框等 HTML 控件,在默认情况下对 vertical-align 属性起作用。

【例 3-25】　vertical-align 垂直对齐样式。

第 1 步,为 CSSWebsites 项目添加一个 Web 窗体,命名为 Ex3-25. HTML,添加如下代码:

```
<HTML>
<head>
<style>
.box{background:black; color:white; padding-left:20px;}
.dot1{display:inline-block; width:4px; height:4px; background:white; vertical-align:baseline;}
.dot2{display:inline-block; width:4px; height:4px; background:white; vertical-align:middle;}
.dot3{display:inline-block; width:4px; height:4px; background:white; vertical-align:top;}
.dot4{display:inline-block; width:4px; height:4px; background:white; vertical-align:text-top;}
.dot5{display:inline-block; width:4px; height:4px; background:white; vertical-align:text-buttom;}
.dot6{display:inline-block; width:4px; height:4px; background:white; vertical-align:buttom;}
</style>
</head>
<body>
<span class="box">
    <span class="dot1"></span> 我是 baseline.
  </span>
<span class="box">
    <span class="dot2"></span> 我是 middle.
  </span>
<span class="box">
    <span class="dot3"></span> 我是 top.
```

```
  </span>
< span class = "box">
  < span class = "dot4"></span> 我是 text - top.
  </span>
< span class = "box">
  < span class = "dot5"></span> 我是 text - buttom.
  </span>
< span class = "box">
  < span class = "dot6"></span> 我是 buttom.
  </span>
</body>
</HTML>
```

第 2 步,运行程序,结果如图 3-27 所示。

．我是baseline．　．我是middle．　　我是top．　　我是text-top．　　．我是text-buttom．　．我是buttom．

图 3-27　　vertical-align 垂直对齐结果

3. 文本缩进(text-indent)

文本缩进可以使文本在相对段默认值较窄的区域里显示,主要用于中文版式的首行缩进,或者将大段的引用文本和备注做成缩进的格式。

【语法】

text - indent 缩进距离

缩进距离取值:带长度单位的数字;比例关系。

需注意的是,text-indent 也是块级属性,只能用在< p >,< blockquote >,< ul >,< h1 >～< h7 >等标识符里。

【例 3-26】　text-indent 样式。

第 1 步,为 CSSWebsites 项目添加一个 Web 窗体,命名为 Ex3-26.HTML,添加如下代码:

```
< HTML >
< head >
< style type = "text/CSS">
p {text - indent: 1cm}
</style>
</head>
< body >
< p >
```

文本缩进可以使文本在相对段默认值较窄的区域类显示,主要用于中文版式的首行缩进,或者将大段的引用文本和备注做成缩进的格式。

```
</p>
</body>
</HTML>
```

第 2 步,运行程序,结果如图 3-28 所示。

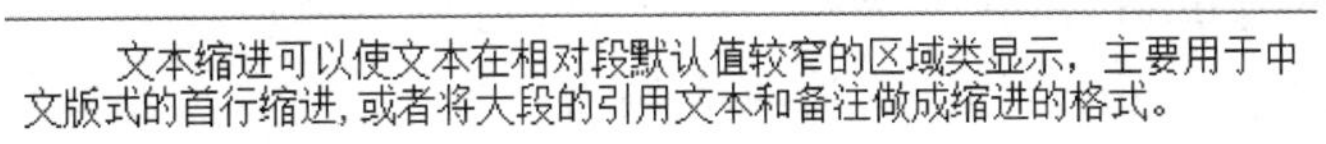

文本缩进可以使文本在相对段默认值较窄的区域类显示，主要用于中文版式的首行缩进，或者将大段的引用文本和备注做成缩进的格式。

图 3-28　缩进结果

3.4.2　盒子模型

CSS 中所有页面元素都包含在一个矩形框内，这个矩形框称为盒子。盒子描述了元素及属性在页面布局中所占空间的大小，因此盒子可以影响其他元素的位置及大小。

盒子模型用于设置元素的边界、边界补白、边框等属性值，使用这一属性的大多是块元素。W3C 组织建议把所有网页上的对象都放在一个盒子（box）中，设计师可以通过创建定义来控制这个盒子的属性，这些对象包括段落、列表、标题、图片以及层。盒子模型主要定义四个区域：内容（content）、页边距或补白（padding）、边界（border）和外边距（margin）。content 是盒子模型中必需的部分，可以是文字、图片等元素。padding 也称页边距或补白，用来设置内容和边框之间的距离。border 可以设置内容边框线的粗细、颜色和样式等。margin 是边距，用来设置内容与内容之间的距离。margin，padding，content，border 之间的层次、关系和相互影响的盒子模型如图 3-29 所示。

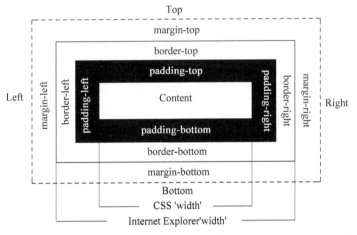

图 3-29　方框盒子模型

（1）margin：包括 margin-top，margin-right，margin-bottom，margin-left，控制块级元素之间的距离，它们是透明不可见的。对于上、右、下、左，margin 值均为 40 像素，因此代码为：

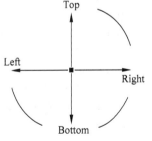

```
margin - top: 40px; margin - right: 40px; margin - bottom: 40px;
margin - left: 40px;
```

根据上、右、下、左的顺时针规则，简写为 margin：40px 40px 40px 40px；为便于记忆，请参考图 3-30 所示的顺序书写。

当上、下，左、右 margin 值分别一致时，可简写为：

```
margin: 40px 50px;
```

图 3-30　margin 四个位置的书写顺序

40px 代表上、下 margin 值,50px 代表左、右 margin 值。

当上、下、左、右 margin 值均一致时,可简写为:

```
margin: 40px;
```

当上、下 margin 值不一致,而左、右 margin 值均一致时,可简写为:

```
margin: 40px 50px 20px;
```

40px,20px 代表上、下 margin 值,50px 代表左、右 margin 值。

由此可见,如果只提供一个数,将用于全部的四条边;如果提供两个数,第一个用于上、下,第二个用于左、右;如果提供三个数,第一个用于上,第二个用于左、右,第三个用于下;如果提供四个参数值,将按上、右、下、左的顺序作用于四边。

margin 不会在绝对元素上折叠。假设有一个 margin-bottom 值为 20px 的段落,段落后面是一个具有 30px 的 margin-top 的图片,那么,段落和图片之间的空间不会是 50px(20px+30px),而是 30px(30px > 20px)。这就是所谓的 margin-collapse,两个 margin 会合并(折叠)成一个 margin。

绝对定位元素不会像那样进行 margin 的折叠。这会使它们与预期的不一样。

【例 3-27】 margin 的样式示例。

第 1 步,为 CSSWebsites 项目添加一个 Web 窗体,命名为 Ex3-27. HTML,添加如下代码:

```
<HTML>
<head>
<style type = "text/CSS">
#ID1 {
background-color: #333;
color: #FFF;
margin:10px;
}
#ID2 {
font: normal 14px/1.5 Verdana,sans-serif;
margin:30px;
border: 1px solid #F00;
}
</style>
</head>
<body>
<div id = "ID1">
  Hello,world
<h1 id = "ID2">Margins of ID1 and ID2 collapse vertically.<br/>
元素 ID1 与 ID2 的 margins 在垂直方向折叠.</h1>
</div>
</body>
</HTML>
```

第 2 步,运行程序,结果如图 3-31 所示。

图 3-31　margin 样式结果

（2）padding：包括 padding-top、padding-right、padding-bottom、padding-left，控制块级元素内部 content 与 border 之间的距离。简写请参考 margin 属性的写法，如

body { padding: 36px;}	//对象四边的补丁边距均为 36px
body { padding: 36px 24px; }	//上、下两边的补丁边距为 36px，左、右两边的补丁边距
	//为 24px
body { padding: 36px 24px 18px; }	//上、下两边的补丁边距分别为 36px、18px，左、右两边的补
	//丁边距为 24px
body { padding: 36px 24px 18px 12px; }	//上、右、下、左补丁边距分别为 36px、24px、18px、12px

（3）border：简写属性在一个声明中设置所有的边框属性。可以按顺序设置如下属性：border-width、border-style、border-color。如果不设置其中的某个值，也不会出问题，例如 border：solid ♯ff0000；也是允许的。

border-width 简写属性为元素的所有边框设置宽度，或者单独地为各边边框设置宽度。只有当边框样式不是 none 时才起作用。如果边框样式是 none，边框宽度实际上会重置为 0。不允许指定负长度值。可能的 border-width 取值及其对应的描述如下。

thin，定义细的边框。

medium，默认值，定义中等的边框。

thick，定义粗的边框。

length，允许自定义边框的宽度。

border-style 属性用于设置元素所有边框的样式，或者单独为各边设置边框样式。只有当这个值不是 none 时，边框才可能出现。可能的 border- style 取值及其对应的描述如下。

none，定义无边框。

hidden，与 none 相同。不过，应用于表时除外，对于表，hidden 用于解决边框冲突。

dotted，定义点状边框。在大多数浏览器中呈现为实线。

dashed，定义虚线。在大多数浏览器中呈现为实线。

solid，定义实线。

double，定义双线。双线的宽度等于 border-width 的值。

groove，定义 3D 凹槽边框。其效果取决于 border-color 的值。

ridge，定义 3D 垄状边框，其效果取决于 border-color 的值。

inset，定义 3D inset 边框，其效果取决于 border-color 的值。

outset，定义 3D outset 边框，其效果取决于 border-color 的值。

最不可预测的边框样式是 double。它定义为两条线的宽度再加上这两条线之间的空间，等于 border-width 值。

border-color 属性设置四条边框的颜色。此属性可设置 1～4 种颜色。border-color 属性是一个简写属性，可设置一个元素的所有边框中可见部分的颜色，或者为 4 个边分别设置不同的颜色。简写请参考 margin 属性的写法。

```
border-color:red green blue pink;
```

表示上边框是红色,右边框是绿色,下边框是蓝色,左边框是粉色。

```
border-color:red green blue;
```

表示上边框是红色,右边框和左边框是绿色,下边框是蓝色。

```
border-color:dotted red green;
```

表示上边框和下边框是红色,右边框和左边框是绿色。

```
border-color:red;
```

表示所有 4 个边框都是红色。

可能的 border- color 取值及其对应的描述如下。

color_name,规定颜色值为颜色名称的边框颜色,如 red。

hex_number,规定颜色值为十六进制值的边框颜色,如♯ff0000。

rgb_number,规定颜色值为 rgb 代码的边框颜色,如 rgb(255,0,0)。

transparent,默认值。边框颜色为透明。

【例 3-28】 padding 和 border 样式。

第 1 步,为 CSSWebsites 项目添加一个 Web 窗体,命名为 Ex3-28.HTML,添加如下代码:

```
< HTML >
< head >
< style type = "text/CSS">
♯ID1 {
background - color: ♯333;
color:♯FFF;
margin:10px;
padding:15px;
}
♯ID2 {
font: normal 14px/1.5 Verdana,sans - serif;
margin:30px;
padding:15px;
border: 1px groove red blue green;
}
</style>
</head>
< body >
< div id = "ID1">
  Hello,world
< h1 id = "ID2"> Margins of ID1 and ID2 collapse vertically.<br/>
元素 ID1 与 ID2 的 margins 在垂直方向折叠.</h1 >
</div >
</body >
</HTML >
```

第 2 步,运行程序,结果如图 3-32 所示。

图 3-32　padding 和 border 样式结果

3.4.3　文字环绕 float 样式

在传统的印刷布局中,文本可以按照需要围绕图片。一般把这种方式称为"文本环绕"。在网页设计中,应用了 CSS 的 float 属性的页面元素就像在印刷布局里面的被文字包围的图片一样。

【语法】

```
{float: none | left |right}
```

参数值:

none:对象不浮动。

left:对象浮在左边。

right:对象浮在右边。

【例 3-29】　float 样式示例。

第 1 步,为 CSSWebsites 项目添加一个 Web 窗体,命名为 Ex3-29.HTML,添加如下代码:

```
<HTML>
<head>
<Meta http-equiv = "Content-type" content = "text/HTML; charset = utf-8" />
<link rel = "stylesheet" type = "text/CSS" href = "main.CSS" />
<title>CSS FLOAT</title>
<style type = "text/CSS">
.top {
    width:500px;          /* div 框的宽度 */
    background:#f1f1f1;   /* div 框的背景色 */
}
.img {
    float:left;           /* 图片向左浮动 */
    margin-right:10px;    /* 图片右侧与文字的边距 */
    margin-bottom:5px;    /* 图片下部与文字的边距 */
border:thin dotted red;
}
</style>
</head>
<body>
<!-- 环绕的图片及文字,图片的 CSS 类为 img -->
<div class = "top">
<img src = "images/c.jpg" alt = "文字环绕" class = "img" />
```

盒子模型主要定义四个区域：内容（content）、页边距（padding）、边界（border）和边距（margin）。初学者经常搞不清楚 margin,background-color,background- image,padding,content,border 之间的层次、关系和相互影响。这里提供一张盒子模型的 3D 示意图,便于理解和记忆。

```
</div>
</body>
</HTML>
```

第 2 步,运行程序,结果如图 3-33 所示。

盒子模型主要定义四个区域：内容（content）、页边距（padding）、边界（border）和边距（margin）。初学者经常搞不清楚 margin, background-color,

background-image, padding, content, border 之间的层次、关系和相互影响。这里提供一张盒子模型的3D示意图, 希望便于你的理解和记忆。

图 3-33　float 样式结果

注意：不能在同一个属性中应用定位属性和浮动。因为对使用什么样的定位方案来说,两者的指令是相冲突的。如果把两个属性都添加到一个相同的元素上,那么 CSS 取最后设置的那个属性。

3.4.4　元素定位

CSS 提供 position、top、left 和 z-index 属性,用于在二维或三维空间定位某个元素相对于其他元素的相对位置或绝对位置。

1. position 元素位置模式

position 属性用于设置元素位置的模式。当 position 为 absolute 时,top 和 left 属性分别用于设置元素与窗口或框架上端以及左端的距离；当 position 为 relative 时,top 和 left 属性分别用于设置元素与父元素上端以及左端的距离。

定位模式规定了一个盒子在总体的布局上应该处于什么位置,以及对周围的盒子会有什么影响。定位模式包括了常规文档流、浮动和 5 种类型的 position 定位的元素。

【语法】

```
HTML 标签 { position: absolute | relative | fixed | static| inherit }
```

static 是 position 默认的属性值。任何应用了 position:static 的元素都处于常规文档流中。它处于什么位置,以及它如何影响周边的元素都是由盒子模型决定的。一个 static 定位的元素会忽略所有 top,right,bottom,left 以及 z-index 属性声明的值。为了元素能使用这些属性,需要先为它的 position 属性应用这 3 个值的其中之一：absolute、relative、fixed。

absolute,绝对定位的元素会从常规文档流中脱离。对于包围它的元素而言,它会将该绝对定位元素视为不存在。如果需要保持它所占有的位置而不被其他元素所填充,那么需要使用其他的定位方式。可以通过 top,right,bottom 和 left 四个属性来设置绝对定位元素的位置。但通常只会设置它们其中的两个:top 或者 bottom,以及 left 或者 right。默认它们的值都为 auto。

绝对定位的关键是起点在哪里。如果 top 被设置为 20px,那么这 20px 是从哪里开始计算的。一个绝对定位的元素的起点位置是相对于它的第一个 position 值不为 static 的父元素而言的。如果在它的父元素链上没有满足条件的父元素,那么绝对定位元素则会相对于文档窗口进行定位。在一个元素的样式上设置 position:absolute 意味着需要考虑父元素,并且如果父元素的 position 值不为 static,那么绝对定位元素的起点为父元素的左上角位置。如果父元素没有应用除了 static 以外的 position 定位,那么它会检查父元素的父元素是否应用非 static 定位。如果该元素应用了定位,那么它的左上角便会成为绝对元素的起点位置。如果没有,则会继续向上遍历 DOM,直到找到一个定位元素或者寻找失败,以到达最外层的浏览器窗口。

relative,相对定位的元素也是根据 top,right,bottom 和 left 四个属性来决定自己的位置的。但只是相对于它们原来所处的位置进行移动。从某种意义上来说,为元素设置相对定位和为元素添加 margin 有点相似,但也有一个重要的区别。区别就是围绕在相对定位元素附近的元素会忽略相对定位元素的移动。相对定位元素离开了正常文档流,但仍然影响着围绕它的元素。这些元素觉得相对定位元素仍然在正常文档流中。

fixed,固定定位的行为类似于绝对定位,但也有一些不同的地方。第一个不同点,固定定位总是相对于浏览器窗口进行定位,并且通过 top,right,bottom 和 left 属性决定其位置,它抛弃了它的父元素。第二个不同点是继承性,固定定位的元素是固定的。它们并不随页面的滚动而移动。

2. z-index 空间中定位元素

三维空间中定位元素的属性是 z-index,打破了二维平面的约束,具有宽度和高度。z-index 属性设置元素的堆叠顺序。拥有更高堆叠顺序的元素总会处于堆叠顺序较低的元素的前面,如图 3-34 所示。该属性设置一个定位元素沿 Z 轴的位置,Z 轴定义为垂直延伸到显示区的轴。如果为正数,离用户更近,为负数则表示离用户更远。

【例 3-30】 z-index 样式示例。

第 1 步,为 CSSWebsites 项目添加一个 Web 窗体,命名为 Ex3-30. HTML,添加如下代码:

```
<HTML>
<head>
<style type="text/CSS">
img
{
position:absolute;
left:0px;
top:0px;
z-index:-1;
}
```

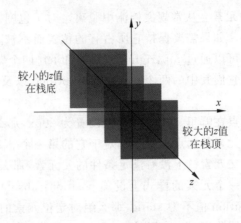

图 3-34   z-index 的堆叠顺序

```
</style>
</head>
< body >
< h1 style = "color:red"> This is a heading </h1 >
< img src = "images/c.jpg" />
< p style = "color:red">由于图像的 z - index 是 - 1,因此它在文本的后面出现.</p>
</body>
</HTML >
```

第 2 步,运行程序,结果如图 3-35 所示。

图 3-35   z-index 样式结果

由图 3-35 可知,z-index 高的位于 z-index 低的上面,并朝页面的上方运动。相反,一个低的 z-index 在高的 z-index 的下面,并朝页面下方运动。所有元素默认的 z-index 值都为0,并且可以对 z-index 使用负值。

假如只是开发简单的弹窗效果,懂得通过 z-index 来调整元素间的层叠关系就够了。但要将多个弹窗间层叠关系处理好,那么充分理解 z-index 背后的原理及兼容性问题就是必要的知识储备了。常接触到的 z-index 只是分层显示中的一个属性,而理解 z-index 背后的原理实质上就是要理解分层显示原理。

3.5　习　　题

1. 简要说明什么是 CSS。

2. 比较几种网页添加样式的方法。

3. 比较字体样式和文本样式的区别。

4. 设计一个表格样式,其中,整体表格的样式:

font－family:"Trebuchet MS",Arial,Helvetica,sans－serif;width:100%;
border－collapse:collapse;

表格标题的样式:

font－size:1.1em; text－align:left; padding－top:5px; padding－bottom:4px; background
－color:♯A7C942; color: ♯ffffff;

表格奇数行数据的样式:

color:♯000000; background-color:♯EAF2D3;

表格偶数行数据的样式:

font-size:1em; border:1px solid ♯98bf21; padding:3px 7px 2px 7px;

效果如图 3-36 所示。

Company	Contact	Country
Apple	Steven Jobs	USA
Baidu	Li YanHong	China
Google	Larry Page	USA
Lenovo	Liu Chuanzhi	China
Microsoft	Bill Gates	USA
Nokia	Stephen Elop	Finland

图 3-36　表格 CSS 样式结果

5. 补全下面的代码,实现一个<div>元素页面布局样式,效果如图 3-37 所示。

```
<!DOCTYPE HTML>
<HTML lang = "en" xmlns = "http://www.w3.org/1999/xHTML">
<head>
    <Meta charset = "utf－8" />
    <title></title>
    <style>
        ♯header {
            background－color: black;
            color: white;
        (1)

        _____

            padding: 5px;
        }
```

```
#nav {
    line-height: 30px;
    background-color: #eeeeee;
    height: 300px;
    width: 100px;
(2)

    padding: 5px;
}

#section {
    width: 350px;
(3)

    padding: 10px;
}

#footer {
    background-color: black;
    color: white;
    clear: both;
(4)

    padding: 5px;
}
</style>
</head>
<body>
    <div id="header">
        <h1>City Gallery</h1>
    </div>

    <div id="nav">
        London<br>
        Paris<br>
        Tokyo<br>
    </div>

    <div id="section">
        <h1>London</h1>
        <p>
London is the capital city of England. It is the most populous city in the United Kingdom,
        with a metropolitan area of over 13 million inhabitants.
        </p>
        <p>
Standing on the River Thames, London has been a major settlement for two millennia, its
history going back to its founding by the Romans, who named it Londinium.
        </p>
    </div>
    <div id="footer">
        Copyright W3School.com.cn
```

```
    </div>
</body>
</HTML>
```

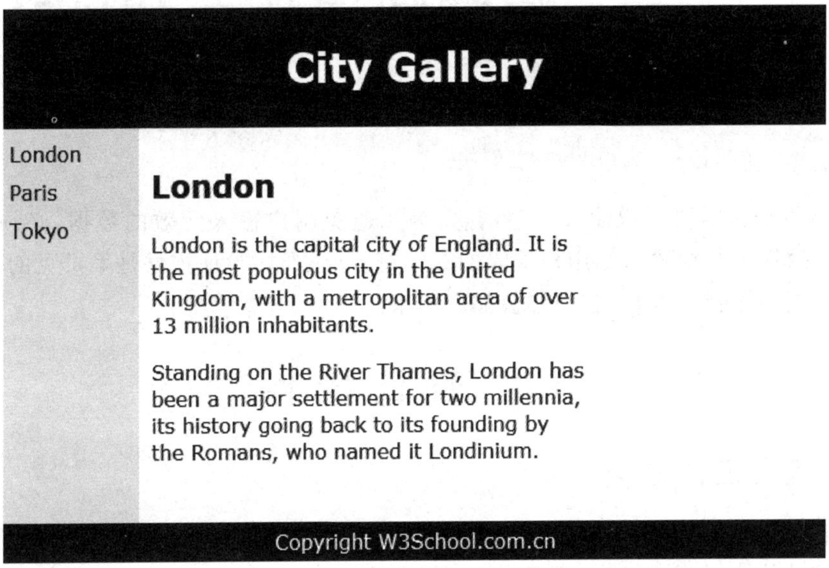

图 3-37 页面布局效果

6. 分析一个经典网站的 CSS。

## 第 4 章

网页数据的有效性验证

Web 网页经常需要用户输入一些信息,为了避免用户输入无效的数据,必须对用户输入数据的有效性进行检测。当用户输入的数据符合要求时,验证控件是不可见的,只有当用户输入的数据不符合要求时,它们才会显示出来。

4.1 验 证 控 件

4.1.1 验证控件分类

不同种类的数据验证控件完成不同的数据验证工作,因此,用户要选择对应的验证控件。按照控件的执行环境划分,验证控件可以分为以下两类。

1. 服务器端验证

服务器执行代码检查,当浏览器把信息发送到服务器时,会引发一个数据验证的处理过程。如果在任意输入控件中检测到错误的验证控件,则网页设置为无效状态,并发回客户端。验证时间为当页面已经完成初始化,但尚没有调用任何事件处理程序时,单击"提交"按钮或按 Enter 键就会验证。

2. 客户端验证

在浏览器端使用 JavaScript 实现,即使验证控件已在客户端执行验证。不需要 Web 服务器的配合,可以缩短页面的相应时间,因为错误会被立即检查到,将在用户离开包含错误的控件后马上显示。

4.1.2 ASP 页面验证控件

ASP 页面针对必须输入值、指定范围等验证内容,有 6 种服务器验证控件,具体见表 4-1。

表 4-1 验证控件

控 件 名 称	说 明
RequiredFieldValidator	输入值域是否为空
RangeValidator	输入值域是否在指定范围内
RegularExpressionValidator	输入值域是否符合某正则表达式要求的格式
CompareValidator	输入值和另外一个值满足什么关系
CustomValidator	定制的验证检查方式
ValidationSummary	检验其他验证控件的结果,并集中显示

这 6 种服务器控件的公共属性见表 4-2。

表 4-2　公共属性

属 性 名 称	说　明
ControlToValidate	指定一个控件 ID，该控件需要进行输入验证，如： < asp：CustomValidator ControlToValidate = " 检 查 的 控 件 名 " > </asp：CustomValidator >
ErrorMessage	用来显示错误信息，如： < asp：CustomValidator ErrorMessage="错误消息"> </asp：CustomValidator >
ForeColor	指定错误信息显示时的颜色，如： < asp：CustomValidator ForeColor="颜色"></asp：CustomValidator >
Display	指定验证控件的错误信息如何显示 Display= "static"，即静态显示方式（系统默认方式）。当验证控件初始化时，需要在网页上有足够的空间来放置验证控件；当没有显示错误信息时，验证控件仍然占据一定的网页位置； Display= "Dynamic"，即动态显示方式。 当验证控件初始化时，控件不再占有网页上的位置，只有在需要显示错误信息时，控件才会占有一定的网页位置。 Display= "None"，即不在当前验证控件中显示错误信息，而在网页的总结验证控件 ValidationSummary 中显示错误信息
EnableClientScript	是否启动客户端验证，默认值为 true。 若为 false，则启动 Web 服务器来验证。采用客户端验证可得到较快的处理速度

1. RequiredFieldValidator 控件——检测必填项

该控件又称非空验证控件，常用于文本输入框的非空验证。若在网页上使用此控件，则当用户提交网页到服务器端时，系统自动检查被验证控件的输入是否为空。如果为空，则网页显示错误信息。

【语法】

```
< asp:RequiredFieldValidator
ID = "控件名称"
runat = "server"
ControlToValidate = "要检查的控件名 "
Display = "Static|Dynamic|None"
ErrorMessage = "错误信息"
ForeColor = "颜色值">文本信息
</asp:RequiredFieldValidator >
```

使用的基本步骤：

步骤 1，在 VS 2013 中新建一个网站，并添加一个 Web 窗体。

步骤 2，从工具箱上拖一个 TextBox 控件放置在 Web 窗体上，让用户输入数据。

步骤 3，从工具箱上拖一个 RequiredField 控件放置在 Web 窗体上。

步骤 4，设置 RequiredField 控件的相关属性，主要有 ControlToValidate、Display、ErrorMessage、ForeColor 4 个属性。

在 VS 2012 的 .NET 4.5 及其以后的版本中都默认设置了 JQuery 的引用相关属性 Unobtrusive ValidationMode,但并未对其赋值,必须手动对其进行设置。进行数据验证时使用的各种 validator 需要在前端调用 JQuery 进行身份验证。如果不对该属性进行配置,将会产生控件不显示信息的错误。需要在 Web.config 文件中添加如下代码:

```
<appSettings>
<add key = "ValidationSettings:UnobtrusiveValidationMode" value = "None" />
</appSettings>
```

【例 4-1】 RequiredFieldValidator 示例。

第 1 步,使用 VS 2013 创建一个空网站项目 ValidWebsites,添加一个 Web 窗体,命名为 Ex4-1.aspx,设置为起始页。

第 2 步,在 Ex4-1.aspx 上添加 textBox 控件和设置属性:

```
<asp:TextBox ID = "TextBox1" runat = "server"></asp:TextBox>
```

第 3 步,在 Ex4-1.aspx 上添加控件和设置属性,代码如下:

```
<asp:RequiredFieldValidator
ID = "requiredFieldValidator"
runat = "server"
ControlToValidate = "TextBox1"
Display = "Dynamic"
ErrorMessage = "必须输入用户名!"
 ForeColor = "Red" >
</asp:RequiredFieldValidator>
```

第 4 步,在 Web.Config 里面添加以下内容:

```
<appSettings>
<add key = "ValidationSettings:UnobtrusiveValidationMode" value = "None" />
</appSettings>
```

第 5 步,运行程序,不输入数据,单击"提交"按钮,得到如图 4-1 所示的错误信息提示。

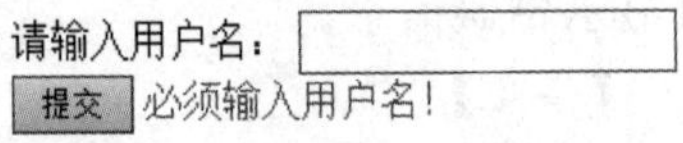

请输入用户名:
提交 必须输入用户名!

图 4-1 必填控件验证实例

2. RangeValidator 控件——限定输入特定范围的数据

该控件又称范围验证控件。当用户输入不在验证范围内的值时,将引发页面错误信息,该控件提供 Integer、String、Date、Double 和 Currency 共 5 种数据类型的验证。

【语法】

```
<asp:RangeValidator ID = "控件名称"
runat = "server"
ControlToValidate = "要检查的控件名 "
Type = "数据类型"
MinimumValue = "最小值"
MaximumValue = "最大值"
Display = "Static|Dynamic|None" ErrorMessage = "错误信息"
ForeColor = "颜色值">文本信息
</asp:RequiredFieldValidator>
```

使用的基本步骤：

步骤 1，在 VS 2013 中新建一个网站，并添加一个 Web 窗体。

步骤 2，从工具箱上拖一个 TextBox 控件放置在 Web 窗体上，让用户输入数据。

步骤 3，从工具箱上拖一个 RangeValidator 控件放置在 Web 窗体上。

步骤 4，设置 RequiredField 控件的相关属性，主要有 ControlToValidate、Display、ErrorMessage、ForeColor。Type 用于比较值的数据类型，包含 Integer、String、Date、Double 和 Currency 共 5 种，MinimumValue 为所验证的控件的最小值；MaximumValue 为所验证的控件的最大值。

【例 4-2】　RangeValidator 示例。

第 1 步，在 ValidWebsites 项目中添加一个 Web 窗体，命名为 Ex4-2.aspx，设置为起始页。

第 2 步，在 Ex4-2.aspx 添加如下代码：

```
<%@ Page Language = "C#" AutoEventWireup = "true" CodeFile = "Ex4 - 2.aspx.cs" Inherits = "
Ex4_2" %>
<!DOCTYPE HTML>
<HTML xmlns = "http://www.w3.org/1999/xHTML">
<head runat = "server">
<Meta http - equiv = "Content - Type" content = "text/HTML; charset = utf - 8"/>
    <title></title>
</head>
<body>
    <form id = "form 1" runat = "server">
    <div>
        请输入一个 1～5 的数
        <asp:TextBox ID = "TextBox1" runat = "server"></asp:TextBox>
        <asp:RangeValidator
        ID = "rangeValidator"
        runat = "server"
        ErrorMessage = "数字必须为 1～5"
        ControlToValidate = "TextBox1"
        MaximumValue = "5"
        MinimumValue = "1"
        ForeColor = "Red"
        Type = "Date">
        </asp:RangeValidator>
    </div>
        <asp:Button ID = "Button1" runat = "server" Text = "提交" />
    </form>
</body>
</HTML>
```

第 3 步，运行程序，输入的数据如果不在范围之内，就单击"提交"按钮，得到如图 4-2 所示的错误信息提示。

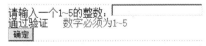

图 4-2　范围控件验证实例

3．RegularExpressionValidator 控件——使用正则表达式进行复杂数据验证

该控件又称正则表达式验证控件，它的验证功能比非空验证控件和范围验证控件更强大，用户可以自定义或书写自己的验证表达式。

【语法】

```
< asp:RegularExpressionValidator
ID = "控件名称"
runat = "server"
ControlToValidate = "要检查的控件名 "
ValidationExpression = "正则表达式"
Display = "Static|Dynamic|None"
ErrorMessage = "错误信息"
ForeColor = "颜色值">文本信息
</asp: RegularExpressionValidator >
```

使用的基本步骤：

步骤 1，在 VS 2013 中新建一个网站，并添加一个 Web 窗体。

步骤 2，从工具箱上拖一个 TextBox 控件放置在 Web 窗体上，让用户输入数据。

步骤 3，从工具箱上拖一个 RegularExpressionValidator 控件放置在 Web 窗体上。

步骤 4，设置 RegularExpressionValidator 控件的相关属性，主要有 ValidationExpression，用于确定有效性的正则表达式。

【例 4-3】 RegularExpressionValidator 使用实例。

第 1 步，在 ValidWebsites 项目中添加一个 Web 窗体，命名为 Ex4-3. aspx，设置为起始页。

第 2 步，在 Ex4-3. aspx 添加如下代码：

```
< % @ Page Language = "C#" AutoEventWireup = "true" CodeFile = "Ex4 - 3.aspx.cs"
Inherits = "Ex4_3" % >
<! DOCTYPE HTML >
< HTML xmlns = "http://www.w3.org/1999/xHTML">
< head runat = "server">
< Meta http - equiv = "Content - Type" content = "text/HTML; charset = utf - 8"/>
    < title ></title >
</ head >
< body >
< form id = "form 1" runat = "server">
    < div >
        输入 6 位数字的邮政编码
        < asp:TextBox ID = "TextBox1" runat = "server"></asp:TextBox >
        < asp:RegularExpressionValidator
        ID = "regularExpressionValidator"
        runat = "server"
        ControlToValidate = "TextBox1"
        ErrorMessage = "邮政编码必须是 6 位的!"
        ValidationExpression = "\d{6}"
        ForeColor = "Red">
        </asp:RegularExpressionValidator >
        < asp:Button ID = "Button1" runat = "server" Text = "提交" />
```

```
        </div>
    </form>
    </body>
    </HTML>
```

第3步,运行程序,输入的数据如果不在范围内,就单击"提交"按钮,得到如图 4-3 所示的错误信息提示。

图 4-3　正则表达式控件验证实例

4. CompareValidator 控件——比较数据值、限定用户输入数据的类型

该控件又称比较验证控件,主要用来验证 TextBox 控件内容或者某个控件的内容与固定表达式的值是否相同。

【语法】

```
< asp: CompareValidator
ID = "控件名称"
runat = "server"
ControlToValidate = "要检查的控件名 "
ValueToCompare = "常值"
ControlToCompare = "作比较的控件名"
Type = "输入值"
Operator = "操作方法"
Display = "Static|Dynamic|None"
ErrorMessage = "错误信息"
ForeColor = "颜色值">文本信息
</asp:RequiredFieldValidator >
```

使用的基本步骤:

步骤 1,在 VS 2013 中新建一个网站,并添加一个 Web 窗体。

步骤 2,从工具箱上拖一个 TextBox 控件放置在 Web 窗体上,让用户输入数据。

步骤 3,从工具箱上拖一个 CompareValidator 控件放置在 Web 窗体上。

步骤 4,设置 CompareValidator 控件的相关属性,主要有 ControlToCompare 属性(用于进行比较的控件的 ID);Type 属性(用于比较的值的数据类型:Integer、String、Date、Double 和 Currency 共 5 种);ValueToCompare:用于进行比较的值。

【例 4-4】 CompareValidator 实例。

第1步,在 ValidWebsites 项目中添加一个 Web 窗体,命名为 Ex4-4. aspx,设置为起始页。

第2步,在 Ex4-4. aspx 中添加如下代码:

```
< % @ Page Language = "C♯" AutoEventWireup = "true" CodeFile = "Ex4 – 4.aspx.cs"
Inherits = "Ex4_4" % >
<! DOCTYPE HTML >
< HTML xmlns = "http://www.w3.org/1999/xHTML">
< head runat = "server">
```

```
< Meta http - equiv = "Content - Type" content = "text/HTML; charset = utf - 8"/>
    < title ></title >
</head >
< body >
    < form id = "form 1" runat = "server">
    < div >
     输入密码< asp:TextBox ID = "TextBox1" runat = "server"></asp:TextBox >
     再输入一次< asp:TextBox ID = "TextBox2" runat = "server"></asp:TextBox >
    </div >
  < asp:CompareValidator ID = "CompareValidator1" runat = "server" ControlToCompare =
"TextBox1" ControlToValidate = "TextBox2" ErrorMessage = "确认密码必须与输入密码保持一致!"
ForeColor = " #FF3300">
  </asp:CompareValidator >
    </form >
</body >
</HTML >
```

第 3 步,运行程序,在第 1 个文本框中输入 123,在第 2 个文本框中输入 2,得到如图 4-4 所示的结果。

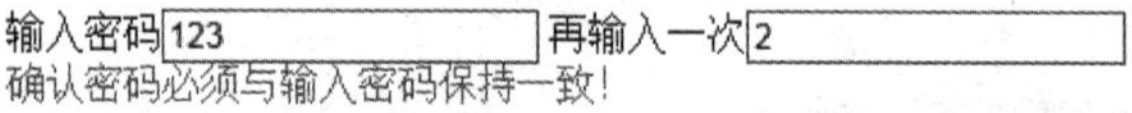

输入密码 123   再输入一次 2
确认密码必须与输入密码保持一致!

图 4-4　运行结果

5. CustomValidator 控件——自定义数据验证方法

此控件又称自定义验证控件,它使用自定义的验证函数作为验证方式。CustomValidation 控件与其他验证控件的最大区别是,该控件可以添加客户端验证函数和服务器端验证函数。客户端验证函数总是在 ClientValidatorFunction 属性中指定,而服务器端验证函数总是通过 OnServerValidate 属性来设定,并被指定为 ServerValidate 事件处理程序。每个验证控件都会公开自己的 IsValid 属性,该属性指明数据是否通过本控件的验证。当 IsValid 属性为 True 时,表示数据已通过页面上所有验证控件的验证,否则,不通过验证。

【语法】

```
< asp: CustomValidator
ID = "控件名称"
runat = "server"
ControlToValidate = "要检查的控件名"
ClientValidationFunction = "客户端函数"
Display = "Static|Dynamic|None"
ErrorMessage = "错误信息"ForeColor = "颜色值">文本信息
</asp:RequiredFieldValidator >
```

使用的基本步骤:

步骤 1,在 VS 2013 中新建一个网站,并添加一个 Web 窗体。
步骤 2,从工具箱上拖一个 TextBox 控件放置在 Web 窗体上,让用户输入数据。
步骤 3,从工具箱上拖一个 CustomValidator 控件放置在 Web 窗体上。
步骤 4,设置 CustomValidator 控件的相关属性,主要有 ClientValidationFunction:客户端验证函数通过此属性指定;OnServerValidate:服务器端验证函数通过此属性指定,并被指定为 ServerValidate 事件处理程序。

【例 4-5】　基于客户端的 CustomValidator 验证实例。

第 1 步,在 ValidWebsites 项目中添加一个 Web 窗体,命名为 Ex4-5.aspx,设置为起始页,添加如下代码:

```
<%@ Page Language = "C#" AutoEventWireup = "true" CodeFile = "Ex4 - 5.aspx.cs"
Inherits = "Ex4_5" %>
<! DOCTYPE HTML>
< HTML xmlns = "http://www.w3.org/1999/xHTML">
< head runat = "server">
< Meta http - equiv = "Content - Type" content = "text/HTML; charset = utf - 8"/>
< title ></title >
< script language = "javascript" type = "text/javascript">
function CheckDataEvent(source,args) {
  var argument = document.getElementById("TextBox1");
  if ((argument.value % 2) == 0)
    args.IsValid = true;
    else {
   args.IsValid = false;
}
}
</script >
</head >
< body >
< form id = "form 1" runat = "server">
请输入一个偶数
< asp:TextBox ID = "TextBox1" runat = "server"></asp:TextBox>
< asp:CustomValidator ID = "CustomValidator1" runat = "server" ControlToValidate = "TextBox1"
ErrorMessage = "你输入的不是一个偶数" ForeColor = "#FF3300" ClientValidationFunction = "
CheckDataEvent"></asp:CustomValidator >
</form >
</body >
</HTML >
```

第 2 步,运行程序,得到如图 4-5 所示的结果。

请输入一个偶数 [1　　　　　　　] 你输入的不是一个偶数

图 4-5　运行结果

【例 4-6】　基于服务端的 CustomValidator 验证实例。

第 1 步,在 ValidWebsites 项目中添加一个 Web 窗体,命名为 Ex4-6.aspx,设置为起始页,添加如下代码:

```
<%@ Page Language = "C#" AutoEventWireup = "true" CodeFile = "Ex4 - 6.aspx.cs" Inherits = "
Ex4_6" %>
<! DOCTYPE HTML>
< HTML xmlns = "http://www.w3.org/1999/xHTML">
< head runat = "server">
< Meta http - equiv = "Content - Type" content = "text/HTML; charset = utf - 8"/>
< title ></title >
```

```
</head>
< body >
< form id = "form 1" runat = "server">
    请输入一个偶数
      < asp:TextBox ID = "TextBox1" runat = "server"></asp:TextBox>
        < asp:CustomValidator ID = "CustomValidator1" runat = "server" ControlToValidate =
"TextBox1" ErrorMessage = "你输入的不是一个偶数" ForeColor = "♯FF3300" OnServerValidate =
"CustomValidator1_ServerValidate" ></asp:CustomValidator >
</ form >
</ body >
</ HTML >
```

第 2 步,在 Ex4-6.aspx.cs 中添加如下代码:

```
using System;
using System.Collections.Generic;
using System.Linq;
using System.Web;
using System.Web.UI;
using System.Web.UI.WebControls;
public partial class Ex4_6: System.Web.UI.Page
{
    protected void CustomValidator1_ServerValidate(object source, ServerValidateEventArgs
args)
    {
        int a = Convert.ToInt16(TextBox1.Text);
        if ((a % 2) == 0)
            args.IsValid = true;
        else
            args.IsValid = false;
    }
}
```

第 3 步,运行程序,得到如图 4-5 所示的结果。

6. ValidationSummary 控件——显示当前页面其他验证控件的结果

此控件又称错误总结控件,主要是搜集本页中所有的验证错误信息,并将它们组织好后显示出来。

【语法】

```
< asp:RequiredFieldValidator
ID = "控件名称"
runat = "server"
ShowSummary = "True|False"
ControlToValidate = "要检查的控件名 "
Display = "Static|Dynamic|None"
DisplayMode = "List|BulletList|SingleParagraph"
ErrorMessage = "错误信息"
ForeColor = "颜色值">
</asp:RequiredFieldValidator >
```

把 ValidationSummary 控件拖放到 Web 窗体上,修改属性即可。

4.2　正则表达式

正则表达式就是记录文本规则的代码。编写处理字符串的程序或网页时,经常会有查找符合某些复杂规则的字符串的需要。正则表达式就是用于描述这些规则的工具。

4.2.1　常用的元字符

1. \b

\b 是正则表达式规定的一个特殊代码(Metacharacter),代表着单词的开头或结尾,也就是单词的分界处,如\b hi \b,表示单词 hi。

2. . 与 *

. 是另一个元字符,匹配除了换行符以外的任意字符;* 同样是元字符,不过,它代表的不是字符,也不是位置,而是数量——它指定 * 前边的内容可以连续重复使用任意次,以使整个表达式得到匹配。如.*,表示任意数量的不包含换行的字符;\bhi\b.*\bLucy\b,表示以 hi 开头,跟上任意个任意字符(换行符除外),以 Lucy 结束的字符串。

3. \d

\d 是一位 0~9 的数字。如 0\d\d-\d\d\d\d\d\d\d\d,表示以 0 开头,跟上两个数字,加一个连字号"-",最后是 8 个数字的中国电话号码。也可以这样写这个表达式:0\d{2}-\d{8}。这里\d 后面的{2}({8})的意思是前面\d 必须连续重复匹配 2 次(8 次)。

4. \s,\w,^, $

\s 匹配任意的空白符,包括空格,制表符(Tab),换行符,中文全角空格等;\w 匹配字母、数字、下画线、汉字等。如:

\ba\w*\b,表示以字母 a 开头,跟上任意数量的字母或数字的字符串。

^表示匹配字符串的开始,$ 表示匹配字符串的结束。

5. 字符转义

如果匹配元字符本身,如. 或者 *,因为它们会被解释成别的意思,所以没办法指定它们。需要使用\取消这些字符的特殊意义,因此应该使用\. 和\ * 分别表示.和 * 本身。如:

unibetter\.com 表示 unibetter.com;
C:\\Windows 表示 C:\Windows.

4.2.2　复杂的正则表达式

1. 重复

表示重复多次可以使用 * ,+ ,?,见表 4-3。

表 4-3　重复多次的用法

限　定　符	说　　明
*	重复零次或更多次
+	重复一次或更多次
?	重复零次或一次

续表

限 定 符	说　　明
{n}	重复 n 次
{n,}	重复 n 次或更多次
{n,m}	重复 n 到 m 次

如：Windows\d+表示 Windows 后面跟一个或更多个数字。

表示 QQ 号为 5～12 位数字串，正则式为^\d{5,12}$，其中{5,12}是重复的次数，不能少于 5 次，不能多于 12 次。

2. 字符集和元素

匹配数字，字母或数字，空白比较简单，因为已经有了对应这些字符集合的元字符。但是，如果想匹配没有预定义元字符的字符集合，在方括号里列出它们就可以了。如：

[aeiou]表示匹配任何一个英文元音字母。

[.?!]表示匹配标点符号(. 或？或!)。

[0-9]表示匹配数字，含义与\d 完全一致。

[a-z0-9A-Z_]表示匹配只考虑英文时\w 的含义。

3. 反义

有时需要查找不属于某个能简单定义的字符类的字符。例如，想查找除了数字以外，其他任意字符都行的情况，这时需要用到反义。表示反义的代码见表 4-4 所示。

表 4-4　表示反义的代码

反 义 代 码	说　　明
\W	匹配任意不是字母、数字、下画线、汉字的字符
\S	匹配任意不是空白符的字符
\D	匹配任意非数字的字符
\B	匹配不是单词开头或结束的位置
[^ x]	匹配除了 x 以外的任意字符
[^aeiou]	匹配除了 aeiou 这几个字母以外的任意字符

如：<a[^>]+>，表示匹配用尖括号括起来的以 a 开头的字符串。

4. 分支

正则表达式里的分支条件指的是有几种规则，如果满足其中任意一种规则，都应该当成匹配，具体方法是用"|"把不同的规则分隔开，如 0\d{2}-\d{8}|0\d{3}-\d{7}，表示匹配两种以连字号分隔的电话号码：一种是三位区号，8 位本地号(如 010-12345678)；一种是 4 位区号，7 位本地号(0376-2233445)。

(? 0\d{2}\)? [-]? \d{8}|0\d{2}[-]? \d{8}，表示匹配 3 位区号的电话号码，其中区号可以用小括号括起来，也可以不用，区号与本地号间可以用连字号或空格间隔，也可以没有间隔。

\d{5}-\d{4}|\d{5}，表示匹配美国的邮政编码。美国邮政编码的规则是 5 位数字，或者用连字号间隔的 9 位数字。

使用分支条件时，要注意各个条件的顺序。如果改成\d{5}|\d{5}-\d{4}，那么就只会

匹配 5 位的邮编(以及 9 位邮编的前 5 位)。原因是匹配分支条件时,将会从左到右地测试每个条件,如果满足了某个分支,就不会再管其他条件了。

5. 分组

可以用小括号指定子表达式(也叫做分组),可以指定这个子表达式的重复次数。如:(\d{1,3}\.){3}\d{1,3},表示是 4 个 0~999 的数字,中间用"."连接。

如果使用算术比较,或许能简单地解决这个问题,但是,正则表达式中并不提供关于数学的任何功能,所以只能使用冗长的分组,选择字符类来描述。如:((2[0-4]\d|25[0-5]|[01]? \d\d?)\.){3}(2[0-4]\d|25[0-5]|[01]? \d\d?),表示 IPv4 的地址。第 1 个分支表示 200~249,第 2 分支表示 250~255,第 3 分支表示 0~199,第 1 组表示 0~255 的数加上"."。

6. 后向引用

使用小括号指定一个子表达式后,匹配这个子表达式的文本(也就是此分组捕获的内容)可以在表达式或其他程序中作进一步的处理。默认情况下,每个分组会自动拥有一个组号,规则是:从左向右,以分组的左括号为标志,分组 0 对应整个正则表达式,第一个出现的分组的组号为 1,第二个为 2,以此类推。后向引用用于重复搜索前面某个分组匹配的文本。如:\b(\w+)\b\s+\1\b,表示匹配重复的单词,像 go go,或者 kitty kitty。这个表达式首先是一个单词,这个单词分组的编号为 1,跟上 1 个或几个空白符(\s+),最后是分组 1 中捕获的内容(也就是前面匹配的那个单词)。

7. 贪婪与懒惰

当正则表达式中包含能接受重复的限定符时,通常的行为是(在使整个表达式能得到匹配的前提下)匹配尽可能多的字符。这被称为贪婪匹配。有时更需要懒惰匹配,也就是匹配尽可能少的字符。懒惰限定符及含义见表 4-5。

表 4-5　懒惰限定符及其含义

懒惰限定符	说　　明
*?	重复任意次,但尽可能少重复
+?	重复 1 次或更多次,但尽可能少重复
??	重复 0 次或 1 次,但尽可能少重复
{n,m}?	重复 n 到 m 次,但尽可能少重复
{n,}?	重复 n 次以上,但尽可能少重复

如:a. * b,表示匹配最长的以 a 开始,以 b 结束的字符串。如果用它来搜索 aabab,它会匹配整个字符串 aabab。

a. * ? b,表示匹配最短的,以 a 开始,以 b 结束的字符串。如果把它应用于 aabab,它会匹配 aab(第 1~3 个字符)和 ab(第 4~5 个字符)。

4.3　正则表达式应用

上述正则表达式可以在 RegularExpressionValidator 控件中使用,也可以通过 RegExp 对象或 String 对象应用。而 String 和 RegExp 都定义了使用正则表达式进行强大的模式匹配和文本检索与替换的函数。

4.3.1 RegExp 对象

【语法】

直接使用

/pattern/attributes

或用 RegExp 对象的方法定义。

Var pattern = new RegExp(pattern,attributes);

参数 pattern 是一个字符串,指定了正则表达式的模式或其他正则表达式。

参数 attributes 是一个可选的字符串,包含属性"g""i"和"m",分别用于指定全局匹配、区分大小写的匹配和多行匹配,含义见表 4-6。ECMAScript 标准化之前,不支持 m 属性。如果 pattern 是正则表达式,而不是字符串,则必须省略该参数。如:

```
var box = /box/;          //直接用两个反斜杠
var box = /box/ig;        //在第二个斜杠后面加上模式修饰符
```

表 4-6 修饰符

修 饰 符	描 述
i	执行对大小写不敏感的匹配
g	执行全局匹配(查找所有匹配,而非在找到第一个匹配后停止)
m	执行多行匹配

RegExp 对象包含 test()和 exec()两个方法,它们的功能基本相似,用于测试字符串匹配。

test()方法在字符串中查找是否存在指定的正则表达式并返回布尔值,如果存在,则返回 true,不存在,则返回 false。

exec()方法也用于在字符串中查找指定正则表达式,如果 exec()方法执行成功,则返回包含该查找字符串的相关信息数组。如果执行失败,则返回 null。

【例 4-7】 RegExp 正则表达式的应用。

第 1 步,在 ValidWebsites 项目中添加一个 Web 窗体,命名为 Ex4-7. HTML,设置为起始页,添加如下代码:

```
< HTML >
< head >
< Meta http - equiv = "Content - Type" content = "text/HTML; charset = utf - 8"/>
    < title >RegExp 正则表达式应用</title>
</head>
< body >
< script type = "text/javascript" >
    var pattern = new RegExp('box','i');   //创建正则模式,不区分大小写
    var str = 'This is a Box!';            //创建要比对的字符串
alert(pattern.test(str));                  //通过 test()方法验证是否匹配

/ * 使用字面量方式的 test 方法示例 * /
```

```
var pattern = /box/i;                          //创建正则模式,不区分大小写
var str = 'This is a Box!';
alert(pattern.test(str));

/* 使用一条语句实现正则匹配 */
alert(/box/i.test('This is a Box!'));          //模式和字符串替换掉了两个变量

/* 使用 exec 返回匹配数组 */
var pattern = /box/i;
var str = 'This is a Box!';
alert(pattern.exec(str));                      //匹配了返回数组,否则返回 null
</script>
</body>
</HTML>
```

第 2 步,运行程序,输出

```
true
true
true
Box
```

4.3.2　String 对象的正则表达式方法

除了 test()和 exec()方法,String 对象也提供了 4 个使用正则表达式的方法,具体用法和返回值见表 4-7。

表 4-7　支持正则表达式的 String 对象的方法

方　　法	描　　述
search(pattern)	检索与正则表达式相匹配的值,返回字符串中 pattern 开始的位置
match(pattern)	找到一个或多个正则表达式的匹配,返回 pattern 中的子串或 null
replace(pattern,replacement)	替换与正则表达式匹配的子串,用 replacement 替换 pattern
split(pattern)	把字符串分割为字符串数组,返回字符串按指定 pattern 拆分的数组

【例 4-8】　String 对象的正则表达式方法。

第 1 步,在 ValidWebsites 项目中添加一个 Web 窗体,命名为 Ex4-8. HTML,设置为起始页,添加如下代码:

```
<HTML>
<head>
<Meta http-equiv = "Content-Type" content = "text/HTML; charset = utf-8"/>
    <title>String 对象的正则表达式方法</title>
</head>
<body>
<script type = "text/javascript">
    /* 使用 match 方法获取匹配数组 */
    var pattern = /box/ig;             //全局搜索
    var str = 'This is a Box!,That is a Box too';
    alert(str.match(pattern));         //匹配到两个 Box,Box
    alert(str.match(pattern).length);  //获取数组的长度,2
```

```
            /* 使用 search 查找匹配数据 */
            var pattern = /box/ig;
            var str = 'This is a Box!,That is a Box too';
            alert(str.search(pattern));              //查找到返回位置10,否则返回 -1
            /* 使用 replace 替换匹配到的数据 */
            var pattern = /box/ig;
            var str = 'This is a Box!,That is a Box too';
            alert(str.replace(pattern,'Tom'));       //将 Box 替换成了 Tom
            /* 使用 split 拆分字符串数组 */
            var pattern = / /ig;
            var str = 'This is a Box!,That is a Box too';
            alert(str.split(pattern));               //将字符串按照空格拆分成数组
</script>
</body>
</HTML>
```

第 2 步,运行程序,输出结果

Box,Box
2
10
This is a Tom!,that is a Tom too
This,is,a,Box!,That,is,a,Box,too

4.4　常见的正则表达式

(1) ^[1-9]d*$ //匹配正整数

(2) ^-[1-9]d*$ //匹配负整数

(3) ^-?[1-9]d*$ //匹配整数

(4) ^[1-9]d*|0$ //匹配非负整数(正整数+0)

(5) ^-[1-9]d*|0$ //匹配非正整数(负整数+0)

(6) ^[1-9]d*.d*|0.d*[1-9]d*$ //匹配正浮点数

(7) ^-([1-9]d*.d*|0.d*[1-9]d*)$ //匹配负浮点数

(8) ^-?([1-9]d*.d*|0.d*[1-9]d*|0?.0+|0)$ //匹配浮点数

(9) ^[1-9]d*.d*|0.d*[1-9]d*|0?.0+|0$ //匹配非负浮点数(正浮点数+0)

(10) ^(-([1-9]d*.d*|0.d*[1-9]d*))|0?.0+|0$ //匹配非正浮点数(负浮
                                              点数+0)

(11) ^[u4e00-u9fa5],{0,}$ //匹配只能输入汉字

(12) ^w+[-+.]w+)*@w+([-.]w+)*.w+([-.]w+)*$
                                       //验证 E-mail 地址

(13) ^http://([w-]+.)+[w-]+(/[w-./?%&=]*)?$
                                       //验证 Internet 的 URL

(14) /\b(?:(?:25[0-5]|2[0-4][0-9]|[01]?[0-9][0-9]?)\.){3}(?:25[0-5]|2[0-4][0-9]|[01]?[0-9][0-9]?)\b/,验证匹配的 IP 地址

(15) 匹配中国大陆身份证:/^[1-9]\d{5}[1-9]\d{3}((0\d)|(1[0-2]))((([0|1|

$2]\d)|3[0-1])\d\{3\}(\d|x|X)\$/$

4.5　习　　题

1. 区分服务器端数据验证和客户端数据验证。

2. 概述 ASP.NET 提供的 6 种服务器验证控件。

3. 写出下列正则表达式的含义。

(1) $^[0-9]+(.[0-9]\{1,3\})?\$$

(2) $^\w+([-+.]\w+)*@\w+([-.]\w+)*\.\w+([-.]\w+)*\$$

(3) $^[a-zA-Z]\w\{5,17\}\$$

(4) $^\d\{15\}|\d\{\}18\$$

第5章

JavaScript 编程技术

5.1 JavaScript 编程基础

5.1.1 JavaScript 简介

1995 年,Netscape 公司的 Brendan Eich 在网景导航者浏览器上首次设计实现了 JavaScript。因为 Netscape 与 Sun 合作,Netscape 管理层希望它外观看起来像 Java,因此取名为 JavaScript。为了取得技术优势,微软推出了 JScript,CEnvi 推出了 ScriptEase,与 JavaScript 同样可在浏览器上运行。为了统一规格,JavaScript 兼容于欧洲计算机制造联合会(European Computer Manufactures Association,ECMA),因此也称为 ECMAScript。

JavaScript 是一种嵌入 HTML 文件中的脚本语言,是基于对象驱动的,能对鼠标单击、表单输入、页面浏览等用户事件做出反应并进行处理。

JavaScript 是简化的编程语言,不像高级语言具有严格的使用限制,使用简洁灵活。JavaScript 可直接使用变量,不必事先声明,变量类型规定也不十分严格。

JavaScript 是一种基于对象(object-based)的语言,允许用户自定义对象,同时,浏览器还提供大量的内建对象,可以将浏览器中不同的元素作为对象处理,体现了面向对象编程的思想。但 JavaScript 并不完全面向对象,不支持类和继承。

JavaScript 可在大多数浏览器上直接运行。

5.1.2 JavaScript 的使用方法

1. 直接在 HTML 中嵌入 JavaScript

HTML 文件中使用< script >和</ script >标记对加入 JavaScript 语句,位于 HTML 文件的任何位置。最好将所有脚本程序放在 Head 标记内,以确保容易维护。在 Script 标记之间加上"<! --"和"//-->"表示如果浏览器不支持 JavaScript 语言,这段代码不执行。

【例 5-1】 HTML 文件中使用脚本语言。

第 1 步,利用 VS 2013 建立一个空网站项目 JavaScriptWebsite。

第 2 步,在 JavaScriptWebsite 中添加 HTML 文件,命名为 5-1. HTML,设为起始页,添加如下代码:

```
< HTML >
< head >
< Meta http - equiv = "Content - Type" content = "text/HTML; charset = gb2312">
< title >HTML 中如何使用 script 语言 -- 设置收藏夹实例</title>
```

```
</head>
<script type = "text/javascript">
<! --
alert('Hello,world');              //显示消息对话框
 function SayHello(Name)
{
alert('Hello' + Name);            //显示消息对话框
 }
</script>
<body>
<A HREF = "javascript: SayHello ('张三');">你点我呀</A>
</body>
</HTML>
```

图 5-1　程序运行结果

第 3 步,运行程序,运行结果如图 5-1 所示。

代码可以放在函数中,也可以不放在函数中。不放在函数中的代码在浏览器加载 HTML 页面后还没有呈现 HTML 显示效果前就执行一次,以后不再执行。如果重新加载页面,则再执行一次。而函数则可根据用户需要在页面中多次调用,完成多次执行操作。

一个 HTML 页面中可有多个< script >和</script >程序段,程序段的前后关系以及程序段与 HTML 标记的前后关系应有逻辑关系。

脚本语言的设置也可以用< script language ＝ "javascript"></script >,但是在 HTML 4.0 版本中,W3C 建议制定脚本语言时用 type 属性代替 language 属性。

2. 单独的 Js 文件

将 JavaScript 程序以扩展名".js"单独存放,再在 HTML 网页中使用< script src＝" * .js">嵌入到文件中,以期实现代码共享。

【例 5-2】　在 HTML 页面调用 js 文件中的函数。

第 1 步,在 JavaScriptWebsite 中添加 JavaScript 文件,命名为 jsone.js。

```
function SayHello(Name)
{       alert("Hello" + Name);  //显示消息对话框
 }
```

第 2 步,在 JavaScriptWebsite 中添加 HTML 文件,命名为 5-2. HTML,设为起始页,添加如下代码:

```
<HTML>
<head>
<Meta http - equiv = "Content - Type" content = "text/HTML; charset = gb2312">
<title>HTML 中如何使用 script 语言</title>
<script type = "text/javascript" src = "jsone. js"></script>
</head>
<body>
<A HREF = # onclick = "SayHello('张三');">你点我呀</A>
</body>
</HTML>
```

第 3 步,运行程序,出现超级链接:<u>你点我呀</u>,单击后出现
如图 5-2 所示的对话框。

3. 直接在 HTML 的标记添加 JavaScript 脚本

【例 5-3】 直接在 HTML 的标记添加 JavaScript 脚本。

第 1 步,在 JavaScriptWebsite 中添加 HTML 文件,命名为
5-3.HTML,设为起始页,添加如下代码:

图 5-2 程序运行结果

```
<HTML>
<head>
<Meta http - equiv = "Content - Type" content = "text/HTML; charset = gb2312">
<title>HTML 中如何使用 script 语言</title>
</head>
<body>
<A HREF = # onclick = "javascript:alert('Hello,张三');">你点我呀</A>
</body>
</HTML>
```

第 2 步,运行程序,结果与例 5-2 相同。

5.1.3 语法规则

1. 区分大小写

变量、函数名和操作符都区分大小写。例如,text 和 Text 表示两种不同的变量。

2. 标识符

所谓标识符,是指变量、函数、属性的名字,或者函数的参数。标识符可以是下列格式规
则组合起来的一个或多个字符:第一个字符必须是一个字母、下画线(_)或美元符号($);
其他字符可以是字母、下画线、美元符号或数字;不能把关键字、保留字、true、false 和 null
作为标识符。

3. 直接量(字面量 literal)

直接量(字面量)就是程序中直接显示出来的数据值,即常量。

```
100        //数字字面量
'李炎恢'     //字符串字面量
false      //布尔字面量
/js/gi     //正则表达式字面量
null       //对象字面量
```

4. 关键字

一组具有特定用途的关键字,一般用于控制语句的开始或结束,或者用于执行特定的操
作等。关键字也是语言保留的,不能用作标识符。JavaScript 的全部关键字包括:break,
else,new,var,case,finally,return,void,catch,for,switch,while,continue,function,this,
with,default,if,throw,delete,in,try,do,instanceof 和 typeof。

5. 保留字

JavaScript 还有一组不能用于标识符的保留字,尽管这些保留字目前在 JavaScript 中还
没有特定的用途,但它们很有可能在将来被用作关键字。

abstract，enum，int，short，boolean，export，interface，static，byte，extends，long，super，char，final，native，synchronized，class，float，package，throws，Const，goto，private，transient，debugger，implements，protected，volatile，double，import，public。

6. 变量

JavaScript 的变量是松散型的。所谓松散型，就是用来保存任何类型的数据。定义变量时要使用 var 操作符(var 是关键)，后面跟一个变量名(变量名是标识符)。

```
var count;                    //单个变量声明
var count,amount,level;       //多个变量声明
var count = 0,amount = 100;   //变量声明和初始化
```

如果在 var 语句中没有初始化变量，变量自动取 JavaScript 值 undefined。

变量的名称可以是任意长度的。创建合法的变量名称应遵循如下规则：

第一个字符必须是一个 ASCII 码(大小写均可)，或一条下画线(_)。注意：第一个字符不能是数字；后续的字符必须是字母、数字或下画线；且变量名称一定不能是保留字和关键字。

7. 注释

使用 C 风格的注释，包括单行注释和块级注释。

```
// 单行注释
/*
 * 这是一个多行
 * 注释
 */
```

5.1.4 运算符和表达式

1. 数据类型

JavaScript 中有 5 种简单的数据类型：Undefined、Null、Boolean、Number 和 String。还有一种复杂的数据类型——Object。ECMAScript 不支持任何创建自定义类型的机制，所有值都为以上 6 种数据类型之一。

Undefined 类型只有一个值，即特殊的 undefined。使用 var 声明变量，但没有对其初始化时，这个变量的值就是 undefined。未初始化的变量与根本不存在的变量(未声明的变量)也是不一样的。

```
var box;
alert(age);     //错误信息,age is not defined
```

Null 类型是一个只有一个值的数据类型，即特殊的值 null。它表示一个空对象引用(指针)，而 typeof 操作符检测 null 会返回 object。

JavaScript 中 null 和 undefined 的主要区别，即 null 的操作如同数字 0，而 undefined 的操作如同特殊值 NaN(不是一个数字)。但对 null 值和 undefined 值作比较总是相等的，因为 undefined 派生自 null，JavaScript 规定对它们的相等性测试返回 true，如 alert(undefined ＝＝null)；//返回 True

【例 5-4】 JavaScript 中的 null 计算。

第 1 步,在 JavaScriptWebsite 中添加 HTML 文件,命名为 5-4. HTML,设为起始页,添加如下代码:

```
< script language = "javascript">
    var bestAge = null;
    var muchTooOld = 3 * bestAge;
    //alert 实现了在浏览器中弹出消息对话框的功能
    alert(bestAge);
    alert(muchTooOld);
</script >
```

第 2 步,运行程序,输出结果:

消息框显示 bestAge 为 null。

消息框显示 muchTooOld 的值为 0。

【例 5-5】 JavaScript 中的 undefined 计算。

第 1 步,在 JavaScriptWebsite 中添加 HTML 文件,命名为 5-5. HTML,设为起始页,添加如下代码:

```
< script language = "javascript">
var currentCount;
var finalCount = 1 * currentCount;
alert(currentCount);
alert(finalCount);
</script >
```

第 2 步,运行程序,输出结果:

消息框显示 currentCount 为 undefined。

消息框显示 finalCount 的值为 NaN(Not a Number)。

Boolean 类型有两个值(字面量):true 和 false。而 True 不一定等于 1,False 不一定等于 0。JavaScript 区分大小写,True 和 False 或者其他都不是 Boolean 类型的值。

在 JavaScript 中,整数和浮点值没有差别;JavaScript 数值可以是其中任意一种(JavaScript 内部将所有的数值表示为浮点值)。

整型值可以是正整数、负整数和 0,可以用十进制、八进制和十六进制来表示。在 JavaScript 中,数字大多用十进制表示。浮点值为带小数部分的数,也可以用科学计数法来表示。

八进制数值字面量以 8 为基数,前导必须是 0。

```
var box = 070;    //八进制,56
```

十六进制字面量前面两位必须是 0x,后面是 0~9 及 A~F。

```
var box = 0xA;    //十六进制,10
```

浮点类型,就是该数值中必须包含一个小数点,并且小数点后面必须至少有一位数字。

```
var box = 3.8;
var box = 0.8;
```

字符串数值类型用来表示 JavaScript 中的文本。String 类型用于表示由于零或多个 16 位 Unicode 字符组成的字符序列，即字符串。脚本中的字符串文本放在一对匹配的单引号或双引号中。字符串中可以包含双引号，该双引号两边需加单引号，如'4''5'。字符串中也可以包含单引号，该单引号两边需加双引号，如"1'5'"。

JavaScript 中的字符串是不可变的，也就是说，字符串一旦创建，它们的值就不能改变。要改变某个变量保存的字符串，首先要销毁原来的字符串，然后再用另一个包含新值的字符串填充该变量。

JavaScript 中的对象其实就是一组数据和功能的集合。可以通过执行 new 对象类型的名称来创建对象。

2. 数据类型之间的转换

不同数据类型的转换有隐式转换和显示转换。在 JavaScript 中，可以对不同类型的值执行运算，不必担心 JavaScript 解释器产生异常。JavaScript 解释器自动将数据类型强制转换为另一种类型，然后执行运算。数据类型转换过程见表 5-1。

表 5-1　数据类型转换过程

运　算	结　果	例　子
数值与字符串相加	将数值强制转换为字符串	55＋"45"//"5545"
布尔值与字符串相加	将布尔值强制转换为字符串	True＋"45" //"True45"
数值与布尔值相加	将布尔值强制转换为数值。True＝1；False＝0	55 * True//55

字符串、数字、对象和 undefined 类型都可以转换为 Boolean 类型，转换规则见表 5-2。

表 5-2　其他类型转换为 Boolean 类型

数 据 类 型	True	False
String	任何非空字符串	空字符串
Number	非零的数字值	0 和 NaN
Object	任何对象	null
undefined		undefined

有 3 个函数可以把非数值转换为数值：Number()、parseInt()和 parseFloat()。

Number()函数是转型函数，可以用于任何数据类型，另外两个函数则专门用于把字符串转换成数值。

【例 5-6】 数据类型。

第 1 步，在 JavaScriptWebsite 中添加 HTML 文件，命名为 5-6. HTML，设为起始页，添加如下代码：

```
< script type = "text/javascript">
    alert(Number(true));
    alert(Number(25));
    alert(Number(null));
    alert(Number(undefined));

    alert(parseInt("456Lee"));
```

```
alert(parseInt("Lee456Lee"));
alert(parseInt("12Lee56Lee"));
alert(parseInt("56.12"));
alert(parseInt(""));
</script>
```

第 2 步,运行程序,输出结果:

```
1      //Boolean 类型的 True 和 False 分别转换成 1 和 0
25     //数值型直接返回
0      //空对象返回 0
NaN    //undefined 返回 NaN
456    //会返回整数部分
NaN    //如果第一个不是数值,就返回 NaN
12     //从第一数值开始取,到最后一个连续数值结束
56     //小数点不是数值,会被去掉
NaN    //空返回 NaN
```

toString()方法可以把值转换成字符串。

toString()方法一般不需要传递参数,但在数值转换成字符串的时候,可以传递进制参数。

【例 5-7】 toString 语句。

第 1 步,在 JavaScriptWebsite 中添加 HTML 文件,命名为 5-7. HTML,设为起始页,添加如下代码:

```
<script language = "javascript">
var box = 10;
alert(box.toString());    //10,默认输出
alert(box.toString(2));   //1010,二进制输出
alert(box.toString(8));   //12,八进制输出
alert(box.toString(10));  //10,十进制输出
alert(box.toString(16));  //a,十六进制输出
</script>
```

第 2 步,运行程序,输出结果:

```
10
1010
12
10
a
```

3. 运算符

JavaScript 运算符包括算术、逻辑、位、赋值以及其他运算符。运算符描述见表 5-3。

表 5-3 运算符描述

算术运算符		逻辑运算符		位 运 算 符		赋值运算符		其他运算符	
描述	符号	描述	符号	描述	符号	描述	符号	描述	符号
负值	−	逻辑非	!	按位取反	～	赋值	=	删除	Delete
递增	++	小于	<	按位左移	<<	运算赋值	op=	判断类型	typeof

续表

算术运算符		逻辑运算符		位 运 算 符		赋值运算符		其他运算符	
描述	符号	描述	符号	描述	符号	描述	符号	描述	符号
递减	——	大于	>	按位右移	>>			空	void
乘法	*	小于等于	<=	无符号右移	>>>			实例	instance of
除法	/	大于等于	>=	按位与	&			新建	new
取模运算	%	等于(恒等)	==	按位异或	^			属于	in
加法	+	不等于	!=	按位或	|				
减法	—	逻辑与	&&						
		逻辑或	||						
		条件运算符	?:						
		逗号	,						
		严格相等	===						
		非严格相等	!==						

相等(恒等)"=="与严格相等"==="的区别在于,恒等运算符在比较前会强制转换不同类型的值。例如,"1"==1,恒等对字符串"1"与数值 1 的比较结果为 True。而严格相等不强制转换不同类型的值,因此它认为字符串"1"和数值 1 不相同。

字符串数值和布尔值是按值比较的。如果它们的值相同,则比较结果为相等。对象(包括 Array、Function、String、Number、Boolean、Error、Date 以及 RegExp 对象)按引用比较。即使这些类型的两个变量具有相同的值,也只有在它们正好为同一对象时,比较结果才为 True。

【例 5-8】　比较运算符示例。

第 1 步,在 JavaScriptWebsite 中添加 HTML 文件,命名为 5-8. HTML,设为起始页,添加如下代码:

```
< script language = "javascript">
    // 具有相同值的两个基本字符串
    var string1 = "Hello",string2 = "Hello";
    // 具有相同值的两个 String 对象
    var StringObject1 = new String(string1),StringObject2 = new String(string2);
    var myBool = (string1 == string2);
    alert(myBool);      // 消息框显示比较结果为 True
    var myBool = (StringObject1 == StringObject2);
    alert(myBool);      // 消息框显示比较结果为 False
    //要比较 String 对象的值,用 toString() 或者 valueOf( ) 方法
    var myBool = (StringObject1.valueOf() == StringObject2);
    alert(myBool);      // 消息框显示比较结果为 True
</script >
```

第 2 步,运行程序,输出结果:

```
True
False
True
```

4. 表达式

JavaScript 的表达式中由常量、变量、运算符和表达式组成,有 3 类表达式:

算式表达式。值为一个数值型值,例如:5+a-x。

字符串表达式。值为一个字符串,例如:"字符串 1"+str。

布尔表达式。值为一个布尔值,例如:(x==y)&&(y>=5)。

5.1.5 函数

函数为程序设计人员提供了显示模块化的工具。通常,根据所要完成的功能,将程序划分为一些相对独立的部分,每一部分编写一个函数,从而使各个部分充分独立,任务单一,结构清晰。函数包括内置函数和自定义函数

1. 内置函数

JavaScript 语言包含很多内置函数,可以分为关于数值、布尔值、字符串、HTML 字符串格式化、数组、日期和时间、数学和正则表达式几类函数。

constructor(),返回创建该对象实例的函数,默认是数值对象。

toExponential(),强制将数值以指数形式显示。

toFixed(),把 Number 四舍五入为指定小数位数的数字。

toLocaleString(),以字符串的形式返回当前对象的值。该字符串适用于宿主环境的当前区域设置。

toPrecision(),显式地定义一个数有多少位数(包括小数点的左边和右边位数)。

toString(),返回该数值的字符串格式。

valueOf(),返回数值。

toSource(),返回一个包含布尔对象的源字符串;可以使用这个字符串创建一个等价的对象。

toString(),按照布尔结果返回 True 或 Fales。

valueOf(),返回布尔对象的原始值。

charAt(),返回指定位置的字符。

charCodeAt(),返回指定位置字符的数值。

concat(),返回布尔对象的原始值。

indexOf(),返回匹配子字符串第一次出现的位置,如果不存在,就返回-1。

lastIndexOf(),返回匹配子字符串最后一次出现的位置,如果不存在,就返回-1。

localeCompare(),比较两个字符串,并返回以数字形式表示的比较结果。

length(),返回字符串的长度。

match(),用于匹配正则表达式。

replace(),通过正则表达式找到子串位置,并替换为新指定的字符串。

search(),执行一个正则表达式的搜索。

slice(),提取并返回一个子串。

split(),将字符串分割成多个子串,并存储进字符串数组。

substr(),返回字符串中指定位置、指定长度的子串。

toLocaleLowerCase(),大写字符转为小写,同时尊重当前语言环境。

toLocaleUpperCase(),小写字符转为大写,同时尊重当前语言环境。

toLowerCase(),大写字符转为小写。

toString()，返回表示该对象的一个字符串。

toUpperCase()，小写字符转为大写。

valueOf()，返回指定对象的原始数值。

anchor()，创建一个 HTML 锚作为一个超文本的目标。

big()，创建一个以"大"字体表示的字符串，好比置于标签中一样。

blink()，创建一个闪烁的字符串，好比置于标签中一样。

bold()，创建一个粗体显示的字符串，好比置于标签中一样。

fixed()，创建一个打字机字体显示的字符串，好比置于标签中一样。

fontcolor()，创建一个特定字体颜色显示的字符串，好比置于标签中一样。

fontsize()，创建一个特定字体大小显示的字符串，好比置于标签中一样。

italics()，创建一个斜体显示的字符串，好比置于标签中一样。

link()，创建 HTML 超级链接。

small()，创建一个小字体显示的字符串，好比置于标签中一样。

strike()，创建一个加了删除线显示的字符串，好比置于标签中一样。

sub()，以下标的方式显示，好比置于标签中一样。

sup()，以上标的方式显示，好比置于标签中一样。

concat()，返回两个数据经过连接后的数组。

every()，如果数组内的元素均满足某测试函数，那么就返回 True。

filter()，在数组中通过过滤部分元素组成一个新的数组。

forEach()，调用一个函数来处理数组中的每个元素。

indexOf()，返回与指定元素相匹配的第一个位置，如果不存在，就返回 -1。

join()，连接数组中所有的元素，返回一个字符串。

lastIndexOf()，返回与指定元素相匹配的最后一个位置，如果不存在，就返回 -1。

map()，调用一个函数处理数组中的每一个元素，将生成的结果组成一个新的数组，并返回。

pop()，返回数组中的最后一个元素，并删除。

push()，在数组的最后增加一个元素，并返回新数组的长度。

reduce()，对数组中的所有元素（从左到右）调用指定的回调函数。该回调函数的返回值为累积结果，并且此返回值在下一次调用该回调函数时作为参数提供。

reduceRight()，对数组中的所有元素（从右到左）调用指定的回调函数。该回调函数的返回值为累积结果，并且此返回值在下一次调用该回调函数时作为参数提供。

reverse()，反转数组元素的顺序——第一个成为最后一个，最后一个成为第一个。

shift()，删除数组的第一个元素并返回。

slice()，提取一段数组并返回一个新的数组。

some()，如果存在一个元素满足所提供的测试函数，就返回 True。

toSource()，代表一个对象的源代码。

sort()，对数组中的元素排序。

splice()，增删数组中的元素。

toString()，返回一个表示数组及其元素的字符串。

unshift(),在数组的首部添加新的元素,并且返回新数组的长度。

Date(),返回今天的日期及时间。

getDate(),按照本地模式返回指定日期是哪一日。

getDay(),按照本地模式返回指定日期是周几。

getFullYear(),按照本地模式返回指定日期是哪一年。

getMilliseconds(),按照本地模式返回指定日期的毫秒值。

getMinutes(),按照本地模式返回指定日期是几分。

getMonth(),按照本地模式返回指定日期的月份。

getSeconds(),按照本地模式返回指定日期是几秒。

getTime(),按照本地模式返回当前的格林威治时间。

getTimezoneOffset(),以分钟为单位返回时间偏差。

getUTCDate(),按照世界统一时间返回指定日期是几号。

getUTCDay(),按照世界统一时间返回指定日期是周几。

getUTCFullYear(),按照世界统一时间返回指定日的年份。

getUTCHours(),按照世界统一时间返回指定日期是几时。

getUTCMilliseconds(),按照世界统一时间返回指定日期的毫秒数。

getUTCMinutes(),按照世界统一时间返回指定日期的分钟数。

getUTCMonth(),按照世界统一时间返回指定日期的月份。

getUTCSeconds(),按照世界统一时间返回指定日期的秒数。

setDate(),按照本地模式设置日期。

setFullYear(),按照本地模式设置年份。

setHours(),按照本地模式设置小时。

setMilliseconds(),按照本地模式设置毫秒数。

setMinutes(),按照本地模式设置分钟数。

setMonth(),按照本地模式设置月份。

setSeconds(),按照本地模式设置秒数。

setTime(),按照格林尼治格式设置毫秒数。

setUTCDate(),按照世界统一时间设置日期。

setUTCFullYear(),按照世界统一时间设置年份。

setUTCHours(),按照世界统一时间设置小时数。

setUTCMilliseconds(),按照世界统一时间设置毫秒数。

setUTCMinutes(),按照世界统一时间设置分钟数。

setUTCMonth(),按照世界统一时间设置月份。

setUTCSeconds(),按照世界统一时间设置秒数。

toDateString(),返回日期的字符串。

toLocaleDateString(),按照本地模式,返回日期的字符串。

toLocaleFormat(),使用格式字符串,将日期转换为一个字符串。

toLocaleString(),使用当前语言环境的约定将日期转换为一个字符串。

toLocaleTimeString(),返回日期的"时间"部分作为一个字符串,使用当前语言环境的约定。

　　toSource()，返回一个字符串代表一个等价的日期对象的来源，可以使用这个值来创建一个新的对象。

　　toString()，返回一个字符串代表指定的日期对象。

　　toTimeString()，返回日期的"时间"部分以字符串形式。

　　toUTCString()，使用通用时间约定，将日期转换为一个字符串。

　　valueOf()，返回日期对象的原始值。

　　Date.parse( )，解析并返回日期和时间的字符串表示的内部毫秒表示日期。

　　Date.UTC( )，返回指定的毫秒表示 UTC 日期和时间。

　　abs()，返回数值的绝对值。

　　acos()，返回一个数值的 arccos 值。

　　asin()，返回一个数值的 arcsin 值。

　　atan()，返回一个数值的 arctan 值。

　　ceil()，返回大于或等于整数最小的一个数字。

　　cos()，返回一个数值的 cos 值。

　　exp()，返回指数。

　　floor()，返回小于等于一个数的最大数。

　　log()，返回一个数值以 e 为底的对数。

　　max()，返回最大值。

　　min()，返回最小值。

　　pow()，返回以 e 为底的幂。

　　random()，返回 0～1 的一个伪随机数。

　　round()，返回四舍五入后的值。

　　sin()，返回 sin 值。

　　sqrt()，返回一个整数的平方根。

　　tan()，返回一个数值的 tan 值。

　　toSource()，返回字符串"Manth"。

　　exec()，执行一个字符串的搜索匹配。

　　test()，测试匹配的字符串参数。

　　toSource()，返回一个对象文字代表指定的对象；可以使用这个值来创建一个新的对象。

　　toString()，返回一个字符串代表指定的对象。

2. 自定义函数

　　自定义函数可以封装任意多条语句，而且可以在任何地方、任何时候调用执行。JavaScript 中的函数使用 function 关键字来声明，后跟一组参数以及函数体。

　　【语法】

```
function 函数名(形式参数表){
  //函数体
  }
```

函数调用语法格式如下：

函数名(实参表);

当函数没有返回值时，可以不使用 return 语句，若使用 return 语句，也只能使用不带参数的形式；当函数有返回值时，使用 return 语句返回函数值，格式为：

return 表达式

或

return(表达式)

【例 5-9】 函数示例。

第 1 步，在 JavaScriptWebsite 中添加 HTML 文件，命名为 5-9. HTML，设为起始页，添加如下代码：

```
< HTML >
< Meta = charset = "utf - 8" />
< head >
< title >函数示例</title >
</head >
< script language = "JavaScript">
 function factor(num)
 { var i,fact = 1;
    for (i = 1;i < num + 1;i++) fact = i * fact;
    return fact;
 }
</script >
< body >
< script language = "JavaScript">
//调用 factor 函数
alert("4 的阶乘 = " + factor(4));
</script >
</body >
</HTML >
```

第 2 步，运行程序，输出结果：

4 的阶乘 = 24

5.1.6 流程控制

1. if 条件语句

if 语句有 3 种类型：单分支、双分支和多分支。

【语法】
单分支：

```
if(条件)
  { 语句块;
  }
```

双分支：

```
if(条件){
执行语句 1
}
else{
执行语句 2
}
```

多分支：

```
if(条件 1)       执行语句 1;
else if(条件 2)  执行语句 2;
else if(条件 3)  执行语句 3;

else 执行语句;
```

在嵌套语句中，每一层的条件表达式都会被计算，若为真，则执行其相应的语句，否则执行 else 后的语句。在嵌套语句中，else 与距离最近的 if 语句配对，否则会产生歧义。

多分支的另外一种形式：

```
switch (expression)
  case value: statement;
    break;
  case value: statement;
    break;
  case value: statement;
    break;
  case value: statement;
    break;
  case value: statement;
    break;
  default: statement;
```

switch 语句是多重条件判断，用于多个值相等的比较。关键字 break 会使代码跳出 switch 语句。如果没有关键字 break，代码执行就会继续进入下一个 case，关键字 default 说明了表达式的结果不等于任何一种情况时的操作。

【例 5-10】　条件语句。

第 1 步，在 JavaScriptWebsite 中添加 HTML 文件，命名为 5-10. HTML，设为起始页，添加如下代码：

```
<HTML>
<Meta = charset = "utf - 8" />
<head>
<title>条件语句</title>
</head>
<script language = "JavaScript">
    var b = 100;
    if (b > 50)
    alert('b 大于 50');                // 判断后执行一条语句
```

```
var box = 100;
if (box < 50) {
alert('box 大于 50');
 }
alert('不管怎样,我都能被执行到!');    // 判断后执行多条语句的程序块
var box = 1;
switch (box) {                          //用于判断 box 相等的多个值
case 1:
    alert('one');
    break;                              //break;用于防止语句的穿透
case 2:
    alert('two');
    break;
case 3:
    alert('three');
    break;
default:                                //相当于 if 语句里的 else,否则的意思
    alert('error');
    }
</script>
</body>
</HTML>
```

第 2 步,运行程序,输出结果:

```
b 大于 50
不管怎样,我都能被执行到!
one
```

2. for 循环语句

for 语句也是一种先判断循环条件,后运行循环语句,在执行循环之前初始设置变量。

【语法】

```
for(初始设置;循环条件;更新部分){
    语句块
    }
```

初始设置告诉循环的开始位置,必须赋予变量的初值;循环条件用于判别循环停止时的条件。若条件满足,则执行循环体,否则跳出。更新部分定义循环控制变量在每次循环时按什么方式变换。初始位置、循环条件、更新部分之间必须使用分号分隔。

【例 5-11】 for 语句的使用。

第 1 步,在 JavaScriptWebsite 中添加 HTML 文件,命名为 5-11. HTML,设为起始页,添加代码:

```
< HTML >
< Meta charset = "utf - 8" />
< head >
< title > for 语句</title >
</head >
< script language = "JavaScript">
```

```
for (var box = 1; box <= 5 ; box++) {
    alert(box);
    }
</script>
</body>
</HTML>
```

第 2 步,运行程序,输出结果:

```
1
2
3
4
5
```

具体执行过程:

第 1 步,声明变量 var box＝1。

第 2 步,判断 box ＜＝5。

第 3 步,alert(box)。

第 4 步,box＋＋。

第 5 步,再次从第二步执行,直到判断为 False。

for 循环的另一种用法是针对某对象集合中的每个对象或某数组中的每个元素,执行一个或者多个语句。

【语法】

```
for(变量  in  对象或数组){
语句集
}
```

【例 5-12】 for 语句的使用。

第 1 步,在 JavaScriptWebsite 中添加 HTML 文件,命名为 5-12. HTML,设为起始页,添加如下代码:

```
<HTML>
<head>
<title>for 语句</title>
</head>
<script language = "JavaScript">
var box = {          //创建一个对象
'name': '张三',       //键值对,左边是属性名,右边是值
'age': 28,
'height': 178
};
for (var p in box) {  //列举出对象的所有属性
    alert(p);
    }
</script>
</body>
</HTML>
```

第 2 步,运行程序,输出结果:

```
name
age
height
```

3. while 循环语句

【语法】

```
while(条件){
语句块;
}
```

当条件为 True 时,反复执行循环体语句,否则跳出循环体。循环体中必须设置改变循环条件的操作,使之离循环体终止更近一步。

【语法】

```
Do{
语句块;
}
While (条件)
```

do…while 语句是先运行,后判断的循环语句。也就是说,不管条件是否满足,至少先运行一次循环体。

for 和 while 两种语句都是循环语句,使用 for 语句处理有关数字时更容易看懂,也较紧凑;而 while 循环更适合复杂的语句。

【例 5-13】 while 语句实例。

第 1 步,在 JavaScriptWebsite 中添加 HTML 文件,命名为 5-13.HTML,设为起始页,添加如下代码:

```
< HTML >
< head >
< title > while 语句</title>
</head>
< script language = "JavaScript">
var box = 1;
while (box < = 5) {      //先判断,再执行
alert(box);
box++;
}
box = 1;
do {
alert(box);
box++;
}
while (box < = 5);      //先运行一次,再判断
</script >
</body >
</HTML >
```

第 2 步,运行程序,输出结果:

```
1 2 3 4 5
1 2 3 4 5
```

4. break 和 continue 语句

使用 break 语句可使循环从 for 或 while 中强制跳出,而 continue 只跳过循环内剩余的语句,并没有跳出循环体。

【例 5-14】 退出循环语句实例。

第 1 步,在 JavaScriptWebsite 中添加 HTML 文件,命名为 5-14.HTML,设为起始页,添加如下代码:

```
<HTML>
<head>
<title>退出循环语句</title>
</head>
<script language = "JavaScript">
for (var box = 1; box <= 10; box++) {
if (box == 5) break;          //如果 box 是 5,就退出循环
document.write(box);
document.write('<br />');
}
for (var box = 1; box <= 10; box++) {
if (box == 5) continue;        //如果 box 是 5,就退出当前循环
document.write(box);
document.write('<br />');
}
</script>
</body>
</HTML>
```

第 2 步,运行程序,输出结果:

```
1 2 3 4
1 2 3 4 6 7 8 9 10
```

5. try…catch…finally 语句

try…catch…finally 语句提供了一种方法来处理可能发生在给定代码块中的某些或全部错误,同时仍保持代码的运行。如果发生了程序员没有处理的错误,JavaScript 只给用户提供它的普通错误信息,就好像没有错误处理一样。

【语法】

```
try
{
 tryStatements
}
catch(exception)
{
catchStatements
}
```

```
finally
{
finallyStatements
}
```

其中,try 语句是必选项,tryStatements 表示可能发生错误的语句。参数 exception 是必选项,可表示为任何变量名。catch 语句是可选项,处理 try 语句中发生错误的语句。finally 语句是可选项,在所有其他的过程发生之后被条件执行的语句。

【例 5-15】 try 语句。

第 1 步,在 JavaScriptWebsite 中添加 HTML 文件,命名为 5-15. HTML,设为起始页,添加如下代码:

```
< HTML >
< head >
  < title > try 语句</title>
</head>
< script language = "JavaScript">
Try
{
document. write ("Nested try running…</br >");
}
catch(e)
{
document. write ("Nested catch caught" + e + "</br >");
 }
finally
{
document. write ("Nested finally is running…</br >");
}
</script >
</body>
</HTML >
```

第 2 步,运行程序,输出结果:

```
Nested try running…
Nested finally is running…
```

【例 5-16】 try 语句。

第 1 步,在 JavaScriptWebsite 中添加 HTML 文件,命名为 5-16. HTML,设为起始页,添加如下代码:

```
< HTML >
< head >
< title > try 语句</title></head >
< script language = "JavaScript">
try{
    document. write ("Outer try running….</br >");    // 第 1 个输出
    try{
    document. write ("Nested try running…</br >");    // 第 2 个输出
```

```
            throw "an error </br>";
        }
    catch(e) {
        document.write ("Nested catch caught " + e + "</br>");
    //第 3 个输出
        throw e + " re - thrown </br>";
    //第 6 个输出
        }
    finally {
        document.write ("Nested finally is running…</br>");
    // 第 4 个输出
        }
        }
    catch(e) {
    document.write ("Outer catch caught " + e + "</br>");
    // 第 5 个输出
    }
    finally{
    document.write ("Outer finally running </br>");
    // 第 7 个输出
    }
</script>
</body>
</HTML>
```

第 2 步，运行程序，输出结果：

```
Outer try running…
Nested try running…
Nested catch caught an error
Nested finally is running…
Outer catch caught an error
re - thrown
Outer finally running
```

5.1.7　事件处理

事件(events)是指对计算机进行一定操作而得到的某一结果的行为，例如，将鼠标移动到某一个超链接上、单击鼠标按钮等都是事件。由鼠标或热键引发的一连串程序的动作，称为事件驱动(event driver)。对事件进行处理的程序或函数，称为事件处理程序(event handler)。

在 HTML 文件中，可用支持事件驱动的 JavaScript 语言编写事件处理程序。用 JavaScript 进行事件编程主要用于两个目的：验证用户输入窗体的数据和增加页面的动感效果。

一个 HTML 元素能够响应鼠标和键盘的事件见表 5-4。某些鼠标事件虽然事件名称不一样，但响应效果几乎一样，用户可根据实际需求选择某个事件进行编程。

表 5-4　鼠标事件和键盘事件列表

事件名称	说　明	事件名称	说　明	事件名称	说　明
onclick	鼠标左键单击	ondblclick	鼠标左键双击	onmouseup	松开鼠标左键或右键
onmousedown	按下鼠标左键或右键	onmouseover	鼠标指针在该 HTML 元素经过	onmouseout	鼠标指针离开该 HTML 元素
onmousemove	鼠标指针在其上移动时	onmousewheel	滚动鼠标滚轮	onfocus	当用鼠标或键盘使该 HTML 元素得到焦点时
onkeypress	击键操作发生时	onkeyup	松开某个键时	onkeydown	按下某个键时
onchange	当文本框的内容发生改变的时候	onselect	当用鼠标或键盘选中文本时	onblur	HTML 元素失去焦点时

上述事件的使用有两种方式：一是直接执行 JavaScript 语句或调用 JavaScript 中定义的函数名，又称为内联模型；二是脚本模型。

内联模型的事件在 HTML 对象的事件中处理 JavaScript 函数或语句。

【语法】

HTML 对象的事件名称 = " JavaScript 函数名或 处理语句"

【例 5-17】 编写鼠标单击事件（函数名）。

第 1 步，在 JavaScriptWebsite 中添加 HTML 文件，命名为 5-17. HTML，设为起始页，添加如下代码：

```
< HTML >
< Meta charset = "utf - 8"/>
< head >
< title >检查输入的字符串是否全由数字组成</title >
</head >
< script language = "javascript" >
  function checkNum(str) {
    var TestResult = /\d/. test(str);        //使用正则表达式测试字符串是否全由数字组成
    alert(TestResult);
  }
</script >
< body >
< input id = "mytext" type = "text" value = '12332'>
< input id = "mybut" type = "button" value = "检查" onclick = "checkNum(mytext.value)">
</body >
</HTML >
```

第 2 步，运行程序，弹出如图 5-3 所示的对话框，单击"检查"按钮，输出结果为 True。

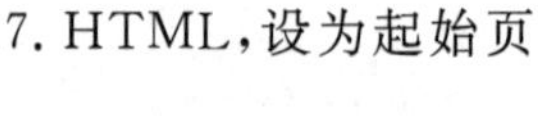

12332	检查

图 5-3　对话框

【例 5-18】 编写鼠标单击事件（处理语句）。

第 1 步，在 JavaScriptWebsite 中添加 HTML 文件，命名为 5-18. HTML，设为起始页，添加如下代码：

```
< HTML >
< Meta charset = "utf - 8"/>
```

```
<head>
<title>检查输入的字符串是否全由数字组成</title>
</head>
<body>
<input id="mytext" type="text" value='12332'>
<input id="mybut" type="button" value="检查"
onclick="javascript:var TestResult = !/\D/.test(mytext.value);
/*使用正则表达式测试字符串*/ alert(TestResult);">
</body>
</HTML>
```

第 2 步,运行程序,输出结果：True。

这种内联模型是最传统的一种处理事件的方法。在内联模型中,事件处理函数是 HTML 标签的一个属性,用于处理指定事件。虽然内联在早期使用较多,但它是和 HTML 混写的,并没有与 HTML 分离。

内联模型违反了 HTML 与 JavaScript 代码层次分离的原则。为了解决这个问题,可以在 JavaScript 中处理事件。这种处理方式就是脚本模型。

脚本模型：HTML 描述对象,在 JavaScript 中处理事件。

【语法】

```
<input id="控件号">
….
<script language="javascript">
     控件号.事件 = 函数体;
</script>
```

【例 5-19】　鼠标单击(函数)。

第 1 步,在 JavaScriptWebsite 中添加 HTML 文件,命名为 5-19.HTML,设为起始页,添加如下代码：

```
<HTML>
<Meta charset="utf-8"/>
<head>
<title>检查输入的字符串是否全由数字组成</title>
</head>
<body>
<input id="mytext" type="text" value='12332'>
<input id="mybut" type="button" value="检查">
<script language="javascript">
mybut.onmousedown = function() { /* mybut 为按钮的 ID */
  var TestResult = !/\D/.test(mytext.value); /*使用正则表达式测试字符串是否全是数字*/
  alert(TestResult);
    }
</script>
</body>
</HTML>
```

第 2 步,运行程序,输出结果：True。

5.2　JavaScript 对象编程

对象是一种类型，即引用类型，而对象的值就是引用类型的实例。JavaScript 并不完全支持面向对象的程序设计方法，不能提供抽象、继承、封装等面向对象的基本属性。但它支持开发对象类型及根据对象产生一定数量的实例，同时还支持开发对象的可重用性，实现一次开发、多次使用的目的。

5.2.1　Object 类型

创建 Object 类型有两种方法：一种是使用 new 运算符；另一种是字面量表示法。

使用 new 运算符创建 Object，如：

```
var p = new Object();        //new 方式
 p.x = 10;                   // x,y 两个属性
 p.y = 10;
```

new 关键字可以省略，如：

```
var box = Object();          //省略了 new 关键字
```

使用字面量方式创建 Object，如

```
Var p = {
       X:10,
       Y:10
   };
```

所谓字面量，是指由字母、数字等构成的字符串或者数值，它只能作为右值出现。所谓右值，是指等号右边的值，如：int a＝123 这里的 a 为左值，123 为右值。常量和变量都属于变量，只不过常量是赋过值后不能再改变的变量，而普通的变量可以再进行赋值操作。

```
int a;                       //a 为变量
const int b = 10;            //b 为常量,10 为字面量
string str = "hello world";  //str 为变量,hello world 为字面量
```

Object 类型的属性和方法如下：

（1）Object()，构造函数。

（2）hasOwnProperty(PropertyName)，检查给定的属性是否在当前的对象实例中，其中 PropertyName 必须以字符串给定。

（3）isPrototypeOf(object)，检查传递的对象是否是另一个对象的原型。

（4）propertyIsEnumerable(PropertyName)，检查给定的属性是否能用 for-in 语句来枚举。

（5）toLocaleString()，返回的字符串与执行环境的地区对应。

（6）toString()，返回字符串。

（7）valueOf()，返回对象的字符串、数值或布尔值表示。

对象属性的访问方法可以用点表示法，如 p.x，p.y；也可以用方括号表示法，如 p["x"]。

5.2.2　Array 对象

可用 Array 对象创建数组。数组是若干元素的集合，每个数组都用一个名字作为标识。JavaScript 中没有提供明显的数组类型，可通过 JavaScript 内建对象 Array 或使用自定义对象的方式创建数组对象。数组每个元素可以保存任何类型，数组的大小也是可以调整的。

1. 使用 new 关键字创建数组

【语法】

var 数组名＝new Array(数组长度值)，如

```
var box = new Array();                   //创建了一个数组
var box = new Array(10);                  //创建一个包含 10 个元素的数组
var box = new Array("Iphone4",白色,4500); //创建一个数组并分配好元素
```

2. 使用字面量创建

```
var box = [];                    //创建一个空的数组
var box = ["Iphone4",白色,4500]; //创建包含元素的数组
```

创建数组后，可通过［］来访问数组元素。用数组对象的属性 length 可获取数组元素的个数。当向用关键字 Array 生成的数组中添加元素时，JavaScript 自动改变属性 length 的值。JavaScript 中的数组索引总是从 0 开始，而不是 1。

3. 使用索引下标读取数组的值

```
alert(box[2]);          //获取第 3 个元素
box[2] = "学生";        //修改第 3 个元素
box[4] = "计算机编程";  //增加第 5 个元素
```

4. 使用 length 属性获取数组元素量

```
alert(box.length)       //获取元素个数
box.length = 10;        //强制元素个数
```

5. 栈方法

JavaScript 提供了一种让数组的处理方法类似于其他数据结构的处理方法。可以让数组像栈一样限制插入和删除数据项，为数组提供了 push() 和 pop() 方法。

push() 方法可以接收任意数量的参数，把它们逐个添加到数组的末尾，并返回修改后数组的长度。而 pop() 方法则从数组末尾移除最后一个元素，减少数组的 length 值，然后返回移除的元素，如

```
var box = ["Iphone4",白色,4500]; //字面量声明
alert(box.push("2015"));          //数组末尾添加一个元素，并且返回长度
alert(box);                       //查看数组
box.pop();                        //移除数组末尾元素，并返回移除的元素
alert(box);                       //查看数组
```

6. 队列方法

队列在数组的末端添加元素，从数组的前端移除元素。通过 push() 向数组末端添加一个元素，然后通过 shift() 方法从数组前端移除一个元素，如：

```
var box = ["Iphone4",白色,4500];          //字面量声明
alert(box.push("2015"));                  //数组末尾添加一个元素,并且返回长度
alert(box);                               //查看数组
box.shift ();                             //移除数组的开头元素,并返回移除的元素
alert(box);                               //查看数组
```

为数组提供一个 unshift()方法,它和 shift()方法的功能完全相反。unshift()方法为数组的前端添加一个元素,如:

```
box.unshift("apple");                     //数组开头添加 1 个元素
alert(box);                               //查看数组
```

7. 重排序方法

数组中已经存在两个可以直接用来排序的方法:reverse()和 sort(),如:

```
var a = [1,2,3,4,5];                      //数组
alert(a.reverse());                       //逆向排序方法,返回排序后的数组
alert(a);                                 //源数组也被逆向排序了,说明是引用
var b = [4,1,7,3,9,2];                    //数组
alert(b.sort());                          //从小到大排序,返回排序后的数组
alert(b);                                 //源数组也被从小到大排序了
```

【例 5-20】 使用自定义对象的方式创建数组对象。通过 function 定义一个数组,其中 arrayName 是数组名,size 是数组长度,通过 this[i]为数组赋值。定义对象后不能马上使用,还必须使用 new 操作符创建一个数组示例 MyArray。一旦给数组赋予了初值,数组中就具有了真正意义的数据,以后就可以在程序设计过程中直接引用了。

第 1 步,在 JavaScriptWebsite 中添加 HTML 文件,命名为 5-20. HTML,设为起始页,添加如下代码:

```
< script language = "javascript">
function arrayName(size)
{
    this.length = size;
    for(var i = 0; i < = size;i++)
    this[i] = 0;
    return this;
}
var MyArray = new arrayName(10);
MyArray[0] = 1;
MyArray[1] = 2;
MyArray[2] = 3;
MyArray[3] = 4;
MyArray[4] = 5;
MyArray[5] = 6;
MyArray[6] = 7;
MyArray[7] = 8;
MyArray[8] = 9;
MyArray[9] = 10;
```

```
alert(MyArray[7]);
</script>;
```

第 2 步,运行程序,输出结果:

8

5.2.3　String 对象

在 JavaScript 中,可以将字符串当作对象来处理。创建 String 对象实例的语法如下。
【语法】

```
Var String 对象实例名 = "字符串值";
```

或

```
Var String 对象实例名 = new String("字符串值");
```

或

```
Var String 对象实例名 = String("字符串值");
```

如

```
var str = "Hello World";
var str1 = new String(str);
var str = String("Hello World");
```

String 对象只有一个属性,即 length 属性,包含了字符串中的字符数(空字符串为 0),它是一个数值,可以直接在计算中使用。String 对象内置方法有 30 多种,如 anchor、link、substring、indexOf、replace 等,具体参阅 5.1.5 节的内置函数。部分方法用法如下:

(1) anchor()方法,用于创建 HTML 锚。
【语法】

```
stringObject.anchor(anchorname)
```

其中 anchorname 为必需项,为锚定义名称。如

```
var txt = "Hello world!";
document.write(txt.anchor("myanchor"));
```

输出:

```
< a name = "myanchor">Hello world!</a>
```

(2) big()方法,用于把字符串显示为大号字体。如

```
var str = "Hello world!";
document.write(str.big());
```

(3) blink()方法,用于显示闪动的字符串。如

```
var str = "Hello world!";
 document.write(str.blink());
```

（4）bold() 方法，用于把字符串显示为粗体。如

```
var str = "Hello world!"
document.write(str.bold())
```

charAt() 方法，可返回指定位置的字符。

【语法】

```
stringObject.charAt(index)
```

其中 index 为必需项，表示字符串中某个位置的数字，即字符在字符串中的下标。字符串中第一个字符的下标是 0。如果参数 index 不在 0 与 string.length 之间，该方法将返回一个空字符串。

（5）charCodeAt() 方法可返回指定位置的字符的 Unicode 编码。这个返回值是 0~65535 的整数。charCodeAt() 方法与 charAt() 方法执行的操作相似，只不过前者返回的是位于指定位置的字符的编码，而后者返回的是字符子串。如

```
var str = "Hello world!"
document.write(str.charCodeAt(1))
```

输出：

```
101
```

（6）concat() 方法，用于连接两个或多个字符串。

【语法】

```
stringObject.concat(stringX,stringX,…,stringX)
```

其中 stringX 为必需项，是将被连接为一个字符串的一个或多个字符串对象。注意，使用"+"运算符进行字符串的连接运算通常会更简便一些。如

```
var str1 = "Hello "
var str2 = "world!"
document.write(str1.concat(str2))
```

（7）fontcolor() 方法，用于按照指定的颜色显示字符串。

【语法】

```
stringObject.fontcolor(color)
```

其中 color 为必需项，为字符串规定 font-color。color 值必须是颜色名、RGB 值或者十六进制数。如

```
var str = "Hello world!"
document.write(str.fontcolor("Red"))
```

（8）lastIndexOf() 方法，可返回一个指定的字符串值最后出现的位置，在一个字符串中的指定位置从后向前搜索。

【语法】

```
stringObject.lastIndexOf(searchvalue,fromindex)
```

其中 searchvalue 为必需项,规定需检索的字符串值。fromindex 为可选的整数参数,规定在字符串中开始检索的位置,它的合法取值是 0 到 stringObject.length－1。如省略该参数,则将从字符串的最后一个字符处开始检索。lastIndexOf()方法对大小写敏感。如果要检索的字符串值没有出现,则该方法返回－1。如

```
var str = "Hello world!"
document.write(str.lastIndexOf("Hello") + "<br />")
document.write(str.lastIndexOf("World") + "<br />")
document.write(str.lastIndexOf("world"))
```

输出:

```
0
- 1
6
```

(9) link()方法,用于把字符串显示为超链接。

【语法】

```
stringObject.link(url)
```

其中参数 url 为必需项,规定要链接的 URL。如

```
var str = "Free Web Tutorials!"
document.write(str.link("http://www.w3school.com.cn"))
```

(10) match()方法,可在字符串内检索指定的值,或找到一个或多个正则表达式的匹配。该方法类似 indexOf()和 lastIndexOf(),但是它返回指定的值,而不是字符串的位置。

【语法】

```
stringObject.match(searchvalue)
```

或

```
stringObject.match(regexp)
```

其中 searchvalue 为必需项,规定要检索的字符串值。参数 regexp 为必需项,规定要匹配的模式的 RegExp 对象。如果该参数不是 RegExp 对象,则需要首先把它传递给 RegExp 构造函数,将其转换为 RegExp 对象。如

```
var str = "Hello world!"
document.write(str.match("world") + "<br />")
document.write(str.match("World") + "<br />")
document.write(str.match("worlld") + "<br />")
document.write(str.match("world!"))
```

输出:

```
world
```

```
null
null
world!
```

（11）replace（）方法，用于在字符串中用一些字符替换另一些字符，或替换一个与正则表达式匹配的子串。

【语法】

```
stringObject.replace(regexp/substr,replacement)
```

其中参数 regexp/substr 为必需项，规定子字符串或要替换的模式的 RegExp 对象。如果该值是一个字符串，则将它作为要检索的直接量文本模式，而不是首先被转换为 RegExp 对象。参数 replacement 为必需项，是一个替换字符串。如

```
var str = "Visit Microsoft!";
document.write(str.replace(/Microsoft/,"W3School"));
```

输出：

```
Visit W3School!
```

（12）search（）方法，用于检索字符串中指定的子字符串，或检索与正则表达式相匹配的子字符串。如

```
stringObject.search(regexp)
```

其中参数 regexp 可以是需要在 stringObject 中检索的子串，也可以是需要检索的 RegExp 对象。要执行忽略大小写的检索，请追加标志 i。返回值：stringObject 中第一个与 regexp 匹配的子串的起始位置。注释：如果没有找到任何匹配的子串，则返回 −1。search（）对大小写敏感。如

```
var str = "Visit W3School!";
document.write(str.search(/W3School/));
```

输出：

```
6
```

（13）slice（）方法，可提取字符串的某个部分，并以新的字符串返回被提取的部分。

【语法】

```
stringObject.slice(start,end)
```

start 表示要抽取的片断的起始下标。如果是负数，则该参数规定的是从字符串的尾部开始算起的位置。也就是说，−1 指字符串的最后一个字符，−2 指字符串的倒数第二个字符，以此类推。

end 表示紧接着要抽取的片段的结尾的下标。若未指定此参数，则要提取的子串包括 start 到原字符串结尾的字符串。如果该参数是负数，那么它规定的是从字符串的尾部开始算起的位置。

返回值：一个新的字符串，包括字符串 stringObject 从 start 开始（包括 start）到 end 结

束(不包括 end)为止的所有字符。String.slice()与 Array.slice()相似。如，

```
var str = "Hello happy world!";
document.write(str.slice(6));
```

输出：

```
happy world!；
var str = "Hello happy world!";
document.write(str.slice(6,11));
```

输出：

```
Happy
```

(14) split()方法，用于把一个字符串分割成字符串数组。

【语法】

```
stringObject.split(separator,howmany)
```

其中参数 separator 为必需项，为字符串或正则表达式，从该参数指定的地方分割 stringObject。参数 howmany 为可选项，可指定返回数组的最大长度。如果设置了该参数，返回的子串不会多于这个参数指定的数组。如果没有设置该参数，整个字符串都会被分割，不考虑它的长度。如果把空字符串("")，不是空格，用作 separator，那么 stringObject 中的每个字符之间都会被分割。如

```
var str = "How are you doing today?";
document.write(str.split(" ") + "< br />");
document.write(str.split("") + "< br />");
document.write(str.split(" ",3));
```

输出：

```
How,are,you,doing,today?
H,o,w,,a,r,e,,y,o,u,,d,o,i,n,g,,t,o,d,a,y,?
How,are,you
```

(15) substr()方法，可在字符串中抽取从 start 下标开始的指定数目的字符。

【语法】

```
stringObject.substr(start,length)
```

其中参数 start 为必需项，为要抽取的子串的起始下标，必须是数值。如果是负数，那么该参数声明从字符串的尾部开始算起的位置。也就是说，−1 指字符串中最后一个字符，−2 指字符串中倒数第二个字符，以此类推。

length 为可选项，为子串中的字符数，必须是数值，如果省略了该参数，那么返回从 stringObject 的开始位置到结尾的字符串。返回值：一个新的字符串，包含从 stringObject 的 start(包括 start 所指的字符)处开始的 lenght 个字符。如果没有指定 length，那么返回的字符串包含从 start 到 stringObject 的结尾的字符。ECMAscript 没有对该方法进行标准化，因此反对使用它。如

```
var str = "Hello world!"
document.write(str.substr(3,7))
```

输出：

```
lo worl
```

（16）substring()方法，用于提取字符串中介于两个指定下标之间的字符。

【语法】

```
stringObject.substring(start,stop)
```

其中参数 start 为必需项，为一个非负的整数，规定要提取的子串的第一个字符在 stringObject 中的位置。

stop 为可选项，是一个非负的整数，比要提取的子串的最后一个字符在 stringObject 中的位置多 1，如果省略该参数，那么返回的子串会一直到字符串的结尾。返回值为一个新的字符串，该字符串值包含 stringObject 的一个子字符串，其内容是从 start 处到 stop−1 处的所有字符，其长度为 stop−start。

substring()方法返回的子串包括 start 处的字符，但不包括 end 处的字符。如果参数 start 与 end 相等，那么该方法返回的就是一个空串（即长度为 0 的字符串）。如果 start 比 end 大，那么该方法在提取子串之前会先交换这两个参数。与 slice() 和 substr() 方法不同的是，substring()不接受负的参数。如

```
var str = "Hello world!"
document.write(str.substring(3,7))
```

输出：

```
lo w
```

（17）indexOf()方法，可返回某个指定的字符串值在字符串中首次出现的位置。

【语法】

```
stringObject.indexOf(searchvalue,fromindex)
```

其中 searchvalue 为必需项，规定需检索的字符串值。fromindex 为可选的整数参数，规定在字符串中开始检索的位置。它的合法取值是 0 到 stringObject.length−1。如省略该参数，则将从字符串的首字符开始检索。该方法将从头到尾地检索字符串 stringObject，看它是否含有子串 searchvalue。开始检索的位置在字符串的 fromindex 处或字符串的开头（没有指定 fromindex 时）。如果找到一个 searchvalue，则返回 searchvalue 第一次出现的位置。stringObject 中的字符位置是从 0 开始的。indexOf()方法对大小写敏感。如

```
var str = "Hello world!"
document.write(str.indexOf("Hello") + "< br />")
document.write(str.indexOf("World") + "< br />")
document.write(str.indexOf("world"))
```

输出：

```
0
- 1
6
```

5.2.4　Math 对象

Math 对象提供了常用的数学函数和运算,如三角函数、对数函数、指数函数等。

(1) 常量(即属性)。

Math 中提供了 6 个属性,它们是:

E,返回算术常量 e,即自然对数的底数(约等于 2.718)。

LN2,返回 2 的自然对数(约等于 0.693)。

LN10,返回 10 的自然对数(约等于 2.302)。

LOG2E,返回以 2 为底的 e 的对数。

LOG10E,返回以 10 为底的 e 的对数(约等于 0.434)。

PI,返回圆周率(约等于 3.14159)。

SQRT1_2,返回 2 的平方根的倒数(约等于 0.707)。

SQRT2,返回 2 的平方根(约等于 1.414)。如

```
document.write("Math.E = " + Math.E + "<br>");
document.write("Math.LN2 = " + Math.LN2 + "<br>");
document.write("Math.LN10 = " + Math.LN10 + "<br>");
document.write("Math.LOG2E = " + Math.LOG2E + "<br>");
document.write("Math.LOG10E = " + Math.LOG10E + "<br>");
document.write("Math.PI = " + Math.PI + "<br>");
document.write("Math.SQRT1_2 = " + Math.SQRT1_2 + "<br>");
document.write("Math.SQRT2 = " + Math.SQRT2 + "<br>");
```

输出结果:

```
Math.E = 2.718281828459045
Math.LN2 = 0.6931471805599453
Math.LN10 = 2.302585092994046
Math.LOG2E = 1.4426950408889634
Math.LOG10E = 0.4342944819032518
Math.PI = 3.141592653589793
Math.SQRT1_2 = 0.7071067811865476
Math.SQRT2 = 1.4142135623730951
```

(2) abs()方法,可返回数的绝对值。

【语法】

```
Math.abs(x);
```

其中 x 必须为一个数值,此数可以是整数和小数。

(3) acos()和 asin(),返回数的反余弦值和反正弦值。

【语法】

```
Math.acos(x)
```

```
Math.asin(x)
```

其中 x 必须是−1.0~1.0 的数；如果 x 不在上述范围,则返回 NaN。

(4) atan()方法,返回数字的反正切值。

【语法】

Math.atan(x); x 为必需项,必须是一个数值,返回的值是−PI/2~PI/2 的弧度值。

(5) atan2()方法,返回从 X 轴到点(x,y)之间的角度。

【语法】

Math.atan2(y,x),返回−PI~PI 的值,是从 X 轴正向逆时针旋转到点(x,y)时经过的角度。

(6) ceil()方法,可对一个数进行上舍入,即大于等于 x,并且与它最接近的整数。

【语法】

Math.ceil(x); x 为必需项,必须是一个数值。如

```
document.write(Math.ceil(0.60) + "<br />")
document.write(Math.ceil(0.40) + "<br />")
document.write(Math.ceil(5) + "<br />")
document.write(Math.ceil(5.1) + "<br />")
document.write(Math.ceil(-5.1) + "<br />")
document.write(Math.ceil(-5.9))
```

输出:

```
1
1
5
6
-5
-5
```

(7) cos()和 sin()方法,返回一个数字的余弦值和正弦值。

【语法】

```
Math.cos(x);
Math.sin(x);
```

其中参数 x 为必需项,必须是一个数值,返回的是−1.0~1.0 的数。要求 x 是输入的一个弧度值。如

```
document.write(Math.cos(Math.PI));
document.write(Math.cos(Math.PI/2));
document.write(Math.cos(Math.PI/3));
```

分别输出−1,6.123233995736766e-17,0.5000000000000001。

为什么会出现这些怪异的数字呢? 其实大家都知道 document.write(Math.cos(Math.PI/2));应该输出 0,而在 JavaScript 中可能没有求得 0,所以就用一个非常小的数代替。类似的 document.write(Math.cos(Math.PI/3));应该是 0.5 才对,但是却在最后面多了一位,因为寄存器本身就不可能表示所有的数,所以在计算过程中可能出现差错。

exp()方法,可返回 e 的 x 次幂的值。

【语法】

```
Math.exp(x);
```

其中 x 为必需项,为任意数值或表达式,被用作指数。

floor()方法,可对一个数进行下舍入。

和 ceil()方法对应,floor()方法是对一个数进行下舍入,即小于等于 x,且与 x 最接近的整数。

【语法】

```
Math.floor(x);
```

其中 x 为必需项,必须是一个数值。如

```
document.write(Math.floor(0.60) + "< br />");;
document.write(Math.floor(0.40) + "< br />");
document.write(Math.floor(5) + "< br />");
document.write(Math.floor(5.1) + "< br />");
document.write(Math.floor( - 5.1) + "< br />");
document.write(Math.floor( - 5.9));
```

输出:

```
0
0
5
5
 - 6
 - 6
```

(8) log()方法,可返回一个数的自然对数。

Math.log(x);//参数 x 必须大于 0,小于 0 则结果为 NaN,等于 0 则结果为 $-\infty$。如

```
document.write(Math.log(2.7183) + "< br />");
document.write(Math.log(2) + "< br />");
document.write(Math.log(1) + "< br />");
document.write(Math.log(0) + "< br />");
document.write(Math.log( - 1));
```

输出:

```
1.0000066849139877
0.6931471805599453
0
 - Infinity
NaN
```

(9) max()和 min()方法,分别返回两个指定的数中带有较大或较小的值的那个数。

【语法】

```
Math.max(x…);
```

```
Math.min(x,y);
```

其中 x 为 0 或多个值。在 ECMAScript v3 前,该方法只有两个参数。返回值:参数中最大的值。如果没有参数,则返回-Infinity。如果有某个参数为 NaN,或是不能转换成数字的非数字值,则返回 NaN。

x 为 0 或多个值。在 ECMAScript v3 前,该方法只有两个参数。如

```
document.write(Math.max(5,3,8,1));      //8
document.write(Math.max(5,3,8,'M'));    //NaN
document.write(Math.max(5));            //5
document.write(Math.max());             // – Infinity
```

(10) pow()方法,可返回 x 的 y 次幂的值。

【语法】

```
Math.pow(x,y);
```

其中 x 为必需项,为底数,必须是数字。y 也为必需项,为幂数,必须是数字。返回值:如果结果是虚数或负数,则该方法返回 NaN。如果由于指数过大而引起浮点溢出,则该方法返回 Infinity。如

```
document.write(Math.pow() + '<br>');
document.write(Math.pow(2) + '<br>');
document.write(Math.pow(2,2) + '<br>');
document.write(Math.pow(2,2,2) + '<br>');
document.write(Math.pow('M',2) + '<br>');
```

输出:

```
NaN
NaN
4
4
NaN
```

(11) random()方法,可返回 0~1 的一个随机数。

【语法】

```
Math.random();                          //无参
```

返回:0.0~1.0 的一个伪随机数。真正意义的随机数是某次随机事件产生的结果,经过无数次后表现为呈现某种概率论,它不可预测的。而伪随机数是根据伪随机算法实现的,它采用了一种模拟随机的算法,因此被称为伪随机数。如

```
document.write(Math.random())
```

输出:

```
0.12645312909485157
```

(12) round()方法,可把一个数字舍入为最接近的整数。

【语法】

```
Math.round(x)
```

其中参数 x 为必需项,必须是数字。如

```
document.write(Math.round(0.60) + "< br />");
document.write(Math.round(0.50) + "< br />");
document.write(Math.round(0.49) + "< br />");
document.write(Math.round( - 4.40) + "< br />");
document.write(Math.round( - 4.60));
```

输出:

```
1
1
0
 - 4
 - 5
```

5.2.5　Number 对象

Number 对象即数字,它的构造方法:

```
var num = 10;
var num = new Number();                         //num == 0
var num = new Number(value);
```

其中 value 为数值或是可以转换为数值的量,如字符串'1002';但是假如为'M122',则返回 NaN。

(1)常数。

除了 Math 对象中可用的几个特殊数值属性(例如 PI)外,Number 对象还有几个其他数值属性。

```
MAX_VALUE,可表示的最大的数。           // 1.7976931348623157e + 308
MIN_VALUE,可表示的最小的数 。          // 5e - 324
NEGATIVE_INFINITY,负无穷大,溢出时返回该值。 // - Infinity
POSITIVE_INFINITY,正无穷大,溢出时返回该值。 //Infinity
NaN,非数字值.                        // NaN
```

Number.NaN 是一个特殊的属性,被定义为"不是数值"。例如,被 0 除返回 NaN。NaN 与任何数值或本身作比较的结果都是不相等,所以不能用 Number.NaN 比较测试一个无法被解析为数字的字符串是否为 NaN,需要使用 isNaN()函数测试一个字符串是否为 NaN。

(2)toString()方法,可把一个 Number 对象转换为一个字符串,并返回结果。

【语法】

```
NumberObject.toString(radix);
```

其中参数 radix 为可选项,规定表示数字的基数,是 2~36 的整数。若省略该参数,则使用基数 10。当调用该方法的对象不是 Number 时,抛出 TypeError 异常。数字的字符串表示,例如,当 radix 为 2 时,NumberObject 会被转换为二进制值表示的字符串。如

```
var num = 10;
document.write(num.toString(2));
```

输出:

```
1010
```

（3）toFixed()方法,可把 Number 四舍五入为指定小数位数的数字。

【语法】

```
NumberObject.toFixed(num);
```

其中 num 为必需项,规定小数的位数,是 0～20 的值,包括 0 和 20,有些实现可以支持更大的数值范围。如果省略了该参数,将用 0 代替。返回值:num 为 0～20 时不会抛出异常,假如 num>20,则有可能抛出异常。如:

```
var num = new Number(13.37);
document.write (num.toFixed(1));
```

输出:

```
13.4
```

（4）toExponential()方法,可把对象的值转换成指数计数法,即科学计数法。

【语法】

```
NumberObject.toExponential(num)
```

其中参数 num 为必需项,规定指数计数法中的小数位数,是 0～20 的值,包括 0 和 20,有些实现可以支持更大的数值范围。如果省略了该参数,将使用尽可能多的数字。如:

```
var num = new Number(10000);
document.write (num.toExponential(1));
```

输出:

```
1.0e+4
```

（5）toPrecision()方法,可在对象的值超出指定位数时将其转换为指数计数法。

【语法】

```
toPrecision(num)
```

其中参数 num 为指定的位数,即超过多少位时采用指数计数法。如

```
var num = 10000;
document.write (num.toPrecision(4) + '<br>');
document.write (num.toPrecision(8));
```

输出:

```
1.000e + 4                              //1.000 共 4 位数
10000.000                              //10000.000 共 8 位数
```

5.2.6　Date 对象

Date 对象是操作日期和时间的对象。Date 对象对日期和时间的操作只能通过方法。Data 对象可以用来表示任意的日期和时间，获取当前系统日期以及计算两个日期的间隔等。常用的方法有 getFullYear、getMonth、getDate 等。通常，Date 对象给出日期、月份、天数和年份以及以小时、分钟和秒表示的时间。该信息是基于 1970 年 1 月 1 日 00:00:00.000 GMT 开始的毫秒数，其中 GMT 是格林尼治标准时间（首选术语是 UTC，Universal Coordinated Time，或者"全球标准时间"，它引用的信号是由"世界时间标准"发布的）。JavaScript 可以处理 250000 B.C. 到 250000 A.D. 范围内的日期。同样，可使用 new 运算符来创建一个新的 Date 对象。

【例 5-21】　Date 对象的使用。

第 1 步，在 JavaScriptWebsite 中添加 HTML 文件，命名为 5-21. HTML，设为起始页，添加如下代码：

```
< HTML >
< head >
< Meta charset = "utf - 8"/>
< title >关于 Date 对象的使用</title >
</head >
< script language = "javascript">
/ *

本示例使用前面定义的月份名称数组。
第一条语句以"Day Month Date 00:00:00 Year"格式对 Today 变量赋值。

 * /
var Today = new Date();                 //获取今天的日期
// 提取年,月,日
thisYear = Today.getFullYear();
thisMonth = Today.getMonth();
thisDay = Today.getDate();
// 提取时,分,秒
thisHour = Today.getHours();
thisMinutes = Today.getMinutes();
thisSeconds = Today.getSeconds();

//提取星期几
thisWeek = Today.getDay();
var x = new Array("日","一","二");
    x = x.concat("三","四","五","六");
thisWeek = x[thisWeek];

nowDateTime = "现在是" + thisYear + "年" + thisMonth + "月" + thisDay + "日";
nowDateTime += thisHour + "时" + thisMinutes + "分" + thisSeconds + "秒";
nowDateTime += "星期" + thisWeek;
```

```
document.write(nowDateTime + "<br>");      //输出：现在是年月日时分秒

//计算两个日期相差的天数
var datestring1 = "November 1,1997 10:15 AM";
var datestring2 = "December 1,2007 10:15 AM";
var DayMilliseconds = 24 * 60 * 60 * 1000;  //1 天的毫秒数
var t1 = Date.parse(datestring1);        //换算成自年月日到年月日的毫秒数
var t2 = Date.parse(datestring2);.       //换算成自年月日到年月日的毫秒数
s = "There are "
s += Math.round(Math.abs((t2 - t1)/DayMilliseconds)) + " days "
s += "between " + datestring1 + " and " + datestring2;
document.write(s);                       //输出：There are 3682 days between November 1,1997
                                            10:15 AM and December 1,2007 10:15 AM

</script>
</hmtl>
```

第 2 步，运行程序，输出结果。

结果：

现在是 2017 年 6 月 25 日 19 时 42 分 59 秒星期二
There are 3682 days between November 1,1997 10:15 AM and December 1,2007 10:15 AM

5.3 JavaScript ActiveX 编程技术

一般来说，在计算机上安装好系统软件和应用软件后，需要一些 ActiveX 控件来实现其功能。例如，FileSystemObject 控件对象提供对计算机文件系统的访问；Excel. Application 和 Word. Application 分别提供对 Excel 和 Word 的控制和操作。JavaScript 还提供了 ActiveXObject 方法实现对 ActiveX 控件的访问。

5.3.1 FileSystemObject 控件

FileSystemObject 控件对象提供了几乎所有访问磁盘文件系统所需要的功能，如文件与文件夹的创建和删除、复制文件、删除文件、移动文件、驱动器操作、读写文件操作等，具体的属性、方法和事件用法可参阅相关资料。

1. FileSystemObject 对象

JavaScript 实现文件操作功能，主要对象为 FileSystemObject，这个对象包括的相关对象和集合如下：

Driver 对象类型。包括收集系统中驱动器相关信息的方法和属性，如共享名、可用空间等。一个 drive 对象不一定代表一个物理硬盘，还可以是一个 CD-ROM 驱动器、一个 RAM 盘或者一个通过网络逻辑连接的资源。

Drivers 集合类型。提供系统中一系列以物理方式或者逻辑方式存在的驱动器对象。

File 对象类型。包括对文件进行创建、删除或者移动操作的相关方法和属性，还包括查询文件名称、路径以及其他文件属性的方法和属性。

Files 集合类型。提供包含在文件夹中的一系列 File 对象。

Folder 对象类型。包括对文件夹进行创建、删除或者移动操作的相关方法和属性。

Folders 集合类型。提供包含在文件夹中的一系列 Folder 对象。

TextStream 对象类型。提供文本文件的读写功能。

2. FileSystemObject 的使用步骤

使用 FileSystemObject 对象编程,一般要经过如下步骤:

步骤 1:创建 FileSystemObject 对象。创建 FileSystemObject 对象的代码如下:

```
var fso = new ActiveXObject("Scripting.FileSystemObject");
```

上述代码执行后,fso 就成为一个 FileSystemObject 对象实例。

步骤 2:应用相关方法。

创建对象实例后,就可以使用对象的相关方法。比如,使用 CreateTextFile 方法创建一个文本文件:

```
var f1 = fso.createtextfile("c:\\myjstest.txt",true);
```

步骤 3:访问对象相关属性。

建立指向对象的句柄,通过 get 方法访问对象的相关属性,GetDrive 负责获取驱动器信息,GetFolder 负责获取文件夹信息,GetFile 负责获取文件信息,如:

```
var fso = new ActiveXObject("Scripting.FileSystemObject");
var f1 = fso.GetFile("c:\\myjstest.txt");
//使用 f1 访问对象的相关属性
var fso = new ActiveXObject("Scripting.FileSystemObject");
var f1 = fso.GetFile("c:\\myjstest.txt");
//显示 c:\myjstest.txt 的最后修改日期属性值
alert("File last modified: " + f1.DateLastModified);
```

使用 create 方法建立的对象,就不必再使用 get 方法获取对象句柄了,直接使用 create 方法建立的句柄名称:

```
var fso = new ActiveXObject("Scripting.FileSystemObject");
var f1 = fso.createtextfile("c:\\myjstest.txt",true);
alert("File last modified: " + f1.DateLastModified);
```

3. 操作驱动器

使用 FileSystemObject 对象编程,实现对驱动器(Drives)和文件夹(Folders)的复制、移动文件夹,获取文件夹的属性等操作。Drive 对象负责收集系统中的物理或逻辑驱动器资源内容,它具有如下属性。

TotalSize:以字节(byte)为单位计算的驱动器大小。

AvailableSpace 或 FreeSpace:以字节为单位计算的驱动器可用空间。

DriveLetter:驱动器字母。

DriveType:驱动器类型,取值为 removable(移动介质)、fixed(固定介质)、network(网络资源)、CD-ROM 或者 RAM 盘。

SerialNumber:驱动器的系列码。

FileSystem:所在驱动器的文件系统类型,取值为 FAT、FAT32 和 NTFS。

IsReady:驱动器是否可用。

ShareName：共享名称。

VolumeName：卷标名称。

Path 和 RootFolder：驱动器的路径或者根目录名称。

【例 5-22】 关于 Drives 对象的使用。

第 1 步，在 JavaScriptWebsite 中添加 HTML 文件，命名为 5-22. HTML，设为起始页，添加如下代码：

```
< HTML >
< head >
< Meta charset = "utf - 8"/>
< title >关于 Drives 对象的使用</title >
</head >
< body >
< input id = "mybut" type = "button" value = "检查">
< script language = "javascript">
mybut. onmousedown = function() { / * mybut 为按钮的 ID * /
var drv,s = "";
var fso = new ActiveXObject("Scripting. FileSystemObject");
drv = fso. GetDrive(fso. GetDriveName("c:\\"));
s += "Drive C:" + " - ";
s += drv. VolumeName + "\n";
s += "Total Space: " + drv. TotalSize/1024;
s += " Kb" + "\n";
s += "Free Space: " + drv. FreeSpace/1024;
s += " Kb" + "\n";
alert(s);
}
</script >
</body >
</HTML >
```

第 2 步，运行程序，结果如图 5-4 所示。　　　　　　图 5-4　Drives 对象获取的属性

如果运行程序没有反应，就须修改 IE 等浏览器的 ActiveX
控件的配置，具体可以参考图 5-5。

4. 操作文件夹

操作文件夹(Folders)涉及文件夹的操作包括创建、移动、删除以及获取相关属性。相关属性和方法如下：

FileSystemObjec. CreateFolder，创建文件夹。

Folder. Delete 或 FileSystemObjec. DeleteFolder，删除文件夹。

Folder. Move 或 FileSystemObjec. MoveFolder，移动文件夹。

Folder. Copy 或 FileSystemObjec. CopyFolder，复制文件夹。

Folder. Name，获得文件夹名称。

FileSystemObjec. FolderExists，判断文件夹是否存在。

FileSystemObjec. GetFolder，取得存在 Folder 对象的实例。

FileSystemObjec. GetParentFolderName，取得文件夹的父文件夹名称。

FileSystemObjec. GetSpecialFolder，取得系统文件夹路径信息。

要实现以上功能，需要有足够的权限，浏览器的安全模式需要设置为"中"。如果

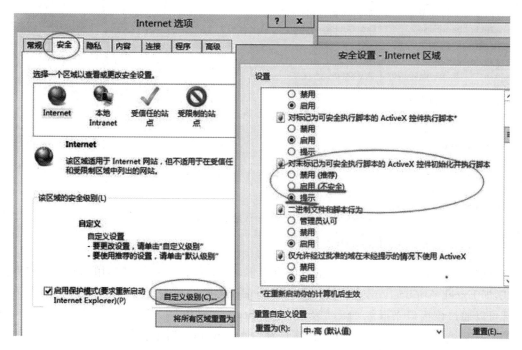

图 5-5　ActiveX 的配置

JavaScript 脚本使用 Scripting.FileSystemObject 的时候报 automation 服务器不能创建对象"错误,还应启用 IE 的安全设置"不允许运行未标记为安全的 activeX 控件"功能。

　　注意:如果将相应的网站设成"受信任的站点",就必须对"受信任的站点"进行相应的 IE 安全设置,此时如果对"Internet"IE 设置,将是徒劳。

　　【**例 5-23**】　获取父文件夹名称、创建文件夹、删除文件夹、判断是否为根目录等操作。

　　第 1 步,在 JavaScriptWebsite 中添加 HTML 文件,命名为 5-23.HTML,设为起始页,添加如下代码:

```
var fso,fldr,s = "";
// 创建 FileSystemObject 对象实例
fso = new ActiveXObject("Scripting.FileSystemObject");
// 获取 Drive 对象
fldr = fso.GetFolder("c:\\");
// 显示父目录名称
alert("Parent folder name is: " + fldr + "\n");
// 显示所在 drive 名称
alert("Contained on drive " + fldr.Drive + "\n");
// 判断是否为根目录
if (fldr.IsRootFolder)
alert("This is the root folder.");
else
alert("This folder isn't a root folder.");
alert("\n\n");
// 创建新文件夹
fso.CreateFolder ("C:\\Bogus");
alert("Created folder C:\\Bogus" + "\n");
```

```
// 显示文件夹基础名称,不包含路径名
alert("Basename = " + fso.GetBaseName("c:\\bogus") + "\n");
// 删除创建的文件夹
fso.DeleteFolder ("C:\\Bogus");
alert("Deleted folder C:\\Bogus" + "\n");
```

第 2 步,运行程序,输出结果:

```
Parent folder name is: C:\
Contained on drive c:
This is the root folder.
Created folder c:\Bogus
Basename = bogus
Deleted folder c:\Bogus
```

5.3.2 Excel. Application 控件

将网页中的数据导入 Excel 中的方法有很多,这里先介绍一种,即利用 ActiveX 控件的方式,即 Excel. Application,这个控件是 MS 为 Excel 提供的编程接口,在很多种编程语言中都可以通过该接口来操纵 Excel 表格。Application 对象是 Microsoft Office Excel 对象模型中最高级别的对象,表示 Excel 程序自身。Application 对象提供正在运行的程序的信息,应用于程序实例的选项以及实例中打开的当前对象。因为它是对象模型中最高的对象,Application 对象也包含组成一个工作簿的很多部件,包括如工作簿、工作表集合、单元格以及这些对象所包含的数据等。JavaScript 操作 Excel. Application 的常用方法有:

(1) 创建一个新的 Excel 表格。

```
var XLObj = new ActiveXObject("Excel.Application");
var xlBook = XLObj.Workbooks.Add;          //新增工作簿
var ExcelSheet = xlBook.Worksheets(1);   //创建工作表
```

(2) 保存表格。

```
ExcelSheet.SaveAs("C:\\TEST.XLS");
```

(3) 使 Excel 通过 Application 对象可见。

```
ExcelSheet.Application.Visible = true;
```

(4) 打印。

```
xlBook.PrintOut;
```

或者:

```
ExcelSheet.PrintOut;
```

(5) 关闭。

```
xlBook.Close(savechanges = false);
```

或者:

```
ExcelSheet.Close(savechanges = false);
```

（6）结束进程。

```
ExcelSheet.Application.Quit();
```

或者：

```
XLObj.Quit();
XLObj = null;
```

（7）页面设置。

PageSetup 对象包含所有页面设置的属性（左边距、底部边距、纸张大小等），此对象有页面、页边距、页眉/页脚、工作表和无对应选项卡 5 个类别，共有 49 个属性。

```
ExcelSheet.ActiveSheet.PageSetup.Orientation = 2;        //1 纵向或 2 横向
ExcelSheet.ActiveSheet.PageSetup.LeftMargin = 2/0.035;   //左页边距为 2cm
ExcelSheet.ActiveSheet.PageSetup.RightMargin = 3/0.035;  //右页边距为 3cm
ExcelSheet.ActiveSheet.PageSetup.TopMargin = 4/0.035;    //上页边距为 4cm
ExcelSheet.ActiveSheet.PageSetup.BottomMargin = 5/0.035; //下页边距为 5cm
ExcelSheet.ActiveSheet.PageSetup.HeaderMargin = 1/0.035; //页眉页边距为 1cm
ExcelSheet.ActiveSheet.PageSetup.FooterMargin = 2/0.035; //页脚页边距为 2cm
```

这 6 个属性的单位都是"磅"。磅是打印字符的高度的度量单位。1 磅等于 $1/72\text{in}$（$1\text{in}=0.0254\text{m}$），或大约等于 1cm 的 $1/28$。如：$\dfrac{2}{0.035}\times\dfrac{1}{28}=2.0408\approx2\text{cm}$。

```
ExcelSheet.ActiveSheet.PageSetup.CenterHeader = "页眉中部内容";
ExcelSheet.ActiveSheet.PageSetup.LeftHeader = "页眉左部内容";
ExcelSheet.ActiveSheet.PageSetup.RightHeader = "页眉右部内容";
ExcelSheet.ActiveSheet.PageSetup.LeftFooter = "页脚左部内容";
ExcelSheet.ActiveSheet.PageSetup.RightFooter = "页脚右部内容";
ExcelSheet.ActiveSheet.PageSetup.CenterHeader = "&\"宋体,加粗\"&18 长天公司" + date1 +
"至" + date2 + "(施工图)项目进度检查表";
ExcelSheet.ActiveSheet.PageSetup.RightHeader = "&D";
ExcelSheet.ActiveSheet.PageSetup.PrintGridlines = true;
ExcelSheet.ActiveSheet.PageSetup.PrintTitleRows = "$1:$1";
ExcelSheet.ActiveSheet.PageSetup.Zoom = 75;
```

（8）对单元格操作，带 * 部分对于行，列，区域都有相应属性。

```
ExcelSheet.ActiveSheet.Cells(row,col).Value = "内容";        //设置单元格内容
ExcelSheet.ActiveSheet.Cells(row,col).Borders.Weight = 1;    //设置单元格边框 *
ExcelSheet.ActiveSheet.Cells(row,col).Interior.ColorIndex = 1; //设置单元格底色 *（1-黑
色,2-白色,3-红色,4-绿色,5-蓝色,6-黄色,7-粉红色,8-天蓝色,9-酱土色）
ExcelSheet.ActiveSheet.Cells(row,col).Interior.Pattern = 1;  //设置单元格背景样式 *（1-
无,2-细网格,3-粗网格,4-斑点,5-横线,6-竖线）
ExcelSheet.ActiveSheet.Cells(row,col).Font.ColorIndex = 1;   //设置字体颜色 *（与上相同）
ExcelSheet.ActiveSheet.Cells(row,col).Font.Size = 10;        //设置为 10 号字 *
ExcelSheet.ActiveSheet.Cells(row,col).Font.Name = "黑体";    //设置为黑体 *
ExcelSheet.ActiveSheet.Cells(row,col).Font.Italic = true;    //设置为斜体 *
ExcelSheet.ActiveSheet.Cells(row,col).Font.Bold = true;      //设置为粗体 *
ExcelSheet.ActiveSheet.Cells(row,col).ClearContents;         //清除内容 *
ExcelSheet.ActiveSheet.Cells(row,col).WrapText = true;       //设置为自动换行 *
```

```
ExcelSheet.ActiveSheet.Cells(row,col).HorizontalAlignment = 3; //水平对齐方式枚举 * (1 -
```
常规,2 - 靠左,3 - 居中,4 - 靠右,5 - 填充 6 - 两端对齐,7 - 跨列居中,8 - 分散对齐)
```
ExcelSheet.ActiveSheet.Cells(row,col).VerticalAlignment = 2;   //垂直对齐方式枚举 * (1 - 靠
```
上,2 - 居中,3 - 靠下,4 - 两端对齐,5 - 分散对齐)
//行,列有相应操作:
```
ExcelSheet.ActiveSheet.Rows(row).
ExcelSheet.ActiveSheet.Columns(col).
ExcelSheet.ActiveSheet.Rows(startrow + ":" + endrow).        //如 Rows("1:5"),即 1～5 行
ExcelSheet.ActiveSheet.Columns(startcol + ":" + endcol).     //如 Columns("1:5"),即 1～5 列
```
//区域有相应操作:
```
XLObj.Range(startcell + ":" + endcell).Select;               //如 Range("A2:H8"),即 A 列第 2 格
                                                              至 H 列第 8 格的整个区域

XLObj.Selection.
```
//合并单元格
```
XLObj.Range(startcell + ":" + endcell).MergeCells = true; //如 Range("A2:H8"),即将 A 列第 2
                                                          格至 H 列第 8 格的整个区域合并
                                                          为一个单元格   或者:

XLObj.Range("A2",XLObj.Cells(8,8)).MergeCells = true;
```

(9) 设置行高与列宽。

```
ExcelSheet.ActiveSheet.Columns(startcol + ":" + endcol).ColumnWidth = 22;
```
//设置从 startcol 到 endcol 列的宽度为 22
```
ExcelSheet.ActiveSheet.Rows(startrow + ":" + endrow).RowHeight = 22;
```
//设置从 startrow 到 endrow 行的宽度为 22

【例 5-24】 利用 ActiveXObject,将数据导出到 Excel 中。

第 1 步,在 JavaScriptWebsite 中添加 HTML 文件,命名为 5-24. HTML,设为起始页,添加如下代码:

```
<!DOCTYPE HTML>
<HTML xmlns = "http://www.w3.org/1999/xHTML">
<head>
<script language = "javascript" type = "text/javascript">
function MakeExcel() {
    var i,j,n;
    try {
    var xls = new ActiveXObject("Excel.Application");
    }
  catch(e) {
  alert("要打印该表,必须安装 Excel 电子表格软件,同时浏览器须使用"ActiveX 控件",浏览器须
允许执行控件.请单击"帮助"了解浏览器设置方法!");
   return "";
   }
xls.visible = true;          // 设置 excel 为可见
var xlBook = xls.Workbooks.Add;
var xlsheet = xlBook.Worksheets(1);
<!-- 合并 -->
xlsheet.Range(xlsheet.Cells(1,1),xlsheet.Cells(1,7)).mergecells = true;
xlsheet.Range(xlsheet.Cells(1,1),xlsheet.Cells(1,7)).value = "发卡记录";
xlsheet.Range(xlsheet.Cells(1,1),xlsheet.Cells(1,3)).Interior.ColorIndex = 5;
```

```
                                // 设置底色为蓝色
xlsheet.Range(xlsheet.Cells(1,1),xlsheet.Cells(1,6)).Font.ColorIndex = 4;
                                // 设置字体色
// xlsheet.Rows(1).Interior.ColorIndex = 5 ;
                        //设置底色为蓝色 设置背景色 Rows(1).Font.ColorIndex = 4
<! -- 设置行高 -->
xlsheet.Rows(1).RowHeight = 25;
<! -- 设置字体 ws.Range(ws.Cells(i0 + 1,j0),ws.Cells(i0 + 1,j1)).Font.Size = 13 -->
xlsheet.Rows(1).Font.Size = 14;
<! -- 设置字体 设置选定区的字体 xlsheet.Range(xlsheet.Cells(i0,j0),ws.Cells(i0,j0)).
Font.Name = "黑体" -->
xlsheet.Rows(1).Font.Name = "黑体";
<! -- 设置列宽 xlsheet.Columns(2) = 14; -->
xlsheet.Columns("A:D").ColumnWidth = 18;
<! -- 设置显示字符,而不是数字 -->
xlsheet.Columns(2).NumberForm atLocal = "@";
xlsheet.Columns(7).NumberForm atLocal = "@";
//设置单元格内容自动换行
range.WrapText = true ;
//设置单元格内容水平对齐方式
range.HorizontalAlignment = Excel.XlHAlign.xlHAlignCenter; //设置单元格内容竖直堆砌方式
//range.VerticalAlignment = Excel.XlVAlign.xlVAlignCenter
//range.WrapText = true; xlsheet.Rows(3).WrapText = true 自动换行
//设置标题栏
xlsheet.Cells(2,1).Value = "卡号";
xlsheet.Cells(2,2).Value = "密码";
xlsheet.Cells(2,3).Value = "计费方式";
xlsheet.Cells(2,4).Value = "有效天数";
xlsheet.Cells(2,5).Value = "金额";
xlsheet.Cells(2,6).Value = "所属服务项目";
xlsheet.Cells(2,7).Value = "发卡时间";
var oTable = document.all['fors:data'];
var rowNum = oTable.rows.length;
for(i = 2; i <= rowNum; i++) {
    for (j = 1; j <= 7; j++) {
//HTML table 内容写到 Excel
xlsheet.Cells(i + 1,j).Value = oTable.rows(i - 1).cells(j - 1).innerHTML;
    }
}
<! -- xlsheet.Range(xls.Cells(i + 4,2),xls.Cells(rowNum,4)).Merge; -->
//xlsheet.Range(xlsheet.Cells(i,4),xlsheet.Cells(i - 1,6)).BorderAround,4
 //
for(mn = 1, mn < = 6;mn++) . xlsheet.Range(xlsheet.Cells(1,mn),xlsheet.Cells(i1,j)).Columns.
AutoFit;
  xlsheet.Columns.AutoFit;
  xlsheet.Range( xlsheet.Cells(1,1),xlsheet.Cells(rowNum + 1,7)).HorizontalAlignment = - 4108;
                            //居中
xlsheet.Range( xlsheet.Cells(1,1),xlsheet.Cells(1,7)).VerticalAlignment = - 4108;
xlsheet.Range( xlsheet.Cells(2,1),xlsheet.Cells(rowNum + 1,7)).Font.Size = 10;
xlsheet.Range( xlsheet.Cells(2,1),xlsheet.Cells(rowNum + 1,7)).Borders(3).Weight = 2;
//设置左边距
```

```
xlsheet.Range( xlsheet.Cells(2,1),xlsheet.Cells(rowNum + 1,7)).Borders(4).Weight = 2;
//设置右边距
xlsheet.Range( xlsheet.Cells(2,1),xlsheet.Cells(rowNum + 1,7)).Borders(1).Weight = 2;
//设置顶边距
xlsheet.Range( xlsheet.Cells(2,1),xlsheet.Cells(rowNum + 1,7)).Borders(2).Weight = 2;
//设置底边距
xls.UserControl = true;
//很重要,不能省略,不然会出问题 意思是 Excel 交由用户控制
var fileDialog = xls.FileDialog(2);        // 1 表示打开,2 表示保存
fileDialog.show();
var savePath = fileDialog.SelectedItems(1);
//alert(savePath);
var ss = xlsheet.SaveAs(savePath);
xls.Quit();
}
</script>
<title>ziyuanweihu</title>
</head>
<body>
<form   id = "fors" method = "post" enctype = "application/x - www - form - urlencoded">
<table id = "fors:top" border = "0" cellpadding = "0" cellspacing = "0" width = "100 % ">
<tbody>
<tr>
    <td class = "left"><img src = "images/jiao1.gif" alt = "" /></td>
    <td class = "topMiddle"></td>
    <td class = "right"><img src = "images/jiao2.gif" alt = "" /></td>
</tr>
</tbody>
</table>
<table border = "0" cellpadding = "0" cellspacing = "0" width = "100 % ">
<tbody>
<tr>
    <td class = "middleLeft"></td>
    <td class = "btstyle">
    <table id = "fors:sort" border = "0" cellpadding = "0" cellspacing = "0" style = "valign:
center" width = "100 % ">
    <tbody>
    <tr>
    <td class = "btstyle">
    <input type = "button" name = "fors:_id7" value = "生成 excel 文件" onclick = "MakeExcel()" />
    </td>
    </tr>
    </tbody>
    </table>

<table id = "fors:data" border = "1" cellpadding = "0" cellspacing = "1" width = "100 % ">
<thead>
  <tr>
    <th scope = "col"><span id = "fors:data:headerText1">卡号</span></th>
    <th scope = "col"><span id = "fors:data:headerText2">密码</span></th>
    <th scope = "col"><span id = "fors:data:headerText3">计费方式</span></th>
```

```
        < th scope = "col">< span id = "fors:data:headerText4">有效天数</span></th>
        < th scope = "col">金额</th>
        < th scope = "col">< span id = "fors:data:headerText6">所属服务项目</span></th>
        < th scope = "col">< span id = "fors:data:headerText7">发卡时间</span></th>
    </tr>
</thead>
<tbody>
    <tr>
        < td > h000010010 </td>
        < td > 543860 </td>
        < td>计点</td>
        < td></td>
        < td > 2.0 </td>
        < td>测试项目</td>
        < td > 2017 - 06 - 23 10:14:40.843 </td>
    </tr>
    <tr>
        < td > h000010011 </td>
        < td > 683352 </td>
        < td>计点</td>
        < td></td>
        < td > 2.0 </td>
        < td>测试项目</td>
        < td > 2017 - 06 - 23 10:14:40.843 </td>
    </tr>
<tr>
    < td > h000010012 </td>
    < td > 433215 </td>
    < td>计点</td>
    < td></td>
    < td > 2.0 </td>
    < td>测试项目</td>
        < td > 2017 - 06 - 23 10:14:40.843 </td>
</tr>
<tr>
    <tr>
        < td > h000010013 </td>
        < td > 393899 </td>
        < td>计点</td>
        < td></td>
        < td > 2017 - 06 - 23 10:14:40.843 </td>
</tr>
    <tr>
        < td>测试项目</td>
        < td > h000010014 </td>
        < td > 031736 </td>
        < td>计点</td>
        < td></td>
        < td > 2.0 </td>
    < td>测试项目</td>
        < td > 2017 - 06 - 23 10:14:40.843 </td>
    </tr>
```

```html
<tr>
  <td>h000010015</td>
  <td>188600</td>
  <td>计点</td>
  <td></td>
  <td>2.0</td>
  <td>测试项目</td>
  <td>2017-06-23 10:14:40.843</td>
</tr>
<tr>
<td>h000010016</td>
<td>363407</td>
<td>计点</td>
<td>
</td>
  <td>2.0</td>
  <d>测试项目</td>
  <d>2017-06-23 10:14:40.843</td>
</tr>
    <tr>
    <td>h000010017</td>
    <td>175315</td>
    <td>计点</td>
    <td></td>
    <td>2.0</td>
    <td>测试项目</td>
    <td>2017-06-23 10:14:40.843</td>
    </tr>
  <tr>
    <td>h000010018</td>
    <td>354437</td>
    <td>计点</td>
    <td></td>
    <td>2.0</td>
    <td>测试项目</td>
    <td>2017-06-23 10:14:40.843</td>
    </tr>
  <tr>
    <td>h000010019</td>
    <td>234750</td>
    <td>计点</td>
    <td></td>
    <td>2.0</td>
    <td>测试项目</td>
     <td>2017-06-23 10:14:40.843</td>
</tr>
</tbody>
</table>
</td>
<td class="middleRight"></td>
</tr>
```

```
  </tbody>
</table>
< table id = "fors:bottom" border = "0" cellpadding = "0" cellspacing = "0" width = "100 % ">
< tbody >
< tr >
    < td class = "left">
    < img src = "images/jiao3.gif" alt = "" />
    </td >
    < td class = "bottomMiddle"> </td >
    < td class = "right">
    < img src = "images/jiao4.gif" alt = "" /></td >
</tr >
</tbody >
</table >
  < input type = "hidden" name = "fors" value = "fors" />
</form >
</body >
</HTML >
```

第 2 步,运行程序,得到如图 5-6 所示的网页结果,单击"生成 Excel 文件"按钮,运行结果如图 5-7 所示,"保存文件"对话框如图 5-8 所示。假设选择的路径为：D 盘根目录,文件名为 11. xls,可以查看是否存在这个文件,以检测是否成功。

卡号	密码	计费方式	有效天数	金额	所属服务项目	发卡时间
h000010010	543860	计点		2.0	测试项目	2017-06-23 10:14:40.843
h000010011	683352	计点		2.0	测试项目	2017-06-23 10:14:40.843
h000010012	433215	计点		2.0	测试项目	2017-06-23 10:14:40.843
h000010013	393899	计点		2.0	测试项目	2017-06-23 10:14:40.843
h000010014	031736	计点		2.0	测试项目	2017-06-23 10:14:40.843
h000010015	188600	计点		2.0	测试项目	2017-06-23 10:14:40.843
h000010016	363407	计点		2.0	测试项目	2017-06-23 10:14:40.843
h000010017	175315	计点		2.0	测试项目	2017-06-23 10:14:40.843
h000010018	354437	计点		2.0	测试项目	2017-06-23 10:14:40.843
h000010019	234750	计点		2.0	测试项目	2017-06-23 10:14:40.843

图 5-6 程序运行的网页结果

卡号	密码	计费方式	有效天数	金额	所属服务项目	发卡时间
h000010010	543860	计点		2	测试项目	2017-06-23 10:14:40.843
h000010011	683352	计点		2	测试项目	2017-06-23 10:14:40.843
h000010012	433215	计点		2	测试项目	2017-06-23 10:14:40.843
h000010013	393899	计点		2	测试项目	2017-06-23 10:14:40.843
h000010014	031736	计点		2	测试项目	2017-06-23 10:14:40.843
h000010015	188600	计点		2	测试项目	2017-06-23 10:14:40.843
h000010016	363407	计点		2	测试项目	2017-06-23 10:14:40.843
h000010017	175315	计点		2	测试项目	2017-06-23 10:14:40.843
h000010018	354437	计点		2	测试项目	2017-06-23 10:14:40.843
h000010019	234750	计点		2	测试项目	2017-06-23 10:14:40.843

图 5-7 生成 Excel 文件界面

如果执行 var xls＝new ActiveXObject ("Excel. Application");,就会出现"Automation 服务器不能创建对象"的错误,需要配置如下内容:

(1) 添加可信站点,如图 5-9 所示。

(2) 须修改 IE 浏览器的 ActiveX 控件的配置,配置过程如图 5-5 所示。

图 5-8　"保存文件"对话框

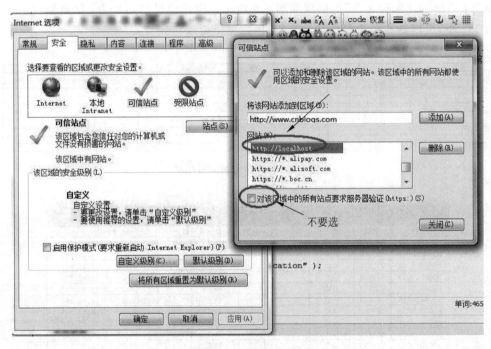

图 5-9　添加可信站点

5.3.3　Word. Application 控件

　　将网页中的数据导入 Word 中的方法有很多,这里先介绍一种利用 ActiveX 控件的方式,即 Word. Application,这个控件是 MS 为 Word 提供的编程接口,在很多种编程语言中都可以通过该接口操纵 Word 文档。

【例 5-25】　JavaScript 创建 word 文档。

第 1 步，在 JavaScriptWebsite 中添加 HTML 文件，命名为 5-25. HTML，设为起始页，添加如下代码：

```html
<! DOCTYPE HTML >
< HTML xmlns = "http://www.w3.org/1999/xHTML">
< head >
< Meta http - equiv = "Content - Type" content = "text/HTML; charset = utf - 8"/>
    < title > JavaScript 创建 word 文档</title >
    < script language = "javascript">
        WordApp = new ActiveXObject("Word.Application");      //启动 Word
        WordApp.Application.Visible = true;                   //使 Word 窗口可见
        var mydoc = WordApp.Documents.Add("",0,1);            //新建一个文档
        WordApp.ActiveWindow.ActivePane.View.Type = 3;        //Word 视图模式为页面
        WordApp.Selection.TypeText("Test Case");              //输入字符串
        WordApp.Selection.HomeKey(5,1);                       //光标移到行首
        WordApp.Selection.Font.Bold = 9999998;                //相对于加粗格式
        WordApp.Selection.WholeStory();                       //选中整个文档内容
        mydoc.SaveAs("C:\\test.doc");                         //存盘到 C:\test.doc
        for (i = WordApp.Documents.Count; i > 0; i-- ) {      //关闭所有打开的 Word 文档
            WordApp.Documents(i).Close(0);
        }
        WordApp.Application.quit();                           //退出 Word
    </script >
</head >
< body >
</body >
</HTML >
```

第 2 步，运行程序，在 C 盘创建了文件 test. doc。

【例 5-26】　JavaScript 创建 word 文档。

第 1 步，在 JavaScriptWebsite 中添加 HTML 文件，命名为 5-26. HTML，设为起始页，添加如下代码：

```html
<! DOCTYPE HTML >
< HTML xmlns = "http://www.w3.org/1999/xHTML">
< head >
< Meta http - equiv = "Content - Type" content = "text/HTML; charset = utf - 8"/>
    < title > JavaScript 创建 word 文档</title >
    < script >
        function wordcontorl() {
            var WordApp = new ActiveXObject("Word.Application");
            var wdCharacter = 1;
            var wdOrientLandscape = 1;
            WordApp.Application.Visible = true;
            var myDoc = WordApp.Documents.Add();
            WordApp.ActiveDocument.PageSetup.Orientation = wdOrientLandscape
            WordApp.Selection.ParagraphForm at.Alignment = 1 //1 为居中对齐,0 为居右对齐
            WordApp.Selection.Font.Bold = true
            WordApp.Selection.Font.Size = 20
```

```
WordApp.Selection.TypeText("我的标题");
WordApp.Selection.MoveRight(wdCharacter);          //光标右移字符
WordApp.Selection.TypeParagraph();                 //插入段落
WordApp.Selection.Font.Size = 12
WordApp.Selection.TypeText("副标题");              //分行插入日期
WordApp.Selection.TypeParagraph();                 //插入段落
var myTable = myDoc.Tables.Add(WordApp.Selection.Range,8,7) //8 行 7 列的表格
//myTable.Style = "网格型"
var aa = "我的列标题"
var TableRange;                                    //以下为给表格中的单元格赋值
for (i = 0; i < 7; i++) {
    with (myTable.Cell(1,i + 1).Range) {
        font.Size = 12;
        InsertAfter(aa);
        ColumnWidth = 4
    }
}
for (i = 0; i < 7; i++) {
    for (n = 0; n < 7 ; n++) {
        with (myTable.Cell(i + 2,n + 1).Range) {
            font.Size = 12;
            InsertAfter("bbbb");
        }
    }
}
row_count = 0;
col_count = 0
myDoc.Protect(1)
}
wordcontorl()
</script>
</head>
<body></body>
</HTML>
```

第 2 步，运行程序，结果如图 5-10 所示。

图 5-10   运行结果

关于 Excel 和 Word 的方法和属性，可以在 Word 和 Excel 中通过录制宏的功能先将在 Word 或 Excel 中操作的过程通过录制宏的方式录制下来，然后打开录制的宏，它们是使用 Visual Basic Application 语言编写的程序，将这些程序复制到 JavaScript 中加以改造，即可

完成在 JavaScript 中的编程。对于其中的参数,可在 Word 或 Excel 中,通过单击"工具"|"宏"|"Visual Basic 编辑器"菜单打开 Visual Basic 编辑器,按下 F2 键打开对象浏览器,输入参数后,就可得到参数对应的值。例如,字体的加粗与否通过参数 wdToggle 设定,查询出来的参数值为 9999998。

5.4　习　　题

1. 简单介绍 JavaScript 技术。

2. 比较网页中使用 JavaScript 的几种方法。

3. 说明 JavaScript 中的"=="和"==="的区别。

4. 使用 JavaScript 向 Web 页面输出 99 乘法表。

5. 使用 JavaScript 在 Web 页面中屏蔽功能键 Shift,Alt,Ctrl。

6. 补全下面的 JavaScript 代码,读取 C:\XXX.xls 文件,显示在 Web 页面上。

```javascript
< script language = "javascript" type = "text/javascript"><! --
function readExcel() {
var excelApp;
var excelWorkBook;
var excelSheet;
try{
    (1)
    (2)
    (3)
document.write(excelSheet.Cells(6,2).value);    //cell 的值
excelSheet.usedrange.rows.count;                //使用的行数
excelWorkBook.Worksheets.count;                 //得到 sheet 的个数
excelSheet = null;
    (4)
    (5)
excelApp = null;
}catch(e){
if(excelSheet != null || excelSheet!= undefined){
excelSheet = nul;
}
if(excelWorkBook != null || excelWorkBook!= undefined){
excelWorkBook.close();
}
if(excelApp != null || excelApp!= undefined){
excelApp.Application.Quit();
excelApp = null;
}
}
}
// --></script >
```

## 第6章

HTML DOM 对象编程

6.1 HTML 文档对象模型

JavaScript 可以重构 HTML 文档,可以添加、移除、改变或重排页面上的项目。要改变页面的某个东西,JavaScript 通过入口访问 HTML 文档中的元素。这个入口,连同对 HTML 元素进行添加、移动、改变或移除的方法和属性,都是通过 HTML 文档对象模型 (Document Object Model,DOM)获得的。

DOM 定义了一个平台中立的模型,用于处理结点树及与文档树处理相关的事件。DOM 是一个能够让程序和脚本动态访问和更新 HTML 文档内容、结构和样式的语言平台。HTML DOM 是一个跨平台、可适应不同程序语言的文件对象模型,DOM 解决了 Netscaped 的 JavaScript 和 Microsoft 的 JScript 之间的冲突,给予 Web 设计师和开发者一个标准的方法,让他们来访问他们站点中的数据、脚本和表现层对象。它采用直观一致的方式,将 HTML 或 XHTML 文件进行模型化处理,提供存取和更新文档内容、结构和样式的编程接口。使用 DOM 技术,不仅能够访问和更新页面的内容及结构,而且还能操纵文档的风格样式。可以将 HTML DOM 理解为网页的 API。它将网页中的各个 HTML 元素看作是一个个对象,从而使网页中的元素可以被 JavaScript 等语言获取或者编辑。

1998 年,W3C 发布了第一级的 DOM 规范。这个规范允许访问和操作 HTML 页面中的每一个单独的元素。所有的浏览器都执行了这个标准。因此,DOM 的兼容性问题也几乎难觅踪影了。DOM1 级由两个模块组成:DOM 核心(DOM Core)和 DOM HTML。DOM 核心规定的是如何映射基于 XML 的文档结构,以便简化对文档中任意部分的访问和操作。DOM HTML 模块则在 DOM 核心的基础上加以扩展,添加了针对 HTML 的对象和方法。

DOM2 级在原来 DOM 的基础上又扩充了(DHTML 一直都支持的)鼠标和用户界面事件、范围、遍历(迭代 DOM 文档的方法)等细分模块,而且通过对象接口增加了对层叠样式表(Cascading Style Sheets,CSS)的支持。

DOM3 级则进一步扩展了 DOM,引入了以统一方式加载和保存文档的方法——在 DOM 加载和保存(DOM Load and Save)模块中定义;新增了验证文档的方法——在 DOM 验证(DOM Validation)模块中定义。DOM3 级也对 DOM 核心进行了扩展,开始支持 XML 1.0 规范,涉及 XML Infoset、XPath 和 XML Base。

2014 年 5 月 8 日,W3C 的 HTML 工作组发布了文档对象模型 W3C DOM4 的备选推荐标准(Candidate Recommendation),向公众征集参考实现。有关 DOM 的最新标准,可以参考 http://www.w3.org/TR/dom/。

6.2　浏览器的主要对象

IE 浏览器的 HTML DOM 对象层次如图 6-1 所示。在层次图中,每个对象是它的父对象的属性,如 window 对象是 document 对象的父对象,所以引用 document 对象就可以使用 window.document,相当于 document 是 window 对象的属性。对于每一个页面,浏览器都会自动创建 window 对象、document 对象、location 对象、navigator 对象、history 对象。

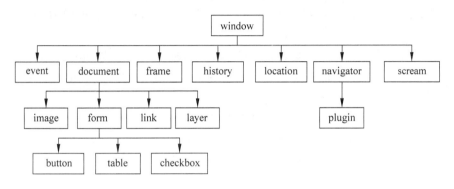

图 6-1　IE 浏览器的 HTML DOM 对象层次

6.2.1　window 对象

window 对象表示一个浏览器窗口或一个框架,处于对象层次的最顶端。每个对象代表一个浏览器窗口,封装了窗口的方法和属性。如果文档包含框架(frame 或 iframe 标签),浏览器会为 HTML 文档创建一个 window 对象,并为每个框架创建一个额外的window 对象。虽然没有应用于 window 对象的公开标准,不过所有浏览器都支持该对象。

1. window 对象集合

frames[]:返回窗口中所有命名的框架。

该集合是 window 对象的数组,每个 window 对象在窗口中含有一个框架< frameset >或浮动框架< iframe >。frames[]数组中引用的框架可能还包括框架,它们自己也具有frames[]数组。属性 frames.length 存放数组 frames[]中含有的元素个数。

要引用窗口中的一个框架,使用方法如下:

```
frame[i]        //当前窗口的框架
self.frame[i]   //当前窗口的框架
w.frame[i]      //窗口 w 的框架
```

要引用一个框架的父窗口(或父框架),可以使用下面的语法:

```
parent          //当前窗口的父窗口
self.parent     //当前窗口的父窗口
w.parent        //窗口 w 的父窗口
```

要从顶层窗口含有的任何一个框架中引用它,可以使用如下语法:

```
top               //当前框架的顶层窗口
self.top          //当前框架的顶层窗口
f.top             //框架 f 的顶层窗口
```

window 对象的 frame 集合对象实现了在浏览器脚本程序中对框架的处理。frames（帧，又称框架）可以实现窗口的分隔操作。可以把一个窗口分隔成多个部分,每个部分称为一个帧,每个帧本身已是一类窗口,继承了窗口对象所有的属性和方法。frames 集合对象是通过 HTML 标记< frame >、< frameset >来创建的,它包含了一个窗口中的全部帧数。FRAMESET 元素是 FRAME 元素的容器。HTML 文档可包含 FRAMESET 元素或BODY 元素之一,而不能同时包含两者。

要得到窗口中的所有帧对象集合,用 window. parent. frames 或 window. top. frames 即可。用 self 指定当前帧,例如,指定当前帧跳转到另一个 Web 页,用 window. self. navigate ("new. htm")即可。

【例 6-1】　建立页面框架 6-1-frame. HTML 文件,包括帧名为 top 和 bottom 的两个帧,其中帧 top 的 src 为 6-2-top. HTML,帧 bottom 的 src 为 6-1-bottom. HTML,而 6-1-bottom. HTML 中又嵌套了帧名为 b 和 c 的两个帧,其中帧 c 的 src 为 6-1-bottom-right. HTML。

第 1 步,使用 VS 2013 建立一个空网站项目,命名为 DomWebsite。

第 2 步,为项目添加一个 HTML 新项,命名为 Ex6-1. HTML,设置为起始页,添加如下代码:

```
<! DOCTYPE HTML >
< HTML xmlns = "http://www.w3.org/1999/xHTML">
< head >
< Meta http - equiv = "Content - Type" content = "text/HTML; charset = utf - 8"/>
    <title></title>
</head >
< frameset rows = "20 % ,80 % ">
    < frame id = "top" src = "Ex6 - 1 - top. HTML">
    < frame id = "bottom" src = "Ex6 - 1 - bottom. HTML">
</frameset >
</HTML >
```

第 3 步,为项目添加一个 HTML 新项,命名为 Ex6-1- top. HTML,添加如下代码:

```
<! DOCTYPE HTML >
< HTML xmlns = "http://www.w3.org/1999/xHTML">
< head >
    < Meta http - equiv = "Content - Type" content = "text/HTML; charset = gb2312" />
    <title></title>
</head >
< body >
  I'm the top page!
</body >
</HTML >
```

第 4 步,为项目添加一个 HTML 新项,命名为 Ex6-1- bottom. HTML,添加如下代码:

```
<! DOCTYPE HTML >
< HTML xmlns = "http://www.w3.org/1999/xHTML">
< head >
    < title ></title >
    < Meta http - equiv = "Content - Type" content = "text/HTML; charset = utf - 8" />
    < frameset cols = "30 % , * ">
        < frame name = "b">
        < frame name = "c" src = "6 - 1 - bottom - right. HTML">
    </ frameset >
</ head >
</ HTML >
```

第 5 步，为项目添加一个 HTML 新项，命名为 Ex6-1-bottom-right. HTML，添加如下代码：

```
<! DOCTYPE HTML >
< HTML xmlns = "http://www.w3.org/1999/xHTML">
< head >
< Meta http - equiv = "Content - Type" content = "text/HTML; charset = utf - 8"/>
    < title ></title >
    < script language = "javascript">
        function changeStyle()
        {
            var frm = window.parent.frames;
            window.alert(window.parent.frames.length);    //显示一个窗口被分成几个帧
            var frm = document.frames;
            for (i = 0; i < frm.length; i++)
                window.alert(frm(i).location);            //显示每个帧的 URL 地址
            window.self.navigate("Ex6 - 1 - new.HTML");    //当前帧跳转到新的页
        }
    </ script >
</ head >
    < input type = "button" onclick = "changeStyle()" value = "showme">
</ HTML >
```

第 6 步，为项目添加一个 HTML 新项，命名为 6-1- new. HTML，添加如下代码：

```
< HTML >
< head ></ head >
< body >
< input type = "button"  value = "I am a new HTML doc" />
</ body >
</ HTML >
```

第 7 步，运行程序，得到图 6-2。

2. window 对象属性

在客户端 JavaScript 中，window 对象是全局对象，所有的表达式都在当前环境中计算。

I'm the top page!

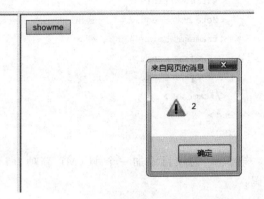

图 6-2 程序结果

也就是说,要引用当前窗口根本不需要特殊的语法,可以把那个窗口的属性作为全局变量使用。例如,可以只写 document,而不必写 window. document。window 对象的属性及其描述见表 6-1。

表 6-1 **window 对象的属性及其描述**

属 性	描 述
closed	返回一个布尔值,声明了窗口是否已经关闭,为只读属性
document	对 document 对象的只读引用。请参阅 document 对象
history	对 history 对象的只读引用。请参数 history 对象
length	设置或返回窗口中的框架数量
location	用于窗口或框架的 location 对象
name	设置或返回窗口的名称
navigator	对 navigator 对象的只读引用
opener	返回对创建此窗口的窗口的引用。只有表示顶层窗口的 window 对象的 opener 属性才有效,表示框架的 window 对象的 opener 属性无效
pageXOffset	设置或返回当前页面相对于窗口显示区左上角的 X 位置
pageYOffset	设置或返回当前页面相对于窗口显示区左上角的 Y 位置
parent	返回父窗口
screen	对 screen 对象的只读引用
self	返回对当前窗口的引用,等价于 window 属性
status	一个可读可写的字符串,在窗口状态栏显示一条消息,当擦除 status 声明的消息时,状态栏恢复成 defaultstatus 设置的值
window	window 属性等价于 self 属性,它包含了对窗口自身的引用
screenLeft screenTop screenX screenY	只读整数。声明了窗口的左上角在屏幕上的 x 坐标和 y 坐标。IE、Safari 和 Opera 支持 screenLeft 和 screenTop,而 Firefox 和 Safari 支持 screenX 和 screenY

3. window 对象方法

window 对象的方法及其描述见表 6-2，下面以 showModalDialog、showModelessDialog 方法为例详细介绍。这两种方法分别用于从父窗口中弹出模态和无模态对话框。有模态对话框是指只能用鼠标或键盘在该对话框中操作，而不能在弹出对话框的父窗口中进行任何操作。它们的用法和 open 方法类似，不过，它们可以接受父窗口传递来的参数。

表 6-2　window 对象的方法及其描述

方　　法	描　　述
alert()	显示带有一段消息和一个确认按钮的警告框
blur()	把键盘焦点从顶层窗口移开
clearInterval()	取消由 setInterval()设置的 timeout
clearTimeout()	取消由 setTimeout()方法设置的 timeout
close()	关闭浏览器窗口
confirm()	显示带有一段消息以及确认按钮和取消按钮的对话框
createPopup()	创建一个 pop-up 窗口
focus()	把键盘焦点给予一个窗口
moveBy()	相对于之前的点再移动一段距离
moveTo()	把窗口的左上角移动到一个指定的坐标
open()	打开一个新的浏览器窗口或查找一个已命名的窗口
print()	打印当前窗口的内容
prompt()	显示可提示用户输入的对话框
resizeBy()	按照指定的像素调整窗口的大小
resizeTo()	把窗口的大小调整到指定的宽度和高度
scrollBy()	按照指定的像素值滚动内容
scrollTo()	把内容滚动到指定的坐标
setInterval()	按照指定的周期(以毫秒计)调用函数或计算表达式
setTimeout()	在指定的毫秒数后调用函数或计算表达式
showModalDialog	从父窗口中弹出有模态对话框
showModelessDialog	从父窗口中弹出无模态对话框

IE 4.0 版本以上都支持有模态对话框模式方法 showModalDialog()，IE 5.0 版本以上都支持无模态对话框模式方法 showModelessDialog()，它们也可以分别通过 window.showModalDialog()方法和 window.showModelessDialog()方法创建一个显示 HTML 内容的模态对话框和显示 HTML 内容的非模态对话框。

【语法】

```
vReturnValue = window.showModalDialog(sURL [,vArguments] [,sFeatures])
vReturnValue = window.showModelessDialog(sURL [,vArguments] [,sFeatures])
```

参数说明：

sURL，必选参数，类型：字符串。用来指定对话框要显示的文档的 URL。

vArguments，可选参数，类型：变体。用来向对话框传递参数。传递的参数类型不限，包括数组等。对话框通过 window.dialogArguments 取得传递来的参数。

sFeatures,可选参数,类型：字符串。用来描述对话框的外观等信息,可以使用以下的一个或几个,用分号";"隔开。

```
dialogHeight              //对话框高度,不小于100px
dialogWidth               //对话框宽度
dialogLeft                //离屏幕左的距离
dialogTop                 //离屏幕上的距离
center: { yes | no | 1 | 0 }          //是否居中,默认为yes,但仍可以指定高度和宽度
help: {yes | no | 1 | 0 }             //是否显示帮助按钮,默认为yes
resizable: {yes | no | 1 | 0 } [IE5 + ]   //是否可被改变大小,默认为no
status: {yes | no | 1 | 0 } [IE5 + ]      //是否显示状态栏,默认为yes[ Modeless]或no[Modal]
scroll: { yes | no | 1 | 0 | on | off }   //是否显示滚动条,默认为yes
```

【例6-2】 window. open属性应用。

第1步,为项目DomWebsite添加一个HTML新项,命名为Ex6-2. HTML,设置为起始页,添加如下代码：

```
< HTML >
< body >
< script type = "text/javascript">
myWindow = window. open('','myName','width = 200, height = 100')
myWindow. document. write("This is 'myWindow'")
myWindow. focus();
myWindow. opener. document. write("this is the parent window")
</script >
</body >
</HTML >
```

第2步,运行程序,得到如图6-3所示的结果。

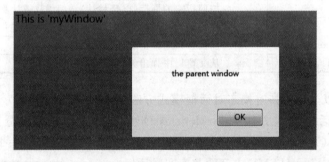

图6-3 程序运行结果

【例6-3】 利用window属性和方法应用,判断当前窗体是否是顶层窗体。

第1步,为项目DomWebsite添加一个HTML新项,命名为Ex6-3. HTML,设置为起始页,添加如下代码：

```
< HTML >
< head >
< script type = "text/javascript">
function checkTopSel(){
```

```
    if(window.top == window.self){
     alert('You are at the top window. ' + window.location);
     }
    }
</script>
</head>
<body>
<input type = "button" onclick = "checkTopSel()" value = "判断当前窗体是否是顶层窗体"/>
</body>
</HTML>
```

第 2 步,运行程序,得到如图 6-4 所示的结果。

图 6-4　程序运行结果

【例 6-4】　利用 window 属性和方法应用,判断窗口的状态。

第 1 步,为项目 DomWebsite 添加一个 HTML 新项,命名为 Ex6-4. HTML,设置为起始页,添加如下代码:

```
<HTML>
<head>
<script type = "text/javascript">
function checkWin()
{
   if(myWindow.closed)
   document.write("'myWindow' has been closed!")
   else
   document.write("'myWindow' has not been closed!")
}
</script>
</head>
<body>
<script type = "text/javascript">
myWindow = window.open('','','width = 200,height = 100');
myWindow.document.write("This is 'myWindow'");
myWindow.defaultStatus("this is my first Window");
</script>
<input type = "button" value = "Has 'myWindow' been closed?" onclick = "checkWin()"/>
</body>
</HTML>
```

第 2 步,运行程序。

【例 6-5】 window 的 prompt、confirm 和 alert 方法的应用。方法用于实现对话框功能,其中 prompt 为接受用户输入字符串的对话框;alert 为输出文本对话框,confirm 实现具有确认和取消按钮的对话框。

第 1 步,为项目 DomWebsite 添加一个 HTML 新项,命名为 Ex6-5. HTML,设置为起始页,添加如下代码:

```
< script language = "JavaScript">
var test = window.prompt("请输入数据:");
var YorN = confirm("你输入的数据是" + test + ",确定吗?");
if (YorN) alert("输入正确!");
else
alert("输入不正确!");
</script >
```

第 2 步,运行程序,得到如图 6-5 所示的"输入"对话框,输入 4,单击"确定"按钮,得到如图 6-6 所示的"确定"对话框,单击"确定"按钮,弹出输入正确的对话框。

图 6-5 "输入"对话框

图 6-6 "确定"对话框

【例 6-6】 window. showModalDialog 方法的应用。

第 1 步,为项目 DomWebsite 添加一个 HTML 新项,命名为 Ex6-6-parent. HTML,设置为起始页,添加如下代码:

```
< script >
    var obj = new Object();
    obj.name = "51js";
window. showModalDialog("6 - 6 - modal.HTML",obj,"dialogWidth = 200px;dialogHeight = 100px");
    </script >
```

第 2 步,为项目 DomWebsite 添加一个 HTML 新项,命名为 Ex6-6- modal. HTML,添加如下代码:

```
< HTML >
< head >
    < title > This is a modal window </title >
    < script language = "JavaScript">
      var obj = window. dialogArguments
      alert("您传递的参数为: " + obj.name)
    </script >
</head >
< body > hi, I'm here.
</body >
</HTML >
```

第 3 步,运行程序。

6.2.2　navigator 对象

navigator 对象包含有关浏览器的信息,是 window 对象的属性。由于 navigator 没有统一的标准,因此各个浏览器都有自己不同的 navigator 版本,这里只介绍最普遍支持且最常用的。虽然没有应用于 navigator 对象的公开标准,但是所有浏览器都支持该对象。

1. navigator 对象集合 plugins[]

该集合是一个 plugin 对象的数组,其中的元素代表浏览器已经安装的插件。plugin 对象提供的是有关插件的信息,其中包括它所支持的 MIME 类型的列表。虽然 plugins[]数组是由 IE 4 定义的,但是在 IE 4 中它却总是空的,因为 IE 4 不支持插件和 plugin 对象。

使用本数组可以引用客户端安装的 plugin 对象。plugins 数组的每个元素都是一个 plugin 对象。例如,如果在客户端安装了 3 个插件,这 3 个插件将被映射为 navigator. plugins[0]、navigator. plugins[1]和 navigator. plugins[2]。

使用 plugins 数组有两种方法:navigator. plugins[index]和 navigator. plugins[index][MIMETypeIndex]。其中,index 是一个表明客户端所安装插件顺序的整型数,或者是包含 plugin 对象名称(可从 name 属性中查到)的字符串。第一种格式将返回存储在 plugins 数组中指定位置的 plugin 对象。第二种格式将返回该 plugin 对象中的 MIMEType 对象。

要获得客户端已安装的插件数目,可以使用 length 属性:navigator. plugins. length。

plugins. refresh:plugins 数组有其自己的方法,即 refresh。此方法将使得最新安装的插件可用,更新相关数组,如 plugins 数组,并可选重新装入包含插件的已打开文档。可以使用下列语句调用该方法:navigator. plugins. refresh(true)或 navigator. plugins. refresh(false)。如果为 true,refresh 将在使得新安装的插件可用的同时,重新装入所有包含有嵌入对象(EMBED 标签)的文档。如果为 false,该方法则只会刷新 plugins 数组,而不会重新载入任何文档。当用户安装插件后,该插件将不会可用,除非调用了 refresh,或者用户关闭并重新启动了 navigator。navigator 对象的常见属性见表 6-3。

表 6-3　navigator 对象的常见属性

属　　　性	描　　　述
appCodeName	返回浏览器的代码名
appMinorVersion	返回浏览器的次级版本
appName	返回浏览器的名称
appVersion	返回浏览器的平台和版本信息
browserLanguage	返回当前浏览器的语言
CookieEnabled	返回指明浏览器中是否启用 Cookie 的布尔值
cpuClass	返回浏览器系统的 CPU 等级
onLine	返回指明系统是否处于脱机模式的布尔值
platform	返回运行浏览器的操作系统平台,可能是 Windows 32、Windows 16、Mac68k、MacPPC 和各种 UNIX
systemLanguage	返回 OS 使用的默认语言
userLanguage	返回 OS 的自然语言设置

2. navigator 对象方法

javaEnabled()方法,规定浏览器是否启用 Java。

taintEnabled()方法,规定浏览器是否启用数据污点(data tainting)。污点将避免其他脚本传递绝密和私有的信息,如目录结构或用户浏览历史。JavaScript 不能在没有最终用户许可的情况下向任何服务器发送带有污点的值。可以使用 taintEnabled 决定是否允许数据污点。如果允许数据污点,taintEnabled 将返回 True,否则返回 False。用户可以通过环境变量 NS_ENABLE_TAINT 启用或禁用数据污点。

【例 6-7】 关于浏览器的相关信息。

第 1 步,为项目 DomWebsite 添加一个 HTML 新项,命名为 Ex6-7. HTML,设置为起始页,添加如下代码:

```
<!DOCTYPE HTML>
<HTML xmlns = "http://www.w3.org/1999/xHTML">
<head>
<Meta http-equiv = "Content-Type" content = "text/HTML; charset=utf-8"/>
    <title>about navigator</title>
    <script type = "text/javascript">
        var browser = navigator.appName;
        var b_version = navigator.appVersion;
        var version = parseFloat(b_version);
        var codeName = navigator.appCodeName;
        var cpu = navigator.cpuClass;
        document.write("浏览器名称: " + browser);
        document.write("<br />");
        document.write("浏览器版本: " + version);
        document.write("<br />");
        document.write("浏览器代码名称: " + codeName);
        document.write("<br />");
        document.write("浏览器系统使用的 CPU 类型: " + cpu);
        document.write("<br />");
        document.write("navigator.userAgent 的值是 " + navigator.userAgent);
        document.write("<br />");
        if (navigator.taintEnabled()) document.write("浏览器启用了污点数据")
        else document.write("浏览器没有启用污点数据")
        document.write("<br />");
        if (navigator.javaEnabled()) document.write("启用了 Java")
        else document.write("没有启用 Java")
        document.write("<br />");
        if(navigator.plugins.length>0) {
            for(var i = 0;i < navigator.plugins.length;i++) {
                document.write("浏览器中有插件" + navigator.plugins[i].name);
                document.write("<br />");
            }
        }
```

```
    </script>
  </head>
</HTML>
```

第 2 步,运行程序,得到如图 6-7 所示的结果。

```
浏览器名称: Netscape
浏览器版本: 5
浏览器代码名称: Mozilla
浏览器系统使用的CPU类型: x86
navigator.userAgent 的值是 Mozilla/5.0 (Windows NT 6.1; WOW64;
PC 6.0; InfoPath.3; .NET4.0C; .NET4.0E; rv:11.0) like Gecko
浏览器没有启用污点数据
启用了Java
浏览器中有插件Shockwave Flash
浏览器中有插件Silverlight Plug-In
```

图 6-7　程序运行结果

6.2.3　location 对象

location 对象实际上是 JavaScript 对象,而不是 HTML DOM 对象。location 对象是由 JavaScript runtime engine 自动创建的,包含有关当前 URL 的信息。location 对象的属性见表 6-4。location 对象的方法见表 6-5。

表 6-4　location 对象的属性

属　　性	描　　述
hash	设置或返回从井号(#)开始的 URL(锚),如 http://www. baidu. com/index. HTML # welcome 的 hash 是"#welcome"
host	设置或返回主机名和当前 URL 的端口号
hostname	设置或返回当前 URL 的主机名,通常等于 host,有时会省略前面的 www
href	设置或返回完整的 URL,最常用的属性,用于获取或设置窗口的 URL,改变该属性,就可以跳转到新的页面
pathname	设置或返回当前 URL 的路径部分。URL 中主机名之后的部分,例如:http://www. baidu. com/HTML/js/jsbasic/2010/0319/88. HTML 的 pathname 是"/HTML/js/jsbasic/2010/0319/88. HTML"
port	设置或返回当前 URL 的端口号。默认情况下,大多数 URL 没有端口信息(默认为 80 端口),所以该属性通常是空白的,如 http://www. myw. com:8080/index. HTML 这样的 URL 的 port 属性为 8080
protocol	设置或返回当前 URL 的协议,双斜杠(//)之前的部分,如 http://www. myw. com 中的 protocol 属性等于 http:,ftp://www. myw. com 的 protocol 属性等于 ftp:
search	设置或返回从问号(?)开始的 URL(查询部分),如 http://www. myw. com/search. HTML? tern=sunchis 中的 search 属性为? term=sunchis

表 6-5　location 对象的方法

属　　性	描　　述
assign()	加载新的文档。assign()方法可以通过后退按钮来访问上一个页面
reload()	重新加载当前文档。reload()方法有两种模式，即从浏览器的缓存中重载，或从服务器端重载。究竟采用哪种模式由该方法的参数决定。如果参数为 False，从缓存中重新载入页面；如果参数为 True，从服务器重新载入页面；如果参数为无参数，从缓存中载入页面；如果参数省略，默认值为 False。reload()方法执行后，其后面的代码可能被执行，也可能不被执行，这由网络延迟和系统资源因素决定。因此，最好把 reload()的调用放在代码的最后一行
replace()	用新的文档替换当前文档。replace()方法做的操作与 assign()方法一样，但它多了一步操作，即从浏览器的历史记录中删除了包含脚本的页面，这样就不能通过浏览器的后退按钮和前进按钮来访问它了

　　location 对象存储在 window 对象的 location 属性中，表示那个窗口中当前显示的文档的 Web 地址。它的 href 属性存放的是文档的完整 URL，其他属性则分别描述了 URL 的各个部分。这些属性与 anchor 对象（或 area 对象）的 URL 属性非常相似。当一个 location 对象被转换成字符串，href 属性的值被返回。这意味着可以使用表达式 location 来替代 location.href。不过，anchor 对象表示的是文档中的超链接，location 对象表示的却是浏览器当前显示的文档的 URL（或位置）。

　　但是，location 对象所能做的远远不止这些，它还能控制浏览器显示的文档的位置。如果把一个含有 URL 的字符串赋予 location 对象或它的 href 属性，浏览器就会把新的 URL 所指的文档装载进来，并显示。除了设置 location 或 location.href 用完整的 URL 替换当前的 URL 之外，还可以修改部分 URL，只需要给 location 对象的其他属性赋值即可。这样做就会创建新的 URL，其中一部分与原来的 URL 不同，浏览器会将它装载并显示出来。例如，假设设置了 location 对象的 hash 属性，那么浏览器就会转移到当前文档中的一个指定的位置。同样，如果设置了 search 属性，那么浏览器就会重新装载附加了新的查询字符串的 URL。

　　location 对象的 reload()方法可以重新装载当前文档，replace()可以装载一个新文档而无须为它创建一个新的历史记录。也就是说，在浏览器的历史列表中，新文档将替换当前文档。实际应用中，通常使用 location.reload()或者 history.go(0)重新刷新页面，功能与客户端点 F5 刷新页面一样。但是，如果页面的 method="post"，由于 Session 的安全保护机制，会出现"网页过期"的提示。当调用 location.reload()方法时，aspx 页面此时在服务端内存里已经存在，因此必定是 IsPostback 的。如果希望页面能够在服务端重新被创建，页面没有 IsPostback，需要重新加载该页面，需要使用页面每次都在服务端重新生成的 location.replace (location.href)完成。刷新页面有很多种方法：

```
Window.location.reload("http://www.qq.com");    //相当于客户端单击 F5("刷新")
Window.history.go(0);                           //相当于客户端单击 F5("刷新")
Window.location.href = "http://www.qq.com";
Window.location.assign("http://www.qq.com");
Window.location.replace("http://www.qq.com");
Window.navigate("http://www.qq.com");
```

　　此外，自动刷新页面的方法有 7 种。

方法 1：页面自动刷新：把如下代码加入< head >区域中< Meta http-equiv＝"refresh" content＝"20">，其中 20 指每隔 20s 刷新一次页面。

方法 2：页面自动跳转：把如下代码加入< head >区域中< Meta http-equiv＝"refresh" content＝" 20；url＝http：//www. jb51. net">，隔 20s 后跳转到 http：//www. jb51. net 页面。

方法 3：页面自动刷新 JS 版：

```
< script language = "JavaScript">
  function myrefresh(){
    window.location.reload();
      }
setTimeout('myrefresh()',1000); //指定 1s 刷新一次
</script >
```

方法 4：JS 刷新框架的脚本语句

```
//刷新包含该框架的页面用
< script language = JavaScript >
parent.location.reload();
</script >
```

或者

```
< script language = "javascript">
    window.opener.document.location.reload()
</script >
```

方法 5：//子窗口刷新父窗口

```
< script language = JavaScript >
 self.opener.location.reload();
</script >
```

或者

```
< a href = "javascript:opener.location.reload()">刷新</a >
```

方法 6：//刷新另一个框架的页面用

```
< script language = JavaScript >
  parent.另一 FrameID.location.reload();
</script >方
```

方法 7：如果想关闭或打开窗口时刷新，在< body >中调用以下语句即可。

```
< body onload = "opener.location.reload()"> 开窗时刷新
< body onUnload = "opener.location.reload()"> 关闭时刷新
```

【例 6-8】 location 的属性及其应用。

第 1 步，为项目 DomWebsite 添加一个 HTML 新项，命名为 Ex6-8. HTML，设置为起始页，添加如下代码：

```
<HTML>
 <head>
 <title>不能访问此页面的历史页面</title>
 </head>
 <body>
<p>测试一下效果,请等待一秒钟……</p>
<p>然后单击浏览器中的"后退"按钮,你会发现什么?</p>
 <script type = "text/javascript">
   setTimeout(
  function() {
   location.replace("http://www.baidu.com");
   },1000);
</script>
</body>
</HTML>
```

第 2 步,运行程序,得到如图 6-8 所示的结果,等 1s 后转入百度首页。

【例 6-9】 location 的属性及其应用。

第 1 步,为项目 DomWebsite 添加一个 HTML 新项,命名为 Ex6-9. HTML,设置为起始页,添加如下代码:

```
<script type = "text/javascript">
document.write("hash:" + location.hash + "<br>" +
"host:" + location.host + "<br>" +
"hostname:" + location.hostname + "<br>" +
"href:" + location.href + "<br>" +
"pathname:" + location.pathname + "<br>" +
"port:" + location.port + "<br>" +
"protocol:" + location.protocol + "<br>" +
 "search:" + location.search);
</script>
```

第 2 步,运行程序,得到如图 6-9 所示的结果。

```
hash:
host:localhost:64525
hostname:localhost
href:http://localhost:64525/Ex6-9.html
pathname:/Ex6-9.html
port:64525
protocol:http:
search:
```

测试一下效果, 请等待一秒钟……

然后单击浏览器中的 "后退" 按钮, 你会发现什么?

图 6-8 程序运行结果   图 6-9 程序运行结果

6.2.4 history 对象

history 对象实际上是 JavaScript 对象,由 JavaScript runtime engine 自动创建,由一系列用户在一个浏览器窗口内已访问的 URL 组成。history 对象最初用来表示窗口的浏览历史,但出于隐私方面的原因,history 对象不再允许脚本访问已经访问过的实际 URL。唯一保持使用的功能只有 back()、forward() 和 go() 方法。history 对象是 window 对象的一部分,可通过 window. history 属性对其进行访问。

history 对象属性中只有 Length 返回浏览器历史列表中的 URL 数量。

history 对象的常用方法见表 6-6。

表 6-6　history 对象的常用方法

方　　　法	描　　　述
back()	加载 history 列表中的前一个 URL
forward()	加载 history 列表中的下一个 URL
go()	加载 history 列表中的某个具体页面

【例 6-10】　history 对象示例。

第 1 步，为项目 DomWebsite 添加一个 HTML 新项，命名为 Ex6-10. HTML，设置为起始页，添加如下代码：

```
<HTML>
<head>
<title>history 对象示例</title>
</head>
<body>
<ul>
<li onclick = "history.go( -1)">后退一页</li>
<li onclick = "history.go(1)">前进一页</li>
</ul>
<a onClick = "history.back()"><u>上一页</u></a>
<a onClick = "history.forward()"><u>下一页</u></a>
</body>
</HTML>
```

• 后退一页
• 前进一页

上一页　下一页

图 6-10　程序运行结果

第 2 步，运行程序，得到如图 6-10 所示的结果。

6.2.5　event 对象

event 对象代表事件的状态，例如事件在其中发生的元素、键盘按键的状态、鼠标的位置、鼠标按钮的状态。事件通常与函数结合使用，函数不会在事件发生前被执行。event 对象只在事件发生的过程中才有效。event 的某些属性只对特定的事件有意义。例如，fromElement 和 toElement 属性只对 onmouseover 和 onmouseout 事件有意义。

HTML 4.0 的新特性之一是能够使 HTML 事件触发浏览器中的行为，例如当用户单击某个 HTML 元素时启动一段 JavaScript，具体事件见表 6-7。event 的鼠标和键盘属性见表 6-8。

表 6-7　event 的事件表

事　　件	此事件发生在何时	事　　件	此事件发生在何时
onabort	图像的加载被中断	onfocus	元素获得焦点
onblur	元素失去焦点	onkeydown	某个键盘按键被按下
onchange	域的内容被改变	onkeypress	某个键盘按键被按下并松开
onclick	当用户单击某个对象时调用的事件句柄	onkeyup	某个键盘按键被松开
ondblclick	当用户双击某个对象时调用的事件句柄	onload	一张页面或一幅图像完成加载
onerror	在加载文档或图像时发生错误	onmousedown	鼠标按钮被按下

续表

事　　件	此事件发生在何时	事　　件	此事件发生在何时
onmousemove	鼠标被移动	onresize	窗口或框架被重新调整大小
onmouseout	鼠标从某元素移开	onselect	文本被选中
onmouseover	鼠标移到某元素之上	onsubmit	确认按钮被单击
onmouseup	鼠标按键被松开	onunload	用户退出页面
onreset	重置按钮被单击		

表 6-8　event 的鼠标和键盘属性

属　　性	描　　述
altKey	当事件被触发时,判断 Alt 键是否被按下。当 Alt 键按下时,值为 True,否则为 False
ctrlKey	当事件被触发时,判断 Ctrl 键是否被按下。当 Ctrl 键按下时,值为 True,否则为 False,只读属性
MetaKey	当事件被触发时,判断 Meta 键是否被按下,Windows 下就是那个 window 图标的键
shiftKey	当事件被触发时,判断 Shift 键是否被按下
button	当事件被触发时,判断哪个鼠标按钮被单击。可能的值: 0,没按键;1,按左键;2,按右键;3,按左右键;4,按中间键;5,按左键和中间键;6,按右键和中间键;7,按所有键。这个属性仅用于 onmousedown,onmouseup 和 onmousemove 事件。对其他事件,不管鼠标状态如何,都返回 0(如 onclick)
clientX	返回当事件被触发时,鼠标指针相对于浏览器文档窗口的水平坐标
clientY	返回当事件被触发时,鼠标指针相对于浏览器窗口可视文档区域的垂直坐标
screenX	返回当某个事件被触发时,鼠标指针相对于显示器左上角的水平坐标
screenY	返回当某个事件被触发时,鼠标指针相对于显示器左上角的垂直坐标
offsetX	检查相对于触发事件的对象,鼠标相对于源元素左上角位置的水平坐标
offsetY	检查相对于触发事件的对象,鼠标相对于源元素左上角位置的垂直坐标
x	返回鼠标相对于 CSS 属性中有 position 属性的上级元素的 x 轴坐标。如果没有 CSS 属性中有 position 属性的上级元素,默认以 BODY 元素作为参考对象。如果事件触发后,鼠标移出窗口外,则返回的值为 -1
y	返回鼠标相对于 CSS 属性中有 position 属性的上级元素的 y 轴坐标。如果没有 CSS 属性中有 position 属性的上级元素,默认以 BODY 元素作为参考对象。如果事件触发后,鼠标移出窗口外,则返回的值为 -1
fromElement	检测 onmouseover 和 onmouseout 事件发生时,鼠标离开的元素
toElement	检测 onmouseover 和 onmouseout 事件发生时,鼠标进入的元素
relatedTarget	返回与事件的目标结点相关的结点
cancelBubble	设置或获取当前事件是否要在事件句柄中向上冒泡
srcElement	返回触发事件的元素
srcFilter	返回触发 onfilterchange 事件的滤镜

　　clientX/clientY:事件发生的时候,鼠标相对于浏览器窗口可视文档区域的左上角的位置(在 DOM 标准中,这两个属性值都不考虑文档的滚动情况,也就是说,无论文档滚动到哪里,只要事件发生在窗口左上角,clientX 和 clientY 都是 0,所以在 IE 中,要想得到事件发生的坐标相对于文档开头的位置,要加上 document. body. scrollLeft 和 document. body. scrollTop)。

offsetX,offsetY/layerX,layerY：事件发生时,鼠标相对于源元素左上角的位置。

x,y/pageX,pageY：检索相对于父要素鼠标水平坐标的整数。

screenX、screenY：鼠标指针相对于显示器左上角的位置,如果打开新的窗口,这两个属性很重要。

【例 6-11】　检查鼠标是否在链接上单击,并且如果 Shift 键被按下,就取消链接的跳转。在状态栏上显示鼠标的当前位置。

第 1 步,为项目 DomWebsite 添加一个 HTML 新项,命名为 Ex6-11. HTML,设置为起始页,添加如下代码：

```
< HTML >
< HEAD >
< TITLE > Cancels Links </TITLE >
< SCRIPT LANGUAGE = "JScript">
function cancelLink() {
if(window. event. srcElement. tagName == "A" && window. event. shiftKey)
window. event. returnValue = false;
}
</HEAD >
</SCRIPT >
< BODY onclick = "cancelLink()" onmousemove = "window. status = 'X = ' + window. event. x +' Y = '
 + window. event. y">
< a href = "http://www. baidu. com">我是超级链接</a >
</body >
</HTML >
```

第 2 步,运行程序,结果为：我是超级链接,单击后跳转至百度首页。

【例 6-12】　下面的代码片断演示了当在图片上单击(onclick)时,如果同时 Shift 键也被按下,就取消上层元素(body)上的事件 onclick 引发的 showSrc()函数。

第 1 步,为项目 DomWebsite 添加一个 HTML 新项,命名为 Ex6-12. HTML,设置为起始页,添加如下代码：

```
< HTML >
< head >
< SCRIPT LANGUAGE = "JScript">
function checkCancel() {
if (window. event. shiftKey)
window. event. cancelBubble = true;
}
function showSrc() {
if (window. event. srcElement. tagName == "IMG")
alert(window. event. srcElement. src);
}
</SCRIPT >
</head >
< BODY onclick = "showSrc()">
< IMG onclick = "checkCancel()" src = "images/jiao. gif">
</body >
</HTML >
```

第 2 步,运行程序,得到一个小图标。单击此图标,弹出如图 6-11 所示的对话框。

【例 6-13】 使用 srcElement 属性,判断鼠标单击了哪个元素。

第 1 步,为项目 DomWebsite 添加一个 HTML 新项,命名为 Ex6-13. HTML,设置为起始页,添加代码:

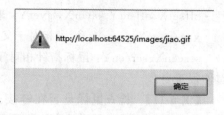

图 6-11　程序结果

```
<HTML>
<head>
<title>srcElement 演示</title>
</head>
<body bgcolor = #FFFFCC>
<UL ID = oUL onclick = "fnGetTags()" style = "cursor:hand">
<LI>Item 1
<UL>
<LI>Sub Item 1.1
<OL>
<LI>Super Sub Item 1.1
<LI>Super Sub Item 1.2
</OL>
<LI>Sub Item 1.2
<LI>Sub Item 1.3
</UL>
<LI>Item 2
<UL>
<LI>Sub Item 2.1
<LI>Sub Item 2.3
</UL>
<LI>Item 3
</UL>
<SCRIPT LANGUAGE = "JavaScript">
function fnGetTags(){
    var oWorkItem = event.srcElement;    //获取被鼠标单击了的对象
    alert(oWorkItem.innerText);
    }                                    //显示该对象包含的文本
</SCRIPT>
</body>
</HTML>
```

第 2 步,运行程序,得到如图 6-12 所示的结果,单击 Sub Item 1.1,得到如图 6-13 所示的结果。

- Item 1
    - Sub Item 1.1
        1. Super Sub Item 1.1
        2. Super Sub Item 1.2
    - Sub Item 1.2
    - Sub Item 1.3
- Item 2
    - Sub Item 2.1
    - Sub Item 2.3
- Item 3

图 6-12　程序结果

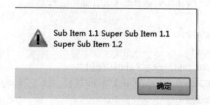

图 6-13　程序结果

6.2.6　document 对象

　　document 文档对象是浏览器对象的核心，主要作用是把基本的 HTML 元素作为对象封装起来，编程人员可以从脚本中对 HTML 页面中的所有元素进行访问，可以对 WWW 浏览器环境中的事件进行控制并处理。document 对象对实现 Web 页面信息交互起关键作用。document 对象是 window 对象的一部分，可通过 window. document 属性对其进行访问。document 对象集合见表 6-9。

表 6-9　document 对象集合

集　合	描　述
all[]	提供对文档中所有 HTML 元素的访问。all[]已经被 document 接口的标准的 getElementById()方法、getElementsByTagName()方法以及 document 对象的 getElementsByName()方法所取代。尽管如此，这个 all[]数组在已有的代码中仍然使用，使用方法如下： document. all[i] document. all[name] document. all. tags[tagname]
anchors[]	返回对文档中所有 anchor 对象的引用
applets	返回对文档中所有 applet 对象的引用
forms[]	返回对文档中所有 form 对象的引用 document. form s　　　　　　　　　//对应页面上的 form 标签 document. form s. length　　　　　　//对应页面上/form form 标签的个数 document. form s[0]　　　　　　　　//第 1 个/form form 标签 document. form s[i]　　　　　　　　//第 i－1 个/form form 标签 document. form s[i]. length　　　　　//第 i－1 个/form form 中的控件数 document. form s[i]. elements[j]　　//第 i－1 个/form form 中第 j－1 个控件 document. form s[i]. name　　　　　//对应 form name>属性 document. form s[i]. action　　　　　//对应/form form action>属性 document. form s[i]. encoding　　　//对应/form form encoding>属性 document. form s[i]. target　　　　　//对应/form form target>属性
images[]	返回对文档中所有 Image 对象的引用 document. images　　　　　　　//对应页面上的 img 标签 document. images. length　　　　//对应页面上 img 标签的个数 document. images[0]　.　　　　　//第 1 个 img 标签 document. images[i]　　　　　　//第 i－1 个 img 标签
links[]	返回对文档中所有 Area 和 link 对象的引用

　　【例 6-14】　anchors 对象集合的应用。

　　第 1 步，为项目 DomWebsite 添加一个 HTML 新项，命名为 Ex6-14. HTML，设置为起始页，添加如下代码：

```
< HTML >
< body >
< a name = "first">First anchor </a>< br />
< a name = "second">Second anchor </a>< br />
< a name = "third">Third anchor </a>< br />
```

```
< br />
Number of anchors in this document:
< script type = "text/javascript">
document.write(document.anchors.length)
</script>
</body>
</HTML>
```

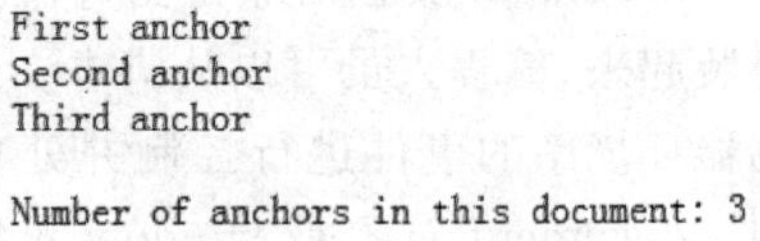

First anchor
Second anchor
Third anchor

Number of anchors in this document: 3

图 6-14   所示的结果

第 2 步,运行程序,得到如图 6-14 所示的结果。

【例 6-15】   forms 和 links 集合对象的应用。

第 1 步,为项目 DomWebsite 添加一个 HTML 新项,命名为 Ex6-15. HTML,设置为起始页,添加如下代码:

```
< HTML >
< body >
< form   name = "form1">
< a href = "http://www.dreamdu.com/xHTML/"   name = "a1"> xHTML </a >
</form  >
< form   name = "form2">
< a href = "http://www.dreamdu.com/CSS/"   name = "a2"> CSS </a >
</form  >
< form   name = "form3">
< a href = "http://www.dreamdu.com/javascript/" name = "a3"> javascript </a >
</form  >
< input type = "button" value = "显示第二个表单的名称" onclick = "alert (document.form s[1].
name)" />
< input type = "button" value = "显示第二个表单的名称第二种方法" onclick = "alert(document.
form s['form 2'].name)" />
< input type = "button" value = "显示第三个链接的名称" onclick = "alert(document.links[2].
name)" />
< input type = "button" value = "显示第三个链接 href 属性的值" onclick = "alert(document.links
[2].href)" />
</body >
</HTML >
```

第 2 步,运行程序,得到如图 6-15 所示的结果。

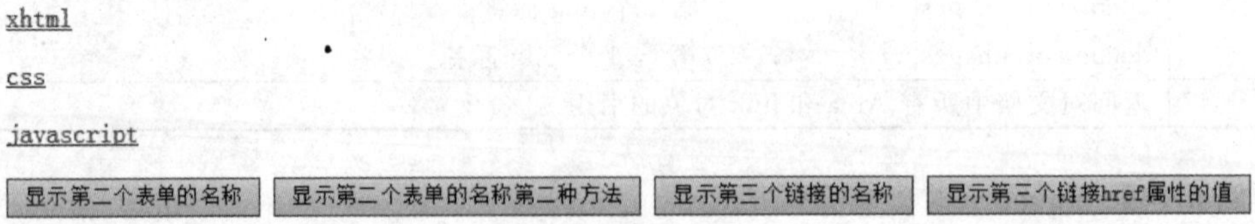

xhtml

css

javascript

| 显示第二个表单的名称 | 显示第二个表单的名称第二种方法 | 显示第三个链接的名称 | 显示第三个链接href属性的值 |

图 6-15   程序结果

document 对象属性见表 6-10。Cookie 是放在浏览器缓存中的一个文件,里面存放着各个参数名以及对应的参数值。Cookie 中的参数是以分号相隔的,如"name = 20;sex = male;color = red;expires = Sun May 27 22:04:25 UTC + 0800 2008"。用户在打开同一个网站时,通过链接方式可能打开了多个浏览器窗口,这些窗口间需要共享信息时,Cookie 就

可以完成这项工作。Cookie 存放的内容可以设置失效期限,既可以永久保留,也可以关闭
网站后删除,还可以在指定时间内失效,通过 expires 指定 Cookie 的失效日期,当没有失效
日期时,关闭浏览器即失效。将用户输入的参数保存到 Cookie 中,以后可以恢复显示。

表 6-10　document 对象属性

属　　性	描　　述

body	提供对< body >元素的直接访问,对于定义了框架集的文档,该属性引用最外层的< frameset >。
	document. body　　　　//指定文档主体的开始和结束等价于< body >…</body >
	document. body. bgColor　//设置或获取对象后面的背景颜色
	document. body. link　　　//未单击过的链接颜色
	document. body. alink　　//激活链接(焦点在此链接上)的颜色
	document. body. vlink　　//已点击过的链接颜色
	document. body. text　　　//文本色
	document. body. innerText　　　　//设置< body >…</body >之间的文本
	document. body. innerHTML　　　//设置< body >…</body >之间的 HTML 代码
	document. body. topMargin　　　//页面上边距
	document. body. leftMargin　　　//页面左边距
	document. body. rightMargin　　//页面右边距
	document. body. bottomMargin　//页面下边距
	document. body. background　　//背景图片
	document. body. appendChild(oTag)//向结点的子结点列表的末尾添加新的子结点,
	　　　　　　　　　　　　　　　　　//oTag 为新添加的结点

Cookie	设置或返回与当前文档有关的所有 Cookie。该属性是一个可读、可写的字符串,可使用该属性对当前文档的 Cookie 进行读取、创建、修改和删除操作
domain	返回当前文档的域名
lastModified	返回最后修改文档的日期和时间
referrer	返回载入当前文档的 URL
title	返回当前文档的标题
URL	返回当前文档的 URL

【例 6-16】　Cookie 的读写应用。

第 1 步,为项目 DomWebsite 添加一个 HTML 新项,命名为 Ex6-16. HTML,设置为起
始页,添加如下代码:

```
< HTML >
< HEAD >
< TITLE > First Document cookie </TITLE >
< script type = "text/javascript">
function getCookie(sName)        //从 cookie 中获取参数 name 的值
{  // Cookie 中的参数是以分号相隔的,如"name = 20;sex = male;color = red;"
  var aCookie = document.cookie.split("; ");
  for (var i = 0; i < aCookie.length; i++)
  { // 对存放在数组 aCookie 中的每一个"参数名 = 参数值"进行循环,找到要获取参数值的参数名
    var aCrumb = aCookie[i].split(" = ");
    if (sName == aCrumb[0])
```

```
        return unescape(aCrumb[1]); //如果找到,则返回参数值
    }
    return null;                    // Cookie 中请求的参数名不存在时,返回 null
}

// name—参数,value—参数值,expires—失效日期
//功能:将参数 name 的值 value 和失效日期 expires 写入一个 Cookie 中
function setCookie(name,value,expires){
    var expStr = ( (expires == null) ? "": ("; expires = " + expires) );
    window.document.cookie = name + " = " + escape(value) + expStr;
}
</script>
</HEAD>
< BODY bgcolor = #FFFFCC>
< Input id = "yourName" type = "text" value = "Tim">
< Input type = "button" value = "姓名保存到 Cookie" onclick = "setCookie('name',yourName.
value,'Sun May 27 22:04:25 UTC + 0800 2008');">
< Input id = "GetName" type = "text" value = "">
< Input type = "button" value = "从 Cookie 中得到姓名" onclick = "GetName.value = getCookie('name');">
</BODY>
</HTML>
```

第 2 步,运行程序,得到如图 6-16 所示的结果。

图 6-16 程序运行结果

document 对象方法见表 6-11。

表 6-11 document 对象方法

方　　法	描　　述
close()	关闭用 document.open()方法打开的输出流,并显示选定的数据
getElementById()	返回对拥有指定 id 的第一个对象的引用
getElementsByName()	返回带有指定名称的对象集合
getElementsByTagName()	返回带有指定标签名的对象集合
open()	打开一个流,以收集来自任何 document.write()或 document.writeln()方法的输出
write()	向文档写 HTML 表达式或 JavaScript 代码,在文档载入和解析的时候,它允许一个脚本向文档中插入动态生成的内容
writeln()	等同于 write()方法,不同的是,WriteIn()方法会在每个表达式之后写一个换行符

【例 6-17】　单击按钮,页面内容会被替换。查看网页源代码,依然是原来的。

第 1 步,为项目 DomWebsite 添加一个 HTML 新项,命名为 Ex6-17.HTML,设置为起始页,添加如下代码:

```
<HTML>
< head >
```

```
< script type = "text/javascript">
function createNewDoc()
{
    var new_doc = document.open("text/HTML","replace");
    var txt = "< HTML >< body >这是新的文档</body></HTML >";
    new_doc.write(txt);
    new_doc.close();
}
</script >
</head >
< body >
< button onclick = "createNewDoc()">单击写入新文档</button >
</body >
</HTML >
```

第 2 步,运行程序,出现"单击写入新文档"的按钮,单击此按钮,出现：这是新的文档。

6.3　基于 DOM 的 HTML 元素操作

在 HTML DOM 中,打开的浏览器窗口可看成 window 对象,浏览器显示页面的区域可看成 document 对象,各种 HTML 元素就是 document 的子对象。

6.3.1　访问根元素

DOM 把层次中的每一个对象都称为结点,就是一个层次结构,可以理解为一个树形结构,就像目录一样。一个根目录,根目录下有子目录,子目录下还有子目录。

有两种特殊的文档属性可用来访问根元素：document. documentElement,可返回存在于 XML 以及 HTML 文档中的文档根元素；document. body,对 HTML 页面的特殊扩展,提供了对< body >标签的直接访问。以 HTML 为例,整个文档的一个根就是,在 DOM 中可以使用 document. documentElement 来访问它,它就是整个结点树的根结点。而 body 是子结点,要访问到 body 标签,在脚本中应该写：document. body。也就是说,body 是 DOM 对象里的 body 子结点,即< body >标签；documentElement 是整个结点树的根结点 root,即< HTML>标签。

document . body 有以下几个重要属性：

document . body. clientWidth,网页可见区域宽；

document . body. clientHeight,网页可见区域高；

document . body. offsetWidth,网页可见区域宽,包括边线的宽；

document . body. offsetHeight,网页可见区域高,包括边线的高；

document . body. scrollWidth,网页正文全文宽；

document . body. scrollHeight,网页正文全文高；

document . body. scrollTop,设置或获取位于对象最顶端和窗口中可见内容的最顶端之间的距离；

document . body. scrollLeft,设置或获取位于对象左边界和窗口中目前可见内容的最左端之间的距离。

【例 6-18】 文档的根结点和 body 结点访问。

第 1 步,为项目 DomWebsite 添加一个 HTML 新项,命名为 Ex6-18. HTML,设置为起始页,添加如下代码:

```
< HTML xmlns = "http://www.w3.org/1999/xHTML">
< head >
< title > about the root node </title >
< script type = "text/javascript">
function shownode() {
// 根结点
    var oHTML = document.documentElement;
    alert("文档根结点的名称: " + oHTML.nodeName);
    alert("文档根结点的长度: " + oHTML.childNodes.length);
    // body 结点
    var obody = document.body;
    alert("body 是子结点的名称: " + obody.nodeName);
    alert("body 是子结点的长度: " + obody.childNodes.length);
    // head 结点
    var ohead = oHTML.childNodes[0];
    alert("head 子结点的下一个兄弟结点名称: " + ohead.nextSibling.nodeName);
    }
</script >
</head >
< body >
    < div id = "div1">第一个</div >
    < div id = "div2">第二个</div >
    < div >第三个< img src = "images/jiao.gif" /> </div >
    < div > 第四个< input id = "Button1" type = "button" value = "显示结点" onclick = "shownode
();"/></div >
</body >
</HTML >
```

第 2 步,运行程序,出现如图 6-17 所示的界面,单击"显示结点"按钮,分别出现:"文档根结点的名称:HTML""文档根结点的长度:3""body 是子结点的名称:BODY""body 是子结点的长度:9""head 子结点的下一个兄弟结点名称:♯text"。

图 6-17 程序界面

6.3.2 访问指定 ID 属性的元素

对 HTML 元素进行操控,必须为元素设置 ID 属性或 Name 属性。可以把某 HTML 元素的 ID 属性看成该控件的名称,DOM 中通过 ID 属性或 Name 属性来操控 HTML 元素。建议全部用 ID 属性,而不用 Name 属性。Name 属性只是为了兼容低版本浏览器。例如:

指定 ID 属性:< input id="myColor" type="text" value="red">

指定 Name 属性:< input name="myColor" type="text" value="red">

HTML DOM 中提供了统一访问 HTML 元素的方法,它们的格式如下:

```
window.document.all.item("HTML 元素的 ID")
```

例如：

```
window.document.all.item("myColor")
window.document.all.HTML 元素的 ID
```

例如：

```
window.document.all.myColor
window.document.getElementById("HTML 元素的 ID")
```

例如：

```
window.document.getElementById("myColor")
window.document.getElementName("HTML 元素的 Name 属性值")
```

例如：

```
window.document.getElementName("firstName")
window.document.all.namedItem("HTML 元素的 Id 或 Name 属性值")
```

例如：

```
window.document.all.namedItem("myColor")
window.document.getElementsByTagName("div")("HTML 标记名称")
```

例如：

```
window.document.getElementsByTagName("div")
```

getElementsByTagName 方法可实现当标记在没有定义 ID 或 Name 属性的情况下，仍然可以被访问。

```
window.document.getElementsByClassName(classname)
```

例如：

```
var x = document.getElementsByClassName("example color");
```

【例 6-19】　动态改变浏览器背景颜色和浏览器窗口标题。

第 1 步，为项目 DomWebsite 添加一个 HTML 新项，命名为 Ex6-19.HTML，设置为起始页，添加如下代码：

```
< HTML >
< head >< title > </title>
</head>
< body >
< input id = "myColor" type = "text" value = "red" >
< input id = "mybut1" type = "button" value = "改变页面背景颜色">
< input id = "myTitle" type = "text" value = "新的窗口标题" >
< input id = "mybut2" type = "button" value = "改变浏览器窗口标题">
< script language = "javascript">
 window.mybut1.onmousedown = function() {
    window.document.bgColor = window.myColor.value ;
   }
window.mybut2.onmousedown = function() {
```

```
    window.document.title = window.myTitle.value;
  }
</script>
</body>
</HTML>
```

第 2 步,运行程序,出现如图 6-18 所示的界面,单击"改变页面背景颜色"按钮,背景就变成红色,在新窗口中的标题文本框中输入内容,单击浏览器窗口标题,将显示新的标题名称。

| red | 改变页面背景颜色 | 新的窗口标题 | 改变浏览器窗口标题 |

图 6-18 程序界面

6.3.3 访问结点属性

JavaScript 对 HTML 元素对象进行访问,编程接口则是对象方法和对象属性。对象方法是能够执行的动作,如添加或修改元素。对象属性是能够获取或设置的值,如结点的名称或内容。

1) innerHTML 属性

innerHTML 属性用于设置或返回指定标签之间的 HTML 内容。innerHTML 属性对于获取或替换 HTML 元素的内容很有用。

【语法】

```
Object.innerHTML = "HTML";   // 设置
var HTML = Object.innerHTML; // 获取
```

2) nodeName 属性

nodeName 是只读的属性,规定结点的名称。元素结点的 nodeName 与标签名相同,属性结点的 nodeName 与属性名相同。文本结点的 nodeName 始终是 ♯ text,文档结点的 nodeName 始终是 ♯ document。

3) nodeValue 属性

nodeValue 属性规定结点的值。元素结点的 nodeValue 是 undefined 或 null,文本结点的 nodeValue 是文本本身,属性结点的 nodeValue 是属性值。

4) nodeType 属性

nodeType 属性返回结点的类型。nodeType 是只读的。比较重要的元素类型有元素、属性、文本、注释、文档,对应的结点类型分别为 1、2、3、8 和 9。

【例 6-20】 获取指定标签的 HTML 代码。

第 1 步,为项目 DomWebsite 添加一个 HTML 新项,命名为 Ex6-20. HTML,设置为起始页,添加如下代码:

```
<HTML>
<head>
<script type = "text/javascript">
    function getInnerHTML(){
    alert(document.getElementById("test").innerHTML);
```

```
        }
    </script>
</head>
<body>
<p id = "test">
    <font color = "#000">嗨豆壳 www.hi-docs.com</font>
</p>
<input type = "button" onclick = "getInnerHTML()" value = "点击">
</body>
</HTML>
```

第 2 步，运行程序，单击"点击"按钮，出现如图 6-19 所示的结果。

图 6-19　程序结果

【例 6-21】　设置段落 p 的 innerHTML(HTML 内容)。

第 1 步，为项目 DomWebsite 添加一个 HTML 新项，命名为 Ex6-21.HTML，设置为起始页，添加如下代码：

```
<HTML>
<head>
<script type = "text/javascript">
function setInnerHTML(){
    document.getElementById("test").innerHTML = "<strong>设置标签的HTML内容</strong>";
}
</script>
</head>
<body>
<p id = "test">
    <font color = "#000">嗨豆壳 www.hi-docs.com</font>
</p>
<input type = "button" onclick = "setInnerHTML()" value = "点击" />
</body>
</HTML>
```

第 2 步，运行程序，单击"点击"按钮，出现如图 6-20 所示的结果。

设置标签的HTML内容

图 6-20　程序结果

6.4 习　　题

1. 什么是 HTML 文档对象模型,它具有何功能?

2. 对比几种自动刷新页面方法。

3. 补充完整下面的代码,实现改变超链接的文本和 URL。把现有超级链接 myAnchor 的 href 改为 http://www.w3school.com.cn,target 改为_blank,链接的文字改为访问 W3School。

```
<HTML>
<head>
<script type = "text/javascript">

function changeLink()
{
        (1)
        (2)
        (3)
}
</script>
</head>
<body>
<a id = "myAnchor" href = "http://www.microsoft.com">访问 Microsoft</a>
<input type = "button" onclick = "changeLink()" value = "改变链接">
<p>在本例中,改变超链接的文本和 URL。也改变 target 属性。target 属性的默认设置是"_self",
这意味着会在相同的窗口中打开链接。通过把 target 属性设置为"_blank",链接将在新窗口中打
开。</p>
</body>
</HTML>
```

4. 使用 DOM 补充 whichButton 函数,实现判断是单击了鼠标的左键、右键,还是中键功能。

```
<HTML>
<head>
<script type = "text/javascript">
function whichButton(event)
{


}
</script>
</head>
<body onmousedown = "whichButton(event)">
<p>请在文档中单击鼠标。一个消息框会提示单击了哪个鼠标按键。</p>
</body>
</HTML>
```

5. 使用 DOM 补充 createOrder()函数,实现如图 6-21 所示的功能:判断一个表单中的

若干个复选框 checkbox 的情况,在文本框 order 中显示结果。

你喜欢怎么喝咖啡?

☐加奶油
☑加糖块

[发送订单]

[_____]

图 6-21 运行结果

```
< HTML >
< head >
< script type = "text/javascript">
function createOrder()
{


}
</script >
</head >
< body >
<p>你喜欢怎么喝咖啡?</p>
< form >
< input type = "checkbox" name = "coffee" value = "奶油">加奶油< br />
< input type = "checkbox" name = "coffee" value = "糖块">加糖块< br />
< br />
< input type = "button" onclick = "createOrder()" value = "发送订单">
< br /><br />
< input type = "text" id = "order" size = "50">
</form >
</body >
</HTML >
```

图 6-22 删除表格行
效果

6. 使用 DOM 补充 deleteRow()函数,实现如图 6-22 所示的功能。

```
< HTML >
< head >
< script type = "text/javascript">
function deleteRow(r)
  {
  var i = r. parentNode. parentNode. rowIndex
    (1)
  }
</script >
</head >
< body >

< table id = "myTable" border = "1">
< tr >
```

```
    < td > Row 1 </td >
    < td >
      (2)
</td >
</tr >
< tr >
    < td > Row 2 </td >
  (3)
</td >
</tr >
< tr >
    < td > Row 3 </td >
  (4)
</td >
</tr >
</table >
</body >
</HTML >
```

## 第7章

PHP 编程

7.1　PHP 的环境配置与安装

PHP 是 PHP Hypertext Preprocessor 的首字母缩略词，是一种被广泛使用的开源脚本语言，可供免费下载和使用，其官方资源下载地址为 www.php.net。官方的 PHP 网站（PHP.net）提供了 PHP 的安装说明：http://php.net/manual/zh/install.php。PHP 主要用在 3 个领域。

1. 服务器端脚本

PHP 是传统服务器端脚本语言，特别适合动态网页，是 PHP 的最主要目标领域。PHP支持集成了数据库接口，如 MySQL，适合建立简单的小型个人网站到复杂的大型网站。

与 HTML 通过加载页面分析网页内容的工作方式不同，PHP 通过服务器进行预处理文档，所有 PHP 文档代码在发送给访问者之前需要服务器处理。开展这项工作需要具备以下 3 个模块：PHP 解析器（CGI 或者服务器模块）、Web 服务器和 Web 浏览器。需要在运行 Web 服务器时，安装并配置 PHP，然后可以用 Web 浏览器访问 PHP 程序的输出，即浏览服务端的 PHP 页面。

2. 命令行脚本

可以编写一段 PHP 脚本，并且不需要任何服务器或者浏览器来运行它。通过这种方式，仅仅只需要 PHP 解析器来执行。这种用法对于依赖 cron（UNIX 或者 Linux 环境）或者Task Scheduler（Windows 环境）的日常运行的脚本来说，是理想的选择。这些脚本也可以用来处理简单的文本。

3. 桌面应用程序

对于图形界面的桌面应用程序，PHP 或许不是最好的语言，但是如果用户非常精通PHP，并且希望在客户端应用程序中使用 PHP 的一些高级特性，可以利用 PHP-GTK 来编写这些程序。

7.1.1　PHP 手工安装

1. PHP 下载

从 http://windows.php.net/download/ 页面下载 PHP 的 zip 二进制发行包，不需要额外的安装，只需解压到指定的目录，如 C:\php-5.3.28。PHP 有多个版本，根据 Web 服务器选择合适的版本：如果是 IIS Web 服务器，则选择 PHP 5.3 VC9 Non Thread Safe 或者VC6 Non Thread Safe；如果是 IIS 7.0 Web 服务器或更高版本以及 PHP 5.3＋，则应选择VC9 的包。需要注意到是，VC9 版本是用 Visual Studio 2008 编译的，并且在性能和稳定性上都有所提高。VC9 版本需要用户系统中安装有 Microsoft 2008 C++Runtime（x86）或者 Microsoft 2008 C++Runtime（x64）组件。

在下载的 php-5.3.28 VC9 Non Thread Safe 版本中，主要文件夹和文件有：文件夹 Dev 中有非线程安全版本的 php5.lib 文件，文件夹 ext 中有 PHP 扩展库的 DLL 文件目录，extras 为空。文件 php-cgi.exe 是 CGI 可执行文件，php-win.exe 是无窗口执行脚本的可执行文件，php.exe 是 PHP 命令行可执行文件，php.ini-development 是默认的 php.ini 设置文件，php.ini-production 为推荐的 php.ini 设置文件。

2. 配置

在解压的根目录下找到 php.ini-development，复制一份，重命名为 php.ini。使用记事本或其他文本编辑软件打开，行前面有"；"的表示注释说明，搜索定位 register_globals＝Off，如图 7-1 所示。register_globals 默认是 Off，表示关闭此全局变量；也可设置为 On，表示打开全局变量。区别在于，如果这个值设为 Off，就只能用"＄_POST['变量名']"、＄_GET['变量名']"等来取得送过来的值；如果设为 On，就可以直接使用"＄变量名"来获取送过来的值。设为 Off 就比较安全，不会让人轻易将网页间传送的数据截取，因此建议不要打开。设为 On 主要是为了使用方便。

```
; Whether or not to register the EGPCS variables as global variables.  You may
; want to turn this off if you don't want to clutter your scripts' global scope
; with user data.
; You should do your best to write your scripts so that they do not require
; register_globals to be on;  Using form variables as globals can easily lead
; to possible security problems, if the code is not very well thought of.
; http://php.net/register-globals
register_globals = Off
```

图 7-1　PHP.ini 文件的全局变量配置

搜索定位 extension_dir 如图 7-2 所示，修改 PHP 模块的目录。如果没有指定这些模块文件的位置，则启动 Apache 或 IIS Web 服务器的时候会提示"找不到指定模块"的错误。

```
; Directory in which the loadable extensions (modules) reside.
; http://php.net/extension-dir
; extension_dir = "./"
; On windows:
; extension_dir = "ext"

; Whether or not to enable the dl() function.  The dl() function does NOT work
; properly in multithreaded servers, such as IIS or Zeus, and is automatically
; disabled on them.
; http://php.net/enable-dl
enable_dl = Off
```

图 7-2　PHP.ini 文件中的 PHP 目录指定

如果 PHP 目录为 C:\php-5.3.28-zip，则配置 extension_dir＝"C:\php-5.3.28-zip\ext"，配置后的结果如图 7-3 所示。

```
; Directory in which the loadable extensions (modules) reside.
; http://php.net/extension-dir
; extension_dir = "./"
; On windows:
extension_dir = "C:\php-5.3.28-zip\ext"

; Whether or not to enable the dl() function.  The dl() function does NOT work
; properly in multithreaded servers, such as IIS or Zeus, and is automatically
; disabled on them.
; http://php.net/enable-dl
enable_dl = Off
```

图 7-3　PHP.ini 文件中的 PHP 目录指定结果

为了使 PHP 能够调用其他模块,搜索定位"extension＝",找到如图 7-4 所示的模块加载处。去除选项前的分号,则打开此模块。加载的模块越多,占用的资源就会稍微多些,但可以忽略。所有模块都放在 php 解压目录下的 ext 目录中,可以根据需要启用。

```
,
;extension=php_bz2.dll
;extension=php_curl.dll
;extension=php_fileinfo.dll
;extension=php_gd2.dll
;extension=php_gettext.dll
;extension=php_gmp.dll
;extension=php_intl.dll
;extension=php_imap.dll
;extension=php_interbase.dll
;extension=php_ldap.dll
;extension=php_mbstring.dll
;extension=php_exif.dll        ; Must be after mbstring as it depends on it
;extension=php_mysql.dll
;extension=php_mysqli.dll
;extension=php_oci8.dll        ; Use with Oracle 10gR2 Instant Client
;extension=php_oci8_11g.dll    ; Use with Oracle 11gR2 Instant Client
;extension=php_openssl.dll
;extension=php_pdo_firebird.dll
;extension=php_pdo_mssql.dll
;extension=php_pdo_mysql.dll
;extension=php_pdo_oci.dll
;extension=php_pdo_odbc.dll
;extension=php_pdo_pgsql.dll
;extension=php_pdo_sqlite.dll
;extension=php_pgsql.dll
;extension=php_pspell.dll
;extension=php_shmop.dll
```

图 7-4　PHP.ini 文件的 extension 模块调用

如果需要启用数据库管理软件 MySQL 的支持,则搜索定位到下列语句:

```
;extension = php_gd2.dll
;extension = php_mbstring.dll
;extension = php_mysql.dll
;extension = php_openssl.dll
;extension = php_pdo_mssql.dll
```

去除前面的";"就可以了。

7.1.2　Apache 的 Web 服务器配置 PHP

1. Apache 安装与配置

从官网 http://httpd.apache.org/download.cgi 下载 Apache,出现如图 7-5 所示的 Apache HTTP Server 2.0.65 的安装向导界面,单击 Next 按钮,一直到达图 7-6 所示界面,在 Network Domain 文本框中填入域名,在 Server Name 文本框中填入服务器名称,在 Administrator's Email Address 文本框中填入系统管理员的电子邮件地址,上述 3 条信息仅供参考,其中电子邮件地址会在当系统故障时提供给访问者,3 条信息均可任意填写,甚至无效的信息也行。

下面有两个选择:图片上选择的是为系统的所有用户安装,使用默认的 80 端口,并作为系统服务自动启动;另外一个是仅为当前用户安装,使用端口 8080,手动启动。

单击 Next 按钮,选择安装类型,Typical 为默认安装,Custom 为用户自定义安装,选择 Custom 有更多可选项。单击 Next 按钮然后选择安装位置,一直单击 Next 按钮,直到安装完成。

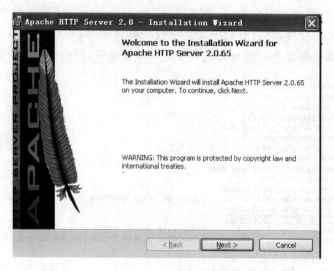

图 7-5   Apache 安装向导

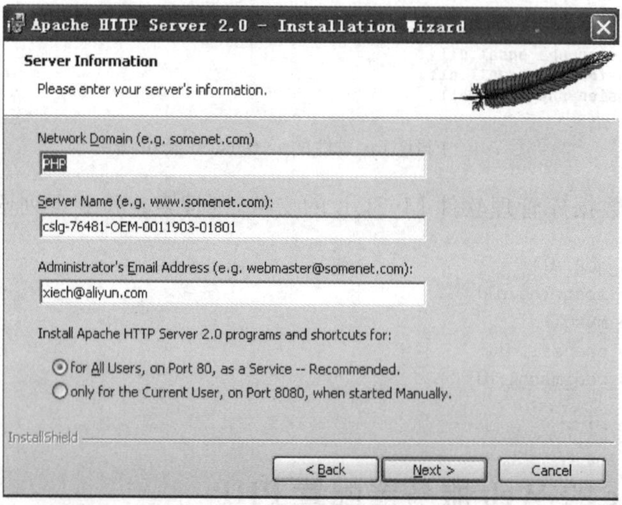

图 7-6   Apache 系统信息设置

为了检查端口是否被占,在 Windows 系统中,选择"开始→运行"命令,输入 cmd,在 Dos 界面下输入命令:netstat-nao,得到如图 7-7 所示的结果,从中可以查看端口是否被占用或占用的进程号 PID。

一般最常见的错误是端口有冲突,Apache 默认的端口是 80,如果端口 80 被另一个程序(如 IIS)占用了,就会出现无法启动的情况。此时可以通过下列步骤修改为其他端口:

步骤 1,在 Apache 安装目录的 conf 目录下找到 httpd. conf 文件(如 d:\Apache\conf\httpd. conf),用记事本软件打开。或单击"开始->程序-> Apache HTTP Server 2. 0. 65-> Configure Apache Server-> Edit the Apache httpd. conf Configuration File"打开一个 Apache 的配置文件。

步骤 2,找到 Listen80 语句,紧接着 Listen 的数字就是端口号,可以改为没有使用过的端口号,如 Listen 8888,修改后如图 7-8 所示。

```
C:\Documents and Settings\xch>netstat -nao

Active Connections

  Proto  Local Address          Foreign Address        State          PID
  TCP    0.0.0.0:80             0.0.0.0:0              LISTENING      2468
  TCP    0.0.0.0:135            0.0.0.0:0              LISTENING      844
  TCP    0.0.0.0:443            0.0.0.0:0              LISTENING      2468
  TCP    0.0.0.0:445            0.0.0.0:0              LISTENING      4
  TCP    0.0.0.0:1870           0.0.0.0:0              LISTENING      2468
  TCP    0.0.0.0:2869           0.0.0.0:0              LISTENING      1136
  TCP    127.0.0.1:1027         127.0.0.1:5354         ESTABLISHED    1712
  TCP    127.0.0.1:1029         127.0.0.1:27015        ESTABLISHED    1380
  TCP    127.0.0.1:1051         0.0.0.0:0              LISTENING      1096
  TCP    127.0.0.1:5037         0.0.0.0:0              LISTENING      5668
  TCP    127.0.0.1:5354         0.0.0.0:0              LISTENING      1808
  TCP    127.0.0.1:5354         127.0.0.1:1027         ESTABLISHED    1808
  TCP    127.0.0.1:27015        0.0.0.0:0              LISTENING      1712
  TCP    127.0.0.1:27015        127.0.0.1:1029         ESTABLISHED    1712
```

图 7-7　端口使用命名查询结果

```
# Change this to Listen on specific IP addresses as shown below to
# prevent Apache from glomming onto all bound IP addresses (0.0.0.0)
#
#Listen 12.34.56.78:8888
Listen 8888


#
# Dynamic Shared Object (DSO) Support
#
```

图 7-8　Apache 端口地址修改

步骤 3,重新启动 Apache,使新的配置生效。可以使用右下角状态栏中的 Apache Service Monitor 启动 Apache,如图 7-9 所示。

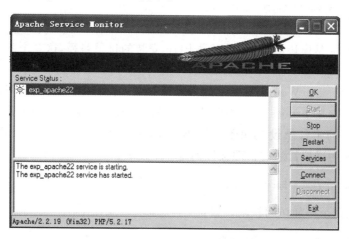

图 7-9　Apache Service Monitor 控制界面

任务栏右下角的 Apache 监视图标变绿灯,表示正确配置和运行了。为了测试其他是否在工作,打开 IE 浏览器,在地址栏上输入 http://localhost:8888/,如果能看到如图 7-10 所示的界面,则说明 Apache 已经工作正常了。

2. Apache 连接 PHP 配置

如果使用 Apache 1 或 Apache 2 作为 Web 服务器,则需要选择比较旧的版本 PHP 5.3 VC6,不能选用 PHP VC9 版本,且需要使用线程安全(Thread Safe,TS)版本,否则在 PHP

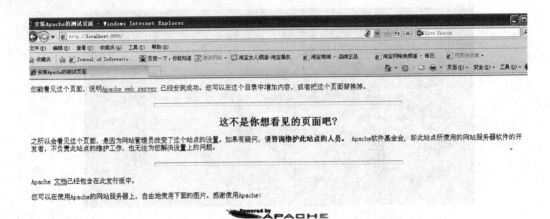

图 7-10　Apache 测试结果

安装目录里没有 php5apache2_2.dll。下载 PHP 5.3 VC6 x86 Thread Safe 版本,解压到指定的路径,如 c:\ php-5.3.28-apache 后,PHP 的配置与 7.1.1 节相同。

当 Apache 和 PHP 都成功安装后,需要修改 Apache 的配置文件,以便 Apache 能找到 PHP 编译解释的 DLL 文件。打开 Apache2 的配置文件(http.conf),在这个文件中搜索定位 LoadModule,其后面是一串路径,这些都是 Apache 默认要加载的模块。在这些加载模块的后面加上下面两条语句:

```
addType application/x - httpd - php .php
LoadModule php5_module C:/php - 5.3.28 - apache /php5apache2.dll
```

其中,php5_module 是模块的名称,后面是 PHP 安装的目录路径,这 3 个字串之间是用空格符分隔的。

为了验证在 ApacheWeb 服务器上能否运行 PHP 网页,把文件 D:\PHP-Server\index.php 复制到 Apache 的 htdocs 文件夹中,即 C:\Apache\Apache2\htdocs 目录中。

Apache 默认的主目录设置如图 7-11 所示,如果需要添加虚拟目录 D:/PHP-Server/apache,则需要先为虚拟目录的物理文件创建一个别名:

```
Alias /apache "D:/PHP - Server/apache"
```

然后为虚拟目录添加访问权限设置:

```
< Directory "D:/PHP - Server/apache">
    Options Indexes MultiViews
    AllowOverride None
    Order allow,deny
    Allow from all
</Directory >
```

配置后的结果如图 7-12 所示,在文件夹 D:/PHP-Server/apache 中复制 index.php 文件,然后在 IE 浏览器中输入 http://localhost:8888/apache/可以验证是否配置正确。

```
#
# This should be changed to whatever you set DocumentRoot to.
#
<Directory "C:/Apache/Apache2/htdocs">
```

图 7-11 Apache 主目录

```
#<Directory "C:/WinNT/profiles/*/My Documents/My Website">
#    AllowOverride FileInfo AuthConfig Limit
#    Options MultiViews Indexes SymLinksIfOwnerMatch IncludesNoExec
#    <Limit GET POST OPTIONS PROPFIND>
#        Order allow,deny
#        Allow from all
#    </Limit>
#    <LimitExcept GET POST OPTIONS PROPFIND>
#        Order deny,allow
#        Deny from all
#    </LimitExcept>
# </Directory>

Alias /apache "D:/PHP-Server/apache"
<Directory "D:/PHP-Server/apache">
    Options Indexes MultiViews
    AllowOverride None
    Order allow,deny
    Allow from all
</Directory>
```

图 7-12 Apache 2.0 添加虚拟目录

7.1.3 PHP 集成开发环境

目前为此,开发机器具备了 PHP 程序运行所有的条件,下一步就是选择如何书写 PHP 脚本。尽管 PHP 是纯脚本的语言,可以使用基本的记事本或文本编辑等工具,但是专业的开发工具和集成的开发环境具有更多的优势。PHP 集成开发工具有很多,这里简单介绍一下 Eclipse、PHPEdit、ZendStudio 和 NetBeans。

1. Eclipse

在 Eclipse 开发平台中有两个插件支持 PHP。第一个 PHP 集成开发环境是 EclipseFoundation 项目,这意味着它在 Eclipse 许可范围内发布,并使用 EclipseFoundation 工具和方法开发。 另一个是 PHPeclipse,它是独立开发的。因为使用 Eclipse,所以这两个插件都可以在三大操作系统(Windows、Linux 和 MacOSX)中运行。可以只下载这两个插件(如果已经使用 Eclipse),或者下载包含所需要的全部内容的 pre-fab 版本。这两个插件都支持核心 IDE 特性。特别是代码智能特性,它十分强大,可以在需要的时候弹出并显示所有需要的类、方法和参数信息。

2. PHPEdit

来自 WaterProofSoftware 的 PHPEdit 感觉像是应用于 PHP 的 Microsoftmsdev 环境——这是一件不错的事情。PHPEdit 是仅用于 Windows 的 IDE,很容易设置。它甚至还有 PHP 的版本。

3. ZendStudio

Zend——PHP 幕后的精英团队。它运行于 Windows、MacOSX 和 Linux 三大系统。

而且绝对能够提供所需要的一切,如 PHPv4、PHPv5 等。作为 IDE,ZendStudio 是最好的。它提供所有想在内置库和定制代码中拥有的代码智能特性。它还有非常好的调试功能,而且极易设置。要把代码放到存储库(repository)中,ZendStudio 会连接到 CVS 和 Subversion。要把代码放到服务器上,有集成 FTP 可以使用。

4. NetBeans

NetBeans 包括开源的开发环境和应用平台,NetBeans IDE 可以使开发人员利用 Java 平台快速创建 Web、企业、桌面以及移动的应用程序,NetBeans IDE 已经支持 PHP、Ruby、JavaScript、Groovy、Grails 和 C/C++等开发语言。相对 zend studio 来说,NetBeans 对硬件的要求没那么高,打开速度也比较快。此外,NetBeans 具有跨平台(Windows、MacOS、Linux 平台都可用),且开源免费,还集成了 SVN(SubVersion)和 CVS(Concurrent Version System)等功能。本书采用的是 NetBeans+ Apache 的集成开发环境,配置步骤如下:

第 1 步,打开 NetBeans IDE,选择"文件->新建项目"菜单命令,得到如图 7-13 所示的"新建项目"对话框。

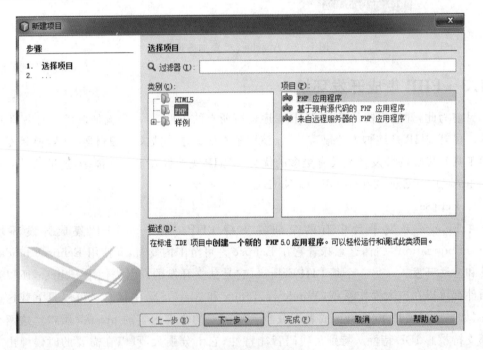

图 7-13 "新建项目"对话框

第 2 步,单击"下一步"按钮,得到如图 7-14 所示的"新建 PHP 项目"对话框,如图 7-15 所示的源文件夹指的是 Apache 服务器的文档文件夹,根据 Apache 的 httpd.conf 文件中的文档目录设置,如图 7-16 所示。

第 3 步,单击"下一步"按钮,进入"运行配置选项",如图 7-17 所示。项目 URL 的 Web 服务器根据 Apache 的 httpd.conf 的端口配置,索引文件为项目的启动文件。

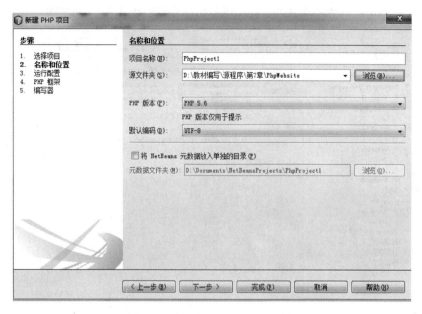

图 7-14　"新建 PHP 项目"对话框

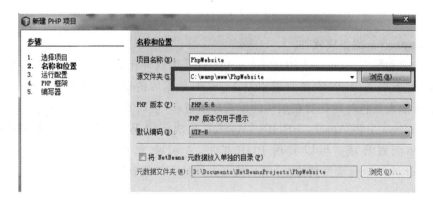

图 7-15　项目名称和位置的设置

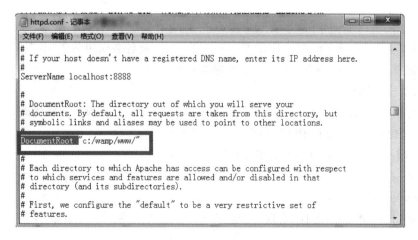

图 7-16　Apache 的文档位置

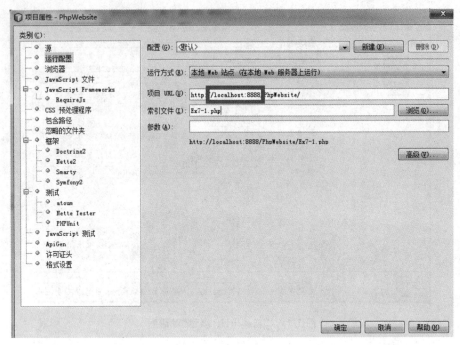

图 7-17 运行配置选项

5. wampserver 的集成软件

手动安装和配置 Apache＋PHP＋MySQL 这 3 个软件比较麻烦,可以使用法国人开发的 ApacheWeb 服务器、PHP 解释器以及 MySQL 数据库的整合软件包 WampServer,这样就免去了开发人员将时间花费在烦琐的配置环境过程,从而腾出更多精力去做开发。

在 Windows 下将 Apache＋PHP＋MySQL 集成环境 WampServer,拥有简单的图形、菜单安装和配置环境。可以实现 PHP 扩展、Apache 模块的开启/关闭等配置功能。WampServer 软件是完全免费的,可以从其官方网站下载最新版本。

7.2 PHP 语法

PHP 脚本与 JavaScript 脚本看起来差不多,但也有些重要的区别。PHP 脚本要求每行以“;”结束,但是 JavaScript 脚本不需要。每个 PHP 变量名必须用前缀“＄”符号。变量不需要提前定义,也没有 JavaScript 一样的关键词进行声明。

1. PHP 文档结构

PHP 脚本或内嵌于 HTML 文档中,或是单独的一个文档。将 PHP 代码包含在标签 <? PHP ? >之间,就可以将 PHP 代码嵌入到文档中。

【例 7-1】 在 PHP 页面中显示字符串“hello,world;”。

第 1 步,在 NetBeans 中建立项目 PhpWebsite,源文件保存在 Apache 的根目录 C:\wamp\www\PhpWebsite 下。

第 2 步,右击源文件,选择“新建-> php 页面”命令,命名为 Ex7-1.php,添加代码如下:

```
<HTML>
```

```
<head>
    <title>PHP example 1</title>
    <Meta ="utf-8" />
</head>
<body> ·
<?php
print "hello,world"
?>
</body>
</HTML>
```

尽管内容上与 HTML 文件接近,但是保存文件类型必须是 php,如果保存为 HTML,则看不到结果,且 PHP 对文件名也是区分大小写的,保存为 ex001.php 和 Ex001.php 是两个不同的文件。

PHP 脚本可以保存在不同的文件中,可以将文件名作为参数传给 include 命令,把存储于文件中的内容引入到当前的文件中,被包含的内容可以是标记、客户端脚本和 PHP 代码,但必须作为标签<?php?>的内容。

【例 7-2】　文件 Ex7-2.php 通过 include 命令把存在于 Ex7-2.ini 文件中的内容导入到 Ex7-2.php 中。

第 1 步,在 PhpWebsite 项目中添加新 INI 文件,如图 7-18 所示。

图 7-18　添加 INI 文件

第 2 步,在 Ex7-2.ini 文件中添加代码:

```
<?php
    print "hello,world";
    ?>
```

第 3 步,在 PhpWebsite 项目中添加新 PHP 文件 Ex7-2.php,并设置为索引文件。

第 4 步,在 Ex7-2.php 中添加代码:

```php
<?php
    include("Ex7 - 2.ini");
     ?>
```

第 5 步,运行程序,得到结果:

```
hello,world
```

为了与其他软件,如 Microsoft Front Page 兼容,PHP 也支持使用 HTML 的< script >标签。如:

```
< script language = "php">
        echo 'This is some text';
    </script>
```

但是,为了避免与 JavaScript 混淆,一般不鼓励使用< script >,且上述内容要保存在 PHP 文档中。

2. PHP 变量名

PHP 所有的变量名必须以"$"开头,后面可以是字母或下画线再加上任意个字母、数字或下画线,但要注意区分大小写。

虽然 PHP 的变量名区分大小写,但是保留的关键字和函数的名称是不区分大小写的,如 while,While,WHILE,whiLe 是一样的。PHP 的保留关键字见表 7-1 所示。

表 7-1　PHP 的保留关键字

保留字	and	else	global	require	virtual	break	elseif	if
保留字	return	xor	case	extends	include	static	while	class
保留字	false	list	switch	continue	for	new	this	default
保留字	foreach	not	true	do	function	or	var	

3. PHP 注释

PHP 有 3 种注释方式,单行注释以 # 或//开始;多行注释用/ ** /。

【例 7-3】　实现单行和多行的 PHP 文档。

第 1 步,在 PhpWebsite 项目中添加新 PHP 文件 Ex7-3.php,并设置为索引文件。

第 2 步,在 Ex7-3.php 中添加代码:

```html
<! DOCTYPE HTML >
< HTML >
    < head >
        < Meta charset = "UTF - 8">
        < title ></title>
    </head>
    < body >
        <?php
```

```
    // 这是单行注释
      print "// 这是单行注释";
    ♯ 这也是单行注释
       print " ♯ 这也是单行注释";
    /*
    这是多行注释块
    它横跨了
    多行
    */
      print "/* 可以是多行注释 */";

    ?>
  </body>
</HTML>
```

第 3 步,运行程序,得到结果:

//这是单行注释♯这也是单行注释/* 可以是多行注释 */

7.3　基本数据类型和表达式

7.3.1　常量和变量

PHP 中的常量分为自定义常量和系统常量。自定义常量需要使用 PHP 函数进行定义。系统常量可以直接拿来使用。下面来看这两种常量在使用上有什么不同。

1. 自定义常量

自定义常量必须用函数 define()定义,定义后其值不能再改变,使用时直接用常量名,不能像变量一样在前面加 $。

2. 系统常量

系统常量,如 FILE 表示 php 程序文件名,LINE 表示 PHP 程序文件行数, PHP_VERSION 表示当前解析器的版本号,PHP_OS 表示执行当前 PHP 版本的操作系统名称,这些系统常数可以直接使用。

【例 7-4】　自定义常量 PI 和字符串。

第 1 步,在 PhpWebsite 项目中添加新 PHP 文件 Ex7-4. php,并设置为索引文件。

第 2 步,在 Ex7-4. php 中添加代码:

```
<HTML>
<head>
    <Meta charset = "UTF - 8">
    <title></title>
</head>
<body>
    <?php
    header("Content - type: text/HTML; charset = utf - 8");    //定义字符集
    define("PI",3.14);                                          //定义一个常量
     $R = 3;                                                     //定义一个变量
```

```
        $ area = PI * $ R * $ R;                          //计算圆的面积
        echo $ area;
        define("URL","http://www.jb51.net");
        echo "我的网址是: ".URL;
        echo PHP_OS;                                      //查看执行当前 PHP 版本的操
                                                              作系统名称

        echo PHP_VERSION ;                                //查看当前 PHP 版本号
        ?>
</body>
</HTML>
```

第 3 步,运行程序,得到结果:

```
28.26
我的网址是: http://www.jb51.net
WINNT5.2.9 - 2
```

变量是用于识别一个系统内存值的关键词,可以想象为存储数据的容器。一旦数据被存储在一个变量中,变量可以被改变。因为 PHP 动态地定义类型,所以没有类型声明语句,变量的类型可以随时在赋值时定义。

```
$ R = 3;        // 定义一个变量,但没有声明其具体的数据类型
```

变量的命名规则:

所有的变量名必须以美元符号($)开始。

美元符号后面的第一个字母必须是字母(A~Z,a~z)或下画线(_),不能是数字。

变量名其余部分可以包含任何数量的字母、数字和下画线。

变量名不能出现空格。

变量名必须唯一。

变量名区分大小写。

有效的变量名,如 $ first_name, $ person, $ a1, $ _server。无效的变量名,如 $ first name, $ 1a, $ person. name, first_name。

PHP 的变量是临时的,它们只能存在于一个脚本的执行期间,当脚本的最后一个 PHP 标签被执行后,这些变量就不存在了。当用户单击一个链接或提交一个表单,获得一个新的页面,这些变量就不存在了。

没有被赋值的变量有时也称为未绑定的变量,值为 NULL,这是 NULL 类型的唯一取值。如果未绑定的变量用在表达式中,NULL 会根据上下文被强制转换为某种类型的一个值。如果上下文是一个数字,NULL 就会转换为 0;如果上下文是一个字符串,NULL 就转换为空字符串。可以用 IsSet 函数来测试一个变量当前是否拥有一个值,该函数用变量的名称作为参数,并返回一个布尔值。例如,如果 $ fruit 当前的值非空(即不是 NULL),则 IsSet($ fruit)返回 True 值,否则返回 False。一个被赋了值的变量会一直保持该值,直到它被赋上新值或被 unset 函数设置为未赋值状态。

如果想报告未绑定的变量被引用的情况,可使用 15 作为参数值来调用 error_reporting 函数,即 error_reporting(15)。在文档文件中需要将该调用语句放在脚本开头。默认的错误报告级别为 7,即 error_reporting(7),这意味着解释器将不会报告未绑定变量的使用

情况。

PHP 中有许多预定义变量，其常见的预定义变量如下：

$ GLOBALS：引用全局作用域中可用的全部变量。

$ _SERVER：服务器和执行环境信息。

$ _GET：HTTP GET 变量。

$ _POST：HTTP POST 变量。

$ _FILES：HTTP 文件上传变量。

$ _REQUEST：HTTP Request 变量。

$ _SESSION：Session 变量。

$ _ENV：环境变量。

$ _COOKIE：HTTP Cookies。

$ php_errormsg：前一个错误信息。

$ HTTP_RAW_POST_DATA：原生 POST 数据。

$ http_response_header：HTTP 响应头。

$ argc：传递给脚本的参数数目。

$ argv：传递给脚本的参数数组。

可以使用函数 print_r()显示变量值。

【例 7-5】　使用预定义变量 $ _SERVER 显示服务器的基本信息。

第 1 步，在 PhpWebsite 项目中添加新 PHP 文件 Ex7-5.php，并设置为索引文件。

第 2 步，在 Ex7-5.php 中添加代码：

```
<? php
  Print_r( $ _SERVER);
?>
```

第 3 步，运行程序，结果如下：

```
Array ( [HTTP_ACCEPT] = > text/HTML, application/xHTML + xml, * / *
[HTTP_ACCEPT_LANGUAGE] = > zh - CN [HTTP_USER_AGENT] = > Mozilla/5.0 (Windows NT 6.1; Trident/
7.0; rv:11.0) like Gecko
[HTTP_ACCEPT_ENCODING] = > gzip, deflate
[HTTP_HOST] = > localhost:8888
[HTTP_CONNECTION] = > Keep - Alive
[HTTP_COOKIE] = > id = 234
[PATH] = > C:\Program Files\Windows Kits\8.1\Windows Perform ance Toolkit\;C:\Program Files\
Microsoft SQL Server\110\Tools\Binn\;
[SystemRoot] = > C:\Windows [COMSPEC] = > C:\Windows\system32\cmd.exe
[PATHEXT] = > .COM;.EXE;.BAT;.CMD;.VBS;.VBE;.JS;.JSE;.WSF;.WSH;.MSC
[WINDIR] = > C:\Windows
[SERVER_SIGNATURE] = >
[SERVER_SOFTWARE] = > Apache/2.2.22 (Win32) PHP/5.3.13 [SERVER_NAME] = > localhost
[SERVER_ADDR] = > 127.0.0.1
[SERVER_PORT] = > 8888
[REMOTE_ADDR] = > 127.0.0.1
[DOCUMENT_ROOT] = > C:/wamp/www/
```

```
[SERVER_ADMIN] => admin@localhost
[SCRIPT_FILENAME] => C:/wamp/www/PhpWebsite/Ex7-5.php
[REMOTE_PORT] => 28841
[GATEWAY_INTERFACE] => CGI/1.1
[SERVER_PROTOCOL] => HTTP/1.1
[REQUEST_METHOD] => GET
[QUERY_STRING] =>
[REQUEST_URI] => /PhpWebsite/Ex7-5.php
[SCRIPT_NAME] => /PhpWebsite/Ex7-5.php
[PHP_SELF] => /PhpWebsite/Ex7-5.php
[REQUEST_TIME] => 1500709775 )
```

7.3.2 基本数据类型

PHP 有 4 种标量类型、两种复合类型和两种特殊类型。标量类型有布尔型、整型、双精度型和字符串型；复合类型有数组和对象；特殊类型是资源（resource）和 NULL。

1. 整数类型

PHP 只有一个整数类型，叫做 integer。这种类型与 C 语言及其后继语言中的 long 类型是一样的，它的大小等于运行程序的那台计算机的字大小，如 32 位或 64 位。因为 PHP 是一个松散类型的语言，没有必要先声明一个变量是整数类型。但是，如果认为有必要，可以明确（int）转换。如

```
$ f00 = 27 ;              // 一个整数外面没有括号，都意味着是整数
$ bar = ( int ) "3 - peat";  // 结果为 3
$ baz = ( int ) "seven";   // 结果为 0
$ bat = ( int ) "ten 4";   // 结果为 0
```

2. 双精度类型

PHP 的双精度类型与 C 语言及其后继语言中的 double 类型是一样的。双精度数可以包含一个小数点、一个指数或者两者皆有。指数通常的格式为一个字母 E 或 e，后面可以跟一个有符号整数。小数点前面或者后面不一定要有数字，如 .345 和 345. 都是合法的双精度数。

3. 字符串类型

PHP 中的字符是单个字节，不支持 Unicode。PHP 中没有字符类型。单个字符就是一个长度为 1 的字符串表。字符串字面量可以用单引号（''）或双引号（""）包起来表示，字符串的长度只受具体计算机的可用内存的限制。

在单引号字符串字面量中，转义字符（如\n）没有特殊含义，并且内嵌变量在输出时不会用变量的值来代替（这种替代称为插值）。用单引号是 PHP 表示字符串的最简单的方式，不会扩展特殊的字符或变量，只会把它们以文本的方式显示在浏览器上。

【例 7-6】 单引号的实例。

第 1 步，在 PhpWebsite 项目中添加新 PHP 文件 Ex7-6.php，并设置为索引文件。

第 2 步，在 Ex7-6.php 中添加代码：

```
< HTML >
    < head >
```

```
        < Meta charset = "UTF - 8">
        < title ></title >
    </head >
    < body >
    <?php
    // The < br /> 在浏览器中画一条直线,以增加可读性
    echo 'This is a string. < br />';
    echo 'This is a string
    with line breaks. < br />';
    // 用\输出单引号中的特殊字符,如新起一行(\n)
    echo 'This is a string \n with a newline character. < br />';
    echo 'This string\'s got an apostrophe. < br />';
    // 如果不是为了转义特殊字符,反斜线没有必要加转义符
    echo 'This string has a backslash (\) in it. < br />';
    echo 'This string has an escaped backslash (\\) in it. < br />';
    // 单引号内的变量不会展开
    echo 'This $ variable will not be expanded. < br />';
    ?>
    </body >
</HTML >
```

第 3 步,运行程序,结果如下:

```
This is a string.
This is a string with line breaks.
This is a string \n with a newline character.
This string's got an apostrophe.
This string has a backslash (\) in it.
This string has an escaped backslash (\) in it.
This $ variable will not be expanded.
```

在双引号字符串字面量中可以识别转义字符,并且会用当前值替换内嵌的变量。如果想使双引号字符串字面量中含有的变量名不被数值替换,可在第一个字符(即美元符号)的前面加一个转义字符(\)。如果双引号字符串字面量中包含的变量名对应的变量的值为空,则该变量名用空字符串替换。

双引号引用的字符串可以包含内嵌的换行符(由键盘上的 Enter 键创建),这样的字符与在字符串中加入\n 的结果完全一致。

【例 7-7】　双引号的实例。

第 1 步,在 PhpWebsite 项目中添加新 PHP 文件 Ex7-7. php,并设置为索引文件。

第 2 步,在 Ex7-7. php 中添加代码:

```
< HTML >
    < head >
        < Meta charset = "UTF - 8">
        < title ></title >
    </head >
    < body >
        <?php
        echo "This is a string. < br />";
```

```
        echo "This is a string
        that spans
        multiple lines. < br />";
        // 在双引号里撇号不需要转义
        echo "This string's got an apostrophe. < br />";
        // 显示双引号需要转义
        echo "This string says,\"I need escaping!\" < br />";
        // 可以解释新起一行的字符
        echo "This string has \n newline \n characters. < br />";
        // 如果没有特殊字符跟在反斜杠后面,则直接输出反斜杠
        echo "This string contains a backslash (\). < br />";
        // 变量如果不用转义字符跳脱,就会展开
        $ variable = "word";
        echo "This string uses a $ variable. < br />";
        // 用 word 代替了 $ variable
        echo "This string escapes the \ $ variable. < br />";
        // 添加\后,显示 $ variable
        ?>
    </body>
</HTML>
```

第 3 步,运行程序,结果如下:

```
This is a string.
This is a string that spans multiple lines.
This string's got an apostrophe.
This string says,"I need escaping!"
This string has newline characters.
This string contains a backslash (\).
This string uses a word.
This string escapes the $ variable.
```

字符串之间的连接,可以使用符号".",如

```
<?php
$ foo = "This is a " . "string.";
echo $ foo;
?>
```

输出结果如下:

```
This is a string.
```

除数组和对象类型以外的变量,也可以通过"."连接。

【例 7-8】 字符串之间的连接运算。

第 1 步,在 PhpWebsite 项目中添加新 PHP 文件 Ex7-8. php,并设置为索引文件。

第 2 步,在 Ex7-8. php 中添加代码:

```
< HTML >
    < head >
        < Meta charset = "UTF − 8">
        < title ></title>
```

```
</head>
<body>
<?php
 $ foo = " This is a ";
 $ bar = "string.";
echo $ foo. $ bar;
?>
</body>
</HTML>
```

第 3 步,运行程序,输出结果如下:

```
This is a string.
```

4. 布尔类型

布尔类型只有两种可能值：True 和 False,并且是不区分大小写的。虽然布尔数据类型与整型数据类型的意义是一样的,但布尔类型的上下文中可以使用其他类型的表达式。如果要在布尔上下文中使用一个非布尔类型的表达式,显然程序员需要知道该表达式会被解释成何种含义。如果在布尔类型的上下文中使用整型表达式,则 0 被求值成 False,其他值被求值为 True。如果在布尔类型的上下文中使用字符串表达式,则空字符串或字符串"0"被求值成 False,其他值被求值为 True。这就意味着字符串"0.0"会被求值为 True。

解释为 False 的唯一的双精度值是 0.0。由于会出现舍入偏差,以及字符串"0.0"会被求值成 True 的情况,因此不提倡在布尔类型的上下文中使用双精度的表达式。有些值可能非常接近零,但由于它不等于零,所以会被求值为 True。

7.3.3　类型转换

PHP 包含了显示和隐示的类型转换。隐示类型转换属于强制转换,上下文引起表达式值类型的强制转换。允许转换的 PHP 数据类型有:

(int)、(integer)：转换成整型。

(float)、(double)、(real)：转换成浮点型。

(string)：转换成字符串。

(bool)、(boolean)：转换成布尔类型。

(array)：转换成数组。

(object)：转换成对象。

出现在字符串类型上下文的数值类型会被强制转换为字符串类型,而出现在数值上下文的字符串类型会被强制转换为数值类型。如果字符串中含有一个句号、e 或 E,则转换为双精度,否则转换为整数。如果字符串的第一个字符不是正负标志或数字,则转换失败,返回零。字符串中的数字后面的非数字会被忽略掉。从双精度转换为整数,不会进行四舍五入,直接将小数部分丢掉。

PHP 数据类型有 3 种显示的类型转换方式。

第一种方式,在要转换的变量之前加上用括号括起来的目标类型。

【例 7-9】 基于括号的强制类型转换方式。

第 1 步,在 PhpWebsite 项目中添加新 PHP 文件 Ex7-9. php,并设置为索引文件。

第 2 步,在 Ex7-9. php 中添加代码:

```
< HTML >
    < head >
        < Meta charset = "UTF - 8">
        < title ></title >
    </head >
    < body >
        <?php
        $ num1 = 3.14;
        $ num2 = (int) $ num1;
        $ a = var_dump( $ num1);        //输出 float(3.14)
        $ b = var_dump( $ num2);        //输出 int(3)
         echo $ a;
         echo $ b;
        ?>
    </body >
</HTML >
```

第 3 步,运行程序,输出结果如下:

```
float 3.14
int 3
```

其中,函数 var_dump() 的语法为

```
void var_dump ( mixed expression [,mixed expression [, … ]] )
```

函数 var_dump() 用于判断一个变量的类型与长度,并输出变量的数值,如果变量有值,则输入的是变量的值,并返回数据类型。此函数显示关于一个或多个表达式的结构信息,包括表达式的类型与值。数组将递归展开值,通过缩进显示其结构。

echo 是 PHP 语句,print 和 print_r 是函数,语句没有返回值,函数可以有返回值(即便没有用)。print 只能打印出简单类型变量的值(如 int,string)。print_r 可以打印出复杂类型变量的值(如数组,对象)。

第二种转换方式,使用 intval(),floatval() 或 strval() 函数指定显示类型转换。

【例 7-10】 基于函数的强制类型转换方法。

第 1 步,在 PhpWebsite 项目中添加新 PHP 文件 Ex7-10. php,并设置为索引文件。

第 2 步,在 Ex7-10. php 中添加代码:

```
< HTML >
    < head >
        < Meta charset = "UTF - 8">
        < title ></title >
    </head >
    < body >
        <?php
        $ str = "123.9abc";
        $ int = intval( $ str);        //转换后数值: 123
```

```
        $ float = floatval( $ str);      //转换后数值：123.9
        $ str = strval( $ float);        //转换后字符串："123.9"
        echo $ int,"< br/>", $ float,"< br/>", $ str;
        ?>
    </body >
</HTML >
```

第 3 步,运行程序,输出结果如下：

```
123
123.9
123.9
```

第三种使用通用类型转换函数 settype()。语法为

```
settype(mixed var,string type)
```

第一个参数 var 为需要转换的变量,第二个参数 type 为指定的类型。本函数用来配置或转换变量类型。成功返回 True 值,其他情形返回 False 值。

【例 7-11】 基于通用类型转换函数的强制类型转换方法。

第 1 步,在 PhpWebsite 项目中添加新 PHP 文件 Ex7-11.php,并设置为索引文件。

第 2 步,在 Ex7-11.php 中添加代码：

```
< HTML >
    < head >
        < Meta charset = "UTF - 8">
        < title ></title >
    </head >
    < body >
        <?php
        $ num4 = 12.8;
        $ flg = settype( $ num4,"int");
        $ a = var_dump( $ flg);         //输出 bool(true)
        $ b = var_dump( $ num4);        //输出 int(12)
        echo $ num4, $ flg;
        print "< br/> $ num4, $ flg < br/>";
        print_r( $ flg);
        ?>
    </body >
</HTML >
```

第 3 步,运行程序,输出结果如下：

```
boolean true
int 12
121
12,1
1
```

要确定一个变量的类型,有两种方法：第一种方法是使用 gettype()函数,其语法为

```
string gettype(mixed var);
```

本函数用来取得变量的类型。返回的类型字符串可能为下列字符串之一：integer、double、string、array、object、unknown type。

另一种确定类型的方法是使用一个或多个类型判断函数，这些函数以变量名为参数并返回一个布尔值。判断整数类型有 is_int()，is_integer() 和 is_long()；判断双精度的函数有 is_double()，is_float() 和 is_real()；判断布尔类型的函数为 is_bool()；判断字符串类型的函数为 is_string()。

7.3.4 算术运算和关系运算

算术运算包括加（＋）、减（－）、乘（＊）、除（/）、求余数（％）、自增（＋＋）、自减（－－）等。例如：

－$a，取反运算，表示 $a 的负值。

$a ＋ $b，加法运算，表示 $a 和 $b 的和。

$a － $b，减法运算，表示 $a 和 $b 的差。

$a ＊ $b，乘法运算，表示 $a 和 $b 的积。

$a / $b，除法运算，表示 $a 除以 $b 的商。

$a ％ $b，取模运算，表示 $a 除以 $b 的余数。

$a＝20;

$a＋＋;　　// 21

$a－－;　　// 20

除法运算符总是返回浮点数。只有下列情况例外：两个操作数都是整数（或字符串转换成的整数）并且正好能整除，这时它返回一个整数。

取模运算符的操作数在运算前都会转换成整数（除去小数部分）。

取模运算符％的结果和被除数的符号（正负号）相同，即 $a ％ $b 的结果和 $a 的符号相同。

【例 7-12】 正负号的被除数和除数取模运算。

第 1 步，在 PhpWebsite 项目中添加新 PHP 文件 Ex7-12.php，并设置为索引文件。

第 2 步，在 Ex7-12.php 中添加代码：

```
< HTML >
    < head >
        < Meta charset = "UTF - 8">
        < title ></title >
    </head >
    < body >
        <?php
        echo (5 % 3)."\n";       // prints 2
        echo (5 % - 3)."\n";     // prints 2
        echo (- 5 % 3)."\n";     // prints - 2
        echo (- 5 % - 3)."\n";   // prints - 2
        ?>
    </body >
</HTML >
```

第 3 步，运行程序，输出结果如下：

2 2 - 2 - 2

PHP 采用了 JavaScript 的 8 种关系运算符。常用的 6 种(>、<、>＝、<＝、!＝和＝＝)与平常的用法一样。另外,还有＝＝＝和!＝＝,其中,＝＝＝运算符只有当操作数是同一种类型并且值相等时,结果才为 True,!＝＝与＝＝＝相反。

如果前 6 种关系运算符的操作数的类型不相同,将会把一种类型强制转换为另一种类型。

如果对一个字符串和一个数值进行比较,并且该字符串可以转换为某个数值(也就是说,它是数值形式的字符串,如"42"),那么,该字符串就会转换为数值,并执行数值比较操作。

如果该字符串不能转换成数值,就把数值操作数转换成字符串,并执行字符串比较操作。

如果两个操作数都是可以转换为数值的字符串,那么两者都会转换为数值并执行数值比较操作。

有时这并不是想要的结果,为了避免这种情况以及类似的字符串与数值之间的转换问题,在需要比较其中一个操作数或两个操作数都可以转换为数值的字符串操作数时,可以使用 strcmp 函数代替运算符。

7.4 PHP 主要语句

7.4.1 赋值语句

给变量赋值时,可以忽略其类型,使用等号(＝)给变量赋值。如

```
$ number = 1;
$ string1 = "Hello,world";
```

PHP 也提供算术运算符和赋值运算符的组合,如＋＝、－＝、*＝、/＝等。

```
$ num += 5;        // $ num = $ num + 5;
$ tax/ = 100;
```

赋值语句就是 PHP 变量存储了一个值,假设在一个叫做 zval 的地方,zval 结构包含了变量的类型、值和两个附加信位元信息。

第一个位叫做 is_ref,是一个布尔值,标识了这个变量是不是一个引用类型,通过这个位元,PHP 引擎了解了这个变量是普通类型的变量,还是引用类型的变量。PHP 可以通过地址符号(&)操作让用户获得一个引用。一个 zval 容器则通过一个叫做引用技术的机制来优化内存的占用。

附加的第二个位是 refcount,包含了有多少变量名(这里叫做 symbols)指向这个 zval 容器。PHP 的所有变量符号保存在一个叫做符号表的地方,并且保存每一个变量的周期和范围。范围包括完整的周期,或者每一个函数或方法内部。

当一个变量通过一个常量值建立的时候,一个 zval 容器被建立。例如:

```
<?php
  $ a = 'new string';
?>
```

在上例中,一个新的符号名 a 被建立在当前范围内(作用域),并且建立了一个类型为 string,值为 new string 的新的变量容器,这时因为目前还没有一个用户建立的引用指向它,所以 is_ref 默认为 False,refcount 被设置为 1,表示只有一个符号被用于这个变量容器。注意,如果 refcount 为 1,则 is_ref 永远为 False。 如果使用 xdebug,则可以查看相应信息。

```php
<?php
   xdebug_debug_zval('a');
?>
```

输出结果如下:

a: (refcount = 1, is_ref = 0) = 'new string'

赋值给其他变量名,将增加引用计数。

```php
<?php
 $ a = 'new string';
 $ b = $ a;
xdebug_debug_zval('a');
?>
```

输出结果:

a:(refcount = 2, is_ref = 0) = 'new string'

这里 refcount 为 2,因为同一个变量容器连接到了符号"a"和"b"。当 refcount 变为 0 的时候,变量容器将被摧毁,当连接到变量容器的变量符号离开作用域(如函数结束)或者在符号表上调用 unset()的时候,refcount 将会减少 1。

【例 7-13】 变量容器的使用。

第 1 步,在 PhpWebsite 项目中添加新 PHP 文件 Ex7-13. php,并设置为索引文件。

第 2 步,在 Ex7-13. php 中添加代码:

```html
< HTML >
    < head >
        < Meta charset = "UTF - 8">
        < title ></title >
    </head >
    < body >
        <?php
        $ a = 'new string';
        $ c = $ b = $ a;
        xdebug_debug_zval('a');
        unset( $ b, $ c);
        xdebug_debug_zval('a');
        ?>
    </body >
</HTML >
```

第 3 步,运行程序,输出结果如下:

```
a: (refcount = 3, is_ref = 0), string 'new string' (length = 10)
a: (refcount = 1, is_ref = 0), string 'new string' (length = 10)
```

如果现在调用"unset(a);",则变量容器(包括内部的值和类型),将会从内存中移出。

7.4.2　输入输出语句

PHP 有 3 种输出语句,深刻理解这几种输出方式非常重要。

1. print()语句

print()语句是最直接的输出语句,其语句语法为

```
int print(string $ arg)
```

该语句接收一个字符串输出到浏览器上,返回一个整数值,通常为 1。

2. echo()语句

echo()语句是 PHP 最常使用的输出语句,与 print()的区别在于,可以接受多个参数。其语句语法为

```
void echo(string $ arg1 [,string $ …])
```

echo()语句接收的多个参数用逗号隔开,所有参数在浏览器上顺序输出,返回结果为void。因为 echo()还是语言结构,所以括号可以省略。如

```php
<?php
echo "Hello""World";
?>
```

3. printf()语句

printf()语句可以产生更好的输出,用于定义数据的格式,尤其是在输出数字的时候特别有用。

【语法】

```
int printf(string $ form at[,mixed $ args [,mixed $ …]])
```

一个函数接受混合类型的参数,意味着可以接受几个参数类型。一般地,除了数组和对象外的数据类型都可以。第一个参数中可以包含占位字符串:%s 表示字符串;%d 表示参数为整数,并输出为一个有符号的十进制数;%f 表示参数为一个浮点数,并输出为一个有符号的十进制数。

【例 7-14】　输出语句。

第 1 步,在 PhpWebsite 项目中添加新 PHP 文件 Ex7-14. php,并设置为索引文件。

第 2 步,在 Ex7-14. php 中添加代码:

```html
<HTML>
    <head>
        <Meta charset = "UTF - 8">
        <title></title>
    </head>
    <body>
        <?php
```

```
        $ s1 = 2.44;
        $ s2 = 3.41;
        $ total = $ s1 + $ s2;
        Printf ("Hello World, % s","Welcome to here");
        printf('the total cost is % .2f', $ total);
        ?>
    </body>
</HTML>
```

第 3 步,运行程序,输出结果如下:

Hello World,Welcome to herethe total cost is 5.85

7.4.3 选择语句

PHP 中的 if 语句,控制表达式可以是一个任意类型的表达式,但它的值会强制转换为布尔值。被控制的语句段可以是单一语句,也可以是复合语句。一个 if 语句可以包含任意数量的 elseif 子句。下面是 if 结构的一个简单示例:

```
If ( $ num > 0)
    $ pos_count++;
elseif ( $ num < 0)
    $ neg_count++;
else {
    $ zero_count++;
    print "Another zero! < br/>";
}
```

switch 语句与 JavaScript 中的 switch 语句采用相同的形式和语义。控制表达式和 case 表达式的类型可以是整型、双精度或者字符串。如有必要,case 表达式的值可以强制转换成控制表达式的类型,以便进行比较。switch 语句中可以包含 default 项。与 C 和 Java 等语言相同,如果控制不进入后面的语句,则每个选择项中必须包括一条 break 语句。下面是 switch 结构的简单示例:

```
switch ( $ bordersize) {
    case "0": print "< table >";
            break;
    case "1": print "< table border = '1'>";
            break;
    case "4": print "< table border = '4'>";
            break;
    case "8": print "< table border = '8'>";
            break;
    default: print "Error - invalid value: $ bordersize < br />";
}
```

7.4.4 循环语句

PHP 中的 while、for 和 do-while 语句与 JavaScript 中的用法完全相同,还包含 foreach 语句。

【例 7-15】　输入一个数,计算其阶乘。

第 1 步,在 PhpWebsite 项目中添加新 PHP 文件 Ex7-15.php,并设置为索引文件。

第 2 步,在 Ex7-15.php 中添加代码:

```
< HTML >
    < head >
        < Meta charset = "UTF - 8">
        < title ></title >
    </head >
    < body >
        < form action = "" method = "post">
        输入一个数
        < input type = "text" name = "num" size = "20"/>
        < input type = "submit" value = "提交"/>
        </form >
        <?php
        $ count = 1;
        $ fact = 1;
        $ n = 0;
    if( isset( $ _POST['num'])&& $ _POST['num']!= '')
    {
        $ n = $ _POST['num'];
        While ( $ count < $ n)
          {
            $ count = $ count + 1;
            $ fact = $ count * $ fact;
          }
        echo $ fact;
    }
        ?>
    </body >
</HTML >
```

第 3 步,运行程序,在文本框中输入 4,输出结果如下:

24

用 for 语句计算阶乘的算法。

```
for ( $ count = 1, $ fact = 1; $ count < $ n;) {
  $ count++;
  $ fact * = count;
}
```

【例 7-16】　计算小于等于 100 的正整数之和。

第 1 步,在 PhpWebsite 项目中添加新 PHP 文件 Ex7-16.php,并设置为索引文件。

第 2 步,在 Ex7-16.php 中添加代码:

```
< HTML >
    < head >
        < Meta charset = "UTF - 8">
```

```
      <title></title>
   </head>
   <body>
      <?php
       $ count = 1;
       $ sum = 0;
       do {
          $ sum += $ count;
          $ count++;
       } while ( $ count <= 100);
       echo $ sum;
       ?>
   </body>
</HTML>
```

第 3 步,运行程序,输出结果如下:

5050

break 语句可用来终止 for、foreach、while 或 do-while 结构的执行。continue 语句用在循环结构中来跳过当前迭代的剩余部分,但还需回到循环条件判断是否执行下一次循环。

【例 7-17】 混合使用 HTML 和 PHP,展示了 HTML/PHP 文档格式,以及一些简单的数学函数的用法。

第 1 步,在 PhpWebsite 项目中添加新 PHP 文件 Ex7-17.php,并设置为索引文件。

第 2 步,在 Ex7-17.php 中添加代码:

```
<!DOCTYPE HTML>
<!-- powers.php
     An example to illustrate loops and arithmetic
     -->
<HTML lang = "en">
  <head>
    <title> powers.php </title>
    <Meta charset = "utf-8" />
    <style type = "text/CSS">
      td,th,table {border: thin solid black;}
    </style>
  </head>
  <body>
    <table>
      <caption> Powers table </caption>
      <tr>
        <th> Number </th>
        <th> Square Root </th>
        <th> Square </th>
        <th> Cube </th>
        <th> Quad </th>
      </tr>
      <?php
        for ( $ number = 1; $ number <= 10; $ number++) {
```

```
          $ root  =  sqrt ( $ number);
          $ square  =  pow ( $ number, 2);
          $ cube  =  pow ( $ number, 3);
          $ quad  =  pow ( $ number, 4);
          print ("< tr align  =  'center'> < td> $ number </td>");
          print ("< td> $ root </td> < td> $ square
</td>");
          print ("< td> $ cube </td> < td> $ quad </
td> </tr>");
       }
    ?>
  </table>
 </body>
</HTML>
```

第 3 步,运行程序,输出结果如图 7-19 所示。

Powers table

Number	Square Root	Square	Cube	Quad
1	1	1	1	1
2	1.4142135623731	4	8	16
3	1.7320508075689	9	27	81
4	2	16	64	256
5	2.2360679774998	25	125	625
6	2.4494897427832	36	216	1296
7	2.6457513110646	49	343	2401
8	2.8284271247462	64	512	4096
9	3	81	729	6561
10	3.1622776601684	100	1000	10000

图 7-19　运行结果

7.5　数　　组

数值和字符串都是只有单独的元素,而数组是同种类型变量组成的多个数值的集合。使用数组,可以多元素的集合进行添加新元素、排序和搜索等功能。数组同其他单元素变量一样,也需要有名称,且命名规则相同。数组的每个元素都对应一个索引(index),数组的值可以通过索引用,且索引可以是数值或字符串。

7.5.1　数组的创建

创建数组的正式方法是使用 array()函数,如

$ list = array('apple', 'watermelon', 'orange');

数组的索引默认从 0 开始,$ list 中 apple,watermelon,orange 的索引分别为 0,1,2。如果需要改变默认的序号,可以在 array()函数中用符号"=>"赋予索引值,如

$ list = array(1 =>'apple', 2 =>'watermelon', 3 =>'orange');

索引值除了使用数字,还可以用更有意义的字符串定义,如

$ list = array('ap' =>'apple', 'wa' =>'watermelon', 'or' =>'orange');

如果使用 array()函数定义数组索引,可以指定第一个元素的索引,其他元素的索引将延续第一个元素的索引值,如

$ list = array(1 =>'apple', 'watermelon', 'orange');

现在,watermelon 和 orange 的索引分别为 2 和 3。

【例 7-18】　创建一个索引从 0 开始的数组 $ a,创建一个索引从 1 开始的数组 $ b,创建一个用字符串作为索引的数组 $ c,并显示它们的值。

第 1 步,在 PhpWebsite 项目中添加新 PHP 文件 Ex7-18.php,并设置为索引文件。

第 2 步,在 Ex7-18.php 中添加代码:

```
<HTML>
    <head>
        <Meta charset = "UTF - 8">
        <title></title>
    </head>
    <body>
        <?php
         $ a = array('apple', 'watermelon', 'orange');
         print "<p> $ a </p>";
         print_r( $ a);          // print_r 可以显示任何变量的内容和结构

         $ b = array(1 = >'apple', 2 = >'watermelon', 3 = >'orange');
         print "<p> $ b </p>";
         print_r( $ b);

         $ c = array('ap' = >'apple', 'wa' = >'watermelon', 'or' = >'orange');
         print "<p> $ c </p>";
         print_r( $ c);
         ?>
    </body>
</HTML>
```

第 3 步,运行程序,得到如图 7-20 所示的结果。

Array

Array ([0] => apple [1] => watermelon [2] => orange)

Array

Array ([1] => apple [2] => watermelon [3] => orange)

Array

Array ([ap] => apple [wa] => watermelon [or] => orange)

图 7-20   运行结果

7.5.2   数组访问

从数组中检索特定的元素,只能通过索引访问。如果索引是数字,则直接访问,如

```
print "the first element of array a is $ list['ap']";
```

为了解决这个问题,可以用"{ }"符号将整个数组括起来,如

```
print "the first element of array a is { $ list['ap']}";
```

如果索引是字符串,需要用引号,但必须调整引号的使用,否则会与 print 语法冲突,如

```
Print "<p> I want some $ a[</p>";
```

访问数组的所有元素,最快捷的方式是使用 foreach 循环语句,如

```
foreach( $ list as $ k = > $ v)
{
    print "< p > the key is $ k,and the value is $ v </p >";
}
```

如果只需要访问一个数组的值,而不是它的键,可以使用 foreach 循环语句,如

```
foreach( $ list as $ v )
{
    print "< p > the value is $ v </p >";
}
```

【例 7-19】　数组遍历实例。

第 1 步,在 PhpWebsite 项目中添加新 PHP 文件 Ex7-19. php,并设置为索引文件。

第 2 步,在 Ex7-19. php 中添加代码:

```
< HTML >
    < head >
        < Meta charset = "UTF - 8">
        < title ></title >
    </head >
    < body >
        <?php
        $ a = array(1,2,3,17);
        foreach ( $ a as $ v)
        {
            echo "Current value of ". $ a.":".  $ v."< br />";
            }
        $ str = array('apple','watermelon','orange');
        foreach( $ str as $ k = > $ v)
        {
         print "< p > the key is $ k,and the value is $ v </p >";
        }
        ?>
    </body >
</HTML >
```

第 3 步,运行程序,结果如下:

```
Current value of Array:1
Current value of Array:2
Current value of Array:3
Current value of Array:17
the key is 0,and the value is apple
the key is 1,and the value is watermelon
the key is 2,and the value is orange
```

7.5.3　数组常见操作

1. 添加元素操作

在 PHP 创建一个数组后,可以使用"="符号向这个数组中添加新的元素,可以同时为所添加的元素添加索引或不添加索引,但都需要将数组用"[]"符号引用,如

```
$ list[] = 'pear';
$ list[] = 'pea';
```

如果不使用"[]"符号,则添加的值将会代替这个数组,如

```
$ list = 'pear';
```

如果指定了索引,那么它的值将被指定为相应的位置,任何已经存在的值都会被覆盖,如

```
$ list[3] = 'pear';
$ list[4] = 'pea';
```

如果索引是字符串,需要指定新添加元素的索引,否则可能会出现奇怪的字符。

【例 7-20】 先创建一个数组 $a,然后向 $a 中添加 2 个元素,并显示添加元素的前后信息。

第 1 步,在 PhpWebsite 项目中添加新 PHP 文件 Ex7-20.php,并设置为索引文件。

第 2 步,在 Ex7-20.php 中添加代码:

```
< HTML >
    < head >
        < Meta charset = "UTF – 8">
        < title ></ title >
    </ head >
    < body >
        <?php
        $ a = array('apple','watermelon','orange');
        $ count1 = count( $ a);
        Print "< p > array a has $ count1 elements </ p >";
        print "< p > $ a </ p >";
        print_r( $ a);
        $ a[ ] = 'pear';
        $ a[ ] = 'pea';
        $ count2 = count( $ a);
        Print "< p > array a has $ count2 elements </ p >";
        print "< p > $ a </ p >";
        print_r( $ a);
        ?>
    </ body >
</ HTML >
```

第 3 步,运行程序,结果如下:

```
array a has 3 elements
Array
Array ( [0] => apple [1] => watermelon [2] => orange )
array a has 5 elements
Array
Array ( [0] => apple [1] => watermelon [2] => orange [3] => pear [4] => pea )
```

2. 合并数组

array_merge()函数将数组合并到一起,返回一个联合的数组。所得到的数组从第一个输入数组参数开始,按后面数组参数出现的顺序依次追加。其形式为

```
array array_merge (array1,array2, …,arrayN)
```

这个函数将一个或多个数组的单元合并起来,一个数组中的值附加在前一个数组的后面,返回作为结果的数组。

如果输入的数组中有相同的字符串键名,则该键名后面的值将覆盖前一个值。然而,如果数组包含数字键名,后面的值将不会覆盖原来的值,而是附加到后面。

如果只给了一个数组并且该数组是数字索引的,则键名会以连续方式重新索引。

【例 7-21】 合并两个数组,并显示结果。

第 1 步,在 PhpWebsite 项目中添加新 PHP 文件 Ex7-21.php,并设置为索引文件。

第 2 步,在 Ex7-21.php 中添加代码:

```
< HTML >
    < head >
        < Meta charset = "UTF - 8">
        < title ></title >
    </head >
    < body >
        <?php
        $ fruits = array("apple","banana","pear");
        $ numbered = array("1","2","3");
        $ cards = array_merge( $ fruits, $ numbered);
        print_r( $ cards);
        ?>
    </body >
</HTML >
```

第 3 步,运行程序,结果如下:

```
Array ( [0] => apple [1] => banana [2] => pear [3] => 1 [4] => 2 [5] => 3 )
```

3. 追加数组

array_merge_recursive()函数与 array_merge()函数相同,可以将两个或多个数组合并在一起,形成一个联合的数组。两者之间的区别在于,当某个输入数组中的某个键已经存在于结果数组中时,该函数会采取不同的处理方式。array_merge()会覆盖前面存在的键/值对,替换为当前输入数组中的键/值对,而 array_merge_recursive()将把两个值合并在一起,形成一个新的数组,并以原有的键作为数组名。还有一个数组合并的形式,就是递归追加数组。其形式为

```
array array_merge_recursive(array array1,array array2[ …,array arrayN])
```

【例 7-22】 合并两个数组,并显示结果。

第 1 步,在 PhpWebsite 项目中添加新 PHP 文件 Ex7-22.php,并设置为索引文件。

第 2 步,在 Ex7-22.php 中添加代码:

```
< HTML >
    < head >
        < Meta charset = "UTF - 8">
        < title ></title >
```

```
        </head>
    < body >
        <?php
        $ fruit1 = array("apple" => "red","banana" => "yellow");
        $ fruit2 = array("pear" => "yellow","apple" => "green");
        $ result = array_merge_recursive( $ fruit1, $ fruit2);
        print_r( $ result);
        ?>
    </body >
</HTML >
```

第 3 步,运行程序,结果如下:

```
Array ( [apple] => Array ( [0] => red [1] => green ) [banana] => yellow [pear] => yellow )
```

4. 数组的交集 array_intersect()

array_intersect()函数返回一个保留了键的数组,这个数组只由第一个数组中出现的且在其他每个输入数组中都出现的值组成。其形式如下:

```
array array_intersect(array array1,array array2[,arrayN… ])
```

【例 7-23】 返回在 $ fruit1 数组中出现的,且在 $ fruit2 和 $ fruit3 中也出现的所有的水果。

第 1 步,在 PhpWebsite 项目中添加新 PHP 文件 Ex7-23. php,并设置为索引文件。

第 2 步,在 Ex7-23. php 中添加代码:

```
< HTML >
    < head >
        < Meta charset = "UTF − 8">
        < title ></title >
    </head >
    < body >
        <?php
        $ fruit1 = array("Apple","Banana","Orange");
        $ fruit2 = array("Pear","Apple","Grape");
        $ fruit3 = array("Watermelon","Orange","Apple");
        $ intersection = array_intersect( $ fruit1, $ fruit2, $ fruit3);
        print_r( $ intersection);
        ?>
    </body >
</HTML >
```

第 3 步,运行程序,结果如下:

```
Array ( [0] => Apple )
```

只有两个元素相等且具有相同的数据类型时,array_intersect()函数才会认为它们是相同的。

5. in_array()函数

in_array()函数在一个数组汇总搜索一个特定值,如果找到这个值,就返回 True,否则返回 False。其形式如下:

```
boolean in_array(mixed needle,array haystack[,boolean strict]);
```

【例 7-24】　查找变量 apple 是否已经在数组中,如果在,则输出一段信息。

第 1 步,在 PhpWebsite 项目中添加新 PHP 文件 Ex7-24. php,并设置为索引文件。

第 2 步,在 Ex7-24. php 中添加代码:

```
<HTML>
    <head>
        <Meta charset = "UTF - 8">
        <title></title>
    </head>
    <body>
        <?php
        $ fruit = "apple";
        $ fruits = array("apple","banana","orange","pear");
        if(in_array( $ fruit, $ fruits))
        echo " $ fruit 已经在数组中";
        ?>
    </body>
</HTML
```

第 3 步,运行程序,结果如下:

```
apple 已经在数组中
```

6. 从数组尾删除元素

array_pop()函数删除并返回数组的最后一个元素。其形式为

```
mixed array_pop(aray target_array);
```

【例 7-25】　从 $ states 数组删除了最后一个元素。

第 1 步,在 PhpWebsite 项目中添加新 PHP 文件 Ex7-25. php,并设置为索引文件。

第 2 步,在 Ex7-25. php 中添加代码:

```
<HTML>
    <head>
        <Meta charset = "UTF - 8">
        <title></title>
    </head>
    <body>
        <?php
        $ fruits = array("apple","banana","orange","pear");
        $ fruit = array_pop( $ fruits);
        print_r( $ fruits) ;
        print_r("<br/>the deleted element is ". $ fruit) ;
        ?>
    </body>
</HTML>
```

第 3 步,运行程序,结果如下:

```
Array ( [0] => apple [1] => banana [2] => orange )
the deleted element is pear
```

7.6 函 数

PHP 的模块化程序结构都是通过函数或对象实现的,函数则是将复杂的 PHP 程序分为若干个功能模块,每个模块都编写成一个 PHP 函数,然后通过在脚本中调用函数,以及在函数中调用函数实现一些大型问题的 PHP 脚本编写。使用函数的优越性包括:提高程序的重用性;提高软件的可维护性;提高软件的开发效率;提高软件的可靠性;控制程序设计的复杂性。

7.6.1 常见函数

PHP 的函数分为系统函数和用户自定义函数两类。PHP 定义的系统函数十分丰富,多达 162 个函数库,用于 162 个方面的处理。常用函数包括:数组函数库、变量函数库、字符串处理函数库、MySQL 函数库、时间日期函数库、HTTP 相关函数库、数学函数库。数组函数库、变量函数库中的常用函数已经在前面介绍,下面介绍其余函数库中常用的函数。

1. 字符串处理函数库

int strlen (字符串名),得到字符串的长度。

substr(),截取子串。使用形式:string substr (string \$ str,int start [,int length])。如果 start 是负数,将从母串的末尾开始反向截取。

【例 7-26】 substr()基本用法。

第 1 步,在 PhpWebsite 项目中添加新 PHP 文件 Ex7-26.php,并设置为索引文件。

第 2 步,在 Ex7-26.php 中添加代码:

```
<HTML>
    <head>
        <Meta charset = "UTF - 8">
        <title></title>
    </head>
    <body>
        <?php
        echo substr('abcdef',1)."<br/>";
        echo substr('abcdef',1,3)."<br/>";
        echo substr('abcdef',0,4)."<br/>";
        echo substr('abcdef',0,8)."<br/>";
        echo substr('abcdef', - 1,1)."<br/>";
        echo substr("abcdef", - 1)."<br/>";
        echo substr("abcdef", - 2)."<br/>";
        echo substr("abcdef", - 3,1); //
        ?>
    </body>
</HTML>
```

第 3 步,运行程序,结果如下:

```
bcdef
bcd
```

```
abcd
abcdef
f
f
ef
d
```

ord()，取字符的 ASCII 码，使用形式为 int ord（string string）。

str()，取 ASCII 码对应的字符，使用形式为 string chr（int ascii）。

trim()，去掉串首串尾的空格，使用形式为 string trim（string str）。

ltrim()，去掉串首的空格，使用形式为 string ltrim（string str）。

rtrim()，去掉串尾的空格，使用形式为 string rtrim（string str）。

explode()，将字符串拆分成数组，使用形式为 array explode(string separator, string string)。此函数返回由字符串组成的数组，每个元素都是 string 的一个子串，它们被字符串 separator 作为边界点分割出来。如果 separator 为空字符串("")，explode() 将返回 False。如果 separator 包含的值在 string 中找不到，那么 explode() 将返回包含 string 单个元素的数组。

【例 7-27】　explode()示例。

第 1 步，在 PhpWebsite 项目中添加新 PHP 文件 Ex7-27.php，并设置为索引文件。

第 2 步，在 Ex7-27.php 中添加代码：

```html
<HTML>
    <head>
        <Meta charset = "UTF-8">
        <title></title>
    </head>
    <body>
        <?php
        $pizza = "piece1 piece2 piece3 piece4 piece5 piece6";
        $pieces = explode(" ", $pizza);    //注意,这里用空格作为分隔符,而不是空字符串
        echo $pieces[0]."<br/>";           // piece1
        echo $pieces[1]."<br/>";           // piece2
        print_r($pieces);
        ?>
    </body>
</HTML>
```

第 3 步，运行程序，结果如下：

```
piece1
piece2
Array ( [0] => piece1 [1] => piece2 [2] => piece3 [3] => piece4 [4] => piece5 [5] => piece6
)
```

implode()将数组元素连成字符串，使用形式为 string implode(string glue, array pieces)。

【例 7-28】 implode()示例。

第 1 步,在 PhpWebsite 项目中添加新 PHP 文件 Ex7-28.php,并设置为索引文件。

第 2 步,在 Ex7-28.php 中添加代码:

```
< HTML >
    < head >
        < Meta charset = "UTF - 8">
        < title ></title >
    </head >
    < body >
        <?php
        $ array = array('lastname','email','phone');
        $ comma_separated = implode(",", $ array);
        echo $ comma_separated;
        ?>
    </body >
</HTML >
```

第 3 步,运行程序,结果如下:

```
lastname,email,phone
```

2. 时间日期函数库

date(),格式化一个本地时间/日期,使用形式为 string date(string form at),常用格式字符串(form at)见表 7-2。与 date()具有类似功能的函数是 getdate()。

表 7-2　常用格式字符串(form at)

form at	说　明	返回值例子
Y	4 位数字年份	例如:1999 或 2003
y	2 位数字年份	例如:17
m	2 位数字月份	01~12
d	2 位数字	月份中的第几天,01~31
h	2 位数字小时	24 小时格式,00~23
i	2 位数字分钟	00~59
s	2 位数字秒	00~59

【例 7-29】 获取当前时间,用不同格式显示。

第 1 步,在 PhpWebsite 项目中添加新 PHP 文件 Ex7-29.php,并设置为索引文件。

第 2 步,在 Ex7-29.php 中添加代码:

```
< HTML >
    < head >
        < Meta charset = "UTF - 8">
        < title ></title >
    </head >
    < body >
    <?php
    $ today = date("ymd");
```

```
echo $ today."<br/>";
 $ todayY = date("Ymd");
echo $ todayY."<br/>";
 $ time = date("H:i:s");
echo $ time."<br/>";
 $ todaytime1 = date("Ymd,H:i:s");
echo $ todaytime1."<br/>";
 $ todaytime2 = date("Y-m-d,H:i:s");
echo $ todaytime2."<br/>";
 $ todaytime3 = date("Y年m月d日,H时:i分:s秒");
echo $ todaytime3;
?>
</body>
</HTML>
```

第 3 步,运行程序,结果如下:

```
170723
20170723
08:10:51
20170723,08:10:51
2017-07-23,08:10:51
2017 年 07 月 23 日,08 时:10 分:51 秒
```

3. HTTP 相关函数库

header(string)函数,向浏览器发出头信息。在 HTTP 中,服务器端的回答(response)内容包括两部分:头信息(header)和体内容,这里的头信息不是 HTML 中的< head ></head >部分,同样,体内容也不是<BODY></BODY>。头信息是用户看不见的,里面包含了很多项,包括:服务器信息、日期、内容的长度等。体内容就是整个 HTML,也就是用户能看见的全部页面。

header()函数需要在输出流中增加头信息,但是头信息只能在其他任何输出内容之前发送。使用这些函数前不能有任何(如 HTML)输出。从 PHP 4.4 之后,该函数防止一次发送多个报头。这是对头部注入攻击的保护措施。

如果 PHP 程序中需要输出 HTML 前,也需要使用 header()函数,那么,要先用 header()函数输出所有的头信息,否则会出错。头信息参数 string 的形式:常见的头信息有下面 3 种之一,并只能出现一次。

```
Location: URL
```

Content-Type:xxxx/yyyy;如果头信息中指定 Content-type:application/xml,浏览器会将其按照 XML 文件格式解析。如果头信息中是 Content-type:text/xml,浏览器就会将其看作纯文本解析。

```
Status: nnn xxxxxx.
header("Location:URL")
```

【例 7-30】　服务器直接向浏览器发送一个网络地址为 URL 的页面。
第 1 步,在 PhpWebsite 项目中添加新 PHP 文件 Ex7-30.php,并设置为索引文件。

第 2 步,在 Ex7-30. php 中添加代码:

```
<HTML>
    <head>
        <Meta charset = "UTF - 8">
        <title></title>
    </head>
    <body>
        <?php
        Header("Location: http://www.baidu.com");
        exit;
    ?>
    </body>
</HTML>
```

第 3 步,运行程序,结果为打开百度公司的网页。

例 7-3 的作用类似于 JavaScript 的 window. location=URL,但后者是浏览器向 URL 中的服务器请求这个 URL,该服务器收到这个请求后,将该服务器上地址为 URL 的页面返回给浏览器,整个过程是请求-响应(两段),前者仅响应(一段)。

【例 7-31】 提示用户保存一个生成的 PDF 文件(Content-Disposition 报头用于提供一个推荐的文件名,并强制浏览器显示保存对话框)。

第 1 步,在 PhpWebsite 项目中添加新 PHP 文件 Ex7-31. php,并设置为索引文件。

第 2 步,在 Ex7-31. php 中添加代码:

```
<HTML>
    <head>
        <Meta charset = "UTF - 8">
        <title></title>
    </head>
    <body>
    <?php
    header("Content - type:application/pdf");
    // 文件将被称为 downloaded.pdf
    header("Content - Disposition:attachment;filename = downloaded.pdf");
    // PDF 源在 paper.pdf 中
    readfile("paper.pdf");
        ?>
    </body>
</HTML>
```

第 3 步,运行程序,弹出如图 7-21 所示的对话框,保存文件。

图 7-21　运行结果

4. 数学函数库

floor()向下取整,使用形式:float floor (float value),返回不大于 value 的下一个整数,将 value 的小数部分舍去取整,返回的类型仍然是 float。

ceil()向上取整,使用形式：float ceil (float value),返回不小于 value 的下一个整数,value 如果有小数部分,则进一位,返回的类型仍然是 float。

abs(x),返回参数 x 的绝对值。如果参数 x 是 float,则返回的类型也是 float,否则返回 integer。

fmod(x,y),返回除法的浮点数余数。返回被除数(x)除以除数(y)所得的浮点数余数,余数(r)的定义是：$x=i * y + r$,其中 i 是整数,如果 y 是非零值,则 r 和 x 的符号相同,并且其数量值小于 y。

log10(x),返回参数 x 以 10 为底的对数。

log(x,base),如果指定了可选的参数 base,log()返回 logbasex,否则 log()返回参数 x 的自然对数。

7.6.2　自定义函数

PHP 中函数的定义和使用不需要考虑先后关系,在调用函数之前或之后定义函数都可以。PHP 中函数不允许重载,不能重复定义,否则 PHP 脚本会报错。PHP 中的函数可以嵌套定义。特别说明的是,PHP 函数名是不区分大小写的,函数 sum()和 Sum()是同一个函数定义。函数的返回值通过 Return 语句指定返回。当遇到 return 语句或执行完函数的最后一条语句时,函数执行结束,控制返回给调用者。如果没有 return 语句,函数将不返回任何值。

自定义函数的语法：

```
function FuncName([Parameters])
{
  …
}
```

函数的参数[Parameters]是可选的,可以是空参数,但括号不能省略。函数定义中的参数叫形式参数,简称形参,形参必须是变量名。函数调用时的参数叫做实际参数,简称实参,实参可以是任意表达式。PHP 支持参数的数目可变,即函数调用中的实参数目不一定要与函数定义中的形参数目一致,如果实参的数目少于形参的数目,则未对应的形参将为未绑定的变量。如果实参的数目多于形参的数目,多出来的参数将会被忽略。

【例 7-32】　假设函数定义为 f1,函数调用采用实参数目分别为 1、2 和 3。

第 1 步,在 PhpWebsite 项目中添加新 PHP 文件 Ex7-32.php,并设置为索引文件。

第 2 步,在 Ex7-32.php 中添加代码：

```
Function f1( $ a1, $ a2)
{
Return $ a1 + $ a2;
}< HTML >
    < head >
        < Meta charset = "UTF - 8">
        < title ></title >
    </ head >
    < body >
        <?php
        function f1( $ a, $ b)
```

```
    {
      return $ a + $ b;
    }
    echo f1(1)."<br />";
    echo f1(3,4)."<br />";
    echo f1(1,2,3);
    ?>
  </body>
</HTML>
```

第 3 步,运行程序,结果如下:

```
1
7
3
```

如果函数调用为

```
$ ans = f1(10);        //实参 10 传给形参 $ a1
$ ans = f1(10,20);     //实参 10 传给形参 $ a1,20 传给形参 $ a2
$ ans = f1(10,20,30);  //实参 10 传给形参 $ a1,20 传给形参 $ a2,30 被忽略
```

  PHP 的参数传递机制包括按值传递和按地址传递两种,默认是按值传递。按值传递方式,实参的值被复制到对应的形参的内存中,形参的值永远不会复制回形参,是单向传值。有时需要参数能够在调用者和函数之间实现双向传值,如需要在一个函数中返回两个或两个以上的值,就需要双向传值。双向传值需要通过地址传递来实现,又被称为按引用传递。当然,按引用传递时,实参只能是变量,不能是常数或表达式。按引用传递可以在函数定义的形参变量前加一个与符号($\&$),或在函数调用的实参变量前加一个与符号($\&$)。

  假设函数定义为 f2,函数调用采用引用方式。

```
Function f2(& $ a1, $ a2)
{
  $ a1 = $ a1 + 1;
Return $ a1 + $ a2;
}
```

函数调用为

```
$ b1 = 10;
$ b2 = 10;
$ ans = f2( $ b1);    // $ b1 = 11, $ ans = 21
```

  函数中定义的变量的默认作用域是局部作用域。如果函数定义的一个变量与该函数外的变量同名,就不会产生冲突。非局部变量会被同名的局部变量隐藏,一个局部变量只在使用它的函数范围内有效。

7.7 PHP 表单

  PHP 主要用于动态网页的开发。动态网页最显著的一个特点是要实现良好的人机交互功能。对用户输入或者选择的内容能做出相应的回应。这也是动态网页区别于静态网页

的一大特征。对于其他的 CGI 等动态技术,同样也具备这种良好的人机交互功能。人机交互一般通过两种方式:一种方式是采用表单,通过表单选项或者输入不同的内容,返回不同的结果;另一种方式是采用 URL 地址加上各种参数实现互动,参数不同,返回的内容也不同。

表单数据的提交有两种方式,即通过 GET 方法或 POST 方法。通过 GET 方法时,表单数据被当作 URL 的一部分一起传过去。格式如下:

```
http://url?name1 = value1&name2 = value2……
```

其中,url 为表单响应地址,如 localhost:8080/hello.php。name 为表单元素的名称,如< input type = "text" name = "user">,这里 name 的属性值就是 user,通过 name 值可以获取 value 的属性值。value 为表单元素的值,如< input type = "text" name = "user" value = "eduask">表示名字为 user 的 text 表单元素的值为 eduask。url 和表单元素之间用"?"隔开,而多个表单元素之间用"&"隔开。

GET 方法最大的缺点,即它的信息显示在客户端浏览器上,存在数据不安全的隐患,而且 URL 本身受长度限制(1024KB),不能传输较大的数据。传输的数据较大时可以选择 POST 方法。

使用 POST 方法时将< form >表单中的属性 method 设置成 POST 即可。POST 方法不依赖 URL,所有提交的信息在后台传输,不会显示在地址栏,安全性高,而且没有长度限制。在 PHP 中接收的表单变量,只是影响页内数据。$_POST/GET[ ]变量属于自动变量,它的值随页面的更新而更新。也就是说,当响应页刷新或再次请求其他页面时,从上一个页面接收的 $_POST/GET[]变量会消失,如果同时又接收了新的表单变量,$_POST/GET[ ]会自动添加或覆盖。

【例 7-33】 一个简单的 HTML 表单,包含两个输入字段和一个提交按钮。

第 1 步,在 PhpWebsite 项目中添加新 PHP 文件 Ex7-33.php,并设置为索引文件。

第 2 步,在 Ex7-33.php 中添加代码:

```
< HTML >
< body >
< form action = "welcome.php" method = "post">
Name: < input type = "text" name = "name">< br >
E - mail: < input type = "text" name = "email">< br >
< input type = "submit">
</form >
</body >
</HTML >
```

第 3 步,在 PhpWebsite 项目中添加新 PHP 文件 Ex7-33-1.php。

第 4 步,在 Ex7-33.php 中添加代码:

```
< HTML >
< body >
Welcome
<?php
echo $_POST["name"];
```

```
?>
< br >
Your email address is:
<?php
echo $ _POST["email"];
?>
</body>
</HTML>
```

Name: 张三
E-mail: zhangs@cslg.edu.cn
提交查询内容

第 5 步,运行程序,提交内容如图 7-22 所示。

图 7-22　提交内容

单击"提交查询内容"按钮后,输出结果为

Welcome 张三
Your email address is: zhangs@cslg.edu.cn

7.8　Cookie 和 Session

7.8.1　PHP 的 Cookie

Cookie 是 Web 服务器通过其页面的程序写到浏览器所在计算机硬盘上的一个数据文件。服务器可以利用 Cookies 包含信息的任意性来筛选并经常性维护这些信息,以判断在 HTTP 传输中的状态。Cookies 最典型的应用是判定注册用户是否已经登录网站,用户可能会得到提示,是否在下一次进入此网站时保留用户信息,以便简化登录手续,这些都是 Cookies 的功用。用户可能会在一段时间内在同一家网站的不同页面中选择不同的商品,这些信息都会写入 Cookies,以便在最后付款时提取信息。

在 PHP 脚本语言中,可以利用 setcookie() 函数来创建和删除 Cookie。setcookie() 函数的语法如下:

setcookie(string name [, string value [, int expire [, string path [, string domain [, bool secure]]]]])

在所有参数中,除了 name 参数外,其余参数都是可选的。可以用空字符串("")替换某参数,以跳过该参数。参数 expire 和 secure 的值是整形,不能用空字符串,而是用 0 来代替。setcookie() 函数的参数见表 7-3。

表 7-3　setcookie() 函数的参数

参　　数	含　　义
name	必须,规定 Cookie 的名称
value	必须,规定 Cookie 的值
expire	可选,规定 Cookie 的有效期
path	可选,规定 Cookie 的服务器路径
domain	可选,规定 Cookie 的域名
secure	可选,规定是否通过安全的 HTTPS 连接来传输 Cookie

当需要读取某一个 Cookie 变量的值时,只需在 $ _COOKIE 数组的下标中写上 Cookie

变量名,就引用该 Cookie 变量值,如 $_COOKIE["username"] 表示引用 Cookie 中 username 变量的值。永久性 Cookie 是存储在用户计算机硬盘上的一个数据文件。为了创建永久性 Cookie,延长 Cookie 的生存期,可以在 setcookie() 函数中指定有效时间,这样,关闭浏览器后,Cookie 仍然驻留在用户计算机的硬盘中,以便其后访问同一个 Web 站点时,这些驻留的 Cookie 可以为其他程序所利用。删除 Cookie 的方法是重新执行 setcookie() 函数,将 Cookie 值设置为空字符串,其余参数和上一次调用 setcookie() 函数时相同,这样可以删除客户端指定名称的 Cookie。当然,将有效时间设置为过去任何日期的时间戳,也可以删除指定名称的 Cookie。

【例 7-34】 PHP 创建、读取和删除临时性 Cookie。

第 1 步,在 PhpWebsite 项目中添加新 PHP 文件 Ex7-34.php,并设置为索引文件。

第 2 步,在 Ex7-34.php 中添加代码:

```
<!DOCTYPE HTML>
<!--
To change this license header, choose License Headers in Project Properties.
To change this template file, choose Tools | Templates
and open the template in the editor.
-->
<HTML>
    <head>
        <Meta charset="UTF-8">
        <title></title>
    </head>
<body>
<?php
echo "创建 cookie…<br/>";
setcookie("username","王云清");
setcookie("age",20);
echo "输出 cookie 的信息;<br/>";
echo "username 的值:".$_COOKIE["username"]."<br>";
echo "age 的值:".$_COOKIE["age"];
$lifetime = mktime(12,30,50,7,8,2017);                  //2017 年 7 月 8 日 12:30:50
setcookie("myuser_id","wang",$lifetime);
setcookie("test1",1,time()+86400);                      //有效期 1 天
setcookie("test2",2,time()+86400*30);                   //有效期 1 个月(30 天)
setcookie("test3","10",time()+86400*365,"/","www.cslg.edu.cn"); //有效期 1 年
setcookie("myuser_id","",time()-365*24*60*60);          //删除 myuser_id
?>
</body>
</HTML>
```

第 3 步,运行程序,输出结果:

```
创建 cookie…
输出 cookie 的信息;
username 的值:王云清
age 的值:20
```

7.8.2 PHP 的 Session

每个 Cookie 文件的长度不超过 4KB(4096B),否则会被裁掉。每个域的 Cookie 总数有

限,如 IE 6.0 或更低版本最多设置 20 个 Cookie,IE 7.0 和之后的版本最多可以有 50 个 Cookie,而且任何人都能从客户端查看到 Cookie 的内容,所以很不安全。为了解决这个问题,PHP 开发者设计出另一种存储用户交互信息的技术——Session。

1. Session 的工作原理

Session 会话是从用户登录网站开始,到关闭浏览器或者结束会话所经过的时间。首次启动会话时,服务器生成一个唯一的会话标识符(Session ID,SID),它是一个标识会话的长的字符串。在默认情况下,会话标识符存放在浏览器的 Cookie 中。根据 PHP 的会话配置不同,可以将会话中的所有信息保存到服务器共享内存、会话文件或者数据库。

2. Session 的配置

在 PHP 的 php. ini 配置文件中有一个[Session]段,通过设置其中的指令的值,可以调整 Session 的很多处理功能。为了更有效地使用 Session,必须了解这些配置指令,通过 phpinfo()函数,可以查看服务器当前 PHP 中与 Session 有关的配置。

Session 的设置不同于 Cookie,必须先启动,在 PHP 中必须调用 Session_start()函数,以便让 PHP 核心程序将和 Session 相关的环境变量预先载入至内存中。Session_stat()函数的语法格式如下所示:

```
bool session_start(void)
```

这个函数没有参数,且返回值均为 True。它有两个主要作用:一是开始一个会话;二是返回已经存在的会话。

第一次返回网站时,Session_start()函数就会创建一个唯一的 Session ID,并自动通过 HTTP 的响应头,将这个 Session ID 保存到客户端 Cookie 中。同时,也在服务器端创建一个以这个 Session ID 命名的文件,用于保存这个用户的会话信息。当同一用户再次访问这个网站时,也会自动通过 HTTP 的请求头将客户端 Cookie 中保存的 Session ID 再携带过来,这时 Session_start()函数就不会再去分配一个新的 Session ID,而是在服务器的硬盘中去寻找和这个 Session ID 同名的 Session 文件,将之前为这个用户保存的会话信息读出,在当前脚本中应用,达到跟踪这个用户的目的。所以,在会话期间,同一用户访问服务器上任何一个页面时,使用的都是同一个 Session ID。

如果不想在每个脚本中都使用 Session_start()函数来开启 Session,可以在 php. ini 里配置"Session. auto_start=1",无须每次使用 Session 前都调用 Session_start()函数。

3. Session 的基本使用

boolean Session_start()函数用于启动 Session。

一旦启动会话,在 $ _SESSION 数组的括号内写上会话变量名,就可以存取会话变量值。写入 Session 变量,如 $ _SESSION['username']="王",读取 Session 变量,如 $ _SESSION['username']。

void Session_unset()函数用于删除当前会话中的所有会话变量。

boolean Session_destroy()函数用于删除当前会话中的所有会话变量,并且删除该会话对应的会话文件。

string Session_id([string sid])函数可以设置或读取会话标识符。

bool Session_regenerate_id([bool delete_old_Session])函数可以更改会话标识符。

7.9　PHP 访问 MySQL 数据库

7.9.1　MySQL 数据库概述

　　MySQL 是一个关系型数据库管理系统,由瑞典 MySQL AB 公司开发,目前属于 Oracle 旗下产品。MySQL 是最流行的关系型数据库管理系统之一,在 Web 应用方面, MySQL 是最好的关系数据库管理系统(Relational Database Management System, RDBMS)应用软件。MySQL 是一个精巧、快速、多线程、多用户、安全和强壮的 SQL 数据库管理系统。

　　MySQL 的主要目标是快速、健壮和易用。MySQL 是一个真正的多用户、多线程 SQL 数据库服务器。由于它功能强大、使用灵活且有丰富的应用编程接口(API),受到了广大自由软件爱好者甚至是商业软件用户的青睐,特别是 MySQL 与 Apache 和 PHP 结合,是很多 Web 系统的首选配置。

7.9.2　MySQL 的命令操作

　　MySQL 数据库管理系统采用 C/S(Client/Server)结构,由一个服务器程序 mysqld. exe 和很多不同的客户程序和库组成。在这些客户程序中,mysql. exe 是最常用的一个客户命令监控/解释程序(环境)。其作用是对用户发出的命令进行语法检查,检查无误后,向服务器提交命令请求,接受和向用户返回服务器执行的结果;检查中若发现用户发出的命令不合法,则拒绝向服务器提交命令,同时返回出错信息。mysql. exe 是在 MS-DOS 或命令提示符下使用的一种客户端工具,通过命令的方式操纵服务器。

1. 登录

　　通过客户端程序 mysql. exe 与服务器程序建立信任连接。建立连接时,需要提供客户机名、用户名、密码等参数,经服务器验证通过后,会返回成功建立连接的信息,表明连接成功。

　　启动客户端程序 mysql. exe:在命令提示符或 MS-DOS 下,进入 MySQL 的 bin 目录,输入命令 mysql 后按 Enter 键,若出现如图 7-23 所示的界面,则表明连接成功。

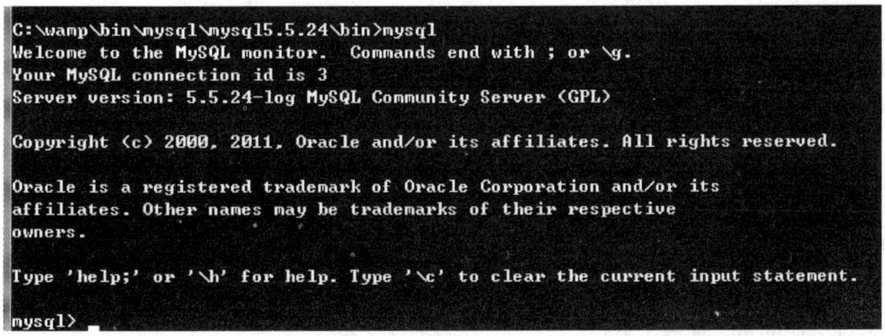

图 7-23　mysql. exe 命令

mysql 命令的完整形式是：

```
mysql - h(servername) - u(username) - p
```

参数说明：

-h 指明主机，省略此参数，则默认为 localhost，即本地机。

-u 指明用户名（账号）。

-p 使用密码。

上面输入的命令 mysql 后面不带任何参数，因为 MySQL 安装完毕后，系统数据库 mysql 中的权限表 user 中，存在默认的空账号、无密码的超级用户，因此可以从远程主机使用 mysql.exe 匿名访问服务器主机。

【例 7-35】 用命令修改 root 用户的默认空密码为 123456。

第 1 步，在 cmd.exe 控制台，进入 MySQL 的 bin 目录后输入：

mysql -u root -p 就可以不用密码登录了，出现 password：的时候直接按 Enter 键可以进入。

第 2 步，在命令提示符中输入

```
mysql > use mysql;
Database changed(修改数据库)
```

第 3 步，在命令提示符中输入

```
mysql > update user set password = password("123456") where user = "root";
```

重新设置密码（这里的密码为"123456"）。注意：不要忘记分号。

```
Query OK, 3 rowsaffected (0.09 sec) Rows matched: 3 Changed: 3 Warnings: 0
```

第 4 步，在命令提示符中输入

```
mysql > flush privileges;
Query OK, 0rows affected (0.00 sec)
```

第 5 步，在命令提示符中输入

```
mysql > quit
```

2. 注销

注销即断开当前与服务器的连接，输入 exit 按 Enter 键即可。

3. 数据库操作

创建数据库，基本语法：

```
CREATE DATABASE db_name;
```

db_name 是要创建的数据库的名字。该语句执行成功后，会在服务器的 MySQL 数据目录（即 MySQL 安装目录下的 data 目录）下创建一个名为 db_name 的目录。

查看有哪些数据库，基本语法：

```
SHOW DATABASES
```

打开数据库(选定数据库),基本语法:

`USE db_name`

若要对表进行查询、修改、删除等操作,必须先打开数据库。

删除数据库,基本语法:

`DROP DATABASE [IF EXISTS] db_name;`

DROP DATABASE 用于删除数据库中的所有表和数据库。使用这个命令要谨慎。

DROP DATABASE 返回从数据库目录被删除的文件数目。通常这个数目是删除表的 3 倍,因为每张表对应于一个". myd"数据文件、一个". myi"索引文件和一个". frm"表定义文件。

4. 表操作

创建表,基本语法:

`CREATE TABLE table_name(column_namecolumn_type)`

字段使用 NOT NULL 属性,设置这个字段的值不能为 NULL。字段的 AUTO_INCREMENT 属性告诉 MySQL 自动增加 id 字段下一个可用编号。关键字 PRIMARY KEY 用于定义此列作为主键。可以使用逗号分隔多个列来定义主键。数据表中字段的类型有:

数值类型,MySQL 支持所有标准 SQL 中的数值类型,其中包括严格数据类型(INTEGER、SMALLINT、DECIMAL、NUMBERIC),以及近似数值数据类型(FLOAT、REAL、DOUBLE PRESISION),并在此基础上扩展了 TINYINT、MEDIUMINT、BIGINT 这 3 种长度不同的整型,并增加了 BIT 类型,用来存放位数据。

字符串类型,MySQL 提供了 8 个基本的字符串类型,分别为 CHAR、VARCHAR、BINARY、VARBINARY、BLOB、TEXT、ENUM 和 SET 等多种字符串类型。

日期和时间类型,在处理日期和时间类型的值时,MySQL 带有 DATE、TIME、TEAR、DATEYIME 和 TIMESTAMP 5 个不同的数据类型供选择。

复合类型,MySQL 还支持两种复合数据类型 ENUM 和 SET,它们扩展了 SQL 规范。

查看有哪些表,基本语法:

`SHOW TABLES`

查看表结构,基本语法:

`DESCRIBE table_name`

查看表中数据,基本语法:

`SELECT 列 FROM table_name[WHERE 条件子句][GROUP 分组子句][ORDER 条件子句]`

修改表中数据,基本语法:

`UPDATE table_nameSET 列 = 新值[WHERE 条件子句]`

删除表中数据,基本语法:

`DELETE FROM table_name[WHERE 条件子句]`

【例 7-36】 用命令建立一个 student 数据库,在该库中创建一个 BasicInfo 表。表的 3 个字段分别为: SNo varchar(20)非空且为主键, SNamevarchar(50), SID varchar(20)。

第 1 步,进入 MySQL 的控制台,用账号/密码 root/123456 登录。

第 2 步,mysql > create database db_student; #建立数据库 student。

第 3 步,mysql > show databases; #查看所建立的数据库。

第 4 步,mysql > use db_student #使用数据库。

第 5 步, mysql > create table basicInfo (SNo VARCHAR (20) Not Null, SNameVARCHAR(50),SID VARCHAR(20),Primary Key(SNo)) ENGINE＝InnoDB DEFAULT CHARSET＝utf8; #建立表 basicInfo。

第 6 步,mysql > show tables; #查看数据表。

第 7 步,mysql > insert into basicInfo values("0903001","张飞","051277777734"); #插入一条记录。

第 8 步,mysql > select ＊ from basicInfo; #查看数据记录。

7.9.3　PHP 操纵 MySQL

使用 PHP 语言编制程序,让用户在网络上通过这种程序将他们的数据保存到数据库中,或对数据库进行修改、删除等操作。

PHP 将对 MySQL 数据库的操作,如连接、断开、查询、修改、删除等,都封装成函数。这些函数属于 PHP 手册中的"MySQL 函数库"。常用的函数有以下 10 个。

1. mysql_error()函数
【语法】

```
string mysql_error ([resource link_identifier])
```

返回上一个 MySQL 操作产生的文本错误信息,如果没有出错,则返回''(空字符串)。如果没有指定连接资源号,则使用上一个成功打开的连接从 MySQL 服务器提取错误信息。

2. mysql_errno()函数
【语法】

```
int mysql_errno ([resource link_identifier])
```

返回上一个 MySQL 操作中的错误信息的数字代码,返回上一个 MySQL 函数的错误代码,如果没有出错,则返回 0。注意,以上两个函数仅返回最近一次 MySQL 函数的执行(不包括 mysql_error()和 mysql_errno())的错误文本或代码,因此如果要使用它们,尽量确保在调用另一个 MySQL 函数前检查它们的值。

3. mysql_connect()函数
【语法】

```
mysql_connect( $ servername, $ username, $ password)
```

打开一个到 MySQL 服务器的连接,如果成功,则返回一个 MySQL 连接标识,一般为资源型数据,失败则返回 False。其中, $ servername:指明 MySQL 数据库所在的服务器主机名称,可用 IP 表示; $ username:访问该服务器主机的账号名称; $ password:访问该服务器的密码。注意以下几点：

第 1 点,不提供参数时使用以下默认值：

```
$ servername = "" (相当于 $ servername = 'localhost')
$ username = ""
$ password  = ""
```

$ servername 参数可以包括端口号,如 servername:port。

第 2 点,可以在函数名前加@来抑制失败时产生的错误信息。

第 3 点,一旦脚本结束,到服务器的连接就会被关闭,这点与 PHP 每到页末就释放简单变量和客户端变量相同。若要显式(强制)地释放该资源,可用 mysql_close()函数。应养成用完连接,及时释放连接的好习惯。

4. mysql_close()函数

【语法】

```
bool mysql_close ([resource link_identifier])
```

如果成功,则返回 True；失败,则返回 False。

mysql_close()关闭指定的连接标识所关联的到 MySQL 服务器的连接。如果没有指定 link_identifier,则关闭上一个打开的连接。通常不需要使用 mysql_close(),因为由 mysql_connect 打开的连接会在脚本执行完毕后自动关闭。但若在脚本中间用完后,提倡使用此函数及时连接资源,以提高效率。

5. mysql_select_db("test", $ server_link)

选择一个 MySQL 数据库,使其成为当前数据库。一个数据库成为当前数据库,那么当前所有的操作都是针对它的。

【语法】

```
bool mysql_select_db (string database_name[,resource link_identifier])
```

如果成功,则返回 True；失败则返回 False。

mysql_select_db()设定与指定的连接标识符所关联的服务器上的当前数据库。如果没有指定连接标识符,则使用上一个打开的连接。如果没有打开的连接,本函数将无参数调用 mysql_connect()来尝试打开一个连接并使用之。

6. mysql_query()函数

发送一个 MySQL 查询到当前数据库,由当前数据库执行之。

【语法】

```
resource mysql_query (string query [,resource link_identifier])
```

mysql_query()向与指定的连接标识符关联的服务器中的当前数据库发送一条查询,由当前数据库执行之。如果没有指定 link_identifier,则使用上一个打开的连接。如果没有打开的连接,本函数会尝试无参数调用 mysql_connect()函数来建立一个连接并使用之。查询字符串不应以分号结束,查询结果会被缓存。

mysql_query()仅对 SELECT、SHOW、EXPLAIN 或 DESCRIBE 语句返回一个资源标识符,如果查询执行不正确,则返回 False。对于其他类型的 SQL 语句,mysql_query()在执行成功时返回 True，出错时返回 False。非 False 的返回值意味着查询是合法的，并能够被服务器执行。

7. mysql_affected_rows()函数

取得前一次 MySQL 操作所影响的记录行数。

【语法】

```
int mysql_affected_rows ([resource link_identifier])
```

取得最近一次与 link_identifier 关联的 INSERT、UPDATE 或 DELETE 查询所影响的记录行数。

8. mysql_num_rows()函数

取得结果集中行的数目。

【语法】

```
int mysql_num_rows (resource result)
```

mysql_num_rows()返回结果集中行的数目。此命令仅对 SELECT 语句有效。

9. mysql_fetch_array()函数

从结果集中取得一行作为关联数组，或数字数组，或二者兼有。

【语法】

```
array mysql_fetch_array (resource result [,int result_type])
```

返回根据从结果集取得的行生成的数组，如果没有更多行，则返回 False。

10. mysql_free_result()函数

mysql_free_result()将释放所有与结果标识符 result 关联的内存。

【语法】

```
bool mysql_free_result (resource result)
```

mysql_free_result()仅需要在考虑到返回很大的结果集时会占用多少内存时调用。脚本结束后，所有关联的内存都会被自动释放。如果成功，则返回 True；失败则返回 False。

【例 7-37】 使用 PHP 建立和关闭 MySQL 连接，查询、提取和显示数据。

第 1 步，在 PhpWebsite 项目中添加新 PHP 文件 Ex7-37.php，并设置为索引文件。

第 2 步，在 Ex7-37.php 中添加代码：

```
<HTML>
    <head>
        <Meta charset = "UTF - 8">
        <title></title>
    </head>
    <body>
        <?php
        $ server_link = mysql_connect("localhost","root","123456") // $ server_link 是资源
                                                                     型变量
        or die("Can not connect: to server" . mysql_error());
        print ("Connected successfully <br/>");

        mysql_select_db('db_student', $ server_link)
```

```
         or die ('db_student: ' . mysql_error());

         $ result = mysql_query("select * from basicInfo")
         or die("Invalid query: " . mysql_error());
         $ num_rows = mysql_num_rows( $ result);
         echo " $ num_rows Rows\n < br/>";
         while ( $ row = mysql_fetch_array( $ result))
         {
             printf ("SNo: % s SName: % s SID: % s< br/>", $ row[0], $ row[1], $ row[2]);
         }
         mysql_free_result( $ result);
         mysql_close( $ server_link);
         ?>
     </body>
</HTML>
```

第 3 步,运行程序,结果如下:

```
Connected successfully
1 Rows
SNo: 0903001 SName: 张飞 SID: 051277777734
```

7.10　习　　题

1. 请说明 PHP 中传值与传引用的区别。

2. 使用 PHP 写一个函数,从一个标准 URL 里取出文件的扩展名。例如:http://www.sina.com.cn/abc /de/fg.php? id=1 需要取出 php 或 .php。

3. 运行下列 PHP 程序,输出结果。

```
<?php
$ str1 = null;
$ str2 = false;
echo $ str1 == $ str2 ? '相等': '不相等';
$ str3 = ";
$ str4 = 0;
echo $ str3 == $ str4 ? '相等': '不相等';
$ str5 = 0;
$ str6 = ´0´;
echo $ str5 == = $ str6 ? '相等': '不相等';
?>
```

4. 使用 PHP 描述一个冒泡排序函数,对象可以是一个数组。

5. 分析 PHP 函数 echo()、print()、print_r()的区别。

6. 使用 PHP 实现功能:产生 0～9 的数组元素,查找 0 是否在数组里面,如果存在,就输出键名;如果不存在,就提示"0 不在数组中"。

7. 使用 PHP 实现在本地服务器(账号:root,密码 123)查询 MySQL 的 student 数据库的 info 表的所有信息(info 表的结构(部门名称,员工姓名,PC 名称)),并用 table 在网页上显示。

## 第 8 章

ASP 编程

8.1 ASP. NET Web 编程原理

8.1.1 网站、Web 应用程序和虚拟目录的关系

在 IIS 中可以创建网站、Web 应用程序和虚拟目录,以便与计算机网络上的用户共享信息。网站、Web 应用程序和虚拟目录的关系图如图 8-1 所示。一个网站(Web Site)包含一个或多个 Web 应用程序(Web Application),一个 Web 应用程序包含一个或多个虚拟目录(Virtual Directory),而虚拟目录则映射到 Web 服务器或远程计算机上的物理目录。

图 8-1 网站、Web 应用程序和虚拟目录的关系图

网站是 Web 应用程序的容器,每个网站都有一个唯一的标识,由 IP 地址、端口和可选的主机头/主机名组合而成,Web 服务器根据收到的 HTTP 请求中的这些信息来确定是对哪一个网站的请求。

Web 应用程序是一种在应用程序池(Application Pool)中运行并通过 HTTP 向用户提供信息服务的软件程序。创建 Web 应用程序时,Web 应用程序的名称将成为网站 URL 的一部分,用户可以通过 Web 浏览器发出针对该 URL 的 HTTP 请求。在 IIS 中,每个网站至少必须拥有一个 Web 应用程序(但不一定是 ASP. NET 应用程序,可以是其他类型的 Web 应用程序),它被称为"根 Web 应用程序"或"默认 Web 应用程序",除此之外,网站还可以包含一个或多个 ASP. NET(或其他种类) Web 应用程序。

8.1.2 IIS 的 ASP. NET 请求处理过程

ASP. NET 是一个强大的 Web 应用构建平台,提供了极大的灵活性和能力,可以构建出所有类型的 Web 应用。通过比较 IIS 5、IIS 6、IIS 7 这 3 代 IIS 对请求的处理过程,可以熟悉 ASP. NET 的底层机制并对请求(request)是怎么从 Web 服务器传送到 ASP. NET 运行时有所了解。通过对底层机制的了解,可以加深对 ASP. NET 的理解。

1. IIS 5 及其特点

IIS 5 一个显著的特征就是 Web Server 和真正的 ASP. NET Application 的分离。作为 Web Server 的 IIS 运行在 InetInfo. exe 进程上,InetInfo. exe 是一个 Native Executive(本地

执行),并不是一个托管的程序,而真正的 ASP. NET Application 则是运行在 aspnet_wp 的 Worker Process 进程上,该进程初始化时会加载 CLR(Comon Language Runtime),所以是一个托管的环境。

互联网服务器应用程序接口(Internet Server Application Programe Interface,ISAPI)负责处理各种后缀名的应用程序。ISAPI 服务器扩展是可以被 HTTP 服务器加载和调用的 DLL。Internet 服务器扩展也称为 Internet 服务器应用程序(ISA),用于增强符合 Internet 服务器 API(ISAPI)的服务器的功能。ISA 通过浏览器应用程序调用,并且将相似的功能提供给通用网关接口(CGI)应用程序。IIS 通过程序映射指定 ASP. NET 网页的请求(扩展名为. aspx),由 aspnet_isapi. dll 处理。

IIS 5 模式的特点:

首先,同一台主机在同一时间只能运行一个 aspnet_wp 进程,每个基于虚拟目录的 ASP. NET Application 对应一个应用程序域(Application Domain,AD),也就是说,每个应用程序 Application 都运行在同一个 Worker Process 中,Application 之间的隔离是基于 AD,而不是基于 Process 的。

其次,ASP. NET 的 ISAPI 不仅负责创建 aspnet_wp Worker Process,而且负责监控该进程,如果检测到 aspnet_wp 的性能降低到某个设定的下限,ASP. NET 的 ISAPI 会负责结束该进程。当 aspnet_wp 结束之后,后续的 Request 会导致 ASP. NET ISAPI 重新创建新的 aspnet_wp Worker Process。

最后,由于 IIS 和 Application 运行在它们各自的进程中,它们之间的通信必须采用特定的通信机制。本质上,IIS 所在的 InetInfo 进程和 Worker Process 之间的通信是同一台机器不同进程的通信(local interprocess communications),基于性能考虑,它们之间采用基于 Named pipe 的通信机制。ASP. NET 的 ISAPI 和 Worker Process 之间的通信通过它们之间的一组 Pipe 实现。同理,ASP. NET 的 ISAPI 通过异步的方式将 Request 传到 Worker Process 并获得 Response。但是,Worker Process 则是通过同步的方式向 ASP. NET ISAPI 获得一些基于 Server 的变量。

2. IIS 6 及其特点

IIS 5 是通过 InetInfo. exe 监听 Request 并把 Request 分发到 Work Process 的。换句话说,在 IIS 5 中对 Request 的监听和分发是在用户模式(User Mode)中进行的。而在 IIS 6 中,这种工作被移植到内核模式(Kernel Mode)中进行,所有的这一切都通过一个新的组件 http. sys 负责。

为了避免用户应用程序访问或者修改关键的操作系统数据,Windows 提供了两种处理器访问模式:用户模式(User Mode)和内核模式(Kernel Mode)。一般地,用户程序运行在 User Mode 下,而操作系统代码运行在 Kernel Mode 下。Kernel Mode 的代码允许访问所有系统内存和所有 CPU 指令。

在用户模式下,http. sys 接收到一个基于 aspx 的 http request,然后它会根据 IIS 6 中的 Metabase(元数据库)查看基于该 Request 的 Application 属于哪一个应用程序池。如果该应用程序池不存在,则创建;否则直接将请求发到对应的应用程序池的队列中。

每个应用程序池对应一个 Worker Process:w3wp. exe,运行在 User Mode 下。在 IIS 6 的 Metabase 中维护应用程序池和 Worker process 的映射。WAS(Web Administrative

Service)根据映射,将存在于某个应用程序池队列的请求传递到对应的 Worker Process(如果没有,就创建这样一个进程)。在 Worker Process 初始化的时候,加载 ASP. NET ISAPI 和公共语言运行库(Common Language Runtime,CLR)。最后的流程和 IIS 5. x 一样,通过 AppManagerAppDomainFactory 的 Create 方法为应用程序创建一个 AD;通过 ISAPI 运行时的 Process Request 处理请求。

3. IIS 7 及其特点

IIS 7 站点启动并处理请求的步骤如图 8-2 所示。

步骤1,当客户端浏览器开始 HTTP 请求一个 Web 服务器的资源时,HTTP. sys 拦截到这个请求。

步骤2,HTTP. sys 联系 WAS 从配置文件中获得信息。

步骤3,WAS 向配置存储中心 ApplicationHost. config 请求配置信息。

步骤4,WWW 服务接收到配置信息。配置信息是指类似应用程序池配置信息、站点配置信息等。

步骤5,WWW 服务使用配置信息去配置 HTTP. sys 处理策略。

步骤6,WAS 为请求的应用程序池启动一个 Worker Process。

步骤7,Worker Process 处理请求,并返回一个 HTTP. sys 响应。

步骤8,客户端接收到处理结果信息。

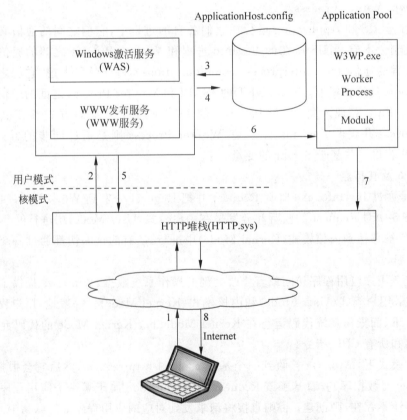

图 8-2   IIS 7 站点启动并处理请求的步骤

在 IIS 7 之前，ASP.NET 是以 IIS ISAPI 扩展的方式外加到 IIS 的。ASP 以及 PHP 都以相同的方式配置，其中 PHP 在 IIS 采用了两种配置方式，除了 IIS ISAPI 扩展方式外，还包括 CGI 的方式，系统管理者能选择 PHP 程序的执行方式。客户端对 IIS 的 HTTP 请求会先经由 IIS 处理，然后 IIS 根据要求的内容类型，如果是 HTML 静态网页，就由 IIS 自行处理，如果不是，就根据要求的内容类型，分派给各自的 IIS ISAPI 扩展；如果要求的内容类型是 ASP.NET，就分派给负责处理 ASP.NET 的 IIS ISAPI 扩展，也就是 aspnet_isapi.dll。IIS 7 应用程序池的托管管道模式与 IIS 6 经典模式相同，这种模式是兼容的方式，以降低升级的成本。

8.1.3　ASP.NET 页面生命周期

ASP.NET 页面运行时，页面将经历一个生命周期。在生命周期中将执行一系列的处理步骤，包括初始化、实例化控件、还原和维护状态、运行事件处理程序代码以及呈现结果。了解和掌握 ASP.NET 页面生命周期，有助于更加灵活地控制页面，以需要的方式编程开发。ASP.NET 页面运行会经历一个又一个的事件链，每个事件链中执行不同的行为，所有的行为共同组成所需要的页面。了解生命周期更有助于定位程序调试中发生问题的地方。

通过了解 ASP.NET 请求管道、应用程序生命周期、整体运行机制可知，ASP.NET 应用程序周期中的 PreRequestHandlerExecute 事件与 PostRequestHandlerExecute 事件之间就是页面生命周期了，对于 aspx 页面，就是一系列的打造页面控件树，触发各种页面事件。当在浏览器地址栏中输入网址，按 Enter 键查看页面时会向 IIS 发送一个请求，服务器就会判断发送过来的请求页面，识别 HTTP 页面处理程序类后，ASP.NET 运行时将调用处理程序的 ProcessRequest 方法来处理请求，创建页面对象。通常情况下，无须更改此方法的实现，它是由 Page 类提供的。接下来，被创建页面对象的 ProcessRequest 方法使页面经历了各个阶段：初始化、加载视图状态信息和回发数据、加载页面的用户代码以及执行回发服务器端事件。之后，页面进入显示模式：收集更新的视图状态，生成 HTML 代码，并随后将代码发送到输出控制台。最后，卸载页面，并认为请求处理完毕。其中，页面对象 ProcessRequest 方法完成的这一系列事件的处理过程就是 Asp.Net 页面生命周期。

（1）页面请求阶段，发生在页面生命周期开始之前。用户请求页时，ASP.NET 将确定是否需要分析和编译页（从而开始页的生命周期），或者是否可以在不运行页的情况下发送页的缓存版本，以进行响应。

（2）开始阶段，将设置页属性。在此阶段，页面还将确定请求是回发，还是新请求，并设置 IsPostBack 属性。此外，在开始阶段期间，还将设置页的 UICulture 属性。

（3）页面初始化阶段，可以使用页面中的控件，并设置每个控件的 UniqueID 属性。此外，任何主题都将应用于页面。如果当前请求是回发，则回发数据尚未加载，并且控件属性值尚未还原为视图状态中的值。

（4）加载阶段。如果当前请求是回发，则将使用从视图状态和控件状态恢复的信息加载控件属性。

（5）验证阶段。将调用所有验证程序控件的 Validate 方法，此方法将设置各个验证程序控件和页的 IsValid 属性。

（6）回发事件处理阶段。如果请求是回发，则将调用所有事件处理程序。

（7）呈现阶段。在呈现前，会针对该页和所有控件保存视图状态。在呈现阶段中，页面会针对每个控件调用 Render 方法，它会提供一个文本编写器，用于将控件的输出写入页的 Response 属性的 OutputStream 中。

（8）卸载阶段。完全呈现页面并已将页发送至客户端，准备丢弃该页后，将调用卸载。此时，将卸载页属性（如 Response 和 Request）并执行清理。

8.2 ASP 的常用控件

创建 ASP.NET 网页时，可以使用 HTML 服务器控件、Web 服务器控件、验证控件和用户控件这 4 类。

HTML 服务器控件对服务器公开的 HTML 元素，可对其进行编程。HTML 服务器控件公开一个对象模型，该模型十分紧密地映射到相应控件所呈现的 HTML 元素。

Web 服务器控件是另一组设计侧重点不同的控件。它们不必一对一地映射到 HTML 服务器控件，而是定义为抽象控件。在抽象控件中，控件呈现的实际标记与编程使用的模型可能截然不同。Web 服务器控件比 HTML 服务器控件具有更多的内置功能。Web 服务器控件不仅包括窗体控件，而且还包括特殊用途的控件（如日历、菜单和树视图控件）。Web 服务器控件与 HTML 服务器控件相比更为抽象，因为其对象模型不一定反映 HTML 语法。

验证控件可用于对必填字段进行检查，对照字符的特定值或模式进行测试，验证某个值是否在限定范围之内等。有关更多信息，请参见第 4 章。

用户控件作为 ASP.NET 网页创建的控件，可以嵌入到其他 ASP.NET 网页中，这是一种创建工具栏和其他可重用元素的捷径。

8.2.1 HTML 服务器控件概述

HTML 服务器控件属于 HTML 元素（或采用其他支持的标记的元素，如 XHTML），它包含多种属性，使其可以在服务器代码中进行编程。默认情况下，服务器上无法使用 ASP.NET 网页中的 HTML 元素。这些元素将被视为不透明文本并传递给浏览器，但是，通过将 HTML 元素转换为 HTML 服务器控件，可将其公开为可在服务器上编程的元素。HTML 服务器控件的对象模型紧密映射到相应元素的对象模型。

页中的任何 HTML 元素都可以通过添加属性 runat＝"server"转换为 HTML 服务器控件。在分析过程中，ASP.NET 页框架将创建包含 runat＝"server"属性的所有元素的实例。若要在代码中以成员的形式引用该控件，则还应为该控件分配 id 属性。

页框架为页中最常动态使用的 HTML 元素提供了预定义的 HTML 服务器控件：form 元素、input 元素（文本框、复选框、提交按钮）、select 元素，等等。这些预定义的 HTML 服务器控件具有一般控件的基本属性，此外，每个控件通常提供自己的属性集和自己的事件。

HTML 服务器控件提供以下功能：可在服务器上使用熟悉的面向对象的技术对其进行编程。每个服务器控件都公开一些属性（Property），可以使用这些属性在服务器代码中以编程方式来操作该控件的标记属性（Attribute）。提供一组事件，可以为其编写事件处理程序，方法与在基于客户端的窗体中大致相同，不同的是，事件处理是在服务器代码中完成的。

在客户端脚本中处理事件的能力。自动维护控件状态。在页到服务器的往返行程中，将自动对用户在 HTML 服务器控件中输入的值进行维护并发送回浏览器。与 ASP．NET 验证控件进行交互，因此可以验证用户是否已在控件中输入了适当的信息。数据绑定到一个或多个控件属性，支持样式（如果在支持级联样式表的浏览器中显示 ASP．NET 网页）。

直接可用的自定义属性。可以向 HTML 服务器控件添加所需的任何属性，页框架将呈现这些属性，而不会更改其任何功能。这允许向控件添加浏览器特定属性。

HTML 元素不经过服务器解释，在服务器看来即使再标准或者再不标准，都只是文本常量而已。HTML 服务器控件，一个简单的 runat＝"server"，让服务器明白这个标签不再是简单的文本，而是一个 HTML 服务器控件（System．Web．UI．HTMLControls．HTMLControl）。而标准服务器控件则继承自 ystem．Web．UI．WebControls．WebControl。

常见的 HTML 服务器控件如图 8-3 所示，具体使用方法可以参考第 2 章的相关内容。

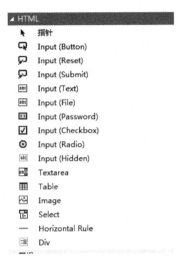

图 8-3　常见的 HTML 服务器控件

8.2.2　ASP 的标准服务器控件概述

Web 服务器控件包括传统的窗体控件，如按钮、文本框和表等复杂控件，还包括提供常用窗体功能，如在网格中显示数据、选择日期、显示菜单等控件。常见的 Web 服务器控件如图 8-4 所示。

图 8-4　常见的 Web 服务器控件

除了提供 HTML 服务器控件的上述所有功能外，Web 服务器控件还提供以下附加功能：功能丰富的对象模型，该模型具有类型安全编程功能；自动浏览器检测；控件可以检测浏览器的功能，并呈现适当的标记；对于某些控件，可以使用 Templates 定义自己的控件布局。对于某些控件，可以指定控件的事件是立即发送到服务器，还是先缓存，然后在提交该页时引发。

可将事件从嵌套控件(如表中的按钮)传递到容器控件。控件使用类似如下的语法：

```
< asp:button attributes runat = "server" id = "Button1" />
```

这里,属性不是 HTML 元素的属性,而是 Web 控件的属性。运行 ASP. NET 网页时,Web 服务器控件使用适当的标记在页中呈现,这通常不仅取决于浏览器类型,还与对该控件所做的设置有关。例如,TextBox 控件可能呈现为 input 标记,也可能呈现为 textarea 标记,具体取决于其属性。

1. 按钮类型

在 ASP. NET 网页上使用 ASP. NET Button Web 服务器控件使用户可以指示已完成表单或要执行特定的命令。Web 服务器控件包括 3 种按钮(表 8-1),每种按钮在网页上显示的方式都不同。

表 8-1　3 种按钮

控　　件	说　　明
ButtonWeb 服务器控件	显示一个标准命令按钮,该按钮呈现为一个 HTML input 元素
LinkButtonWeb 服务器控件	呈现为页面中的一个超链接。但是,它包含使窗体被发回服务器的客户端脚本(可以使用 HyperLink Web 服务器控件创建真实的超链接)
ImageButtonWeb 服务器控件	允许将一个图形指定为按钮。这对于提供丰富的按钮外观非常有用。ImageButton 控件还查明用户在图形中单击的位置,这时能够将按钮用作图像映射

2. CheckBox 和 CheckBoxList Web 服务器控件

CheckBox 控件的事件。在单个 CheckBox 控件和 CheckBoxList 控件之间,事件的工作方式有所不同。单个 CheckBox 控件在用户单击该控件时引发 CheckedChanged 事件。默认情况下,这一事件并不导致向服务器发送页面,但通过将 AutoPostBack 属性设置为 True,可以使该控件强制立即发送。不论 CheckBox 控件是否发送到服务器,可能都不必为 CheckedChanged 事件创建事件处理程序。可以在处理程序中测试选中了哪个复选框。通常,只有在需要知道已更改了某个复选框,而不是只是读取其值时,才会为 CheckedChanged 事件创建一个事件处理程序。

CheckBox 控件的 HTML 属性。CheckBox 控件向浏览器呈现时,将分为两部分：表示复选框的 input 元素和表示复选框标题的单独 label 元素。这两个元素的组合依次包含在 span 元素中。在对 CheckBox 控件应用样式或属性设置时,设置将应用于外部的 span 元素。例如,如果设置了控件的 BackColor 属性,这些设置将应用于 span 元素,因此对内部的 input 和 label 属性均有影响。

有时,可能需要为复选框和标签单独应用设置。CheckBox 控件支持两个可在运行时设置的属性：InputAttributes 属性和 LabelAttributes 属性。每个属性分别允许向 input 和 label 元素添加 HTML 属性。设置的属性将按原样传递到浏览器。例如,下面的代码示例演示了如何设置 input 元素的属性,从而在用户将鼠标指针滑过它时,只有复选框(没有标签)更改颜色。

3. BulletedList 服务器控件

一个常用的 HTML Web 页面元素是项目符号列表中的一组项。BulletedList 服务器控件可以按照有序(使用 HTML <ol>元素)或无序(使用 HTML <ul>元素)的方式显示项目符号列表。另外,该控件可以确定用于显示列表的样式。

BulletedList 控件可以包含任意数量的< asp:ListItem >控件,或者绑定到某类数据源上,再使用检索出的内容进行填充。

将 BulletedList 控件从"工具箱"面板拖放到 ASPX 网页上,添加如下代码,得到如图 8-5 所示的列表样式显示。

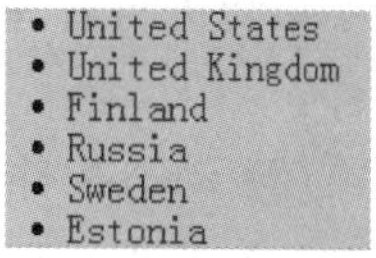

图 8-5　列表样式显示

```
<% @ Page Language = "C♯" AutoEventWireup = "true" CodeFile = "EX8 - 0.aspx.cs" Inherits =
"EX8_0" %>
<!DOCTYPE HTML >
< HTML xmlns = "http://www.w3.org/1999/xHTML">
< body >
< form id = "form 1" runat = "server">
        < asp:BulletedList ID = "Bulletedlist1" runat = "server">
         < asp:ListItem > United States </asp:ListItem >
         < asp:ListItem > United Kingdom </asp:ListItem >
         < asp:ListItem > Finland </asp:ListItem >
         < asp:ListItem > Russia </asp:ListItem >
         < asp:ListItem > Sweden </asp:ListItem >
         < asp:ListItem > Estonia </asp:ListItem >
    </asp:BulletedList >
    </form >
</body >
</HTML >
```

设置 BulletStyle 属性,以指定该控件是将列表项显示为项目符号形式,还是编号形式。若要创建编号列表(即有序列表),请将 BulletStyle 属性设置为下列枚举值之一:Numbered、LowerAlpha、UpperAlpha、UpperRoman、LowerRoman。若要创建项目符号列表(即无序列表),请将 BulletStyle 属性设置为下列值之一:Disc、Circle 或 Square。若要将项目符号显示为自定义图像,请将 BulletStyle 属性设置为某个图形的 URL。对每一项都会显示该图形。

4. Literal 控件和 Label 控件

Literal 控件表示用于向页面添加内容的几个选项之一。对于静态内容,无须使用容器,可以将标记作为 HTML 直接添加到页面中。但是,如果要动态添加内容,则必须将内容添加到容器中。典型的容器有 Label 控件、Literal 控件、Panel 控件和 PlaceHolder 控件。

Literal 控件与 Label 控件的区别在于,Literal 控件不向文本中添加任何 HTML 元素。Label 控件呈现一个 span 元素。因此,Literal 控件不支持包括位置属性在内的任何样式属性。但是,Literal 控件允许指定是否对内容进行编码。通常情况下,当希望文本和控件直接呈现在页面中而不使用任何附加标记时,可使用 Literal 控件。

5. Panel 和 PlaceHolder 控件

PlaceHolder Web 服务器控件,将空容器控件放置到页内,然后在运行时动态地将子元素添加到该容器中。该控件只呈现其子元素;它不具有自己的基于 HTML 的输出。

PanelWeb 服务器控件在 Web 窗体页内提供了一种容器控件,可以将它用作静态文本和其他控件的父级。Panel 控件适用于:

　　(1)分组行为。通过将一组控件放入一个面板,然后操作该面板,可以将这组控件作为一个单元进行管理。例如,可以通过设置面板的 Visible 属性隐藏或显示该面板中的一组控件。

　　(2)动态控件生成。Panel 控件为在运行时创建的控件提供了一个方便的容器。

　　(3)外观。Panel 控件支持 BackColor 和 BorderWidth 等外观属性,可以设置这些属性,来为页面上的局部区域创建独特的外观。

6. RadioButton 控件和 RadioButtonList 控件

　　如果要对 RadioButton 控件进行分组,就要使用到其 GroupName 属性,GroupName 值相同的控件被认为是一组的,在同一组 RadioButton 控件只能选择一项,但 RadioButton 控件的分组属性 GroupName 似乎也仅仅是起分组的作用而已,对获取选中项的值一点帮助都没有。标签里虽然可以为 RadioButton 添加 GroupName 属性来控制某几个单选按钮只能同时选 1 个,但获取 RadioButton 的数值很麻烦,不能依靠 GroupName 直接获取。

　　而使用 RadioButtonList 是更好的方案,同一个 RadioButtonList 的选项自然被认为是一组,并且获取选中项的值也比 RadioButton 好多了。

7. ListBox 控件和 DropDownList 控件

　　ListBox 控件允许用户从预定义的列表中选择一个或多个项。它与 DropDownList 控件的不同之处在于,它不但可以一次显示多个项,而且(可选)还允许用户选择多个项。

　　DropDownListWeb 服务器控件使用户能够从预定义的列表中选择一项。它与 ListBox Web 服务器控件的不同之处在于,其项列表在用户单击下拉按钮前一直处于隐藏状态。另外,DropDownList 控件与 ListBox 控件的不同之处还在于它不支持多重选择模式。

8. View 控件和 MultiView 控件

　　MultiView 控件组合 View 控件,主要实现的是网站视图的设计及显示。有时可能要把一个 Web 页面分成不同的块,而每次只显示其中一块,同时,又能方便地在块与块之间导航。该技术常用于在一个静态页面中引导用户完成多个步骤的操作。块是页面中某区域的内容,ASP. NET 提供了 View 控件对块进行管理。每个块对应一个 View 控件,所有的 View 对象都包含在 MultiView 对象中。MultiView 中每次只显示一个 View 对象,这个对象称为活动视图。

　　MultiView 控件有一个类型为 ViewCollection 的只读属性 View。使用该属性可获得包含在 MultiView 中的 View 对象集合。与所有的. NET 集合一样,该集合中的元素被编入索引。MultiView 控件包含 ActiveViewIndex 属性,该属性可获取或设置以 0 开始的,当前活动视图的索引。如果没有视图是活动的,那么 ActiveViewIndex 为默认值-1。

9. 其他控件

　　xml 控件用于显示 xml 文档的内容。

　　Wizard 控件用于创建一组对话框,以引导用户通过一组定义好的步骤完成某些任务。

　　FileUpload 控件,包括一个用于选择文件上传的文件浏览器及相关的基础构造。

　　AdRotator 控件,当每次页面加载时,呈现从列表中随机选择的图片。

　　Calendar 控件,一个功能完整的用于显示和选择时间的控件。

8.3 ASP 的常见内置对象

8.3.1 Application 对象

如果需要在 ASP. NET 环境下的应用程序范围内共享信息,可以使用来自 HttpApplictionStat 类的 Application 对象。它可以在多个请求、连接之间共享公用信息,也可以在各个请求连接之间充当信息传递的管道。使用 Application 对象保存希望传递的变量。由于在整个应用程序生存周期中,Application 对象都是有效的,所以在不同的页面中都可以对它进行存取,就像使用全局变量一样方便。

Application 对象特性:存储的物理位置在服务器内存,可以存储任意类型和任意大小,状态使用的范围是整个应用程序。生命周期:在应用程序开始时创建(准确地说,是在用户第一次请求某 URL 时创建),在应用程序结束时销毁。不管前台有多少客户打开该网站的页,有多少客户关闭该网站的页,只要服务器端不关闭该网站,Application 始终都存在。数据总是存储在服务端,安全性比较高,但不易存储过多数据。优点是检索数据速度快,但缺乏自我管理机制,数据不会自动释放。

Application 对象的常用属性和常用方法分别见表 8-2 和表 8-3。

表 8-2 Application 对象的常用属性

属　　性	说　　明
All	返回全部的 Application 对象变量到一个对象数组
AllKeys	返回全部的 Application 对象变量到一个字符串数组
Count	取得 Application 中对象变量的数量
Item	Application 变量名称传回的内容值

表 8-3 Application 对象的常用方法

方　　法	说　　明
Add	新增一个 Application 变量值
Clear	清空全部 Application 变量值
Get	变量名传回的变量值
Set	更新 Application 变量值
Lock	锁定所有 Application 变量值,禁止其他客户修改 Application 对象的属性
UnLock	解除锁定 Application 变量,允许其他客户修改 Application 对象的属性

在 Web 应用程序的生命周期期间,应用程序会引发可处理的事件,并调用可重写的特定方法。若要处理应用程序事件或方法,可以在应用程序根目录中创建一个名为 Global. asax 的文件。如果创建了 Global. asax 文件,ASP. NET 会将其编译为从 HttpApplication 类派生的类,然后使用该派生类表示应用程序。

HttpApplication 进程的一个实例每次只处理一个请求。由于在访问应用程序类中的非静态成员时不需要将其锁定,这样可以简化应用程序的事件处理过程。这样还可以将特定于请求的数据存储在应用程序类的非静态成员中。例如,可以在 Global. asax 文件中定义一个属性,然后为该属性赋一个特定于请求的值。

通过使用命名约定 Application_event(如 Application_BeginRequest),ASP. NET 可在 Global. asax 文件中将应用程序事件自动绑定到处理程序。这与将 ASP. NET 页方法自动绑定到事件的方法类似。Application _ Start 和 Application _ End 方法不表示 HttpApplication 事件的特殊方法。在应用程序域的生命周期期间,ASP. NET 仅调用这些方法一次,而不是对每个 HttpApplication 实例都调用一次。

表 8-2 列出了在应用程序生命周期期间使用的一些事件和方法。实际上远不止列出的这些事件,但这些事件是最常用的。Global. asax 负责处理应用程序的全局事件。打开文件,系统已经为定义了一些事件的处理方法,如表 8-4。

表 8-4 Application 的事件

事 件	说 明
Application_Start	请求 ASP. NET 应用程序中第一个资源(如页)时调用。在应用程序的生命周期期间仅调用一次 Application_Start 方法。可以使用此方法执行启动任务,如将数据加载到缓存中以及初始化静态值。在应用程序启动期间应仅设置静态数据。由于实例数据仅可由创建的 HttpApplication 类的第一个实例使用,所以请勿设置任何实例数据
Application_ event	在应用程序生命周期中的适当时候引发。Application_Error 可在应用程序生命周期的任何阶段引发。由于请求会短路,因此 Application_EndRequest 是唯一能保证每次请求时都会引发的事件。例如,如果有两个模块处理 Application_BeginRequest 事件,第一个模块引发一个异常,则不会为第二个模块调用 Application_BeginRequest 事件。但是,会始终调用 Application_EndRequest 方法,使应用程序清理资源
Application_End	在卸载应用程序前对每个应用程序生命周期调用一次

Application 用于保存所有用户的公共的数据信息,如果使用 Application 对象,一个需要考虑的问题是任何写操作都要在 Application_OnStart 事件(global. asax)中完成。尽管使用 Application. Lock 和 Applicaiton. Unlock 方法来避免写操作的同步,但是,它串行化了对 Application 对象的请求,当网站访问量大的时候,会产生严重的性能瓶颈,因此最好不要用此对象保存大的数据集合。

【例 8-1】 实现一个网站访问数量统计功能。

第 1 步,打开 VS 2013,新建一个空网站,命名为 AspWebsite。然后右击网站,选择添加新项,如图 8-6 所示。选择全局应用程序类,生成 Global. asax 文件。

第 2 步,在 Global. asax 文件中添加如下代码。

```
< script runat = "server">
     void Application_Start(object sender,EventArgs e)
     {
     Application["count"] = 0;
}
void Session_Start(object sender,EventArgs e)
{
     Application.Lock();
```

```
        Application["count"] = (int)Application["count"] + 1;
        Application.UnLock();
}
void Session_End(object sender,EventArgs e)
{
        Application.Lock();
        Application["count"] = (int)Application["count"] - 1;
        Application.UnLock();
}
</script>
```

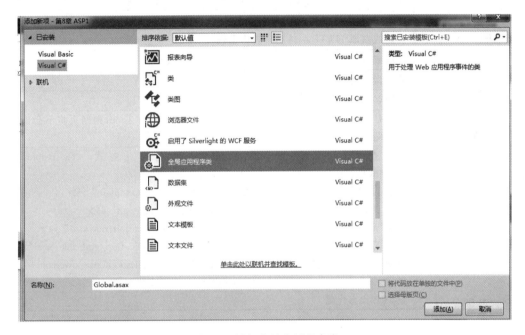

图 8-6　添加全局应用程序类

这些事件是整个应用程序的事件,和某一个页面没有关系。

第 3 步,右击网站,选择添加新 Web 窗体,生成文件,在 Ex8-1.aspx 页面中添加如下代码:

```
<p>您是第 <asp:Label ID = "Label1" runat = "server" Text = "Label"></asp:Label> 个访客!</p>
```

第 4 步,在 Ex8-1.aspx.cs 文件中添加如下代码:

```
protected void Page_Load(object sender,EventArgs e)
{
    Label1.Text = this.Application["count"].ToString();
}
```

第一次运行程序,结果为"您是第 1 个访客!"。如果在同一台计算机的相同浏览器中另外打开一个窗口,输入程序的 URL,运行结果不变。如果在同一台计算机上换一个浏览器,在窗口中输入程序的 URL,运行结果为"您是第 2 个访客!"。

8.3.2 Response 对象

Respose 对象用于将数据从服务器发送回浏览器。它允许将数据作为请求的结果发送到浏览器,并提供响应的信息,可以用来在页面中输入数据,在页面中跳转,还可以传递各个页面的参数,它与 HTTP 的相应消息对应。Response 对象的常用属性见表 8-5。

表 8-5 Response 对象的常用属性

属　　性	含　　义
Buffer	获取或者设置一个值,指示是否缓冲输出,并在完成处理整个响应之后将其发送
Cache	获取 Web 页的缓存策略,如过期时间、保密性
Charset	设定或获取 HTTP 的输出字符串编码
Expires	获取或设置在浏览器上缓存的页过期前的分钟数
Cookies	获取当前请求的 Cookie 集合
IsClientConnected	传回客户端是否仍然和 Server 连接
SuppressContent	设定是否将 HTTP 的内容发送至客户端浏览器,若为 True,则网页将不会传至客户端
ContentType	默认的 ContentType 为 text/HTML,也就是网页格式,<% response. ContentType="text/HTML" %> 显示 HTML 原代码,<% response. ContentType ="text/plain" %> 显示 GIF images,<% response. ContentType ="image/gif" %> 显示 Word 文档,<% response. ContentType ="application/msword" %> 显示 Excel 文档,<% Response. ContentType= "application/vnd. ms-excel"%> 显示 PowerPoint 文档,<% response. ContentType ="application/ ms-powerpoint"%> 显示 PDF 文档,<% response. ContentType ="application/pdf" %>
StatusCode	HTTP 状态代码

(1) StatusCode 的取值及其含义。

1xx,表示信息提示。100-Continue 初始的请求已经接收,客户应当继续发送请求的其余部分。101 — Switching Protocols 服务器将遵从客户的请求转换到另外一种协议。

2xx-这类代码表示成功处理了请求。

3xx-重定向,客户端浏览器必须采取更多操作来实现请求。

4xx-客户端错误,发生错误,客户端似乎有问题。

5xx-服务器错误,服务器由于遇到错误而不能完成该请求。

Response 对象的常用方法见表 8-6。

表 8-6 Response 对象的常用的方法

方　　法	含　　义
AddHeader	将一个 HTTP 头添加到输出流
AppendToLog	将自定义日志信息添加到 IIS 日志文件
Clear	将缓冲区的内容清除
End	将目前缓冲区中所有的内容发送至客户端后,然后关闭

续表

方　　法	含　　义
Flush	将缓冲区中的所有数据发送到客户端。如果 response. Buffer 为 False,此方法会引起一个 run-time 错误
Redirect	将网页重新导向另一个地址,在页面打开后执行页面重定向,会执行当前页面的程序
AppendHeader	将网页重新导向另一个地址,在页面打开前执行页面重定向,不会执行当前页面的程序
Write	将数据输出到客户端
WriteFile	将指定的文件写入 HTTP 内容输出流

Response 对象是 HttpRespone 类的一个实例。该类主要封装来自 ASP. NET 操作的 HTTP 相应信息。Response 对象将数据作为请求的结果从服务器发送到客户浏览器中,并提供有关响应的消息。

（2）Response 对象通过 Write()或者 WriteFile()方法在页面上输出数据。输出的对象可以是字符、字符数组、字符串、对象或者文件。利用 WriteFile 方法向 Web 页面输出图像文件,必须先通过 ContentType 属性定义文件流的类型。

【语法】

```
Response. ContentType = "image/JPEG";
Response. WriteFile("图像的文件名");
```

【例 8-2】　Response 对象的 Write 和 WriteFile 方法。

第 1 步,打开 AspWebsite 网站,选择"添加新项"命令,在弹出的添加新项的对话框中选择"文本文件",名称设置为 TextFile. txt。

第 2 步,在文本框 TextFile. txt 中输入内容："Response 对象的 Write 和 WriteFile 方法"。

第 3 步,AspWebsite 网站,选择"添加新项"命令,在弹出的添加新项的对话框中选择"Web 窗体",名称设置为 Ex8-2. aspx,并设置 Ex8-2. asp 为起始页。

第 4 步,在 Ex8-2. aspx. cs 文件中找到 Page_Load 函数,在函数中输入如下内容：

```
protected void Page_Load( object sender, EventArgs e)
{
    char c = 'a';
    string s = "用 Response 打印字符串";
    char[] cArray = { '用','R','e','s','p','o','n','s','e','打','印','字','符','数','组',};
    Page p = new Page();
    Response. Write("输出单个字符: " + c + "< hr/>");
    Response. Write("输出一个字符串: " + s + "< hr/>");
    Response. Write("输出字符数组:");
    Response. Write(cArray,0,cArray.Length);
    Response. Write("< hr/>");
    Response. Write("输出一个对象: " + p + "< hr/>");
    Response. Write("输出一个文件: " + "< hr/>");
```

```
        Response.WriteFile(@"~\TextFile.txt");
    }
```

程序运行结果如图 8-7 所示。

输出单个字符：a

输出一个字符串：用Response打印字符串

输出字符数组：用Response打印字符数组

输出一个对象：System.Web.UI.Page

输出一个文件：

Response对象的Write和WriteFile 方法

图 8-7　运行结果

【**例 8-3**】　利用 WriteFile 方法向 Web 页面输出图像文件。

第 1 步，打开 AspWebsite 网站，选择"添加新项"命令，在弹出的添加新项的对话框中选择"Web 窗体"，名称设置为 Ex8-3. aspx，并设置 Ex8-3. aspx 为起始页。

第 2 步，把图像文件复制到当前目录，命名为 pic1. jpg。

第 3 步，在 Ex8-3. aspx. cs 文件中找到 Page_Load 函数，在函数中输入如下内容：

```
protected void Page_Load(object sender, EventArgs e)
{
    Response.ContentType = "image/JPEG";
    Response.WriteFile(@"~\pic1.jpg");
}
```

程序运行结果如图 8-8 所示。

图 8-8　运行结果

【**例 8-4**】　利用 Response. BinaryWrite 方法向 Web 页面输出图像文件。

第 1 步，打开 AspWebsite 网站，选择"添加新项"命令，在弹出的添加新项的对话框中选择"Web 窗体",名称设置为 Ex8-4.aspx,并设置 Ex8-4.aspx 为起始页。

第 2 步,把图像文件复制到当前目录,命名为 pic1.jpg。

第 3 步,在 Ex8-3.aspx.cs 文件中添加引用"using System.IO;"命名空间。

第 4 步,在 Ex8-4.aspx.cs 文件的 Page_Load 函数中输入如下内容:

```
protected void Page_Load(object sender,EventArgs e)
{
    FileStream fs = new FileStream(Server.MapPath("pic1.jpg"),FileMode.Open);
                                                 //将图片文件存于文件流中
    long fslength = fs.Length;                    //流长度
    byte[] b = new byte[(int)fslength];           //定义二进制数组
    fs.Read(b,0,(int)fslength);                    //将流中的字节写入二进制数组中
    fs.Close();                                    //关闭流
    Response.ContentType = "image/jpg";            //如果没有此行语句,则会出现乱码
    Response.BinaryWrite(b);                        //将图片输出到页面
}
```

程序运行结果如图 8-9 所示。

图 8-9　运行结果

使用 Response.Write()方法将 JavaScript 脚本写入客户端页码并执行。Alert 在 JavaScript 中用于提示消息,如在 C♯ 中删除数据前的提示:

```
Response.Write("<script>alert('确定需要删除吗')</script>");
Window.open 用户打开新的窗口,语法为
Response.Write("<script>Window.open(url,windowname)</script>");
Window.close 关闭浏览器窗口.
Response.Write("<script>Window.close()</script>");
```

(3) Response 对象通过 AppendHeader 方法或 Redirect 方法实现页面跳转。

【语法】

```
Response.AppendHeader(Name,Value);
```

```
Response.Redirect("重定向页面");
```

参数 Name 为 HTTP 规定的请求和响应消息都支持的头域内容,HTTP 头是页面通过
HTTP 访问页面时,最先响应的请求和响应消息,如 HTTP 头中的 Location 用于将页面重
定向到另一个页面,与 Redirect 相似。Value 为 HTTP 头的值。Response.Redirect()之后
的代码是不会执行的。

【例 8-5】 利用 Response 实现页码跳转。

第 1 步,打开 AspWebsite 网站,选择"添加新项"命令,在弹出的添加新项的对话框中
选择"Web 窗体",名称设置为 Ex8-5.aspx,并设置 Ex8-5.aspx 为起始页。

第 2 步,在 Ex8-5.aspx 中添加如下代码:

```
< form id = "form 1" runat = "server">
< p >
< asp:Button ID = "Button1" runat = "server" OnClick = "Button1_Click" Text = "跳转 1" />
< asp:Button ID = "Button2" runat = "server" OnClick = "Button2_Click" Text = "跳转 2" />
</p>
</ form >
```

第 3 步,在 Ex8-5.aspx.cs 中添加如下代码:

```
protected void Button2_Click(object sender,EventArgs e)
{
    Response.Redirect("http://www.sohu.com");
}

    protected void Button1_Click(object sender,EventArgs e)
{

    Response.StatusCode = 302;              // 出现该状态代码时,浏览器能够自动访问新的 URL
    Response.AppendHeader("Location","http://www.baidu.com");
}
```

8.3.3　Request 对象

Request 对象主要用于获取来自客户端的数据,如用户填入表单的数据、保存在客户端
的 Cookie 等。Request 对象的主要作用包括读取窗体变量,读取查询字符串变量,取得
Web 服务器端的系统信息,取得客户端浏览器信息等。

Request 对象的主要属性见表 8-7。

表 8-7　**Request 对象的主要属性**

属　　性	含　　义
ApplicationPath	获取服务器上 ASP.NET 应用程序的虚拟应用程序根路径
Browser	获取有关正在请求的客户端的浏览器功能的信息,该属性值为 HttpBrowserCapabilities 对象
ContentEncoding	获取或设置实体主体的字符集,表示客户端的字符集 Encoding 对象
ContentLength	指定客户端发送的内容长度,以字节为单位
ContentType	获取或设置传入请求的 MIME 内容类型

续表

属　　性	含　　义
Cookies	获取客户端发送的 Cookie 集合,该属性值为表示客户端的 Cookie 变量的 HttpCookieCollection 对象
CurrentExecution-FilePath	获取当前请求的虚拟路径
FilePath	相对于 IIS 的虚拟路径
Files	获取客户端上载的文件集合。该属性值为 HttpFileCollection 对象,表示客户端上载的文件集合
Form	获取窗体变量集合
HttpMethod	获取客户端使用的 HTTP 数据传输方法(如 get、post 或 head)
Item	获取 Cookies,Form、QueryString 或 ServerVariables 集合中指定的对象
Params	获取 Cookies,Form、QueryString 或 ServerVariables 项的组合集合
Path	获取当前请求的虚拟路径
PathInfo	获取具有 URL 扩展名的资源的附加路径信息
PhysicalApplication-Path	获取当前正在执行的服务器应用程序的根目录的物理文件系统路径
PhysicalPath	获取与请求的 URL 对应的物理文件路径
QueryString	获取 HTTP 查询字符串变量集合。该属性值为:NameValueCollection 对象,它包含由客户端发送的查询字符串变量集合
RequestType	获取或设置客户端使用 HTTP 数据传输的方式(get 或 post)
ServerVariables	获取 Web 服务器变量的集合
TotalBytes	获取当前输入流的字节数
Url	获取有关当前请求 URL 的信息
UserHostAddress	获取远程客户端的 IP 主机地址

1. 使用 Request.Form 属性读取窗体变量

HTMLForm 控件的 Method 属性的默认值为 post。在这种情况下,当用户提交网页时,表单数据将以 HTTP 标头的形式发送到服务器端。此时,可以使用 Request 对象的 Form 属性来读取窗体变量。如 txtUserName 和 txtPassword 的文本框控件,可以通过以下形式来读取它们的值:

```
Request.Form ["txtUserName"];
Request.Form ["txtPassword"] ;
```

【例 8-6】 Request 对象的主要方法。

第 1 步,打开 AspWebsite 网站,选择"添加新项"命令,在弹出的添加新项的对话框中选择"Web 窗体",名称设置为 Ex8-6.aspx,并设置 Ex8-6.aspx 为起始页。

第 2 步,在 Ex8-6.aspx 文件中添加如下代码:

```
< form id = "Form 1" action = "Ex8 - 7.aspx" method = "post">
< div style = "text - align:center"> 填写用户信息
< hr style = "size:50 % "/>
< div style = "text - align:left">
    用户名: < input name = "user_name" type = "text" /> < br />
```

```
密码：< input name = "Password1" type = "password" />< br />
确认密码：< input name = "Password2" type = "password" />< br />
性别：< input name = "sex" type = "radio" value = "女" />女
         < input id = "Radio1" type = "radio" value = "男" name = "sex" />男< br />
上传照片：< input id = "File1" type = "file" name = "picture"/> < br />
< input type = "submit" value = "提交" />
< input type = "reset" value = "重置" /></div >
</form >
```

Ex8-6.aspx 的页面如图 8-10 所示。

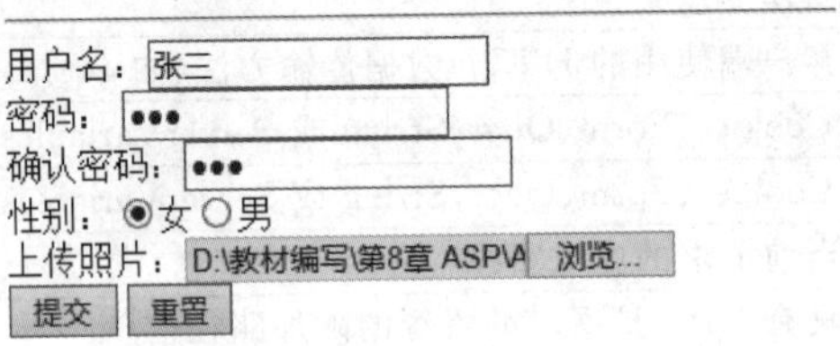

图 8-10　Ex8-6.aspx 的页面

第 3 步，打开 AspWebsite 网站，选择"添加新项"命令，在弹出的添加新项的对话框中选择"Web 窗体"，名称设置为 Ex8-7.aspx。在 Ex8-7.aspx 的 Page_Load 事件中添加如下代码：

```
protected void Page_Load(object sender, EventArgs e)
{
Response.Write("利用 Response 对象获取客户端数据");
Response.Write("< hr/>");
string[ ] names = Request.Form.AllKeys;
for (int i = 0; i < names.Length; i++)
{
string[ ] values = Request.Form.GetValues(i);
for (int j = 0; j < values.Length; j++)
Response.Write(names[ i ] + " = " + values[ j ] + "< br/>");
}//通过循环表单中的键和键值，用 Response.Write 输出
}
```

提交后，Ex8-7.aspx 的页面如图 8-11 所示。

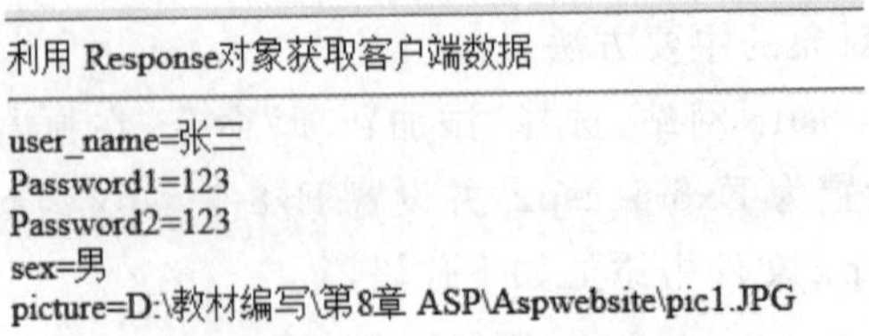

图 8-11　Ex8-7.aspx 的页面

2. 使用 Request.QueryString 属性读取变量

浏览网页时，经常看到浏览器地址栏中显示"xxx.aspx? id＝8018"之类的 URL，其中

xxx. aspx 表示要访问的. aspx 网页, 问号(?)后面的内容便是查询字符串, 其作用是将变量的名称和值传送给 ASP. NET 文件来处理。查询字符串变量可以通过以下几种方式生成。

方法 1, 若将 HTMLForm 控件的 Method 属性设置为 get, 则当用户提交网页时, 窗体数据将作为查询字符串变量附在网址后面被发送到服务器端。Get 方法传送的数据量较小, 不能大于 2KB; get 方法的安全性非常低, 但是执行效率却比 Post 方法好。

方法 2, 使用<a>…</a>标记或 HyperLink 控件创建超文本链接时, 可以将查询字符串放在目标 URL 后面, 并使用问号"?"来分隔 URL 与查询字符串。

方法 3, 调用 Response. Redirect 方法时, 若在网址参数后面附有变量名/值对, 则打开目标网页时这些变量值附在该网址后面被发送到服务器端。

方法 4, 在浏览器地址栏中输入请求 URL 时, 在 URL 后输入问号"?"和查询字符串。例如：http://…/t. aspx? Id＝8018 。

QueryString 的主要特点是简单快捷, 但是传递的值会显示在浏览器的地址栏上面, 考虑到安全性的问题, 需要在设置值的时候进行编码, 取值时候进行反编码。同时, QueryString 是不能传递对象的, 只能传递 string 字符串, 所以, 在传递一些对安全性要求不高的数值, 或者一些短小的字符串时, 可以考虑使用。

使用 Request. QueryString 属性读取窗体变量的方法, 如 Request. QueryString ["txtUserName"]。QueryString 集合检索 HTTP 查询字符串中变量的值。

【语法】

```
Request.QueryString(variable)[(index)|Count]
```

其中, 参数 variable 在 HTTP 查询字符串中指定要检索的变量名。参数 index 是一个可选参数, 可以用来检索 variable 的多个值中的某一个值。这可以是从 1 到 Request. QueryString(variable). Count 之间的任何整数。可以通过分析和检索查询字符串 Request. ServerVariables("Query_String")获得 Request. QueryString 集合。Request. QueryString (参数)的值是出现在 QUERY_STRING 中所有参数值的数组, 通过调用 Request. QueryString (parameter). Count 可以确定参数有多少个值。如果变量未关联多个数据集, 则计数为 1。如果找不到变量, 则计数为 0。

例如, 在 Ex8-6. aspx 中新添加一个按钮 Button1, 并在 Button1_Click 中添加如下代码：

```
protected void Button1_Click(object sender, EventArgs e)
    {
    string querystr = "Zhangsan";
    Response.Redirect("Ex8 - 7.aspx?a = " + querystr);
    }
```

在 Ex8-7. aspx. cs 的 Page_Load 事件中添加如下代码：

```
Response.Write(Request.QueryString["a"]);
```

3. 使用 Request. Params 属性读取窗体变量

不论 HTML 的 Form 控件的 Method 属性取什么值, 都可以使用 Request 对象的 Params 属性来读取窗体变量的内容, 如 Request. Params["txtPassword"]或者 Request. ["txtPassword"], 优先获取 GET 方式提交的数据, 它会在 QueryString、Form、

ServerVariable 中都按先后顺序搜寻一遍。Request. Params 是所有 post 和 get 传过来的值的集合，Request. Params 是一个集合，依次包括 Request. QueryString、Request. Form、Request. Cookies 和 Request. ServerVariable。当使用 Request. Params 的时候，这些集合项中最好不要有同名项。如果仅仅是需要 Form 中的一个数据，但却使用了 Request，而不是 Request. Form，那么程序将在 QueryString、ServerVariable 中也搜寻一遍。如果正好 QueryString 或者 ServerVariable 里面也有同名的项，那么得到的就不是想要的值了。

4. Request 对象取得 Web 服务器端的系统信息

Request 对象使用 ServerVariables 集合对象保存服务器端系统信息，这些信息变量包含在 HTTP 头部中随 HTTP 请求一起传送。使用 Request 对象的 ServerVariables 集合对象取得环境变量的语法如下：

【语法】

Request.ServerVariables[环境变量名]

常见的环境变量名及其含义见表 8-8。

表 8-8　常见的环境变量名及其含义

环境变量名	含　　义
Request. ServerVariables("Url")	返回服务器地址
Request. ServerVariables("Path_Info")	客户端提供的路径信息
Request. ServerVariables("Appl_Physical_Path")	与应用程序元数据库路径相应的物理路径
Request. ServerVariables("Path_Translated")	通过由虚拟至物理的映射后得到的路径
Request. ServerVariables("Script_Name")	执行脚本的名称
Request. ServerVariables("Query_String")	查询字符串内容
Request. ServerVariables("Http_Referer")	请求的字符串内容
Request. ServerVariables("Server_Port")	接收请求的服务器端口号
Request. ServerVariables("Remote_Addr")	发出请求的远程主机的 IP 地址
Request. ServerVariables("Remote_Host")	发出请求的远程主机名称
Request. ServerVariables("Local_Addr")	返回接收请求的服务器地址
Request. ServerVariables("Http_Host")	返回服务器地址
Request. ServerVariables("Server_Name")	服务器的主机名、DNS 地址或 IP 地址
Request. ServerVariables("Request_Method")	提出请求的方法，如 GET、HEAD、POST 等
Request. ServerVariables("Server_Port_Secure")	如果接收请求的服务器端口为安全端口时，则为 1，否则为 0
Request. ServerVariables("Server_Protocol")	服务器使用的协议的名称和版本
Request. ServerVariables("Server_Software")	应答请求并运行网关的服务器软件的名称和版本
Request. ServerVariables("All_Http")	客户端发送的所有 HTTP 标头，前缀为 HTTP_
Request. ServerVariables("All_Raw")	客户端发送的所有 HTTP 标头，其结果和客户端发送时一样，没有前缀 HTTP
Request. ServerVariables("Appl_MD_Path")	应用程序的元数据库路径
Request. ServerVariables("Content_Length")	客户端发出内容的长度
Request. ServerVariables("Https")	如果请求穿过安全通道（SSL），则返回 ON；如果请求来自非安全通道，则返回 OFF

续表

环境变量名	含　义
Request. ServerVariables("Instance_ID")	IIS 实例的 ID 号
Request. ServerVariables("Instance_Meta_Path")	响应请求的 IIS 实例的元数据库路径
Request. ServerVariables("Http_Accept_Encoding")	返回内容如 gzip、deflate
Request. ServerVariables("Http_Accept_Language")	返回内容如 en-us
Request. ServerVariables("Http_Connection")	返回内容 Keep-Alive
Request. ServerVariables("Http_Cookie")	返回 Cookie 内容
Request. ServerVariables("Http_User_Agent")	返回内容：Mozilla/4.0（compatible；MSIE6.0；WindowsNT5.1；SV1）
Request. ServerVariables("Https_Keysize")	安全套接字层连接关键字的位数，如 128
Request. ServerVariables("Https_Secretkeysize")	服务器验证私人关键字的位数，如 1024
Request. ServerVariables("Https_Server_Issuer")	服务器证书的发行者字段
Request. ServerVariables("Https_Server_Subject")	服务器证书的主题字段
Request. ServerVariables("Auth_Password")	当使用基本验证模式时，客户在密码对话框中输入的密码
Request. ServerVariables("Auth_Type")	当用户访问受保护的脚本时，服务器用于检验用户的验证方法
Request. ServerVariables("Auth_User")	获取当前用户登录的域或用户名
Request. ServerVariables("Cert_Cookie")	唯一的客户证书 ID 号
Request. ServerVariables("Cert_Flag")	客户证书标识，如果有客户端证书，则 bit0 被设置为 0；如果客户端证书验证无效，bit1 被设置为 1
Request. ServerVariables("Cert_Issuer")	用户证书中的发行者字段
Request. ServerVariables("Cert_Keysize")	安全套接字层连接关键字的位数，如 128
Request. ServerVariables("Cert_Secretkeysize")	服务器验证私人关键字的位数，如 1024
Request. ServerVariables("Cert_Serialnumber")	客户证书的序列号字段
Request. ServerVariables("Cert_Server_Issuer")	服务器证书的发行者字段
Request. ServerVariables("Cert_Server_Subject")	服务器证书的主题字段
Request. ServerVariables("Cert_Subject")	客户端证书的主题字段
Request. ServerVariables("Content_Type")	客户发送的 form 内容或 HTTPPUT 的数据类型

5. Request 对象取得客户端的浏览器信息

通过 Request 对象获得 Browser 属性，需要利用 Browser 属性生成一个 HttpBrowserCapabilities 类型的对象实例。Request. Browser 的常见属性见表 8-9。

表 8-9　Request. Browser 的常见属性

Browser 的属性	含　义
Request. Browser. Browser	检测浏览器的类型
Request. Browser. Version	检测浏览器的版本
Request. Browser. Cookies	检测浏览器是否支持 Cookies
Request. Browser. VBScript	检测浏览器是否支持 VBScript
Request. Browser. JavaScript	检测浏览器是否支持 JavaScript

续表

Browser 的属性	含 义
Request. Browser. ActiveXControls	检测浏览器是否支持 ActiveX 插件
Request. Browser. JavaApplets	检测浏览器是否支持 JavaApplet
Request. Browser. Type	检测浏览器名称和版本号
Request. Browser. MajorVersion	检测浏览器的主版本号
Request. Browser. MinorVersion	检测浏览器的次版本号
Request. Browser. Platform	检测操作平台
Request. Browser. Beta	检测浏览器是不是测试版本
Request. Browser. Crawler	检测浏览器是否支持爬虫
Request. Browser. AOL	检测是否为 AOL(美国在线)发布的新网页浏览器
Request. Browser. Win16	检测是否为 Win16
Request. Browser. Win32	检测是否为 Win32
Request. Browser. Frames	检测是否支持框架
Request. Browser. Tables	检测是否支持表格
Request. Browser. Cookies	检测是否支持 Cookies
Request. Browser. CDF	CDF(Channel Definition Form at)是 Microsoft 在 IE 4.0 浏览器中使用的通道定义格式的 XML 数据
Request. Browser. ClrVersion	客户端 .NET Framework 版本

【例 8-7】 Request 对象的 ServerVariables 和 Browser 属性。

第 1 步,打开 AspWebsite 网站,选择"添加新项"命令,在弹出的添加新项的对话框中选择"Web 窗体",名称设置为 Ex8-8. aspx,并设置 Ex8-8. aspx 为起始页。

第 2 步,在 Ex8-8. aspx 的 Page_Load 事件中添加如下代码:

```
protected void Page_Load(object sender,EventArgs e)
{
    Response.Write(Request.ServerVariables["LOCAL_ADDR"]);    //远端服务器的地址
    Response.Write("<br>");
    Response.Write(Request.ServerVariables["Remote_ADDR"]);   //浏览器所在主机的 IP 地址
    Response.Write("<br>");
    Response.Write(Request.ServerVariables["url"]);
    Response.Write("<br>");
    Response.Write(Request.Browser.Type.ToString());          //浏览器的类型
    Response.Write("<br>");
    Response.Write(Request.Browser.Platform .ToString());     //浏览器所在的平台
    HttpBrowserCapabilities bc = Request.Browser;
    Response.Write("<p>Browser Capabilities:</p>");
    Response.Write("Type = " + bc.Type + "<br>");
    Response.Write("Name = " + bc.Browser + "<br>");
    Response.Write("Version = " + bc.Version + "<br>");
    Response.Write("Major Version = " + bc.MajorVersion + "<br>");
    Response.Write("Minor Version = " + bc.MinorVersion + "<br>");
    Response.Write("Platform = " + bc.Platform + "<br>");
    Response.Write("Is Beta = " + bc.Beta + "<br>");
```

```
Response.Write("Is Crawler = " + bc.Crawler + "<br>");
Response.Write("Is AOL = " + bc.AOL + "<br>");
Response.Write("Is Win16 = " + bc.Win16 + "<br>");
Response.Write("Is Win32 = " + bc.Win32 + "<br>");
Response.Write("Supports Frames = " + bc.Frames + "<br>");
Response.Write("Supports Tables = " + bc.Tables + "<br>");
Response.Write("Supports Cookies = " + bc.Cookies + "<br>");
Response.Write("Supports VB Script = " + bc.VBScript + "<br>");
Response.Write("Supports JavaScript = " + bc.JavaScript + "<br>");
Response.Write("Supports Java Applets = " + bc.JavaApplets + "<br>");
Response.Write("Supports ActiveX Controls = " + bc.ActiveXControls + "<br>");
Response.Write("CDF = " + bc.CDF + "<br>");
}
```

第 3 步,运行结果如图 8-12 所示。

```
127.0.0.1
127.0.0.1
/Ex 8-8.aspx
InternetExplorer11
WinNT

Browser Capabilities:

Type = InternetExplorer11
Name = InternetExplorer
Version = 11.0
Major Version = 11
Minor Version = 0
Platform = WinNT
Is Beta = False
Is Crawler = False
Is AOL = False
Is Win16 = False
Is Win32 = True
Supports Frames = True
Supports Tables = True
Supports Cookies = True
Supports VB Script = False
Supports JavaScript = True
Supports Java Applets = False
Supports ActiveX Controls = False
CDF = False
```

图 8-12 运行结果

6. 读取客户端 Cookie

Cookie 是在 HTTP 下服务器或脚本可以维护客户工作站上信息的一种方式。Cookie 是由 Web 服务器保存在用户浏览器上的小文本文件,它可以包含有关用户的信息,这些信息以名/值对的形式储存在文本文件中。无论何时,只要用户连接到服务器,Web 站点就可以访问 Cookie 信息。Cookie 保存在用户的 Cookie 文件中,当下一次用户返回时,仍然可以对它进行调用。Cookies 集合是由一些 Cookie 对象组成的。Cookie 对象的类名为 HttpCookie。Request.Cookie 的常见属性见表 8-10。

表 8-10 Request.Cookie 的常见属性

属 性 名	含 义
Domain	获取或设置 Cookie 的作用域,接收或返回一个 String 值
Secure	获取或设置 Cookie 是否安全传输(即仅通过 Https 传送),接收或返回一个 bool 值
Value	获取或设置单个 Cookie 的值,接收或返回一个 String 值
Values	获取 Cookie 所包含的键值对的集合
Path	获取或设置该 Cookie 作用路径,接收或返回一个 String 值
Name	获取或设置 Cookie 的名称,该值接收或返回一个 String 值
HttpOnly	获取或设置一个值,该值指定 Cookie 是否可以通过客户端脚本访问,接收或返回一个 bool 值
HasKeys	获取一个值,通过该值指示 Cookie 是否含有子键,返回一个 bool 值
Expires	获取或设置 Cookie 的有效时间,接收或返回一个 DateTime 值

使用 Cookie 保存客户端浏览器信息时,保存时间的长短取决于 Cookie 对象的 Expires 属性,可以根据需要设置。若未设置 Cookie 的失效日期,则它们仅保存到关闭浏览器为止。若将 Cookie 对象的 Expires 属性设置为 DateTime. MaxValue,则表示 Cookie 永远不会过期。

Cookie 存储的数据量的大小有限制,大多数浏览器支持的最大容量为 4096B,因此不要用 Cookie 来保存大量数据。并非所有浏览器都支持 Cookie,并且数据是以明文形式保存在客户端计算机中的,因此最好不要用 Cookie 来保存敏感的未加密数据。

ASP. NET 中有两个 Cookies 集合:Response. Cookies 和 Request. Cookies 集合。两者的作用不同,通过前者可以将 Cookie 写入客户端,通过后者可以读取存储在客户端的 Cookie。

【例 8-8】 Cookie 的保存和读取。

第 1 步,打开 AspWebsite 网站,选择"添加新项"命令,在弹出的添加新项的对话框中选择"Web 窗体",名称设置为 Ex8-9. aspx,并设置 Ex8-9. aspx 为起始页。

第 2 步,在 Ex8-9. aspx 页面中添加如下代码:

```
<% @ Page Language = "C#" AutoEventWireup = "true" CodeFile = "EX8 - 9.aspx.cs" Inherits =
"EX8_9" %>
<! DOCTYPE HTML >
< HTML xmlns = "http://www.w3.org/1999/xHTML">
< head runat = "server">
< Meta http - equiv = "Content - Type" content = "text/HTML; charset = utf - 8"/>
</head >
< body >
    < form id = "form 1" runat = "server">
        < div >
    < div > 请输入登录信息 </div >
    < div >
        <p>用户名< asp:TextBox ID = "UserName" runat = "server"></asp:TextBox></p>
         <p>密码< asp:TextBox ID = "Password" runat = "server"></asp:TextBox > </p>
         < p > Cookie 保存< asp:DropDownList ID = "IfSave" runat = "server">
           < asp:ListItem>保存</asp:ListItem >< asp:ListItem>不保存</asp:ListItem ></asp:
DropDownList >
        </p>
    </div >
    < div >< asp:Button ID = "submit" runat = "server" Text = "提交" /></div >
    </div >
    </form >
    </body >
</HTML >
```

第 3 步,在 Ex8-9. aspx. cs 文件中添加如下代码:

```
protected void Page_Load(object sender, EventArgs e)
{
    HttpCookie c1 = Request.Cookies["UserName"];
    HttpCookie c2 = Request.Cookies["Password"];
    if (c1 != null || c2 != null)
```

```
    { //当保存完 cookie 后(也就是说"保存或永久保存"),才会输出 cookie 的值,即当第二次用同
//一浏览器打开该网站时也会输出其值
        Response.Write(c1.Value + "欢迎光临");
    }
  }
protected void submit_Click(object sender,EventArgs e)
{
if (UserName.Text == "admin" && Password.Text == "123")
  {
        Response.Write("欢迎光临" + UserName.Text);
        Response.Cookies["UserName"].Value = UserName.Text;
        Response.Cookies["Password"].Value = Password.Text;
        if (IfSave.SelectedItem.Text == "保存")
        { //默认 cookies 失效时间是直到关闭浏览器,如果设置为 DateTime.MaxValue,则表示
//Cookie 永远不会过期
            Response.Cookies["UserName"].Expires = DateTime.MaxValue;
            Response.Cookies["Password"].Expires = DateTime.MaxValue;
        }
        else
        { //Cookie 永不保存
            Response.Cookies["UserName"].Expires = DateTime.Now;
            Response.Cookies["Password"].Expires = DateTime.Now;
        }
    }
}
```

7. Request. MapPath()的路径映射方法

Request.MapPath(VirtualPath)方法,将当前请求的 URL 中的虚拟路径 VirtualPath 映射到服务器上的物理路径。参数 VirtualPath 指定当前请求的虚拟路径,可以是绝对路径或相对路径。该方法的返回值为由 VirtualPath 指定的服务器物理路径。

假设当前的网站目录为"D:\wwwroot",浏览的页面路径为"D:\wwwroot\company\news\show.asp"。在 show.asp 页面中使用:

Request. MapPath("./"),返回路径为"D:\wwwroot\company\news"。

Request. MapPath("/"),返回路径为"D:\wwwroot"。

Request. MapPath("show.asp"),返回路径为"D:\wwwroot\company\news\show.asp"。

Request. MapPath(string)中的 string 为虚拟目录,只能采用 Web 虚拟目录形式,不允许".."/"方式调用,只能是"/""./""/xx"等字符串。

8. Request. SaveAs()方法

Request.SaveAs (Filename, includeHeaders),将 HTTP 请求保存到磁盘。参数 Filename 指定物理驱动器路径,includeHeaders 是一个布尔值,指定是否应将 HTTP 标头保存到磁盘。

9. Request. Files 获取文件

对于文件上传,一种方法是使用 ASP.NET 的 FileUpload 服务器端控件,直接使用 FileUpload1.PostedFile 获取上传文件框的文件。另一种方法是使用 HTML 控件< input type＝"file" name＝"pic1" />在表单提交，ASP. NET 使用 Request. Files 获取。

Request. Files. Count 表示从客户端的服务端控件或 HTML 控件传了多少个文件。如果文件上传框中没有选择文件，有些浏览器可能会当作上传了无内容的文件。

Request. Files[i]. ContentLength 获取了上传文件的大小，以字节为单位。

Request. Files[i]. ContentType 获取了客户端发送的文件的 MIME 内容类型。

Request. Files[i]. FileName 获取上传文件的文件名。

Request. Files[i]. InputStream 获取文件流。

Request. Files[i]. SaveAs(string filename)把获取的文件保存到服务器。

上面的 Request. Files[i]也可以是 Request. Files[name]。

客户端实现上传文件的功能，HTML 的 File 控件需要使用关闭式方法，即添加属性 runat＝"server"。此外，Form 窗体也要加上属性 runat＝"server"。如：

```
< form id = "form 1" method = "post" runat = "server">
< input id = "File1" type = "file" name = "File1" runat = "server"/>
< input id = "Submit1" type = "submit" value = "submit" />
</form >
```

【例 8-9】 HTML 控件 File 的关闭式文件上传方法。

第 1 步，打开 AspWebsite 网站，选择"添加新项"命令，在弹出的添加新项的对话框中选择"Web 窗体"，名称设置为 Ex8-10. aspx，并设置 Ex8-10. aspx 为起始页。

第 2 步，在 Ex8-10. aspx 中添加如下代码：

```
< % @ Page Language = "C#" AutoEventWireup = "true" CodeFile = "Ex8 - 10. aspx. cs" Inherits = "Ex_10" %>
<! DOCTYPE HTML >
< HTML xmlns = "http://www.w3.org/1999/xHTML">
< head runat = "server">
< Meta http - equiv = "Content - Type" content = "text/HTML; charset = utf - 8"/>
</head >
< body >
    < form id = "form 1" runat = "server" action = "Ex8 - 10. aspx" >
        < input id = "File1" type = "file" runat = "server"/>
    < div >
        < asp:Button ID = "Button1" runat = "server" OnClick = "Button1_Click" Text = "上传文件" />
    </div >
    < asp:HyperLink ID = "HyperLink1" runat = "server">HyperLink </asp:HyperLink>
    </form >
    </body >
    </HTML >
```

运行结果如图 8-13 所示。

第 3 步，在 Ex8-10. aspx. cs 中添加如下代码：

```
protected void Button1_Click(object sender,EventArgs e)
{
    if (Request. Files. Count > 0)
```

图 8-13 运行结果

```
    {
        HttpPostedFile f = Request.Files[0];
        f.SaveAs(Server.MapPath("002.jpg"));
        this.HyperLink1.Text = "002.jpg";
        this.HyperLink1.NavigateUrl = Server.MapPath("002.jpg");
    }
}
```

在 ASP.NET 中,File 框也可以不使用 runat="server",而在 form 里,加上 enctype="multipart/form-data"也可以实现上传文件到服务器。如:

```
< form id = "form 1" method = "post" enctype = "multipart/form - data" action = "d.aspx">
    < input id = "File1" type = "file" name = "File1"/>
    < input id = "Submit1" type = "submit" value = "submit" />
</form >
```

使用了 runat="server"的 form 编译后,action 指向本身的网页。而没有加 runat="server"的 form 可以指向一个网页,这样可以实现异文件上传,但是代码就简便许多。异文件上传的 d.aspx.cs 处理代码如下:

```
using System;
using System.Data;
using System.Configuration;
using System.Collections;
using System.Web;
using System.Web.Security;
using System.Web.UI;
using System.Web.UI.WebControls;
using System.Web.UI.WebControls.WebParts;
using System.Web.UI.HTMLControls;
public partial class d: System.Web.UI.Page
{
    protected void Page_Load(object sender, EventArgs e)
    {
        if (Request.Files.Count > 0)
        {
            HttpPostedFile f = Request.Files[0];
            f.SaveAs(Server.MapPath("002.jpg"));
        }
    }
}
```

关闭式方法,File 控件和表单 Form 一定要加上 runat=server 属性,而开放式方法,则 File 控件和表单 Form 都不用加 runat=server 属性。都不加 runat="server",即写成纯 HTML 代码。所以,在 form 中加入 method=post enctype="multipart/ form-data"。使用表单文件域(input type="file")时,在 PostBack 中使用 Request.Files 获取不到文件。经研究发现,在 input 标签中使用 runat="server"后,是能够正常获取的。但是,为了前端的元素 ID 不被修改,尽量不使用 runat="server"。要让 form 能够传递文件,必须在 form 标签中加入 enctype="multipart/form-data"。

```
< form enctype = "multipart/form - data" ID = "form 1" runat = "server">
```

```
< input type = "file" name = "filename" />
</form >
```

若在 input 中使用了 runat＝"server"，那么 ASP．NET 会自动处理这些事情。

8.3.4 Server 对象

Server．MapPath(Path)方法将指定的相对或虚拟路径映射到服务器上相应的物理目录上，参数 Path 是指定要映射物理目录的相对或虚拟路径。若 Path 以一个正斜杠(/)或反斜杠(\)开始，则 MapPath 方法返回路径时将 Path 视为完整的虚拟路径。若 Path 不是以斜杠开始，则 MapPath 方法返回同.asp 文件中已有的路径相对的路径。

Web 路径用".／"表示当前目录，用"/"表示根目录，用"..／"表示上层目录(相对当前来说)。假设当前的网站目录为"D:\wwwroot"，浏览的页面路径为"D:\wwwroot\company\news\show.asp"。在 show.asp 页面中使用

Server．MapPath(".／")，返回路径为"D:\wwwroot\company\news"。

Server．MapPath("/")，返回路径为"D:\wwwroot"。

Server．MapPath("..／")，返回路径为"D:\wwwroot\company"。

Server．MapPath (request．ServerVariables("Path_Info"))返回路径为"D:\wwwroot\company\news \show.asp"。

Server．MapPath(string)中，string 可以用"..／"方式引用父目录，甚至可以将此目录跳到整个 Web 目录外，如假设目录"C:\WWWROOT"为 Web 根目录，在根目录文件中调用此 Server．MapPath("..／xyz.gif")，则可以调用 Web 目录外的脚本、资源等。

有时直接用 Server．MapPath(string)调用一个文件比较麻烦，因为不同的目录中调用同一个 Server．MapPath(string)函数，就会得到不同的值。特殊情况，需要通过判断本身目录层次，才能获取正确的地址，而使用的 Request．MapPath(string)就可以调用同一个目录文件，不用做目录判断。

8.3.5 Session 对象

因为 HTTP 是一种无状态协议，能高效地完成服务器和浏览器之间的通信任务，但不能通过页面和客户端保持连接，无法得知用户浏览状态。如果用户需要增加一些信息和跳转到另外的页面，原有的数据将会丢失，且用户将无法恢复这些信息。为此，引入了 Session 对象弥补这个不足，提供在服务器端保存任何类型对象和用户对象的信息，用户在应用程序的页面切换时，Session 对象的变量不会被清除。

Session 对象具有唯一性。对于一个 Web 应用程序而言，所有用户访问到的 Application 对象的内容是完全一样的。Session 为每个客户端都独立地保存，存储着每个客户端的基础信息。而不同用户会话访问到的 Session 对象的内容则各不相同。Session 可以保存变量，该变量只能供一个用户使用。也就是说，每个网页浏览者都有自己的 Session 对象变量，即 Session 对象具有唯一性。

Session 对象具有依赖性。Session 依赖于 Cookies，当一个访问者将 Cookies 关闭，或者浏览器不支持该 Cookies 时，则一个会话将无法被启动，所以它也就无法访问一个 Session 对象。

使用 Session 的优点：能在整个应用中帮助维护用户状态和数据，能实现存储任何类型的对象，能独立地保存客户端数据。且对于用户来说，Session 是安全的、透明的。使用 Session 的缺点：因为 Session 使用的是服务器的内存，所以在用户量大的时候会成为性能瓶颈。

1. Session 对象的集合

Session 对象包含 Contents 和 StaticObjects 两个集合。Contents 中存储的是没有用< OBJET>标签定义的对象和变量，而 StaticObjects 包含的是用< OBJET >标签定义的对象和变量。

Session. Contents 数据集合包含了 Server. CreateObject( )方法创建的对象，通过 Session 对象声明建立的变量。

【语法】

```
Session.Contents(key)
```

key 用于指明 Session 变量的名称，由于 Contents 集合是 Session 的默认集合，所以也可通过下面的形式访问 Contents 集合。

```
Session.(key)
```

例如，把"Donald Duck"赋值给名为 username 的 Session 变量，Session["username"]="Donald Duck"；把"50"赋值给名为 age 的 Session 变量：Session["age"]=50。

Session. StaticObjects 集合包含在 Global. asax 文件中使用< OBJECT >标记创建的所有 Session 级对象和变量。Global. asax 是一个非常重要的文件，可以在该文件中指定事件脚本，并声明具有会话和应用程序作用域的对象。

利用< OBJECT >标记创建对象的基本语法格式为

```
< OBJECT SCOPE = Scope RUNAT = Server ID = Identifier
  {PROGID = "progID"ICLASSID = "ClassID")>
```

其中，SCOPE 说明该对象的使用范围，在 Global. asax 中有两个取值：Application 和 Session。当指定为 Session 时，就创建了一个 Session 对象；ID 用于指定创建对象实例时的名字；PROGID 是与类标识相关的标识；ICLASSID 用于指定 COM 类对象的唯一标识。下面创建一个名为 FSO 的 Session 对象。

```
< OBJECT SCOPE = Session RUNAT = SeryerID = "FSO" PROGID = "ADODB.Connection"> </OBJECT>
```

利用 Session 对象的 StaticObject 集合，可以访问由< OBJECT >标记创建的所有对象，其基本语法格式为

【语法】

```
Session. StaticObjects (key)
```

其中，key 指定对象变量的名称。

2. Session 的属性

SessionID 属性是服务器给客户端的一个编号，当一台 WWW 服务器运行时，可能有若干个用户浏览正在运行在这台服务器上的网站。当每个用户首次与这台 WWW 服务器建

立连接时，就与这个服务器建立了一个 Session，同时服务器会自动为其分配一个 SessionID，用以标识这个用户的唯一身份。这个 SessionID 是由 WWW 服务器随机产生的一个由 24 个字符组成的字符串。

Timeout 属性以分钟为单位为该应用程序的 Session 对象指定超时时限。如果用户在该超时时限内不刷新或请求网页，则该会话将终止。一般 ASP 2.0 默认为 20min，ASP 3.0 默认为 10min。如果希望将超时的时间间隔设置得更长或更短，可以设置 Timeout 属性，如 Session. Timeout＝5（设置了 5min 的超时时间间隔）。

3. Session 的方法

Session. Abandon()方法，可以立即结束 Session，允许在用户级会话空间中删除一些变量。Abandon 方法结束当前用户的会话，一旦当前文件结束运行，则将销毁当前的 Session。但即使调用了 Abandon 方法，也仍然保存该文件当前的会话变量。也就是说，Abandon 方法只是删除所有存储在 Session 对象中的对象和变量，并释放它们所占用的资源，而不能取消 Session 对象本身。

4. Session 的事件

一个用户从访问 ASP 应用程序中的页面到离开该应用程序这段期间，称为会话。当用户第一次请求应用程序中的页面时，Web 服务器会自动为该用户创建一个 Session 对象，这个 Session 对象会一直保持，直到会话结束。通过 Session 对象的 OnStart 事件和 OnEnd 事件编写脚本可以在会话开始和结束时执行指定的操作。可以在全局文件 Global. asax 中为这两个事件指定脚本。当会话开始时，服务器在 Global. asax 文件中查找并处理 Session_Start 事件脚本。该脚本将在处理用户请求的 Web 页之前处理。会话结束时，服务器将处理 Session_End 事件脚本。默认的 Global. asax 文件内容如下：

```
< % @ Application Language = "C#" %>
< script runat = "server">
void Session_Start(object sender,EventArgs e)
{
    //在新会话启动时运行的代码
    }

void Session_End(object sender,EventArgs e)
{
// 在会话结束时运行的代码
// 注意：只有在 Web.config 文件中的 sessionstate 模式设置为
// InProc 时,才会引发 Session_End 事件.如果会话模式设置为 StateServer
// 或 SQL Server,则不引发该事件
}
</script>
```

【例 8-10】 基于 Session 的值传递。

第 1 步，打开 AspWebsite 网站，选择"添加新项"命令，在弹出的添加新项的对话框中选择"Web 窗体"，名称设置为 Ex8-11. aspx，并设置 Ex8-11. aspx 为起始页。

第 2 步，选择"添加新项"命令，在弹出的添加新项的对话框中选择"Web 窗体"，名称设置为 Ex8-12. aspx。

第 3 步,在 Ex8-11.aspx 中添加如下代码:

```
<% @ Page Language = "C # " AutoEventWireup = "true" CodeFile = "Ex8 - 11.aspx.cs" Inherits =
"Ex8_11" %>
<! DOCTYPE HTML >
< HTML xmlns = "http://www.w3.org/1999/xHTML">
< body >
< form id = "form 1" runat = "server">
< asp:Literal ID = "Literal1" runat = "server" Text = "姓名"></asp:Literal>
< asp:TextBox ID = "Name" runat = "server"></asp:TextBox>
< asp:Literal ID = "Literal2" runat = "server" Text = "E - mail"></asp:Literal>
< asp:TextBox ID = "Email" runat = "server"></asp:TextBox>
< asp:Button ID = "Button1" runat = "server" Text = "提交" OnClick = "Button1_Click" />
</form >
</body >
</HTML >
```

第 4 步,在 Ex8-11.aspx 中双击"提交"按钮,转入 Ex8-11.aspx.cs 文件,添加如下代码:

```
protected void Button1_Click(object sender,EventArgs e)
{
    Session["name"] = Name.Text;
    Session["email"] = Email.Text;
    Response.Redirect("Ex8 - 12.aspx");
}
```

第 5 步,在 Ex8-12.aspx.cs 文件中添加如下代码:

```
protected void Page_Load(object sender,EventArgs e)
{
Response.Write(Session.SessionID + "</br>");
Response.Write("hello" + Session["Name"].ToString() + ",your e - mail is" +
Session["Email"]);
}
```

第 6 步,运行程序,在 Ex8-11.aspx 界面中输入如图 8-14 所示的数据,单击"提交"按钮,得到如图 8-15 所示的结果。

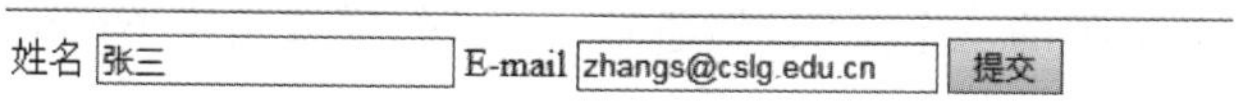

姓名 张三　　　　E-mail zhangs@cslg.edu.cn　提交

as2bylrfqfdww0mwlbzn5lzz
hello张三,your e-mail iszhangs@cslg.edu.cn

图 8-14　输入数据 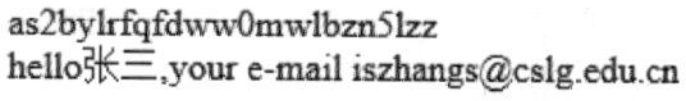　　　　　　　　图 8-15　运行结果

8.3.6 Cookies 对象

Cookies 对象也称缓存对象,用于保存客户端浏览器请求的服务器页面,也可用于存放非敏感性的用户信息,信息保存的时间可以根据用户的需要进行设置。Cookie 就是 Web 服务器保存在用户硬盘上的一段文本。Cookie 允许一个 Web 站点在用户的计算机上保存

信息,并且随后再取回它。信息的片的以"键/值"对的形式存储。

Cookie 存储的数据量很受限制,大多数浏览器支持的最大容量为 4096B,因此不要用来保存数据集及其他大量数据。Cookie 用于保存客户浏览器请求服务器页面的请求信息,程序员也可以用它存放非敏感性的用户信息,信息保存的时间可以根据需要设置。并非所有的浏览器都支持 Cookie,并非数据信息都是以文本的形式存在于客户端的。Application、Session 和 Cookie 的区别见表 8-11。

表 8-11 Application、Session 和 Cookie 的区别

对 象	信息量大小	保存时间	应用范围	保存位置
Application	任意大小	整个应用程序的生命期	所有用户	服务器端
Session	小量,简单的数据	用户活动时间＋一段延迟时间(一般为 20min)	单个用户	服务器端
Cookie	小量,简单的数据	可以根据需要设定	单个用户	客户端

由于并非所有的浏览器都支持 Cookie,并且数据信息是以明文文本的形式保存在客户端的计算机中,因此最好不要保存敏感的、未加密的数据,否则会影响网站的安全性。

有两种类型的 Cookie:会话 Cookie(Session Cookie)和持久性 Cookie。前者是临时性的,一旦会话状态结束,它将不复存在;后者则具有确定的过期日期,在过期之前,Cookie 在用户的计算机上以文本文件的形式存储。

在服务器上创建并向客户端输出 Cookie 可以利用 Response 对象实现。Response 对象支持一个名为 Cookies 的集合,可以将 Cookie 对象添加到该集合中,从而向客户端输出 Cookie。通过 Request 对象的 Cookies 集合访问 Cookie,具体方法参见 8.3.3 节 Request 对象。

1. Cookies 的属性

Cookies.Expires 属性,设定 Cookie 变量的有效时间,默认是 1000min,若设置为 0,则可以实时删除 Cookie 变量。如果没有设置 Cookie 失效日期,它们仅保存到关闭浏览器程序为止。如果将 Cookie 对象的 Expires 属性设置为 Minvalue,则表示 Cookie 永远不会过期。

Cookies.Name 属性,取得 Cookie 变量名称。Cookies.Value 属性,获取或设置 Cookie 变量的内容值。每个 Cookie 是 HttpCookie 类的一个实例,创建 Cookie 时,需要指定 Name 和 Value 属性。

Cookies.Path 属性,获取或设置 Cookie 只用的 URL。

2. Cookie 常用方法

Cookie.Add(),增加 Cookie 变量,将指定的 Cookie 保存到 Cookies 集合中。

Cookie.Clear(),清除 Cookie 集合中的变量。

Cookie.Get(),通过变量名或索引得到 Cookie 变量的值。

Cookie.Remove(),通过 Cookie 变量名或索引删除 Cookie 对象。

Cookie.Equals(),指定 Cookie 是否等于当前的 Cookie。

Cookie.ToString(),返回此 Cookie 对象的一个字符串表示形式。

【例 8-11】　Session 使用实例。

第 1 步，打开 AspWebsite 网站，选择"添加新项"命令，在弹出的添加新项的对话框中选择"Web 窗体"，名称设置为 Ex8-13.aspx，并设置 Ex8-13.aspx 为起始页。

第 2 步，在 Ex8-13.aspx.cs 文件中添加如下代码：

```
protected void Page_Load(object sender,EventArgs e)
{
HttpCookie cookie = new HttpCookie("id","234");          //创建 Cookie 的实例
cookie.Expires = DateTime.Now.AddMonths(5);              //设置 Cookie 的过期时间,5min
                                                          后过期,自动清除文件

Response.Cookies.Add(cookie);                            //将创建的 Cookie 文件输入到浏
                                                          览器端

Response.Write(Request.Cookies["id"].Value + "</br>");   //读取 Cookie 文件中存储的值
Response.Write(Request.Cookies["id"].Path);             //读取 Cookie 的路径
}
```

第 3 步，运行程序。输出结果为

```
234
/
```

8.3.7　Page 对象

Page 类与扩展名为 .aspx 的文件相关联；这些文件在运行时被编译为 Page 对象，并被缓存在服务器内存中。如果是使用代码隐藏技术创建 Web 窗体页，请从该类派生，如 public partial class _Default：System.Web.UI.Page。Page 对象充当页中所有服务器控件的命名容器。代码隐藏源文件声明了一个从基页类继承的分部类。基页类可以是 Page，也可以是从 Page 派生的其他类。分部类允许代码隐藏文件使用页中定义的控件，而无须将其定义为字段成员。例如，Ex8-13.aspx.cs 中 Page 使用：

```
using System;
using System.Collections.Generic;
using System.Linq;
using System.Web;
using System.Web.UI;
using System.Web.UI.WebControls;
public partial class EX8_13: System.Web.UI.Page
{
    protected void Page_Load(object sender,EventArgs e)
    {
    }
}
```

代码隐藏源文件 Ex8-13.aspx.cs 对应的 .aspx 文件如下：

```
<% @ Page Language = "C#" AutoEventWireup = "true" CodeFile = "EX8 - 13.aspx.cs" Inherits =
"EX8_13" %>
```

必须使用 @ Page 指令并使用 Inherits 和 CodeFile 属性将代码隐藏文件链接至 .aspx

文件。在此示例中,Inherits 属性指示 EX8_13 类,CodeFile 属性指示包含该类的语言特定的文件的路径。Page 对象的常见属性、方法和事件分别见表 8-12、表 8-13 和表 8-14 所示。

表 8-12　Page 对象的常见属性

属 性 名 称	说　明
ErrorPage	获取或设置错误页,发生未处理的页异常的事件时,请求浏览器将被重定向到该页
Form	获取页的 HTML 窗体
Header	在网页的 head 元素声明中,用 runat＝server 定义了文档的标头
ID	已重写。获取或设置 Page 类的特定实例的标识符
IsPostBack	获取一个值,该值指示该页是否正为响应客户端回发而加载,或者它是否正被首次加载和访问
IsValid	获取一个值,该值指示页验证是否成功
Request	获取请求的页的 HttpRequest 对象
Response	获取与该 Page 对象关联的 HttpResponse 对象。该对象将 HTTP 响应数据发送到客户端,并包含有关该响应的信息
Server	获取 Server 对象,是 HttpServerUntility 类的实例
Session	获取 ASP. NET 提供的当前 Session 对象
ClientQueryString	获取请求的 URL 的查询字符串部分
Cache	获取与该页驻留的应用程序关联的 Cache 对象
Buffer	设置指示是否对页输出进行缓冲处理的值
Application	为当前 Web 请求获取 HttpApplicationState 对象

Page. IsPostBack 是一个标志:当前请求是否第一次打开。调用方法为 Page. IsPostBack 或者 IsPostBack 或者 this. IsPostBack 或者 this. Page. IsPostBack,它们是等价的。

通过浏览器的地址栏等方式打开一个 URL 时是第一次打开页面。当通过页面的提交按钮或能引起提交的按钮以 POST 方式提交服务器请求时,就不再是第一次打开页面了,每单击一次按钮,都是一次加载。判断一个 Page 是否第一次打开的方法:Request. Form. Count＞0。IsPostBack 只有在第一次打开的时候是 False,其他时候都是 True。每次用户回传服务器任何信息的时候,都会引发 isPostBack 属性,用来判断此用户是否为第一次打开。每次页面 Load 的时候,根据需要把每次都要加载的代码放在 IsPostBack 中,只需要加载一次的代码放在 if(!IsPostBack)中。

一些需要特殊处理的页面打开方式,包括 Server. Transfer、Response. Redirect、CrossPagePostBack、Server. Execute,发生了页面元素变化及重新编译。使用 Server. Transfer 进行迁移时,迁移到的页面其 IsPostBack＝false。使用 Response. Redirect 方式向自页面迁移时,此时 IsPostBack＝false。使用 Server. Execute 迁移到的页面其 IsPostBack＝false。

【例 8-12】　IsPostBack 判断第一次打开页面。

第 1 步,打开 AspWebsite 网站,选择"添加新项"命令,在弹出的添加新项的对话框中选择"Web 窗体",名称设置为 Ex8-14. aspx,并设置 Ex8-14. aspx 为起始页。

第 2 步,在 EX8-14. aspx 文件中添加一个提交按钮,代码如下:

```
<%@ Page Language = "C#" AutoEventWireup = "true" CodeFile = "EX8 - 14.aspx.cs" Inherits =
"EX8_14" %>
<!DOCTYPE HTML >
< HTML xmlns = "http://www.w3.org/1999/xHTML">
< head runat = "server"> </head>
< body >
    < form id = "form 1" runat = "server">
        < asp:Button ID = "Button1" runat = "server" Text = "提交" />
    </form >
</body >
</HTML >
```

第 3 步,在 EX8-14.aspx.cs 文件中添加如下代码:

```
protected void Page_Load(object sender,EventArgs e)
{ if (!IsPostBack)
    { Response.Write("第一次提交!");
        }
    else
    { Response.Write("不是第一次提交!");
        }
}
```

第 4 步,运行程序,输出:"第一次提交!";单击"提交"按钮,输出:"不是第一次提交!"。

表 8-13 **Page 对象的常见方法**

方　　法	说　　明
DataBind	将数据源绑定到被调用的服务器控件及其所有子控件
Dispose	从内存中清理服务器控件,释放资源
Equals	确定两个 Object 实例是否相等
FindControl	在页命名容器中搜索指定的服务器控件
Focus	为控件设置输入焦点
GetDataItem	获取位于数据绑定上下文堆栈顶部的数据项
HasControls	确定服务器控件是否包含任何子控件
MapPath	检索虚拟路径(绝对的或相对的)或应用程序相关的路径映射到的物理路径
ParseControl	将输入字符串分析为 Web 窗体页或用户控件上的 Control 对象
ProcessRequest	设置 Page 的内部,如 Context、Request、Response 和 Application 属性
ReferenceEquals	确定指定的 Object 实例是否是相同的实例
RenderControl	已重载。输出服务器控件内容,并存储有关此控件的跟踪信息
ResolveClientUrl	获取浏览器可以使用的 URL
SetFocus	将浏览器焦点设置为指定控件
ToString	返回表示当前 Object 的 String
Validate	指示该页上所有验证控件指派的信息

表 8-14　Page 对象的常见事件

事 件 名 称	说　明
Disposed	当从内存释放服务器控件时发生,这是请求 ASP. NET 页时服务器控件生存期的最后阶段
Error	当引发未处理的异常时发生
Init	当服务器控件初始化时发生;初始化是控件生存期的第一步
InitComplete	在页初始化完成时发生
Load	当服务器控件加载到 Page 对象中时发生
LoadComplete	在页生命周期的加载阶段结束时发生
PreInit	在页初始化开始时发生
PreLoad	在页 Load 事件之前发生
PreRender	在加载 Control 对象之后、呈现之前发生
PreRenderComplete	在呈现页内容之前发生
SaveStateComplete	在页已完成对页和页上控件的所有视图状态和控件状态信息的保存后发生
Unload	当服务器控件从内存中卸载时发生

Page 的常用事件执行顺序：Page. PreInit(在页初始化开始时发生)→Page. Init(当服务器控件初始化时发生;初始化是控件生存期的第一步)→Page. InitComplite(在页初始化完成时发生)→Page. PreLoad (在页 Load 事件之前发生)→Page. Load (当服务器控件加载到 Page 对象中时发生)→Page. LoadComplete (在页生命周期的加载阶段结束时发生)→Page. PreRender (在加载 Control 对象之后、呈现之前发生)→Page. PreRenderComplete (在呈现页内容之前发生)。

8.4　ADO. NET 数据库访问技术

ActiveX 数据对象(ActiveX Data Objects,ADO)是 Microsoft 提出的应用程序接口(API),用以实现访问数据库中的数据,ADO 来自原来的 Microsoft 数据接口远程数据对象(RDO)。ADO. NET 是改进的 ADO 数据访问模型用于开发可扩展应用程序,专门为可伸缩性、无状态和 XML 核心的 Web 而设计的。ADO. NET 使用一些 ADO 对象,如 Connection 和 Command 对象,也引入了一些新对象,包括 DataSet,DataReader 和 DataAdapter。

ADO. NET 和 ADO 的数据架构的重要区别在于 DataSet 对象 DataSet 功能能够作为独立的实体,在 DataSet 内部,就像一个数据库一样,有表、列、关系、约束、视图等。

ADO. NET 有两种类型的对象：

(1) 基于连接的对象,如 Connection、Command、DataReader 和 DataAdapter,它们连接到数据库,执行 SQL 语句,基于连接的对象是针对具体数据源类型的,并且可以在各自的命名空间中(如 SQL Server 提供程序的 System. Data. SqlClient)找到。

(2) 基于内容的对象：包括 DataSet、DataColumn、DataRow、DataRelation 等,它们完全和数据源独立,出现在 System. Data 命名空间里。ADO. NET 的最重要命名空间见表 8-15。

表 8-15 ADO．NET 的最重要命名空间

命名空间	介 绍
System．Data	关键数据容器类，包括列、关系、表、数据集、行、视图和约束建立模型
System．Data．Common	包括大部分基本的抽象类，这些类实现 System．Data 中的某些接口，并定义了 ADO．NET 的核心功能。数据提供程序继承这些类来创建它们自己的版本
System．Data．OleDb	包含用于连接 OLE DB 提供程序的类。这些类支持大部分 OLE DB 提供程序
System．Data．SqlClient	包含用于连接微软 SQL Server 数据库所需的类，这些类经过优化，以便使用 SQL Server 的 TDS 接口
System．Data．OracleClient	包含用于连接 Oracle 数据库的类，这些类使用经过优化的 Oracle 调用接口（OCI）
System．Data．Odbc	包含连接大部分 ODBC 驱动所需的类。所有数据源都包含 ODBC 驱动，并可以通过"控制面板"中的"数据源"快捷方式配置
System．Data．SqlTypes	包含 SQL Server 本地数据类型对应的类型。这些类不是必需的，但它们提供了一种使用标准．NET 数据类型的选择，这是自动类型转换时所必需的

8.4.1 Connection 对象

Connection 对象，表示与特定数据源的连接。对于 ADO．NET 而言，不同的数据源对应不同的 Connection 对象。Connection 的不同对象见表 8-16。

表 8-16 Connection 的不同对象

名 称	命 名 空 间	描 述
SqlConnection	System．Data．SqlClient	表示与 SQL Server 的连接对象
OleDbConnection	System．Data．OleDb	表示与 OleDb 数据源的连接对象
OdbcConnection	System．Data．Odbc	表示与 ODBC 数据源的连接对象
OracleConnection	System．Data．OracleClient	表示与 Oracle 数据库的连接对象

Connection 对象的属性如下。

Database 或 Initial Catalog：在连接打开之后获取当前数据库的名称，或者在连接打开之前获取连接字符串中指定的数据库名。

Server：获取要连接的数据库服务器的名称。

DataSource：获取要连接的数据库服务器实例名称。

Addr 或 Network Address：获取要连接的数据库服务器名称的地址。

ConnectionTimeOut：获取在建立连接时终止尝试并生成错误之前所等待的时间，默认值为 15s。

ConnectionString：获取或设置用于打开连接的字符串。

State：获取描述连接状态的字符串，取值为 ConnectionState 的枚举值，见表 8-17。

表 8-17 ConnectionState 的枚举值

值	含 义
Closed	连接处于关闭状态
Open	连接处于打开状态

值	含 义
Connecting	连接对象正在与数据源连接
Executing	连接对象正在执行命令
Fetching	连接对象正在检索数据
Broken	与数据源的连接中断

连接 SQL Server 数据库,支持两种身份验证模式,即 Windows 身份验证模式和混合模式。Windows 身份验证是默认模式(通常称为集成安全),因为此 SQL Server 安全模型与 Windows 紧密集成。特定信任的 Windows 用户和组账户都可以登录 SQL Server,经过身份验证的 Windows 用户不必提供附加的凭据。混合模式支持由 Windows 和 SQL Server 进行身份验证,用户名和密码保留在 SQL Server 内。使用 Windows 身份验证时,用户已登录到 Windows,无须另外登录到 SQL Server。SqlConnection. ConnectionString 可指定 Windows 身份验证,而无需用户名或密码,如 ConnectionString = " Server = MSSQL1; Database= AdventureWorks; Integrated Security = true;" 或 ConnectionString = " Data Source= MSSQL1; Initial Catalog= AdventureWorks; Integrated Security=true;"。

服务器声明的关键词可以用 Data Source、Server 和 Addr 等。其中,MSSQL1 表示数据库服务器名,如果是默认的实例,可以使用 IP 地址代替,如 10.18.47.139。如果是本地数据库,可以使用 localhost。如果一台数据库服务器上有多个 SQL Server,则使用"服务器机器名\SQL Server 实例名"。如果安装的是 SQL Server Express 版本,通常用"服务器机器名\SQLEXPRESS"。

关键词 Initial Catalog-或-Database 都表示数据库的名称。

Integrated Security-或-Trusted_Connection 表示是否需要账号和密码。当 Integrated Security= false 时,将在连接中指定用户 ID 和密码。当 Integrated Security= false 时,将使用当前的 Windows 账户凭据进行身份验证。

如果必须使用混合模式身份验证,则必须创建 SQL Server 登录名,这些登录名存储在 SQL Server 中,在运行时提供 SQL Server 用户名和密码。SQL Server 使用名为 sa("system administrator"的缩写)的 SQL Server 登录名进行安装,如 connectionString="Data Source=. ; Initial Catalog=mydb; User ID=sa; Password= pack"。

为 sa 登录分配一个强密码,并且不要在应用程序中使用 sa 登录。sa 登录名会映射到 sysadmin 固定服务器角色,它对整个服务器有不能撤销的管理凭据。如果攻击者以系统管理员的身份获取了访问权限,则可能造成的危害是无法预计的。默认情况下,Windows BUILTIN\Administrators 组(本地管理员组)的所有成员均为 sysadmin 角色的成员,但可以从该角色中移除这些成员。

针对不同的数据库,连接字符串有不同的数据库驱动名:

如果是 Aceess 数据库,providerName= "System. Data. OleDb";

如果是 Oracle 数据库,providerName= "System. Data. OracleClient"或者 providerName= "Oracle. DataAccess. Client";

如果是 SQL Server 数据库,providerName="System. Data. SqlClient";

如果是 MySQL 数据库,可以用万能的驱动 providerName="System. Data. Odbc"。

如果是 Excel 文件,针对不同版本有 Microsoft. Jet. OLEDB. 4. 0(以下简称 Jet 引擎)和 Microsoft. ACE. OLEDB. 12. 0(以下简称 ACE 引擎)。Jet 引擎可以访问 Office 1997—2003 的 Excel 文件(后缀为 xls),不能访问 Office 2007 或以后的 Excel 文件(后缀为 xlsx)。ACE 引擎是随 Office 2007 一起发布的数据库连接组件,既可以访问 Office 2007 或以后的 Excel 文件(后缀为 xlsx),也可以访问 Office 1997—2003 的 Excel 文件(后缀为 xls)。

不同版本的 Excel 对应不同的属性值:对于 Office 1997—2003 的 Excel 文件(后缀为. xls 的文件),参数 Extended Properties= Excel 8. 0,对于 Office 2007 或以后的 Excel 文件,参数 Extended Properties=Excel 12. 0。

针对 Office 1997—2003 版本的 Excel(后缀为. xls 的文件),连接字符串 string connStr="Provider=Microsoft. Jet. OLEDB. 4. 0; Extended Properties = Excel 8. 0;" +" Data Source ="+ Excel 文件名。

针对 Office 2007 或以后版本的 Excel(后缀为. xlsx 的文件或. xls 的文件),连接字符串 string strCon ="Provider=Microsoft. ACE. OLEDB. 12. 0; Extended Properties = 'Excel 12. 0; HDR=YES; IMEX=1'; Data Source="+ Excel 文件名。其中,参数 HDR=Yes 表示 Excel 的第一行是标题,不作为数据使用,如果 HDR=No,则表示第一行不是标题,作为数据使用,系统默认的是 Yes。

IMEX (IMport EXport mode)有 3 种设置模式:

IMEX=0 表示"导出模式",Excel 文档只能用于"写入"数据。

IMEX=1 表示"导入模式",Excel 文档只能用于"读取"数据。

IMEX=2 表示"链接模式",Excel 文档可同时于"读取"与"写入"数据。

针对连接字符串比较复杂的问题,可以使用 VS 2013 的控件自动生成,如例 8-13 所示。

【例 8-13】 使用 SqlDataSource 控件自动生成 Access 数据库的连接字符串。

第 1 步,使用 Access 数据库软件创建一个 student. accdb 文件。

第 2 步,打开一个 Web 窗体,并拖放一个 SqlDataSource 控件到窗体上,如图 8-16 所示选择配置数据源。

第 3 步,单击"添加连接"按钮,如图 8-17 所示配置数据库,输入用户名和密码。

第 4 步,选择测试成功后,单击"确定"按钮,得到连接字符串:

```
Provider = Microsoft.ACE.OLEDB.12.0;Data Source = "D:\教材编写\第 8 章 ASP\student.accdb";Jet
OLEDB:Database Password = 123456
```

连接字符串需要经常使用,为了安全和方便,可以保存在 Web. config 中的 connectionStrings 节中:

```
<?xml version = "1.0" encoding = "utf - 8"?>
<configuration>
    <connectionStrings>
        <add name = "ConnectionString" connectionString = "Provider = Microsoft.ACE.OLEDB.12.
```

```
0;Data Source = D:\教材编写\第 8 章 ASP\student.accdb;Jet OLEDB:Database Password = 123456"
providerName = "System.Data.OleDb" />
    </connectionStrings>
…(其他配置)
</configuration>
```

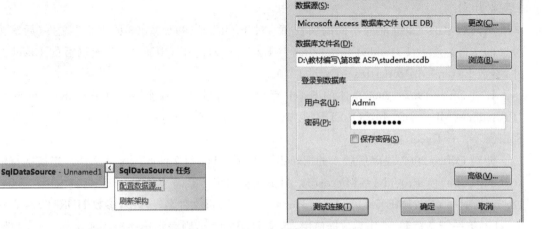

图 8-16　SqlDataSource 控件的数据源配置　　　　图 8-17　数据库配置

引用命名空间 System.Configuration 后，可以在页面中使用.NET 提供的 ConfigurationManager 类获取 Web.conf 文件中的连接字符串：ConfigurationManager.ConnectionStrings["连接字符串名"].ToString();

Connection 对象的方法如下。

BeginTransaction：开始记录数据库事务日志。

CreateCommand：创建和返回与 Connection 对象有关的 Command 对象。

Open()方法使用 ConnectionString 指定的设置打开数据库连接。

Dispose()方法释放由 Component 使用的所有资源。

Close()方法关闭与数据库的连接，此方法是关闭任何已打开连接的首选方法。Close()方法回滚挂起的事务，将连接释放到连接池，或者在连接池被禁用的情况下关闭连接。

【例 8-14】　连接 SQL Server 的 SqlConnection 对象。

第 1 步，在安装好的 SQL Server 数据库中建立数据库。

第 2 步，打开 AspWebsite 网站，选择"添加新项"命令，在弹出的添加新项的对话框中选择"Web 窗体"，名称设置为 Ex8-15.aspx，并设置 Ex8-15.aspx 为起始页。

【例 8-15】　连接 Excel 的 OleDbConnection 对象。

第 1 步，建立一个 Excel 文件"图书库.xls"。

第 2 步，打开 AspWebsite 网站，选择"添加新项"命令，在弹出的添加新项的对话框中选择"Web 窗体"，名称设置为 Ex8-16.aspx，并设置 Ex8-16.aspx 为起始页。

第 3 步，在 Ex8-16.aspx 上拖放一个 GridView 控件 GridView1。对应的代码如下：

```
<%@ Page Language = "C#" AutoEventWireup = "true" CodeFile = "Ex8 - 16.aspx.cs" Inherits =
"Ex8_16" %>
<!DOCTYPE HTML>
<HTML xmlns = "http://www.w3.org/1999/xHTML">
<head runat = "server">
<Meta http - equiv = "Content - Type" content = "text/HTML; charset = utf - 8"/>
</head>
<body>
    <form id = "form 1" runat = "server">
    <asp:GridView ID = "GridView1" runat = "server">
</asp:GridView>
</form>
</body>
</HTML>
```

第 4 步,在 Ex8-16.aspx.cs 文件中添加如下代码:

```
using System;
using System.Collections.Generic;
using System.Linq;
using System.Web;
using System.Web.UI;
using System.Web.UI.WebControls;
using System.Data.OleDb;
using System.Data;

public partial class Ex8_16: System.Web.UI.Page
{
    protected void Page_Load(object sender, EventArgs e)
    {
        // 连接字符串
        string xlstPath = Server.MapPath("图书库.xlsx");        //绝对物理路径
        string xlsPath = Server.MapPath("图书库.xls");          //绝对物理路径
        string connStr1 = "Provider = Microsoft.Jet.OLEDB.4.0;Extended Properties =
Excel 8.0;" + "Data Source = " + xlsPath;
        string connStr2 = "Provider = Microsoft.ACE.OLEDB.12.0;Extended Properties = 'Excel
12.0;HDR = YES;IMEX = 1';" + "Data Source = " + xlstPath;
        // 查询语句
        string sql = "SELECT * FROM [Sheet1 $ ]";
        DataSet ds = new DataSet();
        OleDbDataAdapter da = new OleDbDataAdapter(sql, connStr2);
//或 OleDbDataAdapter da = new OleDbDataAdapter(sql, connStr1);
        da.Fill(ds);                                            // 填充 DataSet
        //输出,绑定数据
        GridView1.DataSource = ds.Tables[0];
        GridView1.DataBind(); }
}
```

第 5 步,运行程序,得到如图 8-18 所示的结果。

8.4.2 Command 对象

ADO.NET 提供了两个连接对象的类:一个是 DataAdapter 对象填充 Datatable,或填

书号	书名	卷册	版次	作者	定价	订数	出版社	出版时间	丛编项	读者群	内容提要
978-7-115-43693-1	认知计算与大数据分析			(美)Judith S. Hurwitz, (美)Marcia Kaufman, (美)Adrian Bowles著	69		人民邮电出版社	2017.01		本书适用于数据处理相关从业者	本书深入地探讨了认知计算的基本构成以及怎样使用它来解决问题。它同时探究了在改进一个拥有充足文本信息来分析复杂数据和过程的系统时，比如健康保健、制造、交通、零售以及金融服务，所涉及的人类行为
978-7-04-045356-0	计算机应用能力案例教程	下册		主编吕海洋、杨洪军、郭晓晶	33.4		高等教育出版社	2016			本书主要内容包括计算机组装与维护、图形图像处理、音视频信息的编辑与处理、网页制作、办公自动化的常用设备5个模块，分别介绍了计算机硬件及组装、Windows 7操作系统的安装与日常、Photoshop CS5、GoldWave、会声会影CX5和Dreamweaver CS5的操作与应用，以及常用办公设备的使用方法

图 8-18 程序运行结果

充 DataSet，如例 8-15 所示；另一个是 Command 对象。当成功与数据建立连接后，就可以用 Command 对象来执行查询、修改、插入、删除等命令。Command 对象的主要属性和主要方法分别见表 8-18 和表 8-19。

表 8-18 Command 对象的主要属性

属　性	含　义
Connection	指定 Command 对象使用的 Connection 对象
CommandType	指定 Command 对象的类型，有 3 种选择： ① Text：表示 Command 对象用于执行 SQL 语句； ② StoredProcedure：表示 Command 对象用于执行存储过程； ③ TableDirect：表示 Command 对象用于直接处理某个表； CommandType 属性的默认值为 Text
CommandText	根据 CommandType 属性的取值决定 CommandText 属性的取值，分为 3 种情况： ① 如果为 Text，则 CommandText 属性指出 SQL 语句的内容； ② 如果为 StoredProcedure，则 CommandText 属性指出存储过程的名称； ③ 如果为 TableDirect，则 CommandText 属性指出表的名称； CommandText 属性的默认值为 SQL 语句
CommandTimeout	指定 Command 对象用于执行命令的最长延迟时间，以秒为单位，如果在指定时间内仍不能开始执行命令，则返回失败信息，默认值为 30s
Parameters	指定一个参数集合

表 8-19 Command 对象的主要方法

属　性	含　义
ExecuteReader	执行查询操作，返回一个具有多行多列的结果集
ExecuteScalar	执行查询操作，返回第 1 条的第一个值。这个方法通常用来执行那些用到 count() 或者 sum 的命令
ExecuteNonQuery	执行插入、修改或删除操作，返回本次操作受影响的行数

使用 Command 对象，必须有一个可用的 Connection 对象。使用 Command 对象的步骤包括：

第 1 步，创建数据库连接，创建一个 Connection 对象。

第 2 步，定义执行的 SQL 语句。一般情况下，会将要执行的 SQL 语句赋值给一个字符串。

第 3 步，创建 Command 对象，使用已有的 Connection 对象和 SQL 语句字符串创建一个 Command 对象。

第 4 步，执行 SQL 语句，使用 Command 对象的某个方法执行命令。

针对不同数据库，有不同的命令对象。OleDbCommand 类可用于 OLE DB 程序提供的数据源，SqlCommand 类用于 SQL Server 7.0 或更高版本，OdbcCommand 类用于 ODBC 数据源，OracleCommand 类用于 Oracle 数据库，具体名称和命名空间见表 8-20。

表 8-20　Command 的不同对象

名　　称	命 名 空 间	描　　述
SqlCommand	System. Data. SqlClient	表示与 SQL Server 的命令对象
OleDbCommand	System. Data. OleDb	表示与 OleDb 数据源的命令对象
OdbcCommand	System. Data. Odbc	表示与 ODBC 数据源的命令对象
OracleCommand	System. Data. OracleClient	表示与 Oracle 数据库的命令对象

【例 8-16】 访问 Access 数据库的 OleDbCommand 对象。

第 1 步，用 Access 创建 student. accdb 数据库文件，创建 BasicInfor 表，并输入 4 条记录。

第 2 步，在 Web. conf 文件中添加连接 connectionStrings 项。

```
< connectionStrings >
< add name = " accessConstr" connectionString = " Provider = Microsoft. ACE. OLEDB. 12. 0; Data
Source = D:\教材编写\第 8 章 ASP\AspWebsite\student. accdb;" providerName = "System. Data.
OleDb" />
</connectionStrings >
```

第 3 步，打开 AspWebsite 网站，选择"添加新项"命令，在弹出的添加新项的对话框中选择"Web 窗体"，名称设置为 Ex8-17. aspx，并设置 Ex8-17. aspx 为起始页。

第 4 步，Ex8-17. aspx. cs 文件中添加如下代码：

```
using System;
using System. Collections. Generic;
using System. Linq;
using System. Web;
using System. Web. UI;
using System. Web. UI. WebControls;
using System. Data. OleDb;
using System. Configuration;
public partial class EX8_17: System. Web. UI. Page
{
    protected void Page_Load(object sender, EventArgs e)
    {
        OleDbConnection mycon = new OleDbConnection();
        OleDbCommand mycom = new OleDbCommand();
        mycon. ConnectionString = ConfigurationManager. ConnectionStrings[ "accessConstr"].
ToString();
        mycon. Open();
```

```
        mycom.CommandText = "select count( * ) from BasicInfor";
        mycom.Connection = mycon;
        Response.Write(mycom.ExecuteScalar());
        mycon.Close();
    }
}
```

第 5 步,运行程序,输出结果:

4

8.4.3 DataReader 对象

DataReader 对象以"基于连接"的方式访问数据库。也就是说,在访问数据库、执行 SQL 操作时,DataReader 要求一直连在数据库上。DataReader 将结果的一小部分先放在内存中,读完后再从数据库中读取一部分,相当于一个缓存机制。这对于查询结果百万级的情况来说,带来的好处是显而易见的。DataReader 对象只能对查询获得的数据集进行自上而下的访问,但效率很高。

DataReader 对象的特点是只能读入数据,不能处理数据,只能显示数据,所以开销相对较小,速度比 DataSet 快。DataReader 对象必须显式地打开和关闭连接,而 DataAdapter 对象可以自动地打开和关闭连接。DataReader 对象使用的服务器资源较少。

1. DataReader 的常用属性

FieldCount 属性:表示由 DataReader 得到的一行数据中的字段数。

HasRows 属性:表示 DataReader 是否包含数据。

IsClosed 属性:表示 DataReader 对象是否关闭。

2. DataReader 的常用方法

DataReader 对象使用指针的方式管理所连接的结果集,它的常用方法有关闭方法、读取记录集中的下一条记录和读取下一个记录集的方法、读取记录集中字段和记录的方法,以及判断记录集是否为空的方法。

DataReader.Close()方法,不带参数,无返回值,用来关闭 DataReader 对象。由于 DataReader 在执行 SQL 命令时一直要保持同数据库的连接,所以在 DataReader 对象开启的状态下,该对象对应的 Connection 连接对象不能用来执行其他操作。所以,在使用完 DataReader 对象时,一定要使用 Close()方法关闭该 DataReader 对象,否则不仅会影响到数据库连接的效率,更会阻止其他对象使用 Connection 连接对象访问数据库。

DataReader.Read()方法,让记录指针指向本结果集中的下一条记录,返回值是 True 或 False。当 Command 的 ExecuteReader 方法返回 DataReader 对象后,须用 Read 方法来获得第一条记录;当读完一条记录,想获得下一条记录时,也可以用 Read 方法。如果当前记录已经是最后一条,调用 Read 方法将返回 False。也就是说,只要该方法返回 True,则可以访问当前记录包含的字段。

DataReader.NextResult()方法,让记录指针指向下一个结果集。当调用该方法获得下一个结果集后,依然要用 Read 方法开始访问该结果集。

ObjectDataReader.GetValue(int i)方法,根据传入的列的索引值,返回当前记录行里指定列的值。由于事先无法预知返回列的数据类型,所以该方法使用 Object 类型来接收返回数据。

intDataReader. GetValues(Object[] values)方法,把当前记录行里所有的数据保存到一个数组里并返回。可以使用 FieldCount 属性来获知记录里字段的总数,据此定义接收返回值的数组长度。

获得指定字段的方法有 GetString、GetChar、GetInt32 等,这些方法都带有一个表示列索引的参数,返回均是 Object 类型。用户可以根据字段的类型,通过输入列索引,分别调用上述方法,获得指定列的值。例如,在数据库里,id 的列索引是 0,通过 string id = GetString(0);代码可以获得 id 的值。

DataReader. GetDataTypeName()方法可以返回列的数据类型和列名,通过输入列索引,获得该列的类型。这个方法的定义是:

```
string DataReader.GetDataTypeName( int i)
```

DataReader. GetName()方法,通过输入列索引,获得该列的名称。这个方法的定义是:string DataReader. GetName(int i)。

综合使用上述两种方法,可以获得数据表里的列名和列的字段。

boolDataReader. IsDBNull(int i)方法,判断指定索引号的列的值是否为空,返回 True 或 False。

针对不同数据库,有不同的 DataReader 对象。OleDbDataReader 类用于任何 OLE DB 提供程序,SqlDataReader 类用于 SQL Server 7.0 或更高版本,OdbcDataReader 类用于 ODBC 数据源,OracleDataReader 类用于 Oracle 数据库,具体名称和命名空间见表 8-21。

表 8-21　不同的 DataReader 对象

名　　称	命名空间	描　　述
SqlDataReader	System. Data. SqlClient	表示与 SQL Server 的 DataReader 对象
OleDbDataReader	System. Data. OleDb	表示与 OleDb 数据源的 DataReader 对象
OdbcDataReader	System. Data. Odbc	表示与 ODBC 数据源的 DataReader 对象
OracleDataReader	System. Data. OracleClient	表示与 Orcale 数据库的 DataReader 对象

【例 8-17】　访问 Access 数据库的 OleDbDataReader 对象。

第 1 步,打开 AspWebsite 网站,选择"添加新项"命令,在弹出的添加新项的对话框中选择"Web 窗体",名称设置为"Ex8-18. aspx,并设置 Ex8-18. aspx 为起始页。

第 2 步,数据库和连接字符串同例 8-16 的第 1 步和第 2 步。

第 3 步,在 Ex8-18. aspx. cs 文件中添加如下代码:

```
using System;
using System. Collections. Generic;
using System. Linq;
using System. Web;
using System. Web. UI;
using System. Web. UI. WebControls;
using System. Data. OleDb;
using System. Configuration;
public partial class EX8_18: System. Web. UI. Page
```

```
{
    protected void Page_Load(object sender,EventArgs e)
    {
        OleDbConnection mycon = new OleDbConnection();
        OleDbCommand mycom = new OleDbCommand();
        mycon.ConnectionString = ConfigurationManager.ConnectionStrings["accessConstr"].
ToString();
        mycon.Open();
        mycom.CommandText = "select * from BasicInfor";
        mycom.Connection = mycon;
        OleDbDataReader myreader = mycom.ExecuteReader();
        int n = myreader.FieldCount;
        while (myreader.Read())
        {
            for(int i = 0;i < n;i++)
            {
                Response.Write(myreader.GetName(i).ToString() + ": ");
                Response.Write(myreader.GetValue(i).ToString() + "; ");
            }
            Response.Write("</br>");
        }
        myreader.Close();
        mycon.Close();
    }
}
```

第 4 步,运行程序,得到如图 8-19 所示的结果。

ID: 1; 学号: 093121; 姓名: 张三; 身份证: 112323123131;
ID: 2; 学号: 093122; 姓名: 李四; 身份证: 223333432434;
ID: 3; 学号: 093123; 姓名: 王五; 身份证: 324234324324;
ID: 4; 学号: 093124; 姓名: 阿庆嫂; 身份证: 123243243244;

图 8-19　程序运行结果

8.4.4　DataSet 对象

DataSet 对象可以用来存储从数据库查询到的数据结果,由于它在获得数据或更新数据后立即与数据库断开,所以程序员能用此高效地访问和操作数据库。并且,由于 DataSet 对象具有离线访问数据库的特性,所以它更能用来接收海量的数据信息。

DataSet 是 ADO. NET 中用来访问数据库的对象。由于其在访问数据库前不知道数据库里表的结构,所以在其内部,用动态 XML 的格式来存放数据。这种设计使 DataSet 能访问不同数据源的数据。

DataSet 对象本身不同数据库发生关系,而是通过 DataAdapter 对象从数据库里获取数据,并把修改后的数据更新到数据库。在同数据库建立连接后,程序员可以通过 DataApater 对象填充(Fill)或更新(Update)DataSet 对象。

.NET 的这种设计,很好地符合了面向对象思想低耦合、对象功能唯一的优势。如果让 DataSet 对象能直接连到数据库,那么 DataSet 对象的设计势必只能针对特定数据库,通用性就非常差,这样对 DataSet 的动态扩展非常不利。由于 DataSet 独立于数据源,所以 DataSet 可以包含应用程序本地的数据,也可以包含来自多个数据源的数据。DataSet 与现有数据源的交互通过 DataAdapter 来控制。

1. DataSet 对象的常用属性

DataSet 对象的常用属性见表 8-22 所示。

表 8-22　DataSet 对象的常用属性

属　　性	说　　明
CaseSentive	DataTable 中的字符串进行比较时是否区分大小写
DataSetName	返回 DataSet 的名称
Tables	数据集中包含的数据表的集合
Ralations	数据集中包含的数据联系的集合
DataSetName	用于获取或设置当前数据集的名称
HasErrors	用于判断当前数据集中是否存在错误

2. DataSet 对象的常用方法

DataSet 对象的常用方法见表 8-23。

表 8-23　DataSet 对象的常用方法

方　　法	说　　明
Clear	清除数据集包含的所有表中的数据,但不清除表结构
Reset	清除数据集包含的所有表中的数据,而且清除表结构
HasChanges	判断当前数据集是否发生了更改,更改的内容包括添加行、修改行或删除行
AcceptChange	提交所有对 Dataset 的修改
RejectChanges	撤销数据集中所有的更改
Clone	生成与当前 DataSet 相同的但不包含数据的 DataSet
Copy	生成与当前 DataSet 相同的但包含数据的 DataSet

【例 8-18】　使用 Dataset 对象,创建表、添加记录和显示数据。

第 1 步,打开 AspWebsite 网站,选择"添加新项"命令,在弹出的添加新项的对话框中选择"Web 窗体",名称设置为 Ex8-19. aspx,并设置 Ex8-19. aspx 为起始页。

第 2 步,在 Ex8-19. aspx 页面添加一个 GridView 控件 GridView1。

第 3 步,在 Ex8-19. aspx. cs 文件中添加引用"using System. Data;"和如下代码。

```
using System;
using System.Collections.Generic;
using System.Linq;
using System.Web;
using System.Web.UI;
using System.Web.UI.WebControls;
using System.Data;
public partial class Ex8_19: System.Web.UI.Page
```

```
    {
        protected void Page_Load(object sender, EventArgs e)
        {
            DataSet ds = new DataSet();
            DataTable tb = new DataTable();
            //定义表头字段
            tb.Columns.Add("ID", System.Type.GetType("System.String"));
            tb.Columns.Add("StudentName", System.Type.GetType("System.String"));
            tb.Columns.Add("ID-No", System.Type.GetType("System.String"));
            ds.Tables.Add(tb);
            ds.Tables[0].PrimaryKey = new DataColumn[] { ds.Tables[0].Columns["ID"]};
            //添加数据记录
            DataRow dr = tb.NewRow();
            dr[0] = "093171";
            dr[1] = "张珊";
            dr[2] = "51122319999090";
            tb.Rows.Add(dr);

            this.GridView1.DataSource = ds;
            this.GridView1.DataBind();
        }
    }
```

第 4 步,运行程序,得到如图 8-20 所示的运行结果。

ID	StudentName	ID-No
093171	张珊	51122319999090

图 8-20　程序运行结果

8.4.5　DataAdapter 对象

DataAdapter 对象主要用来承接 Connection 和 DataSet 对象。DataSet 对象只关心访问操作数据,而不关心自身包含的数据信息来自哪个 Connection 连接到的数据源,而 Connection 对象只负责数据库连接,而不关心结果集的表示。所以,在 ASP.NET 的架构中使用 DataAdapter 对象来连接 Connection 和 DataSet 对象。另外,DataAdapter 对象能根据数据库里的表的字段结构,动态地塑造 DataSet 对象的数据结构。

1. DataAdapter 对象的常用属性

DataAdapter 对象的工作步骤一般有两种:一种是通过 Command 对象执行 SQL 语句,将获得的结果集填充到 DataSet 对象中。另一种是将 DataSet 里更新数据的结果返回到数据库中。使用 DataAdapter 对象,可以读取、添加、更新和删除数据源中的记录。对于每种操作的执行方式,适配器支持以下 4 个属性,类型都是 Command,分别用来管理数据操作的"增""删""改""查"动作。

SelectCommand 属性:用来从数据库中检索数据。InsertCommand 属性:用来向数据库中插入数据。DeleteCommand 属性:用来删除数据库里的数据。UpdateCommand 属性：用来更新数据库里的数据。

2. DataAdapter 对象的常用方法

DataAdapter 对象主要用来把数据源的数据填充到 DataSet 中，以及把 DataSet 里的数据更新到数据库，同样有 SqlDataAdapter 和 OleDbAdapter 两种对象。

它的常用方法有构造函数类方法、Fill 类方法和 Update 类方法。

（1）构造函数类方法。不同类型的 Provider 使用不同的构造函数来完成 DataAdapter 对象的构造。以 SqlDataAdapter 类为例，其构造函数说明见表 8-24，其他 DataAdapter 类都有类似的函数和方法。

表 8-24　SqlDataAdapter 的 3 种构造方法

构 造 方 法	说　　明
SqlDataAdapter()	创建 SqlDataAdapter 对象
SqlDataAdapter(SqlCommand selectCommand)	指定新创建对象的 SelectCommand 属性创建 SqlDataAdapter 对象。用参数 selectCommand 设置其 Select Command 属性
SqlDataAdapter(string selectCommandText, SqlConnection selectConnection)	selectCommandText：指定新创建对象的 SelectCommand 属性值； selectConnection：指定连接对象创建 SqlDataAdapter 对象
SqlDataAdapter(string selectCommandText, String selectConnectionString)	selectCommandText：指定新创建对象的 SelectCommand 属性值； selectConnectionString：指定新创建对象的连接字符串创建 SqlDataAdapter 对象

（2）Fill 类方法。当调用 Fill 方法时，它将向数据存储区传输一条 SQL SELECT 语句。该方法主要用来填充或刷新 DataSet，返回值影响 DataSet 的行数。Fill 类方法的常用定义见表 8-25。

表 8-25　Fill 类方法的常用定义

函 数 定 义	说　　明
int Fill(DataSet dataset)	dataset：需要更新的 DataSet。根据匹配的数据源，添加或更新参数指定的 DataSet，返回值是影响的行数
int Fill(DataSet dataset, string srcTable)	dataset：需要更新的 DataSet。srcTable：填充 DataSet 的 dataTable 名，根据 dataTable 名填充 DataSet
Fill(DataTable)	添加或刷新 SelectCommand 指定查询范围中的所有行，并填充到 DataTable，如果它们尚不存在，则创建 DataTable 对象
Fill(Int32, Int32, DataTable[])	添加或刷新 SelectCommand 指定查询范围中从指定的记录开始到指定的最大记录数的行，并填充到 DataTable 中

（3）Update 类方法。当程序调用 Update 方法时，DataAdapter 将检查参数 DataSet 每一行的 RowState 属性，根据 RowState 属性来检查 DataSet 里的每行是否改变和改变的类型，并依次执行所需的 INSERT、UPDATE 或 DELETE 语句，将改变提交到数据库中。

int Update(DataSet dataSet)方法

这个方法返回影响 DataSet 的行数。更准确地说,Update 方法会将更改解析回数据源,但自上次填充 DataSet 以来,其他客户端可能已修改了数据源中的数据。若要使用当前数据刷新 DataSet,应使用 DataAdapter 和 Fill 方法。

新行将添加到该表中,更新的信息将并入现有行。Fill 方法通过检查 DataSet 中行的主键值及 SelectCommand 返回的行来确定是要添加一个新行,还是更新现有行。

如果 Fill 方法发现 DataSet 中某行的主键值与 SelectCommand 返回结果中某行的主键值相匹配,则它将用 SelectCommand 返回的行中的信息更新现有行,并将现有行的 RowState 设置为 Unchanged。

如果 SelectCommand 返回的行具有的主键值与 DataSet 中行的任何主键值都不匹配,则 Fill 方法将添加 RowState 为 Unchanged 的新行。

DataSet 对象常和 DataAdapter 对象配合使用。通过 DataAdapter 对象,向 DataSet 中填充数据的一般过程是:

步骤 1,创建 DataAdapter 和 DataSet 对象。

步骤 2,使用 DataAdapter 对象,为 DataSet 产生一个或多个 DataTable 对象。

步骤 3,DataAdapter 对象将从数据源中取出的数据填充到 DataTable 中的 DataRow 对象里,然后将该 DataRow 对象追加到 DataTable 对象的 Rows 集合中。

步骤 4,重复步骤 2,直到数据源中所有数据都已填充到 DataTable 里。

步骤 5,将步骤 2 产生的 DataTable 对象加入 DataSet 里。

使用 DataAdapter 对象,对 DataSet 填充数据如例 8-19 所示。

使用 DataSet,将程序里修改后的数据更新到数据源的过程是:

步骤 1,创建待操作 DataSet 对象的副本,以免因误操作而造成数据损坏。

步骤 2,对 DataSet 的数据行(如 DataTable 里的 DataRow 对象)进行插入、删除或更改操作,此时的操作不能影响到数据库。

步骤 3,调用 DataAdapter 的 Update 方法,把 DataSet 中修改的数据更新到数据源中。

【例 8-19】 使用 DataAdapter 对象更新数据。

第 1 步,使用例 8-16 中的 student.accdb 数据库文件和 connectionStrings 字符串。

第 2 步,创建一张新的表 Person,添加 3 个字段:Sno(数字,主键),Sname(短文本),Sage(数字)。

第 3 步,打开 AspWebsite 网站,选择"添加新项"命令,在弹出的添加新项的对话框中选择"Web 窗体",名称设置为 Ex8-20.aspx,并设置 Ex8-20.aspx 为起始页。

第 4 步,在 Ex8-20.aspx.cs 文件中添加如下代码:

```
using System;
using System.Collections.Generic;
using System.Linq;
using System.Web;
using System.Web.UI;
using System.Web.UI.WebControls;
using System.Data.OleDb;
using System.Data;
using System.Configuration;
```

```
public partial class Ex8_20: System.Web.UI.Page
{
    protected void Page_Load(object sender,EventArgs e)
    {
        OleDbConnection mycon = new OleDbConnection();
        OleDbCommand mycom = new OleDbCommand();
        mycon.ConnectionString = ConfigurationManager.ConnectionStrings["accessConstr"].
ToString();
        mycon.Open();
        mycom.CommandText = "select * from Person";
        mycom.Connection = mycon;
        DataTable dt = new DataTable();
        OleDbDataAdapter sda = new OleDbDataAdapter(mycom);
        sda.Fill(dt);
        for (int i = 1; i <= 10; i++)
        dt.Rows.Add(new object[] { i,"aaa" + i,20 + i });
        OleDbCommandBuilder scb = new OleDbCommandBuilder(sda);
        //执行更新
        sda.Update(dt.GetChanges());
        //使 DataTable 保存更新
        dt.AcceptChanges();
    }
}
```

第 5 步，运行程序，查看 Access 数据库，得到如图 8-21 所示的运行结果。

Person

SNo	SName	SAge
1	aaa1	21
2	aaa2	22
3	aaa3	23
4	aaa4	24
5	aaa5	25
6	aaa6	26
7	aaa7	27
8	aaa8	28
9	aaa9	29
10	aaa10	30
* 0		0

图 8-21 程序运行结果

8.4.6 Transaction 对象

事务作为一个单元被提交和回滚，可以与 SQL 语句组合使用。通过 ADO.NET 事务，可以将多个任务绑定在一起，如果所有任务都成功，就提交事务，如果有一个任务失败，就滚回事务。ADO.NET 事务通过该 Transaction 类实现，每个.NET Framework 数据提供程序都有自己的 Transaction 类执行事务。通过设置 Command 对象的事务属性 Transaction 与 Transaction 对象绑定来实现事务处理。例如，对于银行事务，可以从一个账号取钱，存到另一个账号中，然后在一个单元中提交这些改变，如果发生问题，则同时回滚这些改变。

1. Transaction 对象的主要属性

Connection 属性，指同事务处理相关联的连接对象。

IsolationLevel 属性，定义事务处理的锁定记录级别。

2. Transaction 对象的主要方法

Commit()方法，提交数据库事务。

Rollback()方法,从未决状态回滚事务处理。如果事务提交成功,则不能执行此操作。

以 SQLTransaction 对象为例,事务在 SQL Server 数据库中执行,则需要引入 System. Data. Sqlclient 命名空间。执行 ADO. NET 事务包含 4 个步骤。

第 1 步,调用 SqlConnection 对象的 BeginTransaction()方法,创建一个 SqlTransaction 对象,用于标记事务开始。

第 2 步,将创建的 SqlTransaction 对象分配给要执行的 SqlCommand 的 Transaction 属性。

第 3 步,调用对应的方法执行 SQLCommand 命令。

第 4 步,调用 SqlTransaction 的 Commit()方法完成事务,或者调用 Rollback()方法终止事务。

【例 8-20】　使用 Transaction 对象,提交事务处理。

第 1 步,使用例 8-16 的 student. accdb 数据库文件和 connectionStrings 字符串。

第 2 步,打开 AspWebsite 网站,选择"添加新项"命令,在弹出的添加新项的对话框中选择"Web 窗体",名称设置为 Ex8-21. aspx,并设置 Ex8-21. aspx 为起始页。

第 3 步,在 Ex8-21. aspx. cs 中添加如下代码。

```
using System;
using System. Collections. Generic;
using System. Linq;
using System. Web;
using System. Web. UI;
using System. Web. UI. WebControls;
using System. Data;
using System. Data. OleDb;
using System. Configuration;
public partial class Ex8_21: System. Web. UI. Page
{
protected void Page_Load(object sender, EventArgs e)
{
OleDbConnection mycon = new OleDbConnection();
mycon. ConnectionString = ConfigurationManager. ConnectionStrings["accessConstr"]. ToString
();
mycon. Open();
OleDbTransaction tran = mycon. BeginTransaction();
OleDbCommand mycom = new OleDbCommand();
mycom. Connection = mycon;
mycom. Transaction = tran;
try
{
mycom. CommandText = "update Person set SName = '楠哥' where SNo = 1";
mycom. ExecuteNonQuery();
mycom. CommandText = "update Person set SName = '啊华' where SNo = 2";
mycom. ExecuteNonQuery();
tran. Commit();
Response. Write("< script language = javascript > alert('事物提交成功')</script>");
}
catch (Exception ex)
{
```

```
tran.Rollback();
Response.Write("<script language = javascript > alert('失败'" + ex.ToString() + ")
</script>");
}
}
}
```

第 4 步，运行程序，查看 Access 数据库，得到如图 8-22 所示的运行结果。

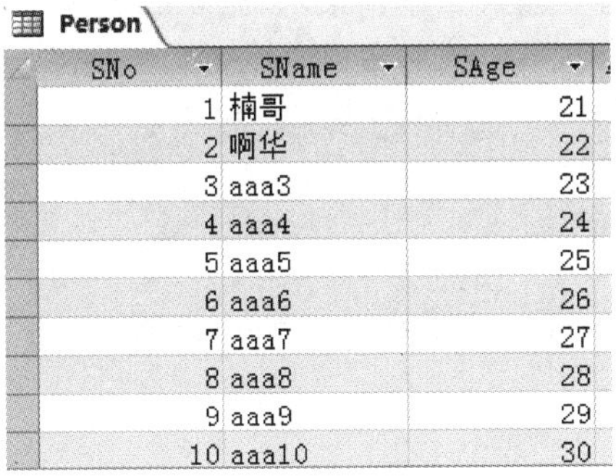

Person		
SNo ▾	SName ▾	SAge ▾
1	楠哥	21
2	啊华	22
3	aaa3	23
4	aaa4	24
5	aaa5	25
6	aaa6	26
7	aaa7	27
8	aaa8	28
9	aaa9	29
10	aaa10	30

图 8-22　程序运行结果

8.4.7　Parameter 对象

ADO.NET Parameter 对象代表与基于参数化查询或存储过程的 Command 对象相关联的参数或自变量。参数化查询时，使用 Parameter 对象还有利于防止注入。Parameter 对象在其被创建时被添加到 Parameters 集合。Parameters 集合与一个具体的 Command 对象相关联。Command 对象使用此集合在存储过程和查询内外传递参数。Parameter 对象的属性见表 8-26。

表 8-26　Parameter 对象的属性

属　　性	含　　义
Attributes	设置或返回一个 Parameter 对象的属性
Direction	设置或返回某个参数如何传递到存储过程或从存储过程传递回来。有 4 种类型的参数：input 参数、output 参数、input/output 参数以及 return 参数
Name	设置或返回一个 Parameter 对象的名称
NumericScale	设置或返回一个 Parameter 对象的数值的小数点右侧的数字数目
Precision	设置或返回当表示一个参数中数值时所允许数字的最大数目
Size	获取或设置列中数据的最大值（以字节为单位），如果未显式设置 Size，则从实际参数的值中推断出该值
Type	设置或返回一个 Parameter 对象的类型
Value	设置或返回一个 Parameter 对象的值
SqlDbType	指定使用 SqlType 的参数值
SqlValue	指定该参数的值

参数化命令使用参数在命令执行前改变命令的某些细节。例如，SQL SELECT 语句可使用参数定义 WHERE 子句的匹配条件，而使用另一个参数来定义 SORT BY 子句的列的

名称。

【例 8-21】 基于 SQL Server 数据库,使用 Parameter 对象实现参数化的存储过程查询。

	ID	StudentName	No
1	093161	张山	12124343
2	093162	丽丝	13145678

图 8-23 student 的数据记录

第 1 步,使用 SQL Server 创建 student 数据库,创建一张 BasicInfor 表,设计字段:ID(nchar(10)),StudentName(nchar(20)),No(nchar(20)),其中 ID 设置为非空的主键。输入 2 条记录,如图 8-23 所示。

第 2 步,使用 SQL Server 数据库创建一个存储过程。

```
create proc myProc
@StudentNamevarchar(20)
as
begin
select No from BasicInfor where StudentName = @StudentName
end
go
```

第 3 步,打开 AspWebsite 网站,选择"添加新项"命令,在弹出的添加新项的对话框中选择"Web 窗体",名称设置为 Ex8-22.aspx,并设置 Ex8-22.aspx 为起始页。

第 4 步,Ex8-22.aspx.cs 文件中添加代码:

```
using System;
using System.Collections.Generic;
using System.Linq;
using System.Web;
using System.Web.UI;
using System.Web.UI.WebControls;
using System.Data.SqlClient;
using System.Data;
public partial class EX8_22: System.Web.UI.Page
{
    protected void Page_Load(object sender,EventArgs e)
    {
        string connStr = @"Server = 10.18.47.139; Database = student; Integrated Security = True;";
        //建立连接
        SqlConnection conn = new SqlConnection(connStr);
        SqlCommand myCommand = new SqlCommand("myProc",conn);
        //表示 myCommand 执行的是存储过程
        myCommand.CommandType = CommandType.StoredProcedure;
        //设置存储过程的参数值,其中@id 为存储过程的参数
        SqlParameter StudentName = myCommand.Parameters.Add("@StudentName", SqlDbType.NText);
        StudentName.Value = "张山";
        StudentName.Direction = ParameterDirection.Input;
        conn.Open();
        SqlDataReader myreader = myCommand.ExecuteReader();
        int n = myreader.FieldCount;
        while (myreader.Read())
        {
            for (int i = 0; i < n; i++)
            {
                Response.Write(myreader.GetName(i).ToString() + ":");
```

```
            Response.Write(myreader.GetValue(i).ToString() + "; ");
        }
        Response.Write("</br>");
    }
    myreader.Close();
    conn.Close();
  }
}
```

第 5 步,运行程序,输出结果如下。

```
No: 12124343 ;
```

8.4.8　ASP.NET 的数据源控件对象

数据绑定页面可以完成两类任务:首先,从数据源中读取数据并为关联的控件提供数据。其次,在关联的控件编辑数据后,它们可以更新数据源。

ASP.NET 内置了多种数据源控件,它们可以帮助开发人员迅速开发出复杂的数据绑定页面和数据操作功能。数据源控件允许开发人员连接至多种数据库、数据文件(XML 文件),并提供了数据检索及数据操作等多种复杂的功能。数据源控件可以极大地减轻开发人员的工作量,使他们可以不编写任何代码或者编写很少的代码,就可以完成页面数据绑定和数据操作功能。常见的数据源控件见表 8-27。

表 8-27　常见的数据源控件

数据源控件	描　　述
SqlDataSource	连接 SQL Server 数据库的数据源控件,可以将数据读取至 DataSet 或 SqlDataReader 对象中,并提供了数据排序、筛选和分页功能
EntityDataSource	可以将 EntityDataSource 控件与数据绑定控件一起使用,以从 EDM 检索数据,以及不使用代码或只需使用少量代码在网页上显示、编辑数据以及对其进行排序
LinqDataSource	允许开发人员在页面前台内嵌 Lambda 表达式,从数据对象中读取式操作数据,并且可以帮助开发人员生成更新、删除、插入等命令
ObjectDataSource	允许开发人员使用业务层或其他中间层管理数据,并支持其他数据源控件所不支持的复杂排序和筛选功能、分页方案
XmlDataSource	允许开发人员使用 XML 文档作为数据源,可以使用 Xpath 表达式完成数据筛选功能,特别适合于分层控件,如 TreeView 和 Menu 控件配合使用
SiteMapDataSource	以 SiteMap 文件作为数据源的数据源控件,可以迅速完成站点导航功能开发的数据源控件

1. SqlDataSource 数据源控件

以 SqlDataSource 为例,介绍常见数据源控件的使用。SqlDataSource 代表一个使用 ADO.NET 提供程序的数据库连接,它需要一个通用的方法创建它所需要的 Connection、Command、DataReader 对象。使其唯一可行的办法是有一个数据提供程序工厂来负责创建这些对象。创建完数据源后,可以在设计时绑定控件,而不必在 Page.Load 事件中编写逻辑。

通过设置提供程序的名字来选择数据源:

```
< asp:SqlDataSource ProviderName = "System.Data.SqlClient" ID = "SqlDataSource1" runat =
"server">
</asp:SqlDataSource>
```

下一步是提供连接字符串,应从 Web.config 中读取(使用表达式构造器的方式)。

```
< asp: SqlDataSource ProviderName = " System. Data. SqlClient" ConnectionString = " <% $
ConnectionStrings %>"
ID = "SqlDataSource1" runat = "server">
</asp:SqlDataSource>
```

SqlDataSource 命令逻辑由 SelectCommand、InsertCommand、UpdateCommand、DeleteCommand 4 个属性提供,它们都接收一个字符串(SQL 语句或存储过程名称);与之相应的 SelectCommandType、InsertCommandType、UpdateCommandType、DeleteCommandType 也要设置为 Text 或 StoredProcedure (Text 是默认值)。

【例 8-22】 基于 SqlDataSource 控件的 ListBox 数据绑定。

第 1 步,打开 AspWebsite 网站,选择"添加新项"命令,在弹出的添加新项的对话框中选择"Web 窗体",名称设置为 Ex8-23.aspx,并设置 Ex8-23.aspx 为起始页。

第 2 步,在 Ex8-23.aspx 页面添加 LisBox 控件和 SqlDataSource 控件。

第 3 步,为 SqlDataSource 控件配置数据,添加连接如图 8-24 所示。

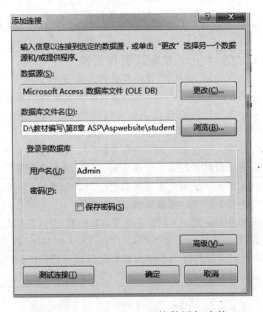

图 8-24 SqlDataSource 控件添加连接

第 4 步,为连接数据选择查询语句如图 8-25 所示,生成如图 8-26 所示的连接字符串。

第 5 步,设置 Listbox 的 DataSourceID、DataTextField、DataValueField 属性,如图 8-27 所示。

第 6 步,运行程序,得到如图 8-28 所示的结果。

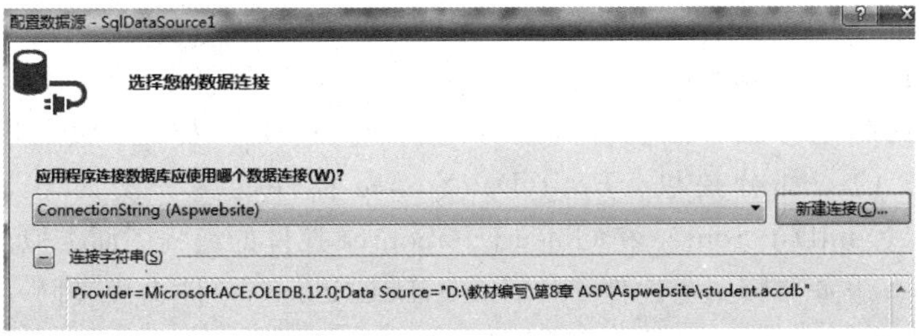

图 8-25　连接字符串

图 8-26　配置 Select 语句

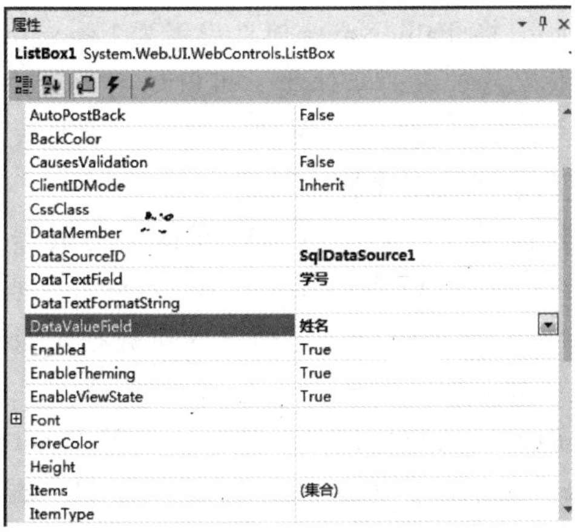

图 8-27　ListBox 字段属性设置

图 8-28　程序运行结果

2. EntityDataSource 控件

ADO. NET EntityDataSource 控件在使用 ADO. NET Entity Framework 的 Web 应用程序中支持数据绑定方案。该控件与 Entity Framework 一样，从 SP1 开始作为. NET Framework 3.5 的一部分提供。EntityDataSource 控件的编程图面与 SqlDataSource、LinqDataSource、XmlDataSource 和 ObjectDataSource 控件的编程图面类似。

与其他 Web 服务器数据源控件一样，EntityDataSource 控件也代表同一页上的数据绑定控件管理对数据源的创建、读取、更新和删除操作。EntityDataSource 可用于可编辑的网格、具有用户控制的排序和筛选功能的窗体、双重绑定的下拉列表控件以及主—详细信息页。

使用 EntityDataSource 控件，可以将页面上的 Web 控件绑定到实体数据模型（EDM）中的数据。与 ObjectQuery < T >的查询生成器方法一样，查询是使用分配给 Where()、OrderBy()、GroupBy()和 Select()属性的实体 SQL 语法的片段构造的。可以将页控件、Cookie、追加到页 URI 的查询参数以及其他 ASP. NET 参数对象中的参数值提供给这些操作。使用 EntityDataSource 设计器，可以更方便地在设计时配置 EntityDataSource 控件。

3. LinqDataSource 控件

语言集成查询（LINQ）是一种查询语法，它可定义一组查询运算符，以便在任何基于. NET 的编程语言中以一种声明性的方式来表示遍历、筛选和投影操作。数据对象可以是内存中的数据集合，或者是表示数据库中数据的对象。不用为每个操作编写 SQL 命令，即可检索或修改数据。

使用 LinqDataSource 控件，可以通过在标记文本中设置属性，从而在 ASP. NET 网页中使用 LINQ。LinqDataSource 控件使用 LINQ to SQL 来自动生成数据命令。当从内存中的数据集合检索数据时，可将 ContextTypeName 属性设置为包含该数据集合的类。还可将 TableName 属性设置为返回该数据集合的属性或字段。例如，可能存在一个名为 Person 的类，该类包含一个名为 FavoriteCities 的属性，该属性返回一个字符串值数组。这种情况下，要将 ContextTypeName 属性设置为 Person，将 TableName 属性设置为 FavoriteCities。

查询某数据库时，必须先创建表示该数据库及其表的实体类。可以使用对象关系设计器或 SqlMetal. exe 实用工具来生成这些类。然后，可将 ContextTypeName 属性设置为表示该数据库的类，并将 TableName 属性设置为表示数据库表的属性。

LinqDataSource 控件按以下顺序应用数据操作：Where（指定要返回的数据记录）、Order By（排序）、Group By（聚合共享值的数据记录）、Order Groups By（对分组数据进行排序）、Select（指定要返回的字段或属性）、Auto-sort（按用户选定的属性对数据记录进行排序）、Auto-page（检索用户选定的数据记录的子集）。

可以向 Where 属性添加条件，以筛选查询返回的数据记录。如果未设置 Where 属性，LinqDataSource 控件会从数据对象中检索每一条记录。数据排序，使用 OrderBy 属性指定返回数据中作为排序方式的属性的名称。

4. ObjectDataSource 控件

ObjectDataSource 是 ASP. NET 数据源控件，用于向数据绑定控件表示数据识别中间层对象或数据接口对象。可以结合使用 ObjectDataSource 控件与数据绑定控件，这样，只用少量代码或不用代码，就可以在网页上显示、编辑和排序数据。

ObjectDataSource 控件没有可视化呈现。它是作为控件实现的,以便可以以声明方式创建它,还可以选择让它参与状态管理。因此,ObjectDataSource 不支持可视化功能,如 EnableTheming 或 SkinID 属性。

ObjectDataSource 控件的一种极常见的应用程序设计做法是,将表示层与业务逻辑分开,将业务逻辑封装到业务对象中。这些业务对象在表示层和数据层之间构成一个独特的层,从而得到一个三层应用程序结构。ObjectDataSource 控件使开发人员能够在保留他们的三层应用程序结构的同时,使用 ASP. NET 数据源控件。

ObjectDataSource 控件使用反射创建业务对象的实例,并调用这些实例的方法以检索、更新、插入和删除数据。TypeName 属性标识 ObjectDataSource 使用的类的名称。ObjectDataSource 控件在每次调用方法时创建并销毁类的实例,它在 Web 请求的生存期内不在内存中保留对象。如果使用的业务对象需要很多资源或者在其他方面需要很大开销来创建和销毁,就需要认真考虑。使用高开销对象可能并不是最佳设计选择,但是可以使用 ObjectCreating、ObjectCreated 和 ObjectDisposing 事件控制该对象的生命周期。

5. XmlDataSource 控件

XmlDataSource 控件是向数据绑定控件提供 XML 数据的数据源控件。数据绑定控件可使用 XmlDataSource 控件同时显示分层数据和表格数据。XmlDataSource 控件通常用于显示只读方案中的分层 XML 数据。由于 XmlDataSource 控件扩展了 HierarchicalDataSourceControl 类,因此该控件使用分层数据。XmlDataSource 控件也实现 IDataSource 接口,使用表格(或列表样式)数据。

XmlDataSource 通常从 DataFile 属性指定的 XML 文件中加载 XML 数据。也可以使用 Data 属性,由数据源控件将 XML 数据直接存储为字符串形式。如果要在数据绑定控件显示 XML 数据前转换它,可提供可扩展样式表语言(XSL)样式表进行转换。和 XML 数据一样,通常从 Transform File 属性指示的文件中加载样式表,而使用 Transform 属性将其直接存储为字符串形式。

XmlDataSource 控件通常用于由数据绑定控件显示 XML 数据的只读数据方案中,但也可以使用 XmlDataSource 控件来编辑 XML 数据。若要编辑 XML 数据,请调用 GetXmlDocument 方法来检索 XmlDataDocument 对象,该对象是 XML 数据在内存中的表示形式。可以使用由 XmlDataDocument 公开的对象模型及其所包含的 XmlNode 对象或使用 XPath 筛选表达式来操作文档中的数据。更改 XML 数据在内存中的表示形式后,可以调用 Save 方法将其保存到磁盘中。

对 XML 数据执行的常用操作是将其从一个 XML 数据集转换到另一个数据集。XmlDataSource 控件支持使用 Transform 和 Transform File 属性(在将 XML 数据传递到数据绑定控件前,指定 XSL 样式表,并应用于该 XML 数据),以及 Transform ArgumentList 属性(转换期间能够提供由 XSL 样式表使用的动态 XSLT 样式表参数)进行 XML 转换。若使用 XPath 属性指定 XPath 筛选表达式,则在发生转换后应用该表达式。

默认情况下,XmlDataSource 控件加载 XML 文件中由 DataFile 属性标识的所有 XML 数据,或在 Data 属性中找到的所有内联数据,但是,可以使用 XPath 表达式来筛选这些数据。XPath 属性支持 XPath 语法筛选器,可在加载和转换 XML 数据后应用该筛选器。

6. SiteMapDataSource 控件

SiteMapDataSource 控件是站点地图数据的数据源，站点数据则由为站点配置的站点地图提供程序进行存储。SiteMapDataSource 使不是专用站点导航控件的 Web 服务器控件（如 TreeView、Menu 和 DropDownList 控件）可以绑定到分层站点地图数据。可以使用这些 Web 服务器控件以目录形式显示站点地图或者主动在站点内导航。也可以使用 SiteMapPath 控件，该控件被专门设计为一个站点导航控件，因此不需要 SiteMapDataSource 控件的实例。

8.4.9 ASP.NET 的数据绑定控件对象

数据的显示部分使用了一些专门的显示控件，通过这些控件可以以可视化的方式查看绑定数据之后的效果。我们称这些控件为数据绑定控件。常见的数据绑定控件见表 8-28。

表 8-28 常见的数据绑定控件

数据绑定控件	描　述
GridView 控件	支持删、改、排序、分页、外观设置、自定义显示数据，但是影响程序性能，不支持插入操作
ListView 控件	提供了增、删、改、排序、分页等功能，还可以支持用户自定义模板，但影响程序性能，大数据分页效率低
Repeater 控件	该控件是一个完全的开发性控件，可以自如地显示用户自定义的显示方式。不支持分页、排序、编辑，仅提供重复模板内容
DataList 控件	可以自定义格式显示数据、比较灵活，但不支持分页、编辑插入
DetailsView 控件	一条记录，一行一个字段；带分页功能
FormView 控件	一条记录，自由定制；带分页功能

数据绑定控件的一些常用属性。

DataSource 属性：指定数据绑定控件的数据来源，显示时程序将会从这个数据源中获取数据并显示。

DataSourceID 属性：指定数据绑定控件的数据源控件的 ID，显示的时候程序将会根据这个 ID 找到相应的数据源控件，并利用这个数据源控件中指定的方法获取数据并显示。

DataBind() 方法：当指定了数据绑定控件的 DataSource 属性或者 DataSourceID 属性之后，再调用 DataBind() 方法才会显示绑定的数据。并且在使用数据源时，会首先尝试使用 DataSourceID 属性标识的数据源。没有设置 DataSourceID 时才会用到 DataSource 属性标识的数据源。也就是说，DataSource 和 DataSourceID 两个属性不能同时使用。

1. GridView 控件

GridView 控件以表格形式（table 标签）显示、编辑和删除多种不同的数据源（如数据库、XML 文件以及集合等）中的数据。GridView 控件功能非常强大，如果需要，编程者可以不用编写任何代码，通过拖动控件，并从属性面板设置属性即可，还可以完成如分页、排序、外观设置等功能。虽然功能非常齐全，但程序性能将受到影响，在页面中最好不要过多地使用该控件。当然，如果需要自定义格式显示各种数据，GridView 控件也提供了用于编辑格式的模板功能，但是不支持数据的插入。

【例 8-23】 GridView 控件实现数据的管理功能。

第 1 步,打开 AspWebsite 网站,选择"添加新项"命令,在弹出的添加新项的对话框中选择"Web 窗体",名称设置为 Ex8-24.aspx,并设置 Ex8-24.aspx 为起始页。

第 2 步,在 Ex8-24.aspx 页面添加 GridView 控件和 SqlDataSource 控件。

第 3 步,为 SqlDataSource 控件配置数据,连接字符串为"Provider= Microsoft.ACE.OLEDB.12.0; Data Source = D:\教材编写\第 8 章 ASP\Asp Websites\student.accdb;"。

第 4 步,为 SqlDataSource 控件添加 DeleteQuery 命令:在图 8-29 所示的"属性"对话框中单击 DeleteQuery,在如图 8-30 所示的弹出对话框中编辑删除命令。

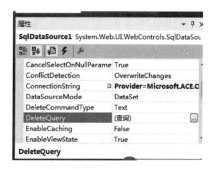

图 8-29 "属性"对话框

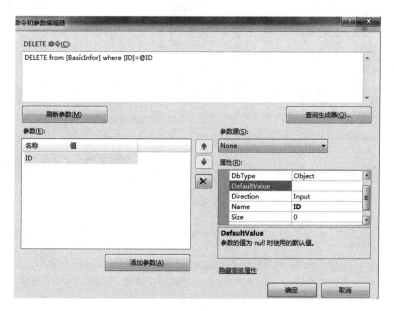

图 8-30 删除对话框

第 5 步,类似地,为 SqlDataSource 控件添加插入属性,更新属性对话框。在 Ex8-24.aspx 文件中生成如下代码。

```
<asp:SqlDataSource ID = "SqlDataSource1" runat = "server"
ConnectionString = "<% $ ConnectionStrings:accessConstr %>"
ProviderName = "<% $ ConnectionStrings:accessConstr.ProviderName %>"
SelectCommand = "SELECT * FROM [BasicInfor]"
UpdateCommand = "UPDATE [BasicInfor] SET 学号 = @学号,姓名 = @姓名,身份证 = @身份证
WHERE ID = @ID"
DeleteCommand = "DELETE from [BasicInfor] where [ID] = @ID" >
<UpdateParameters>
<asp:Parameter Name = "ID" Type = "Int16"/>
<asp:Parameter Name = "学号" Type = "String" />
<asp:Parameter Name = "姓名" Type = "String" />
```

```
< asp:Parameter Name = "身份证" Type = "String" />
</UpdateParameters >
< DeleteParameters >
< asp:Parameter Name = "ID" Type = "Int16"/>
</DeleteParameters >
</asp:SqlDataSource >
```

第 6 步, 为 GridView 控件设置属性, 在如图 8-31 所示的对话框中勾选启用分页、启用排序、启用编辑、启用删除和启用选定内容等复选框。设置属性 DataSourceID 为 SqlDataSource1。在 Ex8-24.aspx 文件中生成如下代码。

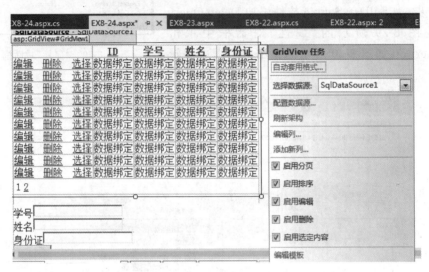

图 8-31　GridView 属性设置对话框

```
< asp:GridView ID = "GridView1" runat = "server" AutoGenerateColumns = "False" DataKeyNames = "ID"
DataSourceID = "SqlDataSource1" AllowPaging = "True" AllowSorting = "True"
AutoGenerateDeleteButton = "True" AutoGenerateEditButton = "True"
AutoGenerateSelectButton = "True">
< Columns >
    < asp:BoundField DataField = "ID" HeaderText = "ID" InsertVisible = "False" ReadOnly = "True"
SortExpression = "ID" />
< asp:BoundField DataField = "学号" HeaderText = "学号" SortExpression = "学号" />
< asp:BoundField DataField = "姓名" HeaderText = "姓名" SortExpression = "姓名" />
< asp:BoundField DataField = "身份证" HeaderText = "身份证" SortExpression = "身份证" />
</Columns >
    </asp:GridView >
```

第 7 步, 运行程序, 得到如图 8-32 所示的查询结果。选择第 1 条记录的编辑按钮, 得到如图 8-33 所示的编辑界面, 把姓名"张三"改为"张三 2", 单击"更新"按钮, 得到如图 8-34 所示的结果。

2. ListView 控件

ListView 控件会按照编程者编写的模板格式显示数据。与 DataList 和 Repeater 控件相似, ListView 控件也适用于任何具有重复结构的数据。ListView 既有 Repeater 控件的

		ID	学号	姓名	身份证
编辑	删除 选择	1	093121	张三1	112323123131
编辑	删除 选择	2	093122	李四	223333432434
编辑	删除 选择	3	093123	王五	324234324324
编辑	删除 选择	4	093124	阿庆嫂	123243243244

图 8-32　查询结果

		ID	学号	姓名	身份证
更新	取消	1	093121	张三2 ☒	112323123131
编辑	删除 选择	2	093122	李四	223333432434
编辑	删除 选择	3	093123	王五	324234324324
编辑	删除 选择	4	093124	阿庆嫂	123243243244

图 8-33　编辑结果

		ID	学号	姓名	身份证
编辑	删除 选择	1	093121	张三2	112323123131
编辑	删除 选择	2	093122	李四	223333432434
编辑	删除 选择	3	093123	王五	324234324324
编辑	删除 选择	4	093124	阿庆嫂	123243243244

图 8-34　更新的结果

开放式模板，又具有 GridView 控件的编辑特性。ListView 控件是 ASP.NET 3.5 新增的控件，其分页功能需要配合 DataPager 控件实现。但是，对于大量数据来说，其分页的效率很低，所以在下一节，我会带领大家做一个高效的分页。总的来说，ListView 是目前为止功能最齐全、最好用的数据绑定控件。

3. Repeater 控件

Repeater 控件是一个数据绑定容器控件，用于生成各个子项的列表，这些子项的显示方式可以完全由编程者自己编写。当控件所在页面运行时，该控件根据数据源中数据行的数量重复模板中所定义的数据显示格式，编程者可以完全把握数据的显示布局，如使用 div 元素、ul 元素等。但是，美中不足的是该控件不支持像排序、分页、编辑之类的功能，仅支持重复模板内容功能。

4. DataList 控件

该控件可以以自定义的格式显示各种数据源的字段，其显示数据的格式在创建的模板中定义，可以为项、交替项、选定项和编辑项创建模板。DataList 控件也可以使用标题、脚注和分隔符模板自定义整体外观，还可以一行显示多个数据行。虽然 DataList 控件拥有很大的灵活性，但其本身不支持数据分页，编程者需要通过自己编写方法完成分页的功能。该控件仅用于数据的显示，不支持编辑、插入、删除。

5. DetailsView 控件

DetailsView 控件一次呈现一条表格形式的记录，并提供翻阅多条记录以及插入、更新和删除记录的功能。DetailsView 控件通常用在主/详细信息方案中。在这种方案中,主控件(如 GridView 控件)中的所选记录决定了 DetailsView 控件显示的记录。

6. FormView 控件

FormView 控件与 DetailsView 控件类似,它一次呈现数据源中的一条记录,并提供翻阅多条记录以及插入、更新和删除记录的功能。FormView 控件与 DetailsView 控件之间的区别在于:DetailsView 控件使用基于表格的布局,在这种布局中,数据记录的每个字段都显示为控件中的一行;而 FormView 控件则不指定用于显示记录的预定义布局。实际上,将创建包含控件的模板,以显示记录中的各个字段。该模板包含用于设置窗体布局的格式、控件和绑定表达式。

8.5 ASP 的 Web 服务编程

不同的系统之间经常需要数据的交换对接,而 Web Service 技术能使得运行在不同机器上的不同应用无须借助附加的、专门的第三方软件或硬件,就可相互交换数据或集成。依据 Web Service 规范实施的应用,无论它们使用的语言、平台或内部协议是什么,都可以相互交换数据。Web Service 是自描述、自包含的可用网络模块,可以执行具体的业务功能。Web Service 也很容易部署,因为它们基于一些常规的产业标准以及已有的一些技术,如标准通用标记语言下的子集 XML、HTTP。Web Service 减少了应用接口的花费。

Web Service 也称 XML Web Service WebService,是一种可以接收从 Internet 或者 Intranet 上的其他系统中传递过来的请求,轻量级的独立的通信技术。Web Service 为整个企业甚至多个组织之间的业务流程的集成提供了一个通用机制。

8.5.1 Web 服务的创建与发布

通过简单对象存取协议(Simple Object Access Protocol,SOAP)在 Web 上提供的软件服务,使用网络服务描述语言(Web Services Description Language,WSDL)文件进行说明,并通过通用描述、发现与集成(Universal Description Discovery and Integration,UDDI)进行注册。

SOAP 是 XMLWeb Services 的通信协议。当用户通过 UDDI 找到 WSDL 描述文档后,可以通过 SOAP 调用建立的 Web 服务中的一个或多个操作。SOAP 是 XML 文档形式的调用方法的规范,它可以支持不同的底层接口,像 HTTP(S)或者 SMTP。

WSDL 文件是一个 XML 文档,用于说明一组 SOAP 消息以及如何交换这些消息。大多数情况下,WSDL 文件由软件自动生成和使用。

UDDI 是一个主要针对 Web 服务供应商和使用者的新项目。在用户能够调用 Web 服务之前,必须确定这个服务内包含哪些商务方法,找到被调用的接口定义,还要在服务端编制软件。UDDI 是一种根据描述文档来引导系统查找相应服务的机制。UDDI 利用 SOAP 消息机制(标准的 XML/HTTP)来发布、编辑、浏览以及查找注册信息。它采用 XML 格式来封装各种不同类型的数据,并且发送到注册中心或者由注册中心返回需要的数据。

每个 XMLWeb Services 都需要一个唯一的命名空间,以便客户端应用程序能够将它与 Web 上的其他服务区分开。http://tempuri.org/可用于处于开发阶段的 XML Web

Services,而已发布的 XML Web Services 应使用更永久的命名空间。应使用控制命名空间来标识 XML Web Services。例如,可以使用公司的 Internet 域名作为命名空间的一部分。尽管有许多 XML Web Services 命名空间看似 URL,但它们不必指向 Web 上的实际资源。(XML Web Services 命名空间为 URI)使用 ASP. NET 创建 XML Web Services 时,可以使用 Web Services 特性的 Namespace 属性更改默认命名空间。Web Services 特性适用于包含 XML Web Services 方法的类。

WebMethod 有 6 个属性:Description、EnableSession、MessageName、TransactionOption、CacheDuration、BufferResponse。

(1) Description,对 WebService 方法描述的信息。就像 WebService 方法的功能注释,可以让调用者看见的注释。

(2) EnableSession 指示 WebService 是否启动 Session 标志,主要通过 Cookie 完成,默认为 False。

(3) MessageName,主要实现方法重载后的重命名。

(4) TransactionOption,指示 XML Web Services 方法的事务支持。

由于 HTTP 的无状态特性,XMLWeb Services 方法只能作为根对象参与事务。如果 COM 对象与 XML Web Services 方法参与相同的事务,并且在组件服务管理工具中被标记为在事务内运行,XML Web Services 方法就可以调用这些 COM 对象。

如果一个 TransactionOption 属性为 Required 或 RequiresNew 的 XMLWeb Services 方法调用,另一个 TransactionOption 属性为 Required 或 RequiresNew 的 XML Web Services 方法调用,每个 XML Web Services 方法将参与它们自己的事务,因为 XML Web Services 方法只能用作事务中的根对象。如果异常是从 Web 服务方法引发的或未被该方法捕获,则自动放弃该事务。如果未发生异常,则自动提交该事务,除非该方法显式调用 SetAbort。

(5) CacheDuration,Web 支持输出高速缓存,这样 Web Services 不需要多次执行,就可以提高访问效率,而 CacheDuration 就是指定缓存时间的属性。

(6) Buffer Response,获取或设置是否缓冲该请求的响应。

【例 8-24】 创建一个简单的加法功能的 WebService。

第 1 步,打开 AspWebsite 网站,选择"添加新项"命令,在弹出的添加新项的对话框中选择"Web 服务",如图 8-35 所示,名称设置为 Ex8-WebService. asmx,并设置 Ex8-WebService. asmx 为起始页。

第 2 步,系统自动生成 Ex8-WebService. asmx 文件。

```
using System;
using System.Collections.Generic;
using System.Linq;
using System.Web;
using System.Web.Services;
// < summary >
// Ex8_WebService 的摘要说明
// </summary >
[WebService(Namespace = "http://tempuri.org/")]
```

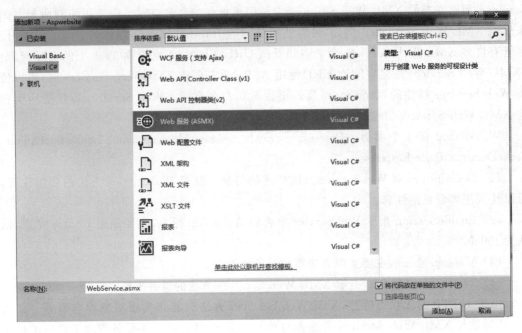

图 8-35　Web 服务添加

```
[WebServiceBinding(Conform sTo = WsiProfiles.BasicProfile1_1)]
//若允许使用 ASP.NET AJAX 从脚本中调用此 Web 服务,请取消注释以下行
//[System.Web.Script.Services.ScriptService]
public class Ex8_WebService: System.Web.Services.WebService {
    public Ex8_WebService () {
        //如果使用设计的组件,请取消注释以下行
        //InitializeComponent();
    }
    [WebMethod]
    public string HelloWorld() {
        return "Hello World";
    }
}
```

第 3 步,运行程序,得到如图 8-36 所示的界面。

Ex8_WebService

支持下列操作。有关正式定义,请查看服务说明。

- **Add**
- **Add2**
- **Count**
- **CountNum**
- **HelloChina**
  Author:ZFiveS Function:Hello China
- **HelloWorld**

此 Web 服务使用 http://tempuri.org/ 作为默认命名空间。

建议: 公开 XML Web services 之前,请更改默认命名空间。

每个 XML Web services 都需要第一个唯一的命名空间,以便客户应用程序能够将它与 Web 上的其他服务区分开。http://tempuri.org/ 可用于处于开发阶段的 XML Web services,而已发布的 XML Web services 应使用更为永久的命名空间。

应使用您控制的命名空间来标识 XML Web services。例如,可以使用您公司的 Internet 域名作为命名空间的一部分。尽管许多 XML Web services 命名空间都看似 URL,但它们不必指向 Web 上的实际资源。(XML Web services 命名空间为 URI。)

使用 ASP.NET 创建 XML Web services 时,可以使用 WebService 特性的 Namespace 属性更改您默认的命名空间。WebService 特性应用于包含 XML Web services 方法的类。下面的代码将命名空间设置为"http://microsoft.com/webservices/":

图 8-36　程序运行结果

第 4 步,单击 HelloWorld,结果如下。

```
<?xml version = "1.0" encoding = "UTF - 8"?>
< string xmlns = "http://tempuri.org/"> Hello World </string>
```

8.5.2　Web 服务的使用

通过这个实例,可以看出 WebService 的复用性,简单易用。在 VS 的环境下,可以轻易
完成一个 WebService 的开发过程。而 WebService 返
回给的 XML 数据方式,也可以充分和 JavaScript 等任
何一种可以处理 XML 的语言相结合来完成需求。

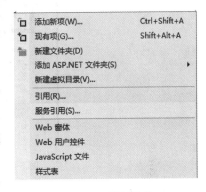

【例 8-25】　引用 WebService 的过程。

第 1 步,打开 AspWebsite 网站,选择"添加新项"
命令,在弹出的添加新项的对话框中选择"Web 窗体",
名称设置为 Ex8-25. aspx,并设置 Ex8-25. aspx 为起
始页。

第 2 步,右击 AspWebsite,选择"添加按钮"命令,
得到如图 8-37 所示的菜单。

图 8-37　添加菜单

第 3 步,选择"服务引用"命令,得到如图 8-38 所示
的添加服务引用界面,单击"发现"按钮,找到 Ex8-WebService. asmx,命名空间设置为
ServiceReference1。

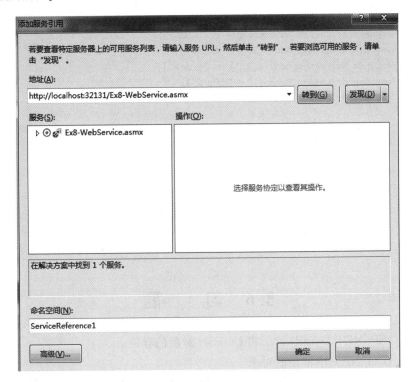

图 8-38　添加服务引用界面

在解决方案中出现 ServiceReference1 命名空间的服务如图 8-39 所示。

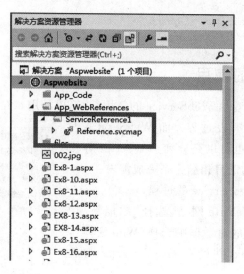

图 8-39   ServiceReference1 命名空间

第 4 步，在 Ex8-25.aspx.cs 中添加如下代码。

```
protected void Page_Load(object sender, EventArgs e)
   {
       ServiceReference1.Ex8_WebServiceSoapClient mys = new ServiceReference1.Ex8_
WebServiceSoapClient();
       Response.Write(mys.HelloWorld() + "</br>");
       Response.Write(mys.HelloChina() + "</br>");
       Response.Write(mys.Add(1,2) + "</br>");
       Response.Write(mys.Add2(1,2,3) + "</br>");
       Response.Write(mys.Count() + "</br>");
       Response.Write(mys.CountNum() + "</br>");
   }
```

第 5 步，运行程序，结果如下。

```
Hello World
Hello China
3
6
1
1
```

8.6   习   题

1. 比较 ASP.NET DataReader 和 DataSet 对象的异同。

2. 描述 ADO.NET 中常用的对象。

3. 说明在 ASP.NET 中常用的几种页面间传递参数的方法，并说出它们的优缺点。

4. 简述 Web 标准服务器控件和 HTML 元素的区别与联系。

5. 简要叙述 ASP. NET 的常用内置对象。

6. 简要分析 ASP. NET 页面的生命周期。

7. 使用 ASP. NET 的 FileUpload 控件以及一个保存按钮和一个真实文件名称、类型、长度的标签控件,设计如图 8-40 所示的界面,实现一个文件上传到 c:\SaveDirectory 文件夹的功能,并输出上传文件的 FileName、ContentType、ContentLength、FileName。

8. 使用 ASP. NET 实现一个数据库的查询功能。使用本地服务器,SQL Server 数据库名为 Student,用户 sa 的密码为 123456,数据表有 basicInfo,将结果绑定到 GridView1 输出。

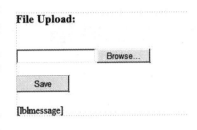

图 8-40 文件上传界面

## 第 9 章

XML 编程

9.1 XML 简介及其特征

9.1.1 XML 简介

XML 是可扩展标记语言(eXtensible Markup Language)的缩写。XML 可追溯到 1969 年 IBM 公司设计的通用标记语言(Generalized Markup Language,GML),用于描述文件和格式。这个项目组于 1980 年推出了标准通用标记语言(Standard Generalized Markup Language,SGML),可用于文本、图像、视频、动画等一切电子格式的文档,于 1986 年获得 ISO 批准。SGML 从内容和结构两个方面描述文档,核心是文档类型定义(Document Type Definition,DTD)。

源于 SGML 的超文本标记语言(HyperText Markup Language,HTML)在互联网上得到了广泛使用。但是,HTML 只与固定的与外观显示的格式有关,标记也比较少,对数学、化学、音乐等特定领域的表示支持较少,开发者很难在 Web 网页上表示数学公式、化学分子式和乐谱等。

为此,万维网联盟(World WideWeb Consortium,W3C)于 1996 年成立委员会研究新的标记语言,以解决上述问题。1998 年,这个项目组向 W3C 提交了 XML 的推荐标注,即 XML 1.0。1999 年,W3C 组织提出了 XHTML。2004 年推出了 XML1.1 标注。

从 1998 年以来,许多厂商包括 Adobe、IBM、Microsoft、Netscape、Oracle 等开始使用 XML 标注。目前许多软件产品和工具,包括 Navigator、Internet Explorer、Real Pleayer 等,在软件内部都开始使用 XML。

IE 浏览器有内置的 MSMXL 解析器,它们存在于在 IE 5 或更高版本的 COM 组件中。MSXML 2.5 随 IE 5.5 安装,MSXML Parser 3.0 随 IE 6.0 自动安装。

Mozilla 浏览器用 EXPat 解释 XML,支持 XML+CSS、命名空间和 XSLT。

Firefox 从 1.0.2 版本开始,支持 XML、XSLT 和 CSS。

Netscape 从 8.0 版本开始,使用 Mozilla 的引擎,具有相同的功能。

Opera 从 9.0 版本开始,支持 XML、XSLT 和 CSS。

XML 是基于文本格式的语言,可以用记事本或写字板等文本编辑器编辑。此外,还有一些专业的编辑器:XMLSpy 是目前公认的最好的 XML 编辑器之一,是一个 XML 工程开发的集成开发环境。XMLWriter 是适合专业 XML 开发者以及初级者使用的 XML 编辑工具,支持 XML、XSL、DTD/Schema、CSS、HTML 等文本编辑和调式。

9.1.2 XML 的特征

1. 结构性和语义性

XML 只是一种语义语言,XML 标记描述的是文档的结构和意义,不描述页面元素的格式化。文档本身只是说明文档包括了什么标记,而不是说明文档看起来是什么样的。而 HTML 文档既有结构、语义,还有格式化的标记,如< b >是粗体的格式化标记,< td >是表格单元的结构标记,< strong >是表示强调内容重要的语义标记。

XML 将数据内容和显示格式分离,即能够在 HTML 文件之外将数据存储在 XML 文档中,这样可以使开发者集中精力使用 HTML 做好数据的显示和布局,并确保数据改动时不会导致 HTML 文件也需要改动,从而方便维护页面。XML 也能够将数据以"数据岛"的形式存储在 HTML 页面中,开发者依然可以把精力集中到使用 HTML 格式化和显示数据上。

XML 使用了具有语义、可以描述数据结构的标记。XML 促使了文档的结构化,所有信息按照某种关系排列。结构化使得文档各个部分紧密相连,形成一个整体。

【例 9-1】 一个存储了歌曲信息的 XML 文档。

第 1 步,使用 VS 2013 新建一个空网站 XMLWebsite,添加新项,选择 XML 文件,如图 9-1 所示,命名为 Ex9-1.xml。

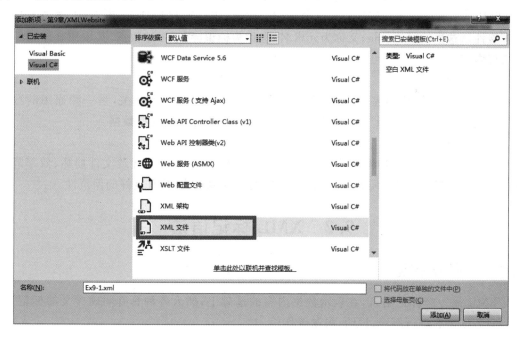

图 9-1 XML 文件添加

第 2 步,在 Ex9-1.xml 文件中添加如下代码:

```
<?xml version = "1.0" encoding = "gb2312" ?>
<歌曲集>
  <歌曲>
    <歌名>康定情歌</歌名>
```

```
    <作词>李依若</作词>
    <演唱者>张惠妹 </演唱者>
  </歌曲>
</歌曲集>
```

第 3 步,在 IE 浏览器中打开例 9-1 的效果,如图 9-2 所示。

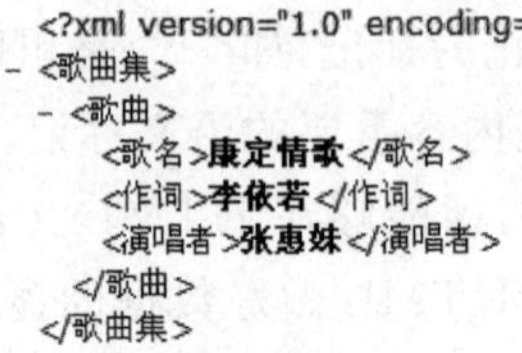

```
<?xml version="1.0" encoding="gb2312" ?>
– <歌曲集>
  – <歌曲>
      <歌名>康定情歌</歌名>
      <作词>李依若</作词>
      <演唱者>张惠妹</演唱者>
  </歌曲>
</歌曲集>
```

图 9-2   在 IE 浏览器中打开 XML 文档的效果

在例 9-1 的 XML 中使用了具有语义的标记,如<歌名>、<作词>、<演唱者>等。XML 的标记也描述了文档的数据结构,<歌曲集>是一个大对象,包含了若干<歌曲>元素,每个<歌曲>元素下又有若干子元素,用于存放歌曲的歌名、作词和演唱者等信息。

2. 元标记语言

XML 是一种元标记语言。"元标记"就是开发者可以根据自己的需要定义自己的标记。满足任何 XML 命名规则的名称都可以作为标记。HTML 只认识已经定义的标记,如< HTML >、< p >等,不认识用户定义的标记。因此,相对于 HTML 而言,XML 具有良好的可扩展性。这里的标记(tag)又称为元素名,也称为标识,用于描述数据,其本质在于帮助理解文档内容。

3. 独立于平台

XML 与不同的应用程序、不同的操作系统、不同的硬件环境无关,是一种通用的数据格式和规范,可以在 Word 文档和 Acrobat 之间,或数据库之间交换数据。

4. 良好的保值性

随着软件的更新和升级,大量的数据文件需要配合转换,容易导致文件损坏、效率降低等问题。而 XML 可以方便地将 XML 文档转换为其他格式,具有良好的保值性。

9.2   XML 标记语法

9.2.1   关于标记

XML 是一个标记语言,在表示数据内容的基础上,插入各种具有明确含义的标记,以起到对数据内容进行解释、说明、限制等作用。

1. XML 的标记必须有一个相应的结束标记

XML 中有两种标签,即打开标签和关闭标签,通常也被称为开始标签"<"和结束标签">",如< name >是一个标记,标记名为 name,标记要成对使用,如< name >张三</name >。

在 HTML 中,虽然要求标签元素成对出现,但经常会看到没有关闭标签的元素,网页同样可以运行。在 HTML 中,没有关闭标签的元素如下所示。

```
<p>This is a paragraph
```

```
<p>This is another paragraph
```

但是在 XML 中,所有元素都须有关闭标签,省略关闭标签是非法的。

```
<p>This is a paragraph</p>
<p>This is another paragraph</p>
```

2. XML 的标记名命名规则

(a) 名称的开头是字母或下画线"-",不能用 XML 的关键字作为开头。

(b) 标记名称中不能有空格。

(c) 如果字符集 encoding = "utf-8"或"gb2312",名称的字符串中可以包含字母、数字、汉字、"-""-"".."等。

9.2.2　标记的使用规则

XML 有严格的语法限制。格式良好的 XML 文档是没有语法错误的 XML 程序,主要包含以下 10 条。

1. 必须有声明语句

XML 声明是 XML 文档的第一句。XML 声明的作用是告诉浏览器或者其他处理程序这个文档是 XML 文档。其格式如下:

```
<?xml version = "1.0" standalone = "yes/no" encoding = "UTF-8"?>
```

2. 注意大小写

在 XML 文档中,大小写是有区别的。"<P>"和"<p>"是不同的标记。注意:写元素时,前后标记的大小写要保持一致。例如:<Author>TOM</Author>,写成<Author>TOM</author>是错误的。最好养成一种习惯,在输入标记时,或者全部大写,或者全部小写,或者第一个字母大写,这样可以减少因为大小写不匹配而产生的文档错误。

3. XML 文档有且只有一个根元素

良好格式的 XML 文档必须有一个根元素,也就是紧接着声明后面建立的第一个元素,其他元素都是这个根元素的子元素。根元素完全包括文档中其他所有的元素。根元素的起始标记要放在其他所有元素的起始标记前;根元素的结束标记要放在其他所有元素的结束标记之后。

4. 属性值使用引号

与 HTML 类似,XML 也可拥有属性(名称/值的对)。在 HTML 代码里,属性值加不加引号都可以。例如:"<font color = red>word</font>"和"<font color = "red">word</font>"都可以被浏览器正确解释。但是,XML 中规定所有属性值必须加引号(可以是单引号,也可以是双引号,建议使用双引号),否则将被视为错误。

【例 9-2】　一个错误的 XML 文档属性表示。

第 1 步,在 XMLWebsite 项目中添加 XML 文件新项,命名为 Ex9-2. xml。

第 2 步,在 Ex9-2. xml 文件中添加如下代码:

```
<?xml version = "1.0" encoding = "utf-8" ?>
<note date = 08/08/2008>
  <to>George</to>
```

```
<from> John </from>
</note>
```

第 3 步，VS 2013 检查出错误，如图 9-3 所示。

```
<?xml version="1.0" encoding="utf-8" ?>
<note date=08/08/2008>
   <to> George        文档根级别上的无效标记"Text"。
   <from> John
</note>
```

图 9-3   错误信息

第 4 步，正确的 XML 文档属性表示如下：

```
<?xml version = "1.0" encoding = "utf - 8" ?>
< note date = "08/08/2008">
   < to > George </to >
       < from > John </from >
</note >
```

5. 所有的标记必须有相应的结束标记

在 HTML 中，标记可以不成对出现，而在 XML 中，所有标记必须成对出现，有一个开始标记，就必须有一个结束标记，否则将被视为错误。

6. 所有的空标记也必须被关闭

空标记就是标记对之间没有内容的标记。空标记指的是标记只有开始，没有结束，又称为孤立标记。这种标记有的表示一种格式信息，如< hr >在 HTML 中代表了一条水平线。空标记可写成"<标记名/>"的形式。在 XML 中，规定所有的标记必须有结束标记。

【例 9-3】 一个空标记的 XML 文档。

第 1 步，在 XMLWebsite 项目中添加 XML 文件新项，命名为 Ex9-3.xml。

第 2 步，在 Ex9-3.xml 文件中添加如下代码：

```
<?xml version = "1.0" encoding = "utf - 8" ?>
< student ID = "NO001">
   < name >张三</name >
   < sex >男</sex >
   < birthday > 1978.05.12 </birthday >
   < score > 92 </score >
   < skill /> <! -- 这里是空标记 -->
</student >
```

7. 标记必须正确嵌套

标记之间不得交叉。在 HTML 文件中，可以这样写：

```
<B><H> Today is Saturday.</B></H>
```

< B >和< H >标记之间有相互重叠的区域，而 XML 严格禁止标记交错，标记必须以规则性的次序出现。

8. 特殊字符的实体引用

在 XML 中，一些字符拥有特殊的意义。如果把字符"<"放在 XML 元素中，会发生错

误,这是因为解析器会把它当作新元素的开始。如:

```
<message>if salary <1000 then</message>
```

会产生 XML 错误,为了避免这个错误,请用实体引用来代替"<"字符:

```
<message>if salary &lt; 1000 then</message>
```

在 XML 中,有 5 个预定义的实体引用,见表 9-1。

表 9-1　XML 中预定义的实体引用

预 定 义	字　　符	含　　义
&lt;	<	小于
&gt;	>	大于
&amp;	&	和号
&apos;	'	单引号
&quot;	"	引号

注:在 XML 中,只有字符"<"和"&"确实是非法的。大于号是合法的,但是用实体引用来代替它是一个好习惯。

9. XML 中的空格

HTML 会把多个连续的空格字符删减(合并)为一个。

```
HTML: Hello          my nameis David.
```

输出:

```
Hello mynameis David.
```

在 XML 中,文档中的空格不会被删减。

10. XML 中的回车换行

在 Windows 应用程序中,换行通常以一对字符来存储:回车符(CR)和换行符(LF)。这对字符与打字机设置新行的动作有相似之处。而 Macintosh 应用程序使用 CR 来存储新行。XML 与 UNIX 类似,都是以 LF 字符存储换行。

【例 9-4】　一个结构完整和格式良好的 XML 文档。

第 1 步,在 XMLWebsite 项目中添加 XML 文件新项,命名为 Ex9-4.xml。

第 2 步,在 Ex9-4.xml 文件中添加如下代码:

```
<?xml version = "1.0" encoding = "utf - 8" standalone = "no" ?>
<?xml - stylesheet type = "text/xsl" href = "show_student.xsl" ?>
<!DOCTYPE roster SYSTEM "student.dtd">
<!-- 此处为注释信息 -->
<roster>
  <student ID = "N101">
    <name>李华</name>
    <sex>男</sex>
    <birthday>1978.05.12</birthday>
    <score>92</score>
    <skill>
      此学生爱好编程,以下是他编写的代码
```

```
    <![CDATA[
    <script>
    function f1(a,b){
    if (name = "cai" && a < 0)
        {return1}
        else
        {return 0}
    }
    </script>
    ]]>
    </skill>
</student>
<student ID = "NO002">
    <name>李四</name>
    <sex>女</sex>
    <birthday>1979.05.12</birthday>
    <score>89</score>
    <skill>Visual Basic &amp; c# </skill>
    </student>
</roster>
```

第3步,良好格式的 XML 文档说明如图 9-4 所示。

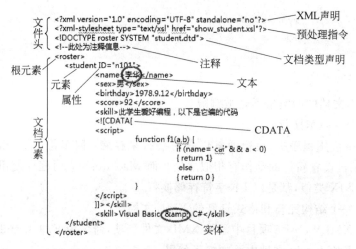

图 9-4　良好格式的 XML 文档说明

9.3　XML 文档结构

一个 XML 文件通常包含文件头和文件体两部分。XML 文件头由 XML 声明与 DTD 文件类型声明组成,文件体中包含的是 XML 文件的内容,XML 元素是 XML 文件内容的基本单元。一般地,XML 文档结构包括声明、注释、文档类型声明、处理指令、元素、属性、实体、CDATA 组成部分。

9.3.1 XML 文档声明

文档声明是 XML 必不可少的,以声明这个文档是 XML 文档。声明从 XML 文档的第一行第一个字符开始,前面不能有任何东西。如语句:

```
<?xml version = "1.0" encoding = "utf-8" standalone = "no" ?>
```

就是一个 XML 处理指令。处理指令以"<?"开始,以"? >"结束。"<?"后的第一个单词是指令名,如代表 XML 声明的 xml 指令。

version、standalone、encoding 是由等号分开的三个名称/数值对特性,等号左边是特性名称,等号右边是特性的值,用引号引起来。

version:说明这个文档所遵循的版本号,version = "1.0"表示这个文档符合 XML 的1.0 版本的规范。

standalone:说明文档在这个文件里是否还需要从外部导入,此值为 yes 说明所有文档都在这一个文件里完成,否则还需要其他文件。

encoding:指文档字符编码,常见的字符集有 ASCII、ANSI、GB2312、BIG5、GBK、GB18030、UTF-8 等。

文档类型声明<!DOCTYPE[]>紧随 XML 声明之后,包括所有实体的声明,如:

```
<?xml version = "1.0" encoding = "gb2312"?>
<!DOCTYPE movies SYSTEM "movies.dtd">
```

9.3.2 XML 根元素定义

XML 文档的树形结构要求必须有一个根元素。根元素的起始标记要放在所有其他元素起始标记之前,根元素的结束标记应放在其他所有元素的结束标记之后。

【例 9-5】 XML 文档的根元素。

第 1 步,在 XMLWebsite 项目中添加 XML 文件新项,命名为 Ex9-5.xml。

第 2 步,在 Ex9-5.xml 文件中添加如下代码:

```
<?xml version = "1.0" encoding = "UTF-8" standalone = "yes" ?>
<Settings>
    <Person>Zhang San</Person>
</Settings>
```

XML 文档必须有根标记且只能是唯一的标记。XML 文档必须有一个元素是所有其他元素的父元素,该元素称为根元素。

```
<root>
  <child>
    <subchild>.....</subchild>
  </child>
</root>
```

【例 9-6】 根标记不唯一的 XML 文档,有< student >和</ student >两个根元素。

第 1 步,在 XMLWebsite 项目中添加 XML 文件新项,命名为 Ex9-6.xml。

第 2 步,在 Ex9-6.xml 文件中添加如下代码:

```
<?xml version = "1.0" encoding = "gb2312">
<student ID = "NO001">
    <name>张三</name>
    <sex>男</sex>
    <birthday>1978.05.12</birthday>
    <score>92</score>
    <skill>Java</skill>
</student>
<student ID = "NO002">
    <name>李四</name>
    <sex>女</sex>
    <birthday>1979.05.12</birthday>
    <score>89</score>
    <skill>Visual Basic &amp; c# </skill>
</student>
```

第 3 步,提出错误信息,如图 9-5 所示。

图 9-5　错误信息

9.3.3　XML 元素和注释

元素的基本结构由开始标记、数据内容、结束标记组成,如

```
<Person>
    <Name>Zhang San</Name>
    <Sex>Male</Sex>
</Person>
```

在 XML 中编写注释的语法与在 HTML 中编写注释的语法很相似,与文档结构或编辑有关的说明等并非用于 XML 分析器的内容可以包含在注释中。注释以<!——开始,并以——>结束,例如

```
<!-- catalog last updated 2017-7-01 -->.
```

XML 中的注释需要注意的是,注释中不要出现"——"或"—",注释不要放在标记中,不能嵌套。

9.3.4　PI

处理指令(Processing Instruction,PI)以"<?"开头,以"?>"结束,用来给下游的文档传递信息。

```
<?xml:stylesheet href = "core.CSS" type = "text/CSS"?>
```

表明这个 XML 文档用 core.CSS 控制显示。

1. ♯PCDATA

♯PCDATA 在元素类型声明中,将元素的类型声明为♯PCDATA,表示该元素的内容是可解析的字符数据,不能在该元素下包含子类。由于(♯PCDATA)的内容也需要 XML

解析器来解析,所有仍然需要转换>、<、&、'、"这 5 个特殊字符,所以以>要写成 >才不会出错。

【例 9-7】 举例说明 PCDATA 的用法,其中 Ex9-7. xml 存储电影内容数据,movies. dtd 对 movies. xml 进行验证。

第 1 步,在 XMLWebsite 项目中添加文本文件新项,对话框如图 9-6 所示,命名为 movies. dtd。

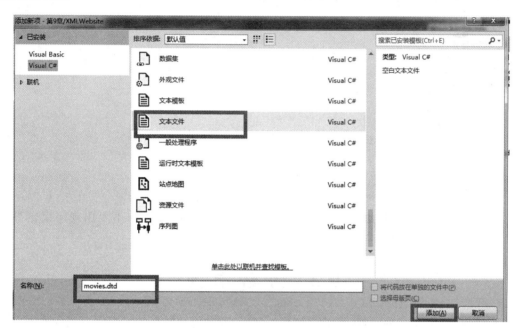

图 9-6　基于文本文件的 dtd 添加

第 2 步,在 movies. dtd 中添加如下代码:

```
<?xml version = "1.0" encoding = "GB2312"?>
<! ELEMENT movies (id, name, brief, time)>
<! ATTLIST movies type CDATA #REQUIRED>
<! ELEMENT id (#PCDATA)>
<! ELEMENT name(#PCDATA)>
<! ELEMENT brief (#PCDATA)>
<! ELEMENT time (#PCDATA)>
```

其中,id、name、brief 和 time 只能包含非标记文本(不能有自己的子元素)。

第 3 步,在 XMLWebsite 项目中添加 XML 文件新项,XML 文件命名为 Ex9-7. xml。

```
<?xml version = "1.0" encoding = "gb2312"?>
<! DOCTYPE movies SYSTEM "movies.dtd">
<movies type = "动作片">
  <id>1</id>
  <name>致命摇篮</name>
  <brief>李连杰最新力作</brief>
  <time>2003</time>
</movies>
```

2. CDATA

CDATA 用于需要把整段文本解释成纯字符数据,而不是标记的情况。当一些文本中包含很多"<"">"""&"等字符而非标记时,CDATA 会非常有用。

【例 9-8】 CDATA 使用实例。

第 1 步,在 XMLWebsite 项目中添加 XML 文件新项,命名为 Ex9-8. xml。

第 2 步,在 Ex9-8. xml 文件中添加如下代码:

```xml
<?xml version = "1.0" encoding = "utf - 8" ?>
< people >
   <![CDATA[<! -- !和[之间不要有空白 -->
   < teacher >
   < name > Androidyue </ name >
   < sex > Boy </ sex >
   < age > 22 </ age >
   < add > &address;</ add >
</ techer >
]]>
</ people >
```

以"<! [CDATA["开始,以"]]>"结束。注意,在 CDATA 段中不要出现结束定界符"]]>"。

9.4 命 名 空 间

当建立 XML 应用的时候,要规定可用的元素,有时两个同名的元素在不同的地方有不同的含义,这就需要指定命名空间来避免冲突。在 XML 中,采用全球唯一的域名作为 Namespace,即用 URL 作为 Namespace。

【例 9-9】 Namespace 的实例。

第 1 步,在 XMLWebsite 项目中添加 XML 文件新项,命名为 Ex9-9. xml。

第 2 步,在 Ex9-9. xml 文件中添加如下代码:

```xml
<?xml version = "1.0" encoding = "utf - 8" ?>
< c:customer xmlns:c = "http://www.customer.com/">
    < c:name > ZhangSan </c:name >
    < c:phone > 09098768 </c:phone >
    < c:host xmlns:e = "http://www.employee.com/">
    < e:name > LiSi </e:name >
    < e:phone > 89675412 </e:phone >
    </c:host >
</c:customer >
```

例 9-9 定义了两个命名空间,即 c:和 e:。定义元素时,前面都加了特定的前缀,这样就能区别出哪个是客户的姓名、电话,哪个是职工的姓名、电话。

命名空间的定义语法如下:

```
xmlns:[prefix] = " [URI of namespace] "
```

其中,xmlns：是必需的,它是 XML 的关键字；prefix 是命名空间的别名。命名空间也可以在父元素中指明,这样可以避免在每个子元素中都去指定命名空间。如果指定了父元素的命名空间,子元素还希望用自己的命名空间,可以在子元素中指定命名空间的别名。

【例 9-10】　父元素和子元素命名空间。

第 1 步,在 XMLWebsite 项目中添加 XML 文件新项,命名为 Ex9-10.xml。

第 2 步,在 Ex9-10.xml 文件中添加如下代码：

```
<?xml version = "1.0" encoding = "utf - 8" ?>
< book xmlns:lib = "http://www.library.com/">
   <lib:title > The C++Standard Library </lib:title >
   <lib:author > Nicolai M.Josutis </lib:author >
</book >
```

第 3 步,在 XMLWebsite 项目中添加 XML 文件新项,命名为 Ex9-11.xml。

第 4 步,在 Ex9-11.xml 文件中添加如下如下代码：

```
<?xml version = "1.0" encoding = "utf - 8" ?>
   < book xmlns = "http://www.library.com/">
   < title > The C++Standard Library </title >
   < author > Nicolai M.Josutis </author >
   </book >
```

第 5 步,在 XMLWebsite 项目中添加 XML 文件新项,命名为 Ex9-12.xml。

第 6 步,在 Ex9-12.xml 文件中添加如下代码：

```
<?xml version = "1.0" encoding = "utf - 8" ?>
< customer xmlns = "http://www.customer.com/"
      xmlns:e = "http://www.employee.com/">
 < name > ZhangSan </name >
 < phone > 09098768 </phone >
 < host >
    < e:name > LiSi </e:name >
    < e:phone > 89675412 </e:phone >
 </host >
</customer >
```

9.5　XML 架构与模式

在所有的 XML 技术中,XML 架构对软件开发人员最具价值,因为是它最终使在 XML 文档中加入类型信息成为可能。XML 架构之前,XML 1.0 规范附带了一个描述 XML 词汇的内置语法,该语法被称为文档类型定义(Document Type Definition,DTD)。尽管 DTD 非常适合很多基于 SGML 的电子出版应用程序,但当应用到诸如围绕当今 Web 应用的现代软件开发领域时,其局限性很快就显现出来了。

首先,DTD 的主要限制是 DTD 语法和 XML 不兼容,而且 DTD 不支持命名空间、典型编程语言数据类型或定义自定义类型。

其次,由于 DTD 语法本身不是 XML,所以不能使用标准的 XML 工具来程序化地处理这些定义。大多数 XML 1.0 处理器虽然支持 DTD 验证,但由于语法的复杂性,它不支持对 DTD 中找到的信息进行程序化访问。

再次,DTD 也是专门为以文档为中心的系统而设计的,在这种系统中通常不存在程序化数据类型。

最后,DTD 类型的系统是不可以扩展的。

为此,W3C 提出了一种新的解决方案来定义 XML 文档结构、内容和语法,即 XML 模式或架构。

9.5.1 XML 架构概述

XML 架构本身是一个用于描述 XML 实例文档的 XML。之所以使用"实例"一词,是因为一个架构会描述一类文档,这类文档会有许多不同的实例。这类似于现在面向对象系统中类和对象之间的关系。类相对于架构,对象相对于 XML 文档。因此,在使用 XML 架构时(文件后缀为 xsd),通常要使用不止一个文档,还有架构以及一个或多个 XML 实例文档。

架构定义中使用的元素来自 http://www.w3.org/2001/XMLSchema 命名空间。架构定义必须具有一个根 xsd:schema 元素,各种元素都可能嵌套在 xsd:schema 中,包括但不限于 xsd:element、xsd:attribute 和 xsd:complexType。

置于 xsd:schema 元素中的定义会自动与 targetNamespace 属性中指定的命名空间相关联。XML 架构还提供了 schemaLocation 属性,用于在实例文档中提供关于所需架构定义位置的提示。schemaLocation 属性位于 http://www.w3.org/2001/XMLSchema-instance 命名空间中,该命名空间是专门为只在实例文档中使用的属性而保留的。targetNamespace 是一个 XML 的 schema 中的概念,假设定义 1 个 schema:

```
<xs:schema xmlns:xs = "http://www.w3.org/2001/XMLSchema "
    targetNamespace = "http://a.name/space">
<xs:element name = "address " type = "xs:string " />
</xs:schema>
```

那么,它表示的意思是 address 这个元素是属于"http://a.name/space"命名空间的。如果不指定 targetNamespace,就不知道 address 属于什么命名空间,它肯定不属于"http://www.w3.org/2001/XMLSchema"命名空间。指定这个定义以后,就能让定义的 schema 中的元素都有自己的命名空间。这个命名空间都是自己定义的。targetNamespace = "http://a.name/space"就是为自己定义的元素定义了一个包,也就是 package 的概念,这个元素是这个 package(命名空间)里的,在别的 XML 文件里面可以用<xs:schema xmlns:s = "http://a.name/space" />来引用前面定义的元素,这里相当于 import 的概念。

元素和属性分别使用 xsd:element 和 xsd:attribute 元素定义为 targetNamespace 的一部分。XML 架构能够用在 xsd:element 声明中嵌套 xsd:complexType 元素的类似方式来定义元素内容模型。在 XML 架构中,通过一个排序元素指定内容模型的特征,它被作为 xsd:complexType 元素的子级进行嵌套。

<xsd:element>声明一个元素。

【语法】

```
<element
  abstract = Boolean: false
  block = (#all | List of (extension | restriction | substitution))
  default = string
  final = (#all | List of (extension | restriction))
  fixed = string
  form = (qualified | unqualified)
  id = ID
  maxOccurs = (nonNegativeInteger | unbounded): 1
  minOccurs = nonNegativeInteger: 1
  name = NCName
  nillable = Boolean: false
  ref = QName
  substitutionGroup = QName
  type = QName
  {any attributes with non-schema Namespace}...>
Content: (annotation?,((simpleType | complexType)?,(unique | key |
keyref) * ))
</element>
```

可选项 abstract,表示在实例文档中是否可以使用复杂类型。如果该值为 True,则元素不能直接使用该复杂类型,而是必须使用从该复杂类型派生的复杂类型。默认值为 False。

可选项 block,防止具有指定派生类型的复杂类型被用来替代该复杂类型。该值可以包含 #all 或者一个列表,该列表是 extension 或 restriction 的子集。extension 防止通过扩展派生的复杂类型被用来替代该复杂类型。restriction 防止通过限制派生的复杂类型被用来替代该复杂类型。#all 防止所有派生的复杂类型被用来替代该复杂类型。

可选项 default,表示如果元素内容是简单类型或者元素内容是 textOnly,则为元素的默认值。fixed 和 default 属性相互排斥。如果元素包含简单类型,则该值必须是该类型的有效值。

可选项 substitutionGroup,可用来替代该元素的名称。该元素必须具有相同的类型或为从指定元素类型派生的类型。如果引用的元素是在全局级别声明的(父元素是 schema 元素),则可以在任何元素上使用该属性。该值必须是 QName。

可选项 final 表示派生的类型。final 属性防止 simpleType 元素派生新的类型。该值可以包含 #all 或者一个列表,该列表是 list、union 或 restriction 的子集,含义见表 9-2。

可选项 fixed,表示如果元素的内容是简单类型或其内容是 textOnly,则为该元素的预确定的、不可更改的值。fixed 和 default 属性相互排斥。

表 9-2　final 属性的几种取值

取　　值	含　　义
list	防止通过列表派生
union	防止通过联合派生
restriction	防止通过限制派生
#all	防止所有派生(列表、联合、限制)

可选项 form，表示该元素的形式。默认值是包含该属性的 schema 元素的 elementFormDefault 属性的值。该值必须是下列字符串之一：qualified 或 unqualified。如果该值是非限定的，则无须通过命名空间前缀限定该元素。如果该值是限定的，则必须通过命名空间前缀限定该元素。

可选项 maxOccurs，表示序列可出现的最大次数。该值可以是大于或等于零的整数。若不想对最大次数设置任何限制，请使用字符串"unbounded"。

可选项 minOccurs，表示序列可出现的最小次数。该值可以是大于或等于零的整数。若要指定该序列组是可选的，请将此属性设置为零。

可选项 nillable，一个指示符，指示是否可以将显式的零值分配给该元素。此项应用于元素内容，并且不是该元素的属性，默认值为 False。如果 nillable 为 True，则该元素的实例可以将 nill 属性设置为 True。

可选项 ref，表示在此架构（或者由指定命名空间指示的其他架构）中声明的元素的名称。ref 值必须是 QName。ref 可以包含命名空间前缀。如果包含元素为 schema，则会被禁止。如果 ref 属性出现，则 complexType、simpleType、key、keyref 和 unique 元素以及 nillable、default、fixed、form、block 和 type 属性不能出现。

可选项 type，表示内置数据类型的名称，或者是在此架构（或者由指定命名空间指示的其他架构）中定义的 simpleType 或 complexType 元素的名称。提供的值必须与引用的 simpleType 或 complexType 元素上的 name 属性相对应。type 和 ref 属性是互相排斥的。

【例 9-11】 包含两个元素，这两个元素可以彼此替代。

第 1 步，在 XMLWebsite 项目中添加 XML 架构新项，如图 9-7 所示，命名为 Ex9-13.xsd。

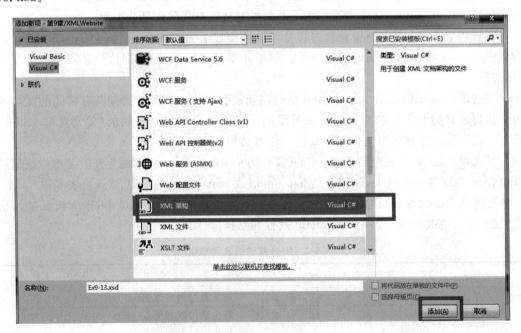

图 9-7　XML 架构的添加

第 2 步，在 Ex9-13.xsd 中添加如下代码：

```
<?xml version = "1.0" encoding = "utf-8"?>
<xs:schema id = "Ex9_13"
    targetNamespace = "http://tempuri.org/Ex9_13.xsd"
    elementForm Default = "qualified"
    xmlns = "http://tempuri.org/Ex9_13.xsd"
    xmlns:mstns = "http://tempuri.org/Ex9_13.xsd"
    xmlns:xs = "http://www.w3.org/2001/XMLSchema">
<xs:element name = "cat" type = "xs:string"/>
<xs:element name = "dog" type = "xs:string"/>
<xs:element name = "redDog" type = "xs:string"
    substitutionGroup = "dog" />
<xs:element name = "brownDog" type = "xs:string"
    substitutionGroup = "dog" />
<xs:element name = "pets">
  <xs:complexType>
    <xs:choice minOccurs = "0" maxOccurs = "unbounded">
      <xs:element ref = "cat"/>
      <xs:element ref = "dog"/>
    </xs:choice>
  </xs:complexType>
</xs:element>
</xs:schema>
```

9.5.2　XML 架构数据类型

XML 架构定义了一组内置数据类型,可用于约束纯文本元素和属性的内容。每个数据类型具有一个显式定义的值空间和一个显式定义的词法空间。基于命名空间 http://www.w3.org/2001/XMLSchema 和 http://www.w3.org/2001/ XMLSchema-instance 的数据类型包括: string、duration、datetime、gYear、gMonth、gDay、gYearMonth、gMonthDay、Boolean、base64Binary、hexBinary、decimal、float、double、QName、anyURI、NOTATION。

9.5.3　simpleType

<xsd:simpleType>元素定义一个简单类型,确定与具有纯文本内容的属性或元素的值有关的信息以及对它们的约束。

【语法】

```
<simpleType
  final = (#all | (list | union | restriction))
  id = ID
  name = NCName
  {any attributes with non-schema Namespace}...>
Content: (annotation?,(restriction | list | union))
</simpleType>
```

可选项 id 表示该元素的 ID,id 值必须属于类型 ID 并且在包含该元素的文档中是唯一的。

name 表示类型名称,该名称必须是在 XML 命名空间规范中定义的无冒号名称(NCName)。如果指定,该名称在所有 simpleType 和 complexType 元素之间必须是唯一的。如果 simpleType 元素是 schema 元素的子元素,则为必选项,在其他时候是不允许的。

可以使用 restriction、list 和 union 定义简单类型元素。

【例 9-12】 使用 Restriction 定义一个简单类型将整数值限制在最小值 0 和最大值 100 的范围内。

第 1 步,在 XMLWebsite 项目中添加 XML 架构新项,命名为 Ex9-14.xsd。

第 2 步,在 Ex9-14.xsd 中添加如下代码:

```
<?xml version = "1.0" encoding = "utf - 8"?>
< xs:schema id = "Ex9_14"
    targetNamespace = "http://tempuri.org/Ex9_14.xsd"
    elementForm Default = "qualified"
    xmlns = "http://tempuri.org/Ex9_14.xsd"
    xmlns:mstns = "http://tempuri.org/Ex9_14.xsd"
    xmlns:xs = "http://www.w3.org/2001/XMLSchema"
>
  < xs:simpleType name = "freezeboilrangeInteger">
    < xs:restriction base = "xs:integer">
      < xs:minInclusive value = "0"/>
      < xs:maxInclusive value = "100"/>
    </xs:restriction>
  </xs:simpleType >
</xs:schema >
```

【例 9-13】 使用 list 定义简单类型(listOfDates),允许将日期列表(每个列表项日期必须通过空白分隔)作为其内容。

第 1 步,在 XMLWebsite 项目中添加 XML 架构新项,命名为 Ex9-15.xsd。

第 2 步,在 Ex9-15.xsd 中添加如下代码:

```
<?xml version = "1.0" encoding = "utf - 8"?>
< xs:schema id = "Ex9_15"
    targetNamespace = "http://tempuri.org/Ex9_15.xsd"
    elementForm Default = "qualified"
    xmlns = "http://tempuri.org/Ex9_15.xsd"
    xmlns:mstns = "http://tempuri.org/Ex9_15.xsd"
    xmlns:xs = "http://www.w3.org/2001/XMLSchema">
  < xs:simpleType name = "listOfDates">
    < xs:list itemType = "xs:date"/>
  </xs:simpleType >
</xs:schema >
```

【例 9-14】 使用 union 定义简单类型(allframesize),作为两个其他简单类型的联合,定义枚举值组;一组枚举值通过一组整数值提供公路自行车的尺寸,另一组枚举值枚举山地自行车尺寸的字符串值(如 large、medium、small)。

第 1 步,在 XMLWebsite 项目中添加 XML 架构新项,命名为 Ex9-16.xsd。

第 2 步,在 Ex9-16.xsd 中添加如下代码:

```
<?xml version = "1.0" encoding = "utf - 8"?>
<xs:schema id = "Ex9_16"
    targetNamespace = "http://tempuri.org/Ex9_16.xsd"
    elementForm Default = "qualified"
    xmlns = "http://tempuri.org/Ex9_16.xsd"
    xmlns:mstns = "http://tempuri.org/Ex9_16.xsd"
    xmlns:xs = "http://www.w3.org/2001/XMLSchema"
>
  <xs:attribute name = "allframesize">
    <xs:simpleType>
      <xs:union>
        <xs:simpleType>
          <xs:restriction base = "roadbikesize"/>
        </xs:simpleType>
        <xs:simpleType>
          <xs:restriction base = "mountainbikesize"/>
        </xs:simpleType>
      </xs:union>
    </xs:simpleType>
  </xs:attribute>

  <xs:simpleType name = "roadbikesize">
    <xs:restriction base = "xs:positiveInteger">
      <xs:enumeration value = "46"/>
      <xs:enumeration value = "52"/>
      <xs:enumeration value = "55"/>
    </xs:restriction>
  </xs:simpleType>

  <xs:simpleType name = "mountainbikesize">
    <xs:restriction base = "xs:string">
      <xs:enumeration value = "small"/>
      <xs:enumeration value = "medium"/>
      <xs:enumeration value = "large"/>
    </xs:restriction>
  </xs:simpleType>
</xs:schema>
```

9.5.4　complexType

complexType 元素用于定义复杂类型。复杂类型的元素是包含其他元素和/或属性的 XML 元素。

【语法】

```
<complexType
id = ID
name = NCName
abstract = true|false
```

```
mixed = true|false
block = (♯all|list of (extension|restriction))
final = (♯all|list of (extension|restriction))
any attributes >
   (annotation?,(simpleContent|complexContent|((group|all|
choice|sequence)?,((attribute|attributeGroup)*,anyAttribute?)))))
</complexType>
```

其中？符号声明在 complexType 元素中，元素可出现零次或一次，* 符号声明元素可出现零次或多次。

可选项 mixed 规定是否允许字符数据出现在该复杂类型的子元素之间，默认值为 False。如果 simpleContent 元素是子元素，则不允许 mixed 属性。如果 complexContent 元素是子元素，则该 mixed 属性可被 complexContent 元素的 mixed 属性重写。

【例 9-15】 一个名为 note 的复杂类型元素。

第 1 步，在 XMLWebsite 项目中添加 XML 架构新项，命名为 Ex9-17. xsd。

第 2 步，在 Ex9-17. xsd 中添加如下代码：

```
<?xml version = "1.0" encoding = "utf-8"?>
<xs:schema id = "Ex9_17"
    targetNamespace = "http://tempuri.org/Ex9_17.xsd"
    elementForm Default = "qualified"
    xmlns = "http://tempuri.org/Ex9_17.xsd"
    xmlns:mstns = "http://tempuri.org/Ex9_17.xsd"
    xmlns:xs = "http://www.w3.org/2001/XMLSchema">
  <xs:element name = "note">
    <xs:complexType>
      <xs:sequence>
        <xs:element name = "to" type = "xs:string"/>
        <xs:element name = "from" type = "xs:string"/>
        <xs:element name = "heading" type = "xs:string"/>
        <xs:element name = "body" type = "xs:string"/>
      </xs:sequence>
    </xs:complexType>
  </xs:element>
</xs:schema>
```

9.5.5 sequence

sequence 要求组中的元素以指定的顺序出现在包含元素中。

【语法】

```
<sequence
  id = ID
  maxOccurs = (nonNegativeInteger | unbounded): 1
  minOccurs = nonNegativeInteger: 1
  {any attributes with non-schema Namespace}...>
Content: (annotation?,(element | group | choice | sequence | any)*)
</sequence>
```

【例 9-16】　说明一个元素（zooAnimals）在 sequence 元素中可以包含下列元素的零个或多个：elephant、bear、giraffe。

第 1 步，在 XMLWebsite 项目中添加 XML 架构新项，命名为 Ex9-18.xsd。

第 2 步，在 Ex9-18.xsd 中添加如下代码：

```
<?xml version = "1.0" encoding = "utf - 8"?>
< xs:schema id = "Ex9_18"
targetNamespace = "http://tempuri.org/Ex9_18.xsd"
elementForm Default = "qualified"
xmlns = "http://tempuri.org/Ex9_18.xsd"
xmlns:mstns = "http://tempuri.org/Ex9_18.xsd"
xmlns:xs = "http://www.w3.org/2001/XMLSchema">
< xs:element name = "zooAnimals">
< xs:complexType >
    < xs:sequence minOccurs = "0" maxOccurs = "unbounded">
      < xs:element name = "elephant"/>
      < xs:element name = "bear"/>
      < xs:element name = "giraffe"/>
    </xs:sequence >
  </xs:complexType >
</xs:element >
  </xs:schema >
```

【例 9-17】　基于 XML 架构验证的文档。

第 1 步，在 XMLWebsite 项目中添加 XML 文件新项，命名为 Ex9-19.xml。

第 2 步，在 Ex9-19.xml 文件中添加如下代码：

```
<?xml version = "1.0" encoding = "utf - 8" ?>
< booklist xmlns:xsi = "http://www.w3.org/2001/XMLSchema - instance" xsi:noNamespaceSchemaLocation
 = "Ex9 - 13.xsd">
  < book classify = "自然科学">
    < ISBN > 7 - 201 - 123456 - 8 </ISBN >
    < title > Java 教程 </title >
    < authorlist >
      < author > Herber Schildt </author >
      < author >马海军</author >
    </authorlist >
    < price > 64.00 </price >
  </book >
  < book classify = "社会科学">
    < ISBN > 7 - 201 - 1978 </ISBN >
    < title >投资学</title >
    < authorlist >
      < author >张中华</author >
      < author >谢长城</author >
    </authorlist >
    < price > 19.00 </price >
  </book >
</booklist >
```

第 3 步,在 XMLWebsite 项目中添加 XML 架构新项,如图 9-7 所示,命名为 Ex9-13.xsd。

第 4 步,在 Ex9-13.xsd 中添加如下代码:

```
<?xml version = "1.0" encoding = "utf – 8"?>
<xs:schema id = "EX9_13"
    targetNamespace = "http://tempuri.org/EX9_13.xsd"
    elementForm Default = "qualified"
    xmlns = "http://tempuri.org/EX9_13.xsd"
    xmlns:mstns = "http://tempuri.org/EX9_13.xsd"
    xmlns:xs = "http://www.w3.org/2001/XMLSchema"
>
  <xs:element name = "booklist">
    <xs:complexType>
      <xs:sequence>
        <xs:element name = "book" maxOccurs = "unbounded">
          <xs:complexType>
            <xs:sequence>
              <xs:element name = "ISBN" type = "xs:string" />
              <xs:element name = "title" type = "xs:string"/>
              <xs:element name = "authorlist" minOccurs = "1">
                <xs:complexType>
                  <xs:sequence>
                    <xs:element name = "author" type = "xs:string" maxOccurs = "5" />
                  </xs:sequence>
                </xs:complexType>
              </xs:element>
              <xs:element name = "price" type = "xs:decimal"/>
            </xs:sequence>
            <xs:attribute name = "classify" use = "required">
              <xs:simpleType>
                <xs:restriction base = "xs:string">
                  <xs:enumeration value = "社会科学" />
                  <xs:enumeration value = "自然科学"/>
                </xs:restriction>
              </xs:simpleType>
            </xs:attribute>
          </xs:complexType>
        </xs:element>
      </xs:sequence>
    </xs:complexType>
  </xs:element>
</xs:schema>
```

9.6　XML 文档显示

　　XML 将格式和数据分析,单独的 XML 文档不知道如何显示数据格式,需要使用辅助的文件才能实现数据显示。目前在浏览器上显示数据的主要方法是 CSS,将来 XML 文档显示的主要文件类型是可扩展样式语言(eXtensible Stylesheet Language,XSL)。此外,数据岛技术与 JavaScript 定制等方法也可以显示 XML 的内容。

9.6.1 基于 CSS 样式的 XML 文档显示

引用式是指 XML 文档本身不含有样式信息,通过引用外部的 CSS 文档来定义文档的表现形式。大部分 XML 文档都采用这种方式,这和 XML 内容与形式分开的原则一致。具体实现方式是,在 XML 文档的开头部分写一个关于样式单的声明语句。

【语法】

```
<?xml-stylesheet type = "text/CSS" href = "CSSFileName.CSS"?>
```

按照声明的语句指示,XML 文档在浏览器上的表现方式就由样式文件 CSSFileName.CSS 所决定。

使用 CSS 格式化 XML 不是常用的方法,更不能代表 XML 文档样式化的未来。W3C 推荐使用基于 XSL 的 XML 文档显示。

【例 9-18】 使用 CSS 样式表来格式化 XML 文档。

第 1 步,在 XMLWebsite 项目中添加 XML 文件,命名为 Ex9-20.xml。

第 2 步,在 Ex9-20.xml 中添加如下代码:

```
<?xml version = "1.0" encoding = "utf-8"?>
<?xml-stylesheet type = "text/CSS" href = " Ex9-20.CSS"?>
<CATALOG>
  <CD>
    <TITLE>Empire Burlesque</TITLE>
    <ARTIST>Bob Dylan</ARTIST>
    <COUNTRY>USA</COUNTRY>
    <COMPANY>Columbia</COMPANY>
    <PRICE>10.90</PRICE>
    <YEAR>1985</YEAR>
  </CD>
  <CD>
  <TITLE>Hide your heart</TITLE>
  <ARTIST>Bonnie Tyler</ARTIST>
  <COUNTRY>UK</COUNTRY>
  <COMPANY>CBS Records</COMPANY>
  <PRICE>9.90</PRICE>
  <YEAR>1988</YEAR>
  </CD>

</CATALOG>
```

第 3 步,在 XMLWebsite 项目中添加 CSS 样式文件,命名为 Ex9-20.CSS。

第 4 步,在 Ex9-20.CSS 中添加如下代码:

```
CATALOG
{
background-color: #ffffff;
width: 100%;
```

```
}
CD
{
display: block;
margin - bottom: 30pt;
margin - left: 0;
}
TITLE
{
color: #FF0000;
font - size: 20pt;
}
ARTIST
{
color: #0000FF;
font - size: 20pt;
}
COUNTRY, PRICE, YEAR, COMPANY
{
display: block;
color: #000000;
margin - left: 20pt;
}
```

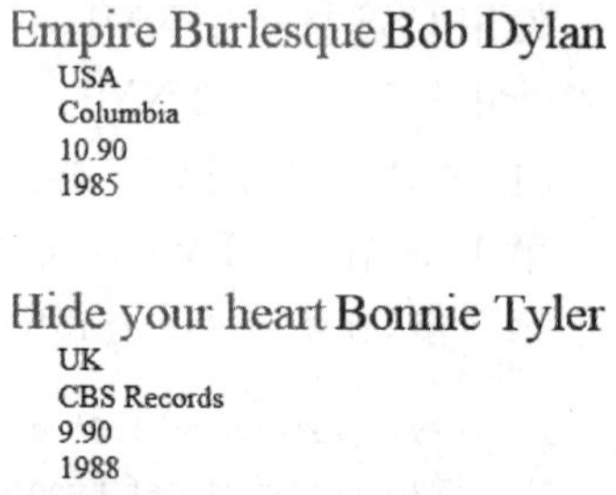

Empire Burlesque Bob Dylan
USA
Columbia
10.90
1985

Hide your heart Bonnie Tyler
UK
CBS Records
9.90
1988

图 9-8   程序运行结果

第 5 步,用浏览器查看 Ex9-20. xml 文件,得到如图 9-8 所示的显示结果。

9.6.2   基于 XSLT 样式表的 XML 文档显示

W3C 组织于 1999 年制定了 XSL,将 XML 转换为一种新的 HTML、PDF、VRML、XHTML 或 SVG 等文档,在浏览器或其他应用程序中可以显示出来。XSL 遵循 XML 文档的规范,可以对复杂的、高度结构化的 XML 文档实现格式化,还可以实现排序等功能。

XSL 由两个关键部分构成:一个是转换引擎,把原始文档树转换为其他文档树,即树转换,以实现数据转换的目的;另一个是格式化的符号集,即格式对象(Form atted Object,FO),以实现 XML 数据表达。

转换引擎这部分协议日渐成熟,于 2007 年形成正式的标准,已从 XSL 中分离出来,称为 XSL 转换(XSL Transformation,XSLT),专门用于进行 XML 数据转换。数据表达部分称为 XSL-FO (XSL Formatting Object),目前还是草案。XSL 是 XSLT 的前身,现在有人称 XSL 为 XSLT,有人称 XSL 为 XSL-FO。

1. XSLT 样式的基本结构

XML 文档的数据结构是树形结构,无论 XML 文档结构如何复杂,它都是由如下 7 种结点构成的:文档根结点、元素结点、文本结点、属性结点、处理指令结点、注释结点和命名空间结点,由这些结点可以构成一棵树。事实上可以认为 XSLT 是将一棵 XML 树转换为另一棵不同结构的 XML 树。

使用 VS 2013 工具,新建一个 XSLT 文件,如图 9-9 所示,XSLT 文件的默认代码如下:

```xml
<?xml version = "1.0" encoding = "utf - 8"?>
<xsl:stylesheet version = "1.0" xmlns:xsl = "http://www.w3.org/1999/XSL/Transform "
xmlns:msxsl = "urn:schemas - microsoft - com:xslt"
exclude - result - prefixes = "msxsl">
    <xsl:output method = "xml" indent = "yes"/>
    <xsl:template match = "@ * | node()">
        <xsl:copy>
            <xsl:apply - templates select = "@ * | node()"/>
        </xsl:copy>
    </xsl:template>
</xsl:stylesheet>
```

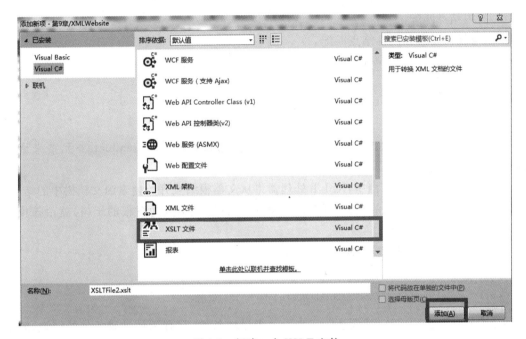

图 9-9　新建一个 XSLT 文件

　　XSLT 文件也是一个 XML 文件,以<?xml version＝"1.0" encoding＝"utf-8"?>开始。要将 XML 文档转换为 HTML 等其他文档,除了要进行转换的 XML 文件本身之外,还需要一个指定转换规则的 XSLT 文件,必须在 XML 文件中指出对应的 XSLT 文件的 URL。在 XML 文件中,必须在开头放置一条处理指令,其格式为

```xml
<?xml - stylesheet type = "text/xsl" href = "your - xsl - file - URL"?>
```

　　<xsl:stylesheet>为 XSL 文件的根结点,必须声明 XSLT 的命名空间,为这个空间指定前缀。xmlns:xsl＝"http://www.w3.org/1999/XSL/Transform"指向了 W3C 官方的 XSLT 命名空间。不同命名空间在浏览器中的结果可能不一样。

　　version＝"1.0"指定 XSL 文件的版本号。

　　<xsl:output method＝"xml" indent＝"yes"/>定义输出文本的格式。

　　<xsl:template>元素用于构建模板,这是 XSL 的主要部分。

2. XSL 的模板元素

XSLT 的转换规则由若干个模板构成,每个模板利用 XPath 表达式指定应用的结点,当 XML 文档中的结点与指定的结点匹配时,就应用这个模板。

模板定义的语法:

```
< xsl:template match = "pattern" name = "template name" >
… … <! -- 模板的内容 -->
</xsl:template >
```

match 属性用于关联 XML 元素和模板。match 属性也可用来为整个文档定义模板。pattern 为 XPath 表达式,例如:

/,与根结点匹配。

* ,与任何元素和属性结点匹配。

chapter/para,与 chapter 结点的子结点 para 匹配。

@id,与属性 id 匹配。

chapter[@id="1"],与属性 id 的值为 1 的结点 chapter 匹配。

. ,当前结点。

可选项 name 属性是模板的自定义名称,只能通过< xsl:call-template >元素来调用模板。

模板存放在 XSLT 文档中,XSLT 处理器将从文档根结点开始搜索源文档树中的结点,一旦发现某个结点有匹配的模板,则该结点及其子树(以该结点为树根的子树)就由该模板处理。

XSL 的模板元素的定义,如

```
< xsl:template match = "/books/book" >
< xsl:template match = "/books/book[@category = 'TP312']">
```

方括号中的布尔表达式称为"谓词",它表示一个过滤条件,只有满足过滤条件的结点,才被过滤出来作为匹配结点。

模板调用可以用 name 调用模板和 select 调用模板两种方式。

< xsl:call-template >元素,按名称调用模板。

【语法】

```
< xsl:call - template
  name = QName
</xsl:call - template >
```

使用< xsl:call-template >可以调用命名的模板。如果< xsl:template >元素有 name 属性,则可以(但是不需要)同时有 match 属性。< xsl:call-template >元素按名称调用模板;必须有 name 属性,用来标识要调用的模板。与< xsl:apply-templates >不同,< xsl:call-template >不会更改当前结点或当前结点列表。

【例 9-19】 < xsl:call-template >的例子。

第 1 步,在 XMLWebsite 项目中添加 XML 文件,命名为 Ex9-21.xml。

第 2 步,在 Ex9-21.xml 中添加如下代码:

```
<?xml version = "1.0"?>
<?xml - stylesheet type = "text/xsl" href = "Ex9 - 21.xsl"?>
< COLLECTION >
    < BOOK >
      < TITLE > Lover Birds </TITLE >
      < AUTHOR > Cynthia Randall </AUTHOR >
      < PUBLISHER > Lucerne Publishing </PUBLISHER >
    </BOOK >
    < BOOK >
      < TITLE > The Sundered Grail </TITLE >
      < AUTHOR > Eva Corets </AUTHOR >
      < PUBLISHER > Lucerne Publishing </PUBLISHER >
    </BOOK >
    < BOOK >
      < TITLE > Splish Splash </TITLE >
      < AUTHOR > Paula Thurman </AUTHOR >
      < PUBLISHER > Scootney </PUBLISHER >
    </BOOK >
</COLLECTION >
```

第 3 步,在 XMLWebsite 项目中添加 XSL 样式表文件,命名为 Ex9-21.xsl。

第 4 步,在 Ex9-21.xsl 中添加如下代码:

```
<?xml version = "1.0" encoding = "utf - 8"?>
< xsl:stylesheet version = "1.0" xmlns:xsl = "http://www.w3.org/1999/XSL/Transform ">
  < xsl:template match = "/">
    < HTML >
      < head >
        < tiltle > 调用模板实例 </tiltle >
      </head >
      < body >
        < xsl:call - template name = "mytemplate"> </xsl:call - template >
      </body >
    </HTML >
  </xsl:template >
  < xsl:template name = "mytemplate" match = "COLLECTION/BOOK" >
    <!-- 循环处理 -->
    < xsl:for - each select = "COLLECTION/BOOK">
      TITLE =
      < xsl:value - of select = "TITLE"/>
      < br ></br >
    </xsl:for - each >
  </xsl:template >
</xsl:stylesheet >
```

第 5 步,用浏览器查看文件 Ex9-21.xml,运行结果如下:

```
TITLE = Lover Birds
TITLE = The Sundered Grail
TITLE = Splish Splash
```

< xsl:apply-templates >元素,指示 XSLT 处理器根据每个选定结点的类型和上下文找

到适合应用的模板。

【语法】

```
< xsl:apply - templates
    select = "pattern"
    mode = QName
</xsl:apply - templates >
```

【例 9-20】　< xsl:apply-template >的例子。

第 1 步,在 XMLWebsite 项目中添加 XML 文件,命名为 Ex9-22. xml。

第 2 步,在 Ex9-22. xml 中添加如下代码:

```
<?xml version = "1.0"?>
<?xml - stylesheet type = "text/xsl" href = "Ex9 - 22. xsl"?>
< COLLECTION >
    < BOOK >
        < TITLE > Lover Birds </TITLE >
        < AUTHOR > Cynthia Randall </AUTHOR >
        < PUBLISHER > Lucerne Publishing </PUBLISHER >
    </BOOK >
    < BOOK >
        < TITLE > The Sundered Grail </TITLE >
        < AUTHOR > Eva Corets </AUTHOR >
        < PUBLISHER > Lucerne Publishing </PUBLISHER >
    </BOOK >
    < BOOK >
        < TITLE > Splish Splash </TITLE >
        < AUTHOR > Paula Thurman </AUTHOR >
        < PUBLISHER > Scootney </PUBLISHER >
    </BOOK >
</COLLECTION >
```

第 3 步,在 XMLWebsite 项目中添加 XSL 样式表文件,命名为 Ex9-22. xsl。

第 4 步,在 Ex9-22. xsl 中添加如下代码:

```
<?xml version = "1.0" encoding = "utf - 8"?>
< xsl:stylesheet version = "1.0" xmlns:xsl = "http://www.w3.org/1999/XSL/Transform "
    xmlns:msxsl = "urn:schemas - microsoft - com:xslt" exclude - result - prefixes = "msxsl">
    < xsl:output method = "xml" indent = "yes"/>
  < xsl:template match = "/">
    < HTML >
      < head >
        < title > Apply 模板实例 </title >
      </head >
      < body >
        < xsl:apply - templates select = "COLLECTION"> </xsl:apply - templates >
      </body >
    </HTML >
  </xsl:template >
  < xsl:template match = "COLLECTION" >
    <!-- 循环处理 -->
    < xsl:for - each select = "./BOOK">
```

```
        <xsl:value-of select="TITLE"/>
        <br/>
    </xsl:for-each>
  </xsl:template>
</xsl:stylesheet>
```

第 5 步,用浏览器查看文件 Ex9-22.xml,运行结果如下:

```
TITLE = Lover Birds
TITLE = The Sundered Grail
TITLE = Splish Splash
```

3. <xsl:for-each>元素

<xsl:for-each>元素可用于选取指定的结点集中的每个 XML 元素。

【语法】

```
<xsl:for-each
    select = Expression
</xsl:for-each>
```

4. <xsl:value-of>元素

<xsl:value-of select = string-expression>元素用于提取某个选定结点的值,并把值添加到转换的输出流中。

5. <xsl:sort>元素用于对结果进行排序

如需对结果进行排序,只要简单地在 XSL 文件中的<xsl:for-each>元素内部添加一个<xsl:sort>元素即可。

【语法】

```
<xsl:sort
    select = string-expression
    lang = { nmtoken }
    data-type = { "text" | "number" | QName}
    order = { "ascending" | "descending" }
    case-order = { "upper-first" | "lower-first" } />
```

select,结点的排序关键字,将指定结点作为当前结点,并将未排序进行处理的完整结点列表作为当前结点列表计算的表达式。生成的对象转换为字符串,作为该结点的排序关键字。select 属性的默认值为"."。这样,当前结点的字符串值将作为排序关键字使用。

lang,用于确定排序顺序的语言字母表。如果未指定 lang 值,将根据系统环境确定语言。

data-type,字符串的数据类型。

order,字符串的排序顺序,默认值为 ascending。

case-order,按大写字母对字符串排序的顺序,默认值为 upper-first,即先按大写字母对字符串排序。

【例 9-21】 <xsl:apply-template>的例子。

第 1 步,在 XMLWebsite 项目中添加 XML 文件,命名为 Ex9-23.xml。

第 2 步,在 Ex9-23.xml 中添加代码,把 Ex9-22.xml 中的

```
<?xml - stylesheet type = "text/xsl" href = "Ex9 - 22.xsl"?>
```

改为

```
<?xml - stylesheet type = "text/xsl" href = "Ex9 - 23.xsl"?>,
```

其他不变。

第 3 步,在 XMLWebsite 项目中添加 XSL 样式表文件,命名为 Ex9-23. xsl。

第 4 步,在 Ex9-23. xsl 中添加代码,Ex9-22. xml 中的

```
< xsl:for - each select = "./BOOK">
        < xsl:value - of select = "TITLE"/>
</xsl:for - each>
```

改为

```
< xsl:for - each select = "./BOOK" >
        < xsl:sort select = "TITLE" order = "descending"/>
        < xsl:value - of select = "TITLE"/>
</xsl:for - each>
```

第 5 步,用浏览器查看文件 Ex9-23. xml,运行结果如下:

```
TITLE = The Sundered Grail TITLE = Splish Splash TITLE = Lover Birds
```

6. < xsl:choose >元素

【语法】

```
< xsl:choose >
    < xsl:when test = "expression">
      ... 输出 ...
    </xsl:when >
    < xsl:otherwise >
      ... 输出 ....
    </xsl:otherwise >
</xsl:choose >
```

将按照从上到下的顺序测试< xsl:choose >元素的< xsl:when >子级,直到其中一个元素上的 test 属性准确地说明源数据中的条件,或直到遇到< xsl:otherwise >元素。在选择了< xsl:when>或< xsl:otherwise >元素之后,将退出< xsl:choose >块。

对于简单条件测试,请使用< xsl:if >元素。

【例 9-22】 测试语句的例子。

第 1 步,在 XMLWebsite 项目中添加 XML 文件,命名为 Ex9-24. xml。

第 2 步,在 Ex9-24. xml 中添加如下代码:

```
<?xml version = "1.0" encoding = "utf - 8" ?>
<?xml - stylesheet type = "text/xsl" href = "Ex9 - 24.xsl" ?>
< orders >
  < order >
    < lineitem/>
    < lineitem/>
```

```
        < total > 9 </total >
    </order >
    < order >
        < lineitem/>
        < lineitem/>
        < total > 19 </total >
    </order >
    < order >
        < lineitem/>
        < lineitem/>
        < total > 29 </total >
    </order >
</orders >
```

第 3 步,在 XMLWebsite 项目中添加 XSL 样式表文件,命名为 Ex9-24. xsl。

第 4 步,在 Ex9-24. xsl 中添加如下代码:

```
<?xml version = "1.0" encoding = "utf - 8"?>
< xsl:stylesheet version = "1.0" xmlns:xsl = "http://www.w3.org/1999/XSL/Transform "
    xmlns:msxsl = "urn:schemas - microsoft - com:xslt" exclude - result - prefixes = "msxsl">
    < xsl:template match = "order">
        < xsl:choose >
            < xsl:when test = "total &lt; 10">
                (small)
            </xsl:when >
            < xsl:when test = "total &lt; 20">
                (medium)
            </xsl:when >
            < xsl:otherwise >
                (large)
            </xsl:otherwise >
        </xsl:choose >
        < xsl:apply - templates />
    < BR/>
    </xsl:template >
</xsl:stylesheet >
```

第 5 步,用浏览器查看文件 Ex9-24. xml,运行结果如下:

```
(small) 9
(medium) 19
(large) 29
```

7. < xsl:if >元素
【语法】

```
< xsl:if test = "expression">
    ...
    ... 如果条件成立,则输出 ...
    ...
</xsl:if >
```

如需添加有条件的测试,则在 XSL 文件中的< xsl:for-each >元素内部添加< xsl:if >元素。

【例 9-23】 测试语句例子。

第 1 步,在 XMLWebsite 项目中添加 XML 文件,命名为 Ex9-25.xml。

第 2 步,在 Ex9-25.xml 中添加代码,把 Ex9-25.xml 中的

```
<?xml – stylesheet type = "text/xsl" href = "Ex9 – 24.xsl" ?>
```

改为

```
<?xml – stylesheet type = "text/xsl" href = "Ex9 – 25.xsl" ?>
```

第 3 步,在 XMLWebsite 项目中添加 XSL 样式表文件,命名为 Ex9-25.xsl。

第 4 步,在 Ex9-25.xsl 中添加如下代码:

```
<?xml version = "1.0" encoding = "utf – 8"?>
< xsl:stylesheet version = "1.0" xmlns:xsl = "http://www.w3.org/1999/XSL/Transform "
    xmlns:msxsl = "urn:schemas – microsoft – com:xslt" exclude – result – prefixes = "msxsl">
  < xsl:template match = "/">
    < xsl:for – each select = "orders/order">
      < xsl:if test = "total &lt; 10">
        < xsl:value – of select = "total" ></xsl:value – of >
        (this one is smaller than 10)
      </xsl:if >
    </xsl:for – each >
  </xsl:template >
</xsl:stylesheet >
```

第 5 步,用浏览器查看文件 Ex9-25.xml,运行结果如下:

```
9 (this one is smaller than 10)
```

8. XSLT < xsl:output >元素

< xsl:output >元素定义了输出文档的格式。< xsl:output >是顶层元素(top-level element),必须是< xsl:stylesheet >或< xsl:transform >的子结点。

【语法】

```
< xsl:output
method = "xml|HTML|text|name"
version = "string"
encoding = "string"
omit – xml – declaration = "yes|no"
standalone = "yes|no"
doctype – public = "string"
doctype – system = "string"
cdata – section – elements = "namelist"
indent = "yes|no"
media – type = "string"/>
```

method 属性,标识用于输出结果树的总体方法。如果没有前缀,则标识此文档中指定

的方法,必须是 xml、html、text,或不是 NCName 的限定名之一。如果有前缀,则展开并标识输出方法。

method 属性的默认值的选择如下所示。如果下列任何条件为真,则默认的输出方法为 HTML。

结果树的根结点包含元素子级。

结果树中根结点的第一个元素子级(即文档元素)的扩展名称包含本地部分 HTML(任意大小写组合)和空命名空间 URI。

结果树中根结点的第一个元素子级之前的任何文本结点只包含空白字符。

否则,默认的输出方法为 xml。如果没有< xsl:output >元素或没有< xsl:output >元素指定 method 属性的值,则应使用默认的输出方法。

9.6.3　基于数据岛的 XML 文档显示

XSL 技术不是面向数据显示的,它是一种格式转换技术,在显示手段和方式上都不及 HTML 丰富。而且 XSL 的显示样式方式最终还是利用了 HTML 模板进行显示,只是中间多了一个转换。因此,理想的方案是直接利用 HTML 的方式来显示 XML 数据。

XML 数据岛是指存在于 HMTL 页面中的 XML 数据,就是使用< XML >标记嵌入 XML 数据,在 HTML 文档中形成的一个 XML 数据岛(Data Island)。数据岛是一种数据显示技术。XML 数据岛可以减少数据库的压力,主要是使查询数据库的用户不再需要频繁地访问服务器端的数据库,而是访问客户端的 XML 文档,既提高了查询速度,也减轻了服务器端的负担。XML 数据岛可利用客户端脚本实现动态信息交换。数据岛技术不是 W3C 的推荐标准,它是微软的技术,在 IE 5 版本以上的浏览器中才可使用。

XML 数据岛的使用方法有两种:一种是在 HTML 中直接嵌入 XML;另一种是外部引入 XML 数据。

第一种方法,直接嵌入 XML 数据岛,将 XML 文档内容直接放在< xml >标签中。

【例 9-24】　HTML 直接嵌入 XML 数据岛例子。

第 1 步,在 XMLWebsite 项目中添加 HTML 文件,命名为 Ex9-26.HTML。

第 2 步,在 Ex9-26.HTML 中添加如下代码:

```
<! DOCTYPE HTML >
< HTML xmlns = "http://www.w3.org/1999/xHTML">
< head >
< Meta http - equiv = "Content - Type" content = "text/HTML; charset = utf - 8"/>
    < title ></title >
</head >
< body >
    < xml >
        <? xml version = "1.0" encoding = "utf - 8" ?>
        < book >
            < name > Xml 应用系列</name >
            < br/>
            < auhtor >学路的小孩</auhtor >
            < br />
```

```
            < date > 2017 - 03 - 23 </date >
            < br />
        </ book >
    </ xml >
  </ body >
</ HTML >
```

第 3 步,用浏览器查看文件 Ex9-26. HTML,运行结果如下:

Xml 应用系列
学路的小孩
2017 - 03 - 23

第二种方法,外部引入 XML 数据是通过指定< XML >标签的 src 属性来实现的,通过 datasrc 和 datafld 属性将 XML 数据岛绑定到 HTML 控件上。

【例 9-25】 外部引入 XML 数据岛例子。

第 1 步,在 XMLWebsite 项目中添加 XML 文件,命名为 Ex9-27. xml。

第 2 步,在 Ex9-27. xml 文件中添加如下代码:

```
<?xml version = "1.0" encoding = "utf - 8" ?>
< root >
  < stu >
    < name > magicdoom </name >
    < age > 24 </age >
    < email > magicdoom@gmail.com </email >
  </ stu >
  < stu >
    < name > Duck </name >
    < age > 22 </age >
    < email > duckm@gmail.com </email >
  </ stu >
</ root >
```

第 3 步,在 XMLWebsite 项目中添加 HTML 文件,命名为 Ex9-27. HTML。

第 4 步,在 Ex9-27. HTML 文件中添加如下代码:

```
<! DOCTYPE HTML >
< HTML xmlns = "http://www.w3.org/1999/xHTML">
< head >
< Meta http - equiv = "Content - Type" content = "text/HTML; charset = utf - 8"/>
    < title ></title >
    < xml id = "island" src = "Ex9 - 27. xml"></xml >
</ head >
< body >
    < table width = "100 %" datasrc = " # island">
        < thead >
          < tr >
            < th > Name </th >
            < th > Age </th >
            < th > Email </th >
          </ tr >
```

```
        </thead>
        <tbody>
            <tr>
                <td align = "center"><span datafld = "name"></span></td>
                <td align = "center"><span datafld = "age"></span></td>
                <td align = "center"><span datafld = "email"></span></td>
            </tr>
        </tbody>
    </table>
</body>
</HTML>
```

第 5 步,用 IE 9 浏览器可以得到结果,但是 IE 10 及其以后的版本都没有结果。为了提高与 HTML 5 的可互操作性和兼容性,IE 10 标准模式和 Quirks 模式中删除了对"XML 数据岛"的支持。为此,需要在该页面顶部添加下面的 Meta 标记设置兼容性:

```
<Meta http - equiv = "X - UA - Compatible" content = "IE = EmulateIE9">
```

选择采用 IE 9 行为,才能得到如图 9-10 所示的结果。

Name	Age	Email
magicdoom	24	magicdoom@gmail.com
Duck	22	duckm@gmail.com

图 9-10　程序运行结果

【例 9-26】　ASPX 中外部引入 XML 数据岛例子。

第 1 步,在 XMLWebsite 项目中添加 Web 窗体,命名为 Ex9-28. ASPX。

第 2 步,把 XML 控件拖放到 Web 窗体上,DocumentSource 属性设置为 Ex9-1. xml。

第 3 步,用浏览器查看文件 Ex9-28. ASPX,运行结果如下:

```
<歌曲集><歌曲><歌名>康定情歌<作词>李依若<演唱者>张惠妹
```

9.6.4　基于 JavaScript 的 XML 文档显示

XML DOM 定义了所有 XML 元素的对象和属性,以及访问它们的方法。解析器(XML Parser)把 XML 转换为 JavaScript 可访问的对象。解析器把 XML 载入内存,然后把它转换为可通过 JavaScript 访问的 XML DOM 对象。

【例 9-27】　基于 JavaScript 的 XML 文档显示。

第 1 步,在 XMLWebsite 项目中添加 HTML 窗体,命名为 Ex9-29. HTML。

第 2 步,在 Ex9-29. HTML 中添加如下代码:

```
<! DOCTYPE HTML >
<HTML xmlns = "http://www.w3.org/1999/xHTML">
<head>
<Meta http - equiv = "Content - Type" content = "text/HTML; charset = utf - 8"/>
    <title></title>
</head>
<body>
    <p>
```

```
   <b>name:</b><span id="name"></span><br />
   <b>age:</b><span id="age"></span><br />
   <b>email:</b><span id="email"></span>
 </p>

 <script type="text/javascript">
   if(window.XMLHttpRequest){//适合 IE 7+,Firefox,Chrome,Opera,Safari 浏览器的代码
     xmlhttp = new XMLHttpRequest();
   }
   else{//适合 IE 6 和 IE 5 等浏览器的代码
     xmlhttp = new ActiveXObject("Microsoft.XMLHTTP");
   }
   xmlhttp.open("GET","Ex9-27.xml",false);
   xmlhttp.send();
   xmlDoc = xmlhttp.responseXML;
   document.getElementById("name").innerHTML =
   xmlDoc.getElementsByTagName("name")[0].childNodes[0].nodeValue;
   document.getElementById("age").innerHTML =
   xmlDoc.getElementsByTagName("age")[0].childNodes[0].nodeValue;
   document.getElementById("email").innerHTML =
   xmlDoc.getElementsByTagName("email")[0].childNodes[0].nodeValue;
 </script>
</body>
</HTML>
```

第 3 步,用浏览器查看文件 Ex9-29.HTML,运行结果如下:

```
name: magicdoom
age: 24
email: magicdoom@gmail.com
```

9.7 习 题

1. 简述 XMML 的特点。

2. 格式良好的 XML 文档主要有哪些特点?

3. 写出用于验证 book.XML 文档的 XML Schema 文档。

关于书籍信息的 book.XML 文档:

```
<?xml version="1.0" encoding="gb2312"?>
<book isbn="0-764-58007-8">
<title>三国演义</title>
<author>罗贯中</author>
<price>80.00</price>
<resume>滚滚长江东逝水,浪花淘尽英雄.是非成败转头空.青山依旧在,几度夕阳红.白发渔樵江渚
上,惯看秋月春风.一壶浊酒喜相逢.古今多少事,都付笑谈中.
</resume>
<recommendation>经典好书</recommendation>
<publish>
<publisher>文艺出版社</publisher>
```

```
<pubdate>1998.10</pubdate>
</publish>
</book>
```

4. 对于下列 XML 文档,创建一个模式文档,并应用于给定的 XML 文档。要求如下:

(1) Order 元素在 XML 文档中可以出现多次,但是至少要出现一次。

(2) OrderID 的值的格式必须是 AXXX,其中 X 为 0~9 的数字。

(3) number 的值要为 1~99。

(4) zip 元素的内容的格式必须是 XXXXXX,其中 X 为 0~9 的数字。

(5) orderID 是必选属性,orderDate 是可选属性。

```
<?xml version = "1.0" encoding = "GB2312"?>
<Orders>
<Order orderID = "A001" orderDate = "2009 - 1 - 20">
<name>玩具</name>
<number>10</number>
<city>北京</city>
<zip>100000</zip>
</Order>
<Order orderID = "A002" orderDate = "2009 - 3 - 20">
<name>文具</name>
<number>5</number>
<city>青岛</city>
<zip>266000</zip>
</Order>
</Orders>
```

5. 对于下列 XML 文档,根据要求,编写并在 XML 文档上应用对应的 XSL 样式表。

(1) 以表格的形式显示 XML 文档中存储的所有数据。

(2) 以表格的形式显示 orderID 为 A002 的订单信息。

```
<?xml version = "1.0" encoding = "GB2312"?>
<Orders>
<Order orderID = "A001" orderDate = "2009 - 1 - 20">
<name>玩具</name>
<number>10</number>
<city>北京</city>
<zip>100000</zip>
</Order>
<Order orderID = "A002" orderDate = "2009 - 3 - 20">
<name>文具</name>
<number>5</number>
<city>青岛</city>
<zip>266000</zip>
</Order>
</Orders>
```

## 第 10 章

Ajax 编程

Web 应用程序编程是一个不断变化和改进的主题。网站可以提供丰富的用户界面,需要其响应能力与 Windows 应用程序差不多。为了提高响应能力,Jesse James Garrett 于 2005 年 2 月提出一种客户端处理技术(即 Ajax)来实现。Ajax 的全称为 Asynchronous JavaScript and XML(异步 JavaScript 和 XML),是指一种创建交互式网页应用的网页开发技术。Ajax 允许通过异步回送和动态的客户端 Web 页面处理,改进 Web 应用程序的用户界面。

10.1 Ajax 概述

Ajax 的工作原理相当于在用户和服务器之间加了一个中间层——Ajax 引擎,使用户操作与服务器响应异步化。并不是所有的用户请求都提交给服务器,像一些数据验证和简单的数据处理等都交给 Ajax 引擎自己来做,只有确定需要从服务器读取新数据时,再由 Ajax 引擎代向服务器提交请求。这样把以前的一些服务器负担的工作转嫁到客户端,利于闲置的客户端处理器来完成,减轻服务器和带宽的负担,从而达到节约空间及带宽租用成本的目的。

Ajax 具有局部刷新的特性。传统的 Web 应用允许用户填写表单,当提交表单时,就向 Web 服务器发送一个请求。服务器接收并处理传来的表单,然后返回一个新的网页。这个做法浪费了许多带宽,因为前后两个页面中的大部分 HTML 代码往往是相同的。由于每次应用的交互都需要向服务器发送请求,应用的响应时间就依赖于服务器的响应时间。这导致了用户界面的响应比本地应用慢得多。在支持 Ajax 的 Web 应用程序中,最重要的特性是 Web 浏览器能在操作的外部与 Web 服务器通信,这称为异步回送或部分页面的回送。实际上,这意味着用户可以与服务器端的功能和数据交互,而无须更新整个页面。例如,单击一个链接,移动到表的第二页数据上时,Ajax 只需要局部刷新表的内容,而不刷新整个 Web 页面。也就是说,需要的 Internet 通信量较少,从而使 Web 应用程序的响应变快。

Ajax 并不是一个新技术,它只是一个标准的合并,以识别当前 Web 浏览器的丰富的潜在功能。Ajax 编程需要使用 HTML/XHTML、CSS、DOM、JavaScript、XML 和 XmlHttpRequest 技术。Ajax 有不同的技术实现,其中 ASP.NET Ajax 是 Ajax 的 Microsoft 实现方式。ASP.NET Ajax 专用于 ASP.NET 开发人员,可以毫不费力地在 Web 应用程序中添加 Ajax 功能。自 IE 5 以来,浏览器就把 XmlHttpRequest API 作为一种在客户机和服务器之间进行异步通信的方式。Web 应用程序中进行异步通信的标准方式,是支持 Ajax 的 Web 应用程序的一个核心技术。这个 API 的 Microsoft 实现方式称为

XMLHTTP,它利用 XMLHTTP 通信。Google 应该是 Ajax 最主要的推动者,Google Map、Gmail 都在应用 Ajax。

10.2 ASP.NET Ajax

ASP.NET Ajax 是 Microsoft 公司的 Ajax 架构实现方式,专用于 ASP.NET 开发人员。ASP.NET Ajax 是 ASP.NET 核心功能的一部分。网站 http://ajax.asp.net 上可以用于以前的 ASP.NET 版本,包含相关的文档说明、论坛和示例代码,可用于使用的 ASP.NET 版本。

ASP.NET Ajax 提供了如下功能:服务器端架构允许 ASP.NET Web 页面响应部分页面的回送操作。ASP.NET 服务器控件便于实现 Ajax 功能。HTTP 处理程序允许 ASP.NET Web 服务在部分页面的回送操作中,使用 JavaScript Object Notation(JSON)串行化功能与客户端代码通信。Web 服务支持客户端代码访问 ASP.NET 应用程序服务,包括身份验证和个性化服务。网站模板可用于创建支持 ASP.NET Ajax 的 Web 应用程序。客户端的 JavaScript 库对 JavaScript 语法进行了许多改进,还提供了许多代码,来简化 Ajax 功能的实现。这些服务器控件和服务器端的架构统称为 ASP.NET Extensions。ASP.NET Ajax 的客户端部分称为 Ajax 库。

还可以从网站 http://ajax.asp.net 上下载另外两个软件包:

ASP.NET Ajax Control Toolkit:这个软件包包含了由开发团体创建的其他服务器控件。这些控件是共享的,可以被查看和修改。

Microsoft Ajax Library:这个软件包包含 JavaScript 客户端架构,它们由 ASP.NET Ajax 用于执行 Ajax 功能。如果开发的是 ASP.NET Ajax 应用程序,就不需要这个软件包。这个软件包适用于其他语言,如 PHP,使用与 ASP.NET Ajax 相同的代码基执行 Ajax 功能。

安装 ASP.NET Ajax 时,会在 GAC 中安装两个程序集:

System.Web.Extensions.dll:这个程序集包含 ASP.NET Ajax 功能,包括 Ajax 扩展和 Ajax 库 JavaScript 文件,它们可以通过 ScriptManager 组件来获得。

System.Web.Extensions.Design.dll:这个程序集包含用于 Ajax 扩展服务器控件的 ASP.NET Designer 组件,这些服务器控件由 ASP.NET Designer 在 Visual Studio 或 Visual Web 开发程序中使用。

ASP.NET Ajax 中的许多 Ajax 扩展组件都涉及支持部分页面的回送和用于 Web 服务的 JSON 串行化。这包括各种 HTTP 处理程序组件和对已有 ASP.NET 架构的扩展。这些功能都可以通过网站的 Web.config 文件来配置。还有用于其他配置的类和属性。但大多数配置都是透明的,用户很少需要改变支持 ASP.NET Ajax 的网站模板提供的默认设置。

与 Ajax 扩展的主要交互操作是使用服务器控件将 Ajax 功能添加到 Web 应用程序中。在 VS 2013 中有如图 10-1 所示的几个服务器控件,可以用各种方式增强 Web 应用程序。

图 10-1　VS 2013 的 Ajax
扩展服务器控件

1. ScriptManager 控件

这个控件是 ASP.NET Ajax 功能的核心,使用部分页面回送功能的每个页面都需要它。它的主要作用是管理对 Ajax 库 JavaScript 文件的客户端引用,Ajax 库 JavaScript 文件位于 ASP.NET Ajax 程序集中。Ajax 库主要由 Ajax 扩展服务器控件使用,这些控件会生成自己的客户端代码。

这个控件还负责配置要在客户端代码中访问的 Web 服务。给 ScriptManager 控件提供 Web 服务的信息,就可以生成客户端类和服务器端类,来透明地管理与 Web 服务的异步通信。

还可以使用 ScriptManager 控件维护对自己的 JavaScript 文件的引用,和 Futures CTP 中包含的其他 JavaScript 文件的引用。

2. ScriptManagerProxy 控件

由于 ScriptManager 控件在一个页面中只能使用一次,如果在模板页里已经使用了 ScriptManager 控件,aspx 内容页面就不能使用 ScriptManager 控件了,就可以使用 ScriptManagerProxy 控件。

3. UpdatePanel 控件

UpdatePanel 控件非常有用,也许是最常用的 ASP.NET 控件。这个控件与标准的 ASP.NET 占位符类似,可以包含其他控件。更重要的是,在部分页面的回送过程中,它还把页面的一个部分标记为可以独立于其他页面部分来更新的区域。

UpdatePanel 控件包含的、产生回送操作的任意控件(如按钮控件),都不会产生整个页面的回送操作,它们只执行部分页面的回送,只更新 UpdatePanel 的内容。

在许多情况下,只需要 UpdatePanel 控件实现 Ajax 功能。例如,可以把一个 GridView 控件放在 UpdatePanel 控件中,该控件的分页、排序和其他回送功能都在部分页面的回送过程中发挥作用。

4. UpdateProgress 控件

在部分页面的回送过程中,这个控件可以为用户提供反馈。在更新 UpdatePanel 时,可以为要显示的 UpdateProgress 控件提供一个模板。例如,可以使用浮点数的< div >控件显示消息"Updating…",告诉用户应用程序正在忙。注意:部分页面的回送不会干扰 Web 页面的其他区域,其他区域仍可以响应。

5. Timer 控件

ASP.NET Ajax 的 Timer 控件是使 UpdatePanel 定期更新的一种有效方式。可以把这个控件配置为定期触发回送操作。如果这个控件包含在 UpdatePanel 控件中,则每次触发 Timer 控件时,都会更新该 UpdatePanel 控件。Timer 控件也有关联的事件,所以可以执行定期的服务器端处理。

【例 10-1】 基于 Ajax 的实时天气预报更新。

第 1 步,使用 VS 2013 新建一个空网站,并命名为 AjaxWebsite,添加一个新的 Web 窗体,并命名为 Ex10-1.aspx。

第 2 步,在 Ex10-1.aspx 页面中添加 1 个 ScriptManager 控件、1 个 UpdatePanel 容器控件,在 UpdatePanel 里面添加 3 个 TextBox 和 1 个 Button 控件,代码如下:

```
<% @ Page Language = "C #" AutoEventWireup = "true" CodeFile = "Ex10 - 1.aspx.cs" Inherits =
```

```
"Ex10_1" %>
<!DOCTYPE HTML>
<HTML xmlns = "http://www.w3.org/1999/xHTML">
<head runat = "server">
<Meta http-equiv = "Content-Type" content = "text/HTML; charset = utf-8"/>
<title></title>
</head>
<body>
    <form id = "form 1" runat = "server">
        <asp:ScriptManager ID = "ScriptManager1" runat = "server">
        </asp:ScriptManager>
        <asp:UpdatePanel ID = "UpdatePanel1" runat = "server">
<ContentTemplate>
城市<asp:TextBox ID = "TextBox1" runat = "server"></asp:TextBox><br />
温度<asp:TextBox ID = "TextBox2" runat = "server"></asp:TextBox><br />
天气<asp:TextBox ID = "TextBox3" runat = "server"></asp:TextBox><br />
<asp:Button ID = "Button1" runat = "server" Text = 获取数据" OnClick = "Button1_Click" />
    </ContentTemplate>
</asp:UpdatePanel>
    </form>
</body>
</HTML>
```

第 3 步,添加中国气象局的天气 Web 服务的 Web 引用：右键单击 AjaxWebsite 项目→添加→服务引用,得到如图 10-2 所示的服务引用对话框。

图 10-2　添加服务引用

第 4 步,选择高级按钮,得到图 10-3 所示的服务引用设置对话框。添加 Web 引用按钮,得到如图 10-4 所示的添加 Web 引用对话框。在 URL 的对话框中输入 http://www.Webxml.com.cn/WebServices/WeatherWebService.asmx,单击转到后,命名空间为 MyWeather。

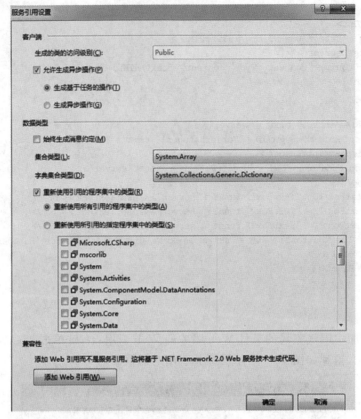

图 10-3　服务引用设置

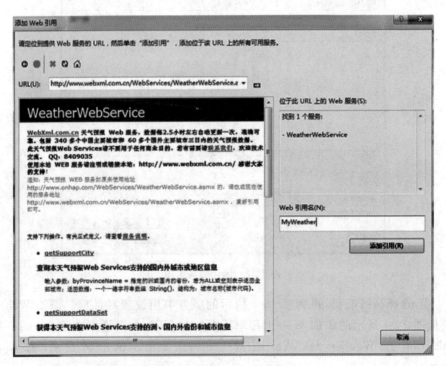

图 10-4　添加 Web 引用设置

其中 getWeatherbyCityName(theCityName)方法的输入参数如下：

theCityName＝城市中文名称（国外城市可用英文）或城市代码（不输入默认为上海市），如：上海或 58367，如有城市名称重复请使用城市代码查询（可通过 getSupportCity 或 getSupportDataSet 获得）；

返回数据：一个一维数组 String(22)，共有 23 个元素。

String(0)到 String(4)：省份，城市，城市代码，城市图片名称，最后更新时间。

String(5)到 String(11)：当天的气温，概况，风向和风力，天气趋势开始图片名称（以下称：图标一），天气趋势结束图片名称（以下称：图标二），现在的天气实况，天气和生活指数。

String(12)到 String(16)：第二天的气温，概况，风向和风力，图标一，图标二。

String(17)到 String(21)：第三天的气温，概况，风向和风力，图标一，图标二。

String(22)被查询的城市或地区的介绍。

第 5 步，在 Ex10_1.aspx.cs 文件中添加如下代码：

```
using System;
using System.Collections.Generic;
using System.Linq;
using System.Web;
using System.Web.UI;
using System.Web.UI.WebControls;

public partial class Ex10_1: System.Web.UI.Page
{
    protected void Button1_Click(object sender, EventArgs e)
    {
        String[] xdoc;
        MyWeather.WeatherWebService myw = new MyWeather.WeatherWebService();
        if(TextBox1.Text.Length > 0)
        {
            xdoc = myw.getWeatherbyCityName(TextBox1.Text.Trim());
            TextBox2.Text = xdoc[5];
            TextBox3.Text = xdoc[6];
        }
    }
}
```

第 6 步，运行程序，得到如图 10-5 所示的输入界面，在城市对应的文本框中输入"苏州"，单击"获取数据"按钮，得到如图 10-6 所示的结果。

图 10-5　输入界面

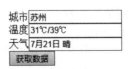

图 10-6　程序结果

10.3 基于 XMLHttpRequest 的 Ajax 实现

XMLHttpRequest 对象在大部分浏览器上已经实现,而且拥有一个简单的接口,允许数据从客户端传递到服务端,但并不会打断用户当前的操作。

基于 XMLHttpRequest 的 Ajax 实现包括:

步骤 1,建立 XMLHttpRequest 对象。

步骤 2,注册回调函数,给 XMLHttpRequest 对象的 onreadystatechange 属性赋值,指出响应 XMLHttpRequest 对象状态改变事件执行哪个函数。

步骤 3,使用 open 方法设置和服务器交互的基本信息。Open 方法涉及的 3 个参数分别为:发送请求的方法(Get 或 Post)、目标的 URL 地址、是否异步请求。

步骤 4,设置发送的数据,开始和服务器交互。

步骤 5,在回调函数中判断交互是否结束、响应是否正确,并根据需要获取服务器端返回的数据,更新页面内容。

【例 10-2】 基于 XMLHttpRequest 的数据输入提示。

第 1 步,在 AjaxWebsite 项目上添加新项 HTML 文件,命名为 Ex10-2.HTML。

第 2 步,在 Ex10-2.HTML 文件中添加如下代码:

```
<!DOCTYPE HTML>
<HTML xmlns = "http://www.w3.org/1999/xHTML">
<head>
<Meta http-equiv = "Content-Type" content = "text/HTML; charset = utf-8"/>
    <title></title>
<script type = "text/javascript">
        function showHint(str) {
            var xmlhttp;
            //第 1 步,创建对象
            if (str.length == 0) {
                document.getElementById("txtHint").innerHTML = "";
                return;
            }
            if (window.XMLHttpRequest) {
                xmlhttp = new XMLHttpRequest();
            }
            else {
                xmlhttp = new ActiveXObject("Microsoft.XMLHTTP");
            }
            //第 2 步,给 XMLHttpRequest 对象注册回调方法
            xmlhttp.onreadystatechange = function () {
                if (xmlhttp.readyState == 4 && xmlhttp.status == 200) {
                    document.getElementById("txtHint").innerHTML = xmlhttp.responseText;
                }
            }
```

```
        //第 3 步,设置和服务器交互的相应参数
        xmlhttp.open("GET","Ex10 - 2.aspx?q = " + str,true);
        //第 4 步,发送的数据,开始和服务器交互
        xmlhttp.send();
    }
    </script></head>
<body>

<h3>请在下面的输入框中键入字母(A - Z):</h3>
<form action = "">
姓氏:<input type = "text" id = "txt1" onkeyup = "showHint(this.value)" />
</form>
<p>建议:<span id = "txtHint"></span></p>
</body>
</HTML>
```

第 3 步,在 AjaxWebsite 项目上添加新项 ASP 文件,并命名为 Ex10-2. Aspx。

第 4 步,在 Ex10-2. Aspx 文件中添加如下代码:

```
using System;
using System.Collections.Generic;
using System.Linq;
using System.Web;
using System.Web.UI;
using System.Web.UI.WebControls;
public partial class _Default: System.Web.UI.Page
{
protected void Page_Load(object sender,EventArgs e)
    {
        string[] a = new string[31];
        a[1] = "Anna";
        a[2] = "Brittany";
        a[3] = "Cinderella";
        a[4] = "Diana";
        a[5] = "Eva";
        a[6] = "Fiona";
        a[7] = "Gunda";
        a[8] = "Hege";
        a[9] = "Inga";
        a[10] = "Johanna";
        a[11] = "Kitty";
        a[12] = "Linda";
        a[13] = "Nina";
        a[14] = "Ophelia";
        a[15] = "Petunia";
        a[16] = "Amanda";
```

```
a[17] = "Raquel";
a[18] = "Cindy";
a[19] = "Doris";
a[20] = "Eve";
a[21] = "Evita";
a[22] = "Sunniva";
a[23] = "Tove";
a[24] = "Unni";
a[25] = "Violet";
a[26] = "Liza";
a[27] = "Elizabeth";
a[28] = "Ellen";
a[29] = "Wenche";
a[30] = "Vicky";
//获得来自 URL 的 q 参数
string q = Request.QueryString["q"].ToString().Trim().ToUpper();
string hint = "";
//如果 q 大于 0,则查找数组中的所有提示
if (q.Length>0 )
{
  hint = "";
  for( int i = 1;i < = 30;i++)
    if (q == a[i].Substring(0,q.Length).ToUpper())
    {
        if (hint == "")
            hint = a[i];
        else
            hint = hint + "," + a[i];
    }
    }
  //如果未找到提示,则输出 "no suggestion"
  //否则输出正确的值
if (hint == "" )
  Response.Write("no suggestion");
else
  Response.Write(hint);
    }
}
```

第 5 步,运行程序,得到如图 10-7 所示的结果。

请在下面的输入框中键入字母（A－Z）：

姓氏： c

建议：Cinderella , Cindy

图 10-7   程序运行结果

10.4 习　　题

1. 简述什么是 Ajax 技术，有何作用。
2. 简述 ASP. NET Ajax 及其主要控件。
3. 分析基于 XMLHttpRequest 实现 Ajax 的主要步骤。

参 考 文 献

[1] 王成良. Web 开发技术[M]. 2 版. 北京:清华大学出版社,2013.

[2] 金亮旭. Asp. NET 程序设计教程[M]. 北京:高等教育出版社,2009.

[3] Robert W Sebesta. Web 程序设计[M]. 马跃,李增民,李立新,译. 北京:清华大学出版社,2013.

[4] 蔡体健. XML 网页设计实用教程[M]. 北京:人民邮电出版社,2009.

[5] 孙晓非. XML 基础教程与实验指导[M]. 北京:清华大学出版社,2008.

[6] 刘丽霞. 脑动力:HTML+CSS 标签速查效率手册[M]. 北京:电子工业出版社,2012.

[7] 明日科技. HTML 5 从入门到精通[M]. 北京:清华大学出版社,2012.

[8] Ian Pouncey,Richard York. CSS 入门经典[M]. 3 版. 程文俊,译. 北京:清华大学出版社,2012.

[9] David R Brooks, Guide to HTML. JavaScript and PHP for scientists and engineers[M]. New York: Springer, 2011.

[10] 曾懿. ASP 编程与应用技术[M]. 北京:清华大学出版社,2012.

[11] 袁鑫,希赛 IT 教育研发中心组织. PHP 开发从入门到精通[M]. 北京:中国水利水电出版社, 2010.

[12] Meaijojo. JavaScript 之 Math 对象 [EB/OL]. http://blog. csdn. net/meaijojo/article/details / 8089528, 2012.

[13] Nightelve. 四个好看的 CSS 样式表格[EB/OL]. http://blog. csdn. net/nightelve/article/details/ 7957726, 2012.

[14] 梦之都. CSS 教程[EB/OL]. http://www. dreamdu. com/css/,2017.

[15] 网易学院. CSS 滤镜:alpha 属性 [EB/OL]. http://tech. 163. com/04/1231/14/ 18UGP4EN0009158P. html, 2004.

[16] 施杨. 精通 CSS 滤镜(filter)(实例解析)[EB/OL]. http://www. cnblogs. com/shiyangxt/archive / 2008/11/16/1334633. html, 2008.

[17] Elizabeth Castro, Bruce Hyslop. HTML 5 与 CSS 3 基础教程[M]. 望以文,译. 北京:人民邮电出版社,2013.

[18] Jason Lengstorf. PHP for Absolute Beginners(Expert's Voice in Open Source)[M]. New York: Apress. 2009.

[19] 张鑫旭. 我对 CSS vertical-align 的一些理解与认识 [EL/OL]. http://www. zhangxinxu. com/ wordpress/? p=813,2010.

[20] 过河卒 A. js 用 FileSystemObject 对象实现文件控制[EB/OL]. http://www. cnblogs. com/ suiqirui19872005 /archive /2007/06/03/769431. html, 2007.

[21] GONET. Js 操作 Excel 常用方法[EB/OL]. http://www. cnblogs. com/askyes/archive /2011/08/ 16/2141490. html, 2011.

[22] Meaijojo. JavaScript 之 String 对象 [EB/OL]. http://blog. csdn. net/meaijojo/article /details / 8090062, 2012.

[23] Dodream. ASP. NET 页面对象——Page[EB/OL]. http://blog. csdn. net/dodream/article/details/ 4798935,2009.

[24] Sky Soot. ADO. NET 基础(Connection、Command、DataReader)[EB/OL]. http://www. cnblogs. com/SkySoot/archive/2012/07/16/2593639. html,2012.

[25] 非凡. DataReader 对象常用属性和方法 [EB/OL]. http://blog. sina. com. cn/s/ blog _ 447386dc0100p29b. html,2011.

[26] Zi Xing. DataAdapter 对象[EB/OL]. http://www. cnblogs. com/zi—xing/p/4058090. html,2014.

[27] 墨遥. ASP. NET 常用数据绑定控件优劣总结[EB/OL]. http://blog. csdn. net/xuemoyao/article / details/8105372, 2012.

［28］　Sky Soot. 数据绑定（数据源控件——SqlDataSource）［EB/OL］. http://www. cnblogs. com /
SkySoot /archive/2012/07/25/2608674. html,2012.

［29］　Xiao Liuxian. MySQL 支持的数据类型（总结）［EB/OL］. http://mrxiong. blog. 51cto. com /287318/
1651098/,2015.

［30］　Meaijojo. JavaScript 之 Number 对象［EB/OL］. http://blog. csdn. net /meaijojo/ article/details /
8089681，2012.

［31］　Qi Fei. XML 数据岛技术［EB/OL］. http://www. cnblogs. com/youring2/archive/2009/03/25/
1421453. html，2009.

图书资源支持

感谢您一直以来对清华版图书的支持和爱护。为了配合本书的使用,本书提供配套的资源,有需求的读者请扫描下方的"书圈"微信公众号二维码,在图书专区下载,也可以拨打电话或发送电子邮件咨询。

如果您在使用本书的过程中遇到了什么问题,或者有相关图书出版计划,也请您发邮件告诉我们,以便我们更好地为您服务。

我们的联系方式:

地　　址:北京海淀区双清路学研大厦 A 座 707

邮　　编:100084

电　　话:010-62770175-4604

资源下载:http://www.tup.com.cn

电子邮件:weijj@tup.tsinghua.edu.cn

QQ:883604(请写明您的单位和姓名)

用微信扫一扫右边的二维码,即可关注清华大学出版社公众号"书圈"。

资源下载、样书申请

书圈